Physik der Halbleiterbauelemente

Frank Thuselt

Physik der Halbleiterbauelemente

Einführendes Lehrbuch für Ingenieure
und Physiker

3. Auflage

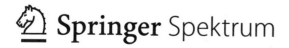 Springer Spektrum

Frank Thuselt
Elektrotechnik/Informationstechnik
Hochschule Pforzheim
Pforzheim, Deutschland

Lösungen zu den Aufgaben des Buches und weitere Ergänzungen finden Sie auf extras.
springer.com

ISBN 978-3-662-57637-3   ISBN 978-3-662-57638-0   (eBook)
https://doi.org/10.1007/978-3-662-57638-0

Die Deutsche Nationalbibliothek verzeichnet diese Publikation in der Deutschen Nationalbibliografie;
detaillierte bibliografische Daten sind im Internet über http://dnb.d-nb.de abrufbar.

Verantwortlich im Verlag: Margit Maly

Springer Spektrum ist ein Imprint der eingetragenen Gesellschaft Springer-Verlag GmbH, DE und ist
ein Teil von Springer Nature
Die Anschrift der Gesellschaft ist: Heidelberger Platz 3, 14197 Berlin, Germany

Vorwort zur 3. Auflage

Erfreulicherweise kann nun eine dritte Auflage dieses Lehrbuchs erscheinen. Sie wurde dazu genutzt, Korrekturen auszuführen und damit das Verständnis zu verbessern. Für die bisherigen positiven Kommentare danke ich allen Kollegen und Rezensenten, ihre Hinweise wurden weitgehend berücksichtigt. Insbesondere die Vorschläge von Herrn Paul Koch waren eine wertvolle Hilfe.

Dem Springer-Verlag und insbesondere Frau Maly danke ich für die Unterstützung.

Neulußheim, Mai 2018   *Frank Thuselt*

Vorwort zur 2. Auflage

In der vorliegenden zweiten Auflage wurden Fehler korrigiert und Ergänzungen eingefügt. Außerdem sind Zahlenwerte, wo erforderlich, aktualisiert worden. Im Kapitel über Bipolartransistoren wurde ein Abschnitt über Thyristoren und Triacs, die wichtigsten Bauelemente der heutigen Starkstromtechnik, hinzugefügt. Einige ergänzende Aufgaben fanden ebenfalls noch Platz.

Außerdem schien es sinnvoll, die Daten- und Formelsammlung, die bisher nur im Internet abrufbar war, in den gedruckten Teil des Buches als Anhang aufzunehmen. Auch weiterhin stehen Lösungen der Übungsaufgaben, MATLAB-Dateien und einige weitere Ergänzungen bereit, sie sind jetzt auf den Webseiten des Springer-Verlags unter extras.springer.com abrufbar.

Allen Lesern und Rezensenten, die durch Hinweise auf Verbesserungen und notwendige Korrekturen aufmerksam gemacht haben, möchte ich hiermit ausdrücklich danken.

Pforzheim und Neulußheim, März 2011   *Frank Thuselt*

Aus dem Vorwort zur 1. Auflage

> Lass die Elemente rasen,
> was sie auch zusammenknobeln!
> Lass das Tüfteln, lass das Hobeln,
> heilig halte die Ekstasen.
> *Christian Morgenstern*

Bücher zum Thema Halbleiterphysik gibt es weltweit in beachtlicher Zahl. Bei deutschsprachigen Lehrbüchern sieht es dagegen schon anders aus, da sind nur recht wenige auf dem Markt. Die meisten davon wenden sich an Studenten im Hauptstudium, die eine gründliche Physikausbildung genossen haben, wozu auch die Quantentheorie gehört.

Man kann nicht bestreiten, dass die Quantentheorie heute eine der wichtigsten Grundlagen der Festkörperphysik darstellt, ohne sie wären die meisten Erscheinungen mehr oder weniger unverständlich. Trotzdem kann man nicht von jedem Studenten, der die Funktionsweise elektronischer Bauelemente genauer verstehen will, ein vorheriges Studium dieses umfangreichen Gebiets verlangen. Soll man deshalb auf eine tiefere Darstellung der physikalischen Prinzipien verzichten?

Meine Erfahrungen im Vorlesungsbetrieb vor Studenten der Elektro- und Informationstechnik und der Technischen Informatik an der Hochschule Pforzheim bestätigen, dass es in gewissem Umfang auch ohne Quantentheorie geht. Kein Zweifel – der Beweis, dass zum Beispiel ein Elektron im periodischen Feld des Kristallgitters durch eine effektive Masse beschrieben werden kann, wird nur durch die Schrödinger-Gleichung geliefert. Stellt man sich jedoch auf den plausiblen Standpunkt, dass das Quasiteilchenkonzept brauchbar ist, und nimmt man die Existenz von Halbleiterelektronen und Löchern als gegeben hin, so kann man erstaunlich weit mit dem klassischen, etwas abgewandelten Drudeschen Modell der Leitfähigkeit kommen. Damit lässt sich sogar die Funktionsweise der meisten Bauelemente erklären. Natürlich gehört dann dazu, dass die fehlenden quantenmechanischen Voraussetzungen an den entsprechenden Stellen wenigstens durch anschauliche und plausible Erklärungen ersetzt werden. Diese Vereinfachung ist ja mehr oder weniger auch das Ziel des Quasiteilchenkonzepts gewesen. Selbst dann, wenn man die zugrunde liegenden Prinzipien nachvollziehen kann, ist es oft nützlich, sich auf einfache Modelle zu besinnen und sich vom hohen Ross der Theorie wieder etwas in Richtung zu Anschaulichkeit und Pragmatismus zu begeben. Das ist mir aus meiner eigenen Studienzeit noch gut in Erinnerung.

Zuallererst wendet sich das vorliegende Buch an Studenten der ingenieurwissenschaftlichen Disziplinen, die während ihres Studiums entweder nicht oder erst später eine tiefer gehende physikalische Ausbildung erfahren. Vor allem Fachhochschulstudenten sollten sich angesprochen fühlen. Ich selbst habe bereits im zweiten Semester große Teile der ersten drei Kapitel und in den Anfängen das vierte Kapitel zum Inhalt meiner Vorlesungen zur Halbleiterphysik gemacht. Das ist zugegebenermaßen kein leichtes Futter, aber ich glaube doch, dass es funktioniert hat. Die späteren Kapitel waren dagegen Inhalt einer Wahlpflichtvorlesung im Hauptstudium.

Ich hoffe jedoch, dass das Buch auch denjenigen etwas bringt, die das Grundstudium bereits hinter sich gelassen haben, und es wird bestimmt auch für angehende Physiker interessant sein, die sich neben den allgemeinen Prinzipien der Halbleiterphysik noch über die grundsätzliche Funktionsweise von Bauelementen informieren wollen. Vielleicht benutzt auch der Fachmann im Beruf, dessen Studium schon lange zurückliegt, das Buch noch hin und wieder zum Nachlesen oder Nachschlagen.

Wenn man nun schon auf Quantenmechanik verzichtet, ist es wenigstens erforderlich, in groben Zügen die wesentlichsten ihrer Ergebnisse zu umreißen und gleichzeitig einige notwendige Aspekte des Bohrschen Atommodells darzustellen. Diesen vorbereitenden Überlegungen zur Mikrophysik ist das erste Kapitel des Buches gewidmet. Gleichzeitig bietet es, vom Wasserstoffmodell ausgehend, einen Überblick über den Aufbau des Periodensystems und die chemische Bindung. Studenten, die damit schon gut vertraut sind, können dieses Kapitel also getrost überschlagen, vielleicht bis auf die für die Halbleiterphysik wichtigen Aussagen zur Kristallstruktur.

Im zweiten Kapitel werden die Eigenschaften des homogenen Halbleiters vorgestellt, während die Kap. 3 bis 6 den grundlegenden Bauelementen vorbehalten sind. Das 7. Kapitel befasst sich schließlich mit der Halbleiterfertigung.

In diesem Buch sollten vor allem die physikalischen Grundprinzipien, wie sie für die Funktionsweise von Bauelementen notwendig sind, ausführlich dargestellt werden. Das bedeutet, dass man sich dafür in der Stofffülle beschränken muss. Ich habe mich bemüht, die Prinzipien der wichtigsten Bauelemente wie Diode, Bipolar-, Feldeffekttransistor, LED oder Halbleiterlaser möglichst detailliert zu beschreiben, andere sind dafür weggelassen worden oder konnten nur kurz erwähnt werden wie zum Beispiel Thermoelement oder pin-Diode. Der Trennstrich wurde auch dort gezogen, wo das einzelne Bauelement aufhört – die Physik und Technologie der integrierten Schaltungen hat sich heute zu einem ganz eigenständigen Gebiet entwickelt, hierauf wollte ich bewusst nicht näher eingehen. An dieser Stelle muss sich das Werk von Kollegen anschließen.

Die Auswahl der Inhalte ist naturgemäß immer subjektiv. Auch hier gehen persönliche Erfahrungen und Interessen aus meiner langjährigen Berufspraxis mit ein. So wurde zum Beispiel Wert auf Optoelektronik gelegt. Auch ein grundlegendes Modell zur Bandgap-Schrumpfung bei hohen Dotierungen wurde mit aufgenommen – gerade hohe Dotierungen werden bei modernen Bauelementen immer wichtiger.

Wie schon erwähnt, habe ich in meinen Vorlesungen die Halbleiterphysik durchaus schon Studenten im 2. Semester zugemutet und will das auch mit diesem Buch tun. Entsprechend ist der Schwierigkeitsgrad der ersten drei Kapitel geringer. Das ist aber sicher auch für Studenten höherer Semester kein Nachteil. Zwangsläufig muss das Tempo aber in den späteren Kapiteln größer werden, wenn man noch ausreichend Inhalte bieten will. Da es sich um ein einführendes Lehrbuch handelt, sind Herleitungen von Gleichungen möglichst nachvollziehbar gestaltet worden, Zwischenrechnungen wurden mit angegeben. Dadurch wird natürlich der Text etwas länger, was auf der anderen Seite eine gewisse Auswahl unerlässlich macht.

Einige Erfahrungen aus meiner eigenen Studienzeit und dem späteren Lernen (das ja bekanntlich nie aufhört) sowie aus meiner Vorlesungspraxis möchte ich gern noch weitergeben:

Lehrbücher sollte man immer mit Zettel und Bleistift in der Hand lesen, auch ein Textmarker kann nützlich sein. Außerdem ist es immer hilfreich, zumindest zwei Lehrbücher zum gleichen Thema zu lesen. Jeder Autor pflegt ein anderes Herangehen, und nur durch Fragen und Vergleiche kann man in die Tiefe eines Fachgebiets eindringen. Machen Sie sich Notizen auf einem Zettel und skizzieren Sie wichtige Zusammenhänge und grundlegende Aussagen! Einige Vorschläge habe ich im vorliegendem Buch bereits gemacht, indem am Schluss jedes Kapitels noch einmal alle entscheidenden Gedanken zusammengefasst sind.

Unverzichtbar ist es auch, Aufgaben zum Stoff zu rechnen. Zum Inhalt des Buches gehören daher zum einen durchgerechnete Beispiele, die in den laufenden Text eingestreut sind. Zum anderen sind am Schluss jedes Kapitels noch zahlreiche weitere Aufgaben zu finden, die zu eigenen Überlegungen anregen sollen. Der Schwierigkeitsgrad dieser Aufgaben (wie ich ihn einschätze) ist durch Sterne gekennzeichnet. Eine Fünf-Sterne-Aufgabe verlangt also schon einigen Aufwand! Ich denke jedoch, dass man nicht den Fehler machen sollte, alle schwierigeren Aufgaben vollkommen allein rechnen zu wollen. Es ist allein schon sehr lehrreich, vorgeschlagene Lösungswege gedanklich nachzuvollziehen. Dazu gibt es im Internet Lösungsvorschläge als PDF-Files. Ab Kap. 4 werden die Aufgaben übrigens allmählich etwas schwerer.

Nach den mathematisch orientierten Aufgaben finden sich ganz am Schluss noch eine Menge von „Testfragen". Sie sollen insbesondere dazu dienen, qualitatives Wissen über Fakten und Zusammenhänge zu überprüfen. Deren Lösungen sind jedoch nicht angegeben, sondern sollen anhand des Inhalts des jeweiligen Kapitels erschlossen werden. Dadurch wird vermieden, dass der Leser vielleicht allzu schnell auf eine präsentierte Antwort schaut und diese vielleicht sogar in Erwartung von Prüfungen schematisch auswendig lernt, anstatt den Stoff in seinen Grundzügen wirklich zu verstehen.

Zum Lösen der Fragen und Aufgaben steht eine komprimierte Formelsammlung bereit. Sie stand ursprünglich im Internet bereit und wurde in der 2. Auflage ins Buch aufgenommen.

Welches Werkzeug soll man zum Rechnen benutzen? Für viele Zwecke reicht sicher ein normaler Taschenrechner. Doch durch eine graphische Ausgabe werden viele Aussagen noch deutlicher. Wir haben im Ingenieurbereich sehr gute Erfahrungen mit MATLAB® gemacht. Das ist ein professionelles Mathematikprogramm für den PC, mit dem man sich so zeitig wie möglich vertraut machen sollte. Viele Aufgaben in diesem Buch setzen deshalb die Verwendung von MATLAB voraus. Auch für einfachere Aufgaben hat das Arbeiten mit MATLAB Vorteile, denn man kann zum Beispiel mit einem festen Satz physikalischer Konstanten und Halbleiterparameter arbeiten. Man muss sie dann nicht jedes Mal neu eintippen. Solche Dateien werden zum Arbeiten mit diesem Buch im Internet bereit gestellt.

Weniger wichtige Details wurden übrigens in kleinerer Schrift dargestellt, ergänzende Abschnitte sind durch eine kursive Überschrift gekennzeichnet.

Natürlich kann ein solches Lehrbuch für Studenten, die tiefer in die Materie eindringen wollen, nicht ausreichen. Für das weitergehende Studium muss deshalb auf die schon vorhandenen „klassischen" Bücher zurückgegriffen werden. Als Student sollten Sie auch baldmöglichst Ihre Scheu vor dem Englischen ablegen und mutig englischsprachige Literatur lesen! Insbesondere die Bücher von Seeger [Seeger 2004], Sze [Sze 1981], Singh [Singh 1994], Pierret [Pierret 1996] sowie (mit etwas höheren Ansprüchen) von Yu und Cardona [Yu und Cardona 2001] können an dieser Stelle empfohlen werden. Vom Springer-Verlag gibt es eine Reihe „Halbleiter-Elektronik", einige dieser Bücher haben ebenfalls eher grundlegenden Charakter. Um Daten zu den einzelnen Halbleitersubstanzen zu finden, wird man sicher gern auf das Tabellenbuch von Madelung [Madelung 1996] zurückgreifen, das die wichtigsten Messergebnisse aus dem berühmten „Landoldt-Börnstein" enthält..

Viele meiner Erkenntnisse und physikalischen Vorstellungen konnten sich in der aufgeschlossenen Atmosphäre entwickeln, die ich früher in der Arbeitsgemeinschaft AIII-BV-Halbleiter an der Universität Leipzig vorfand. Ausgesprochen fruchtbar war damals auch die Zusammenarbeit mit Berliner Kollegen des Zentral-instituts für Optik und Spektroskopie und der Humboldt-Universität.

Einige der jetzigen Kollegen an der Hochschule Pforzheim, insbesondere Prof. Frank Kesel, Prof. Friedemann Mohr sowie Dipl-Phys. Michael Bauer, steuerten zahlreiche kritische Bemerkungen bei. Mein Kollege Prof. Michael Felleisen hat mich immer wieder ermuntert, die Arbeit an diesem Buch weiter zu führen und zu Ende zu bringen. Hierfür mein Dank an alle. Professor Cardona, langjähriger Direktor des Max-Planck-Instituts für Festkörperforschung, hat durch zahlreiche Hinweise zur Auswahl und zur Darstellung der Inhalte beigetragen. Für die Bereit-stellung von Bildmaterial bin ich den beteiligten Mitarbeitern der Infineon AG, Harpen AG, Siltronic AG und insbesondere Dipl.-Phys. Horst K.-Concewitz, Geschäftsführer der Contrade Mikrostrukturtechnik, zu Dank verpflichtet. Dem Springer-Verlag, vor allem Dr. Claus Ascheron und Mrs. Lahee danke ich für die sehr gute Zusammenarbeit. Nicht zuletzt jedoch waren mir meine Studenten als stets kritische Zuhörer Ansporn und Hilfe.

Dieses Buch widme ich meinen Kindern und meiner Lebensgefährtin Henriette Gennrich, die mich besonders in letzter Zeit während der Fertigstellung des Manu-skripts von vielem entlastet und mir bei der Arbeit geholfen hat. Auch viele Stun-den der Freizeit mussten geopfert werden.

Ganz besonders widme ich das Buch aber dem ingenieurwissenschaftlichen und physikalischen Nachwuchs (auch in der eigenen Familie). Zum Glück gibt es immer noch interessierte junge Leute, die die Mühe eines solchen Studiums nicht scheuen und auf diese Weise dazu beitragen, dass die Physik und die Ingenieurwis-senschaften auch zukünftig eine solide Basis für moderne technologische Entwick-lungen liefern können.

Pforzheim, Juni 2004   *Frank Thuselt*

Inhaltsverzeichnis

Kursiv gekennzeichnete Abschnitte können beim ersten Durcharbeiten überschlagen werden.

1 Grundlagen der Mikrophysik

Um die Funktion eines elektronischen Bauelements richtig verstehen zu können, muss man die Eigenschaften des jeweils verwendeten Halbleitermaterials gut kennen.

Halbleiterkristalle sind aus Atomen aufgebaut. Aus der Kenntnis dieses Aufbaus lassen sich fast alle ihre Eigenschaften ableiten. Wir wollen uns hier zunächst mit dem Aufbau einzelner Atome beschäftigen; das einfachste unter ihnen ist das Wasserstoffatom. Eigentlich benötigt man dazu Kenntnisse aus der Quantenmechanik, einer ziemlich anspruchsvollen physikalischen Disziplin. Einige ihrer Resultate werden wir, so weit es erforderlich ist, kurz nennen, um daraus Erkenntnisse über den Aufbau der Atome und des Periodensystems der chemischen Elemente abzuleiten. Wir werden sehen, welche Elemente und welche Verbindungen als Halbleitermaterialien in Frage kommen und einiges über die chemische Bindung und die Kristallstruktur in Halbleitern lernen.

Weiterhin lernen wir die beiden in Halbleitern gebräuchlichen Betrachtungsweisen kennen: das *Bindungsmodell* und das für die Erklärung der elektronischen Eigenschaften besonders wichtige *Energiebändermodell*.

1.1 Aussagen der Quantenmechanik

Die Quantenmechanik ist die physikalische Disziplin, die die Verhältnisse im Mikrokosmos beschreibt, zum Beispiel den Aufbau der Atome. Darüber hinaus ist sie zum Verständnis des Aufbaus von Molekülen und Festkörpern notwendig. Das optische und elektrische Verhalten von Halbleitern und der aus ihnen gefertigten Bauelemente lässt sich ohne Quantenmechanik nicht hinreichend beschreiben.

Wir geben hier kurz die für unsere Bedürfnisse in der Halbleiterphysik wichtigsten Aussagen wieder.

© Springer-Verlag GmbH Deutschland, ein Teil von Springer Nature 2018
F. Thuselt, *Physik der Halbleiterbauelemente*,
https://doi.org/10.1007/978-3-662-57638-0_1

1.1.1 Photonen als Teilchen

In vielen physikalischen Anwendungen tritt die Wellennatur des Lichts zutage. Sie
äußert sich zum Beispiel bei der Beugung und bei der Interferenz. Auf der anderen
Seite hat Licht aber auch Teilcheneigenschaften. Die Lichtteilchen oder Lichtquanten werden als *Photonen* bezeichnet. Die Teilcheneigenschaften des Lichts
wurden zuerst beim äußeren *photoelektrischen Effekt* durch HERTZ[1] und LENARD[2]
beobachtet. Dieser Effekt äußert sich darin, dass durch Licht Elektronen aus Festkörpern herausgeschlagen werden. Eine Steigerung der Lichtintensität erhöht nicht
die Energie, sondern nur die Zahl der entstehenden Elektronen, was durch Welleneigenschaften nicht verständlich ist. EINSTEIN[3] erklärte diese Beobachtungen mit
dem Teilchencharakter des Lichts und stellte den Zusammenhang zwischen der
Energie E der Photonen und der Frequenz ν des Lichts beziehungsweise seiner
Wellenlänge λ her:

$$\boxed{E = h\nu = h\frac{c}{\lambda}.}$$
(1.1)

$c = 2{,}998 \cdot 10^8$ m/s ist die Lichtgeschwindigkeit im Vakuum (also rund $3 \cdot 10^8$ m/s)
und $h = 6{,}626 \cdot 10^{-34}$ Js die „berühmte" PLANCKsche Konstante,[4] das so genannte
Wirkungsquantum. Oft wird auch die durch 2π dividierte Größe

---

[1] HEINRICH HERTZ (1857–1894), dt. Physiker, geb. in Hamburg. Studium in Dresden,
   München und Berlin. Professor für Experimentalphysik an der Technischen Hochschule
   Karlsruhe (dort Nachweis der elektromagnetischen Wellen) und in Bonn.
[2] PHILIP LENARD (1862–1947), dt. Physiker, geb. in Preßburg (heute Bratislava). Professor
   in Heidelberg. Nobelpreis 1905 „for his work on cathode rays". Hervorragender Experimentator, aber zweifelhafter Theoretiker. Pseudowissenschaftliche Schmähschriften mit
   nationalsozialistischem Inhalt gegen EINSTEIN und die „jüdische Physik". (Alle Zitate zu
   den Nobelpreisen aus [Nobel Price Laureates 2010])
[3] ALBERT EINSTEIN (1879–1955), dt. Physiker, Professor in Zürich, Prag, Berlin und
   Princeton. Er emigrierte aus Protest gegen den Nationalsozialismus 1933 nach den USA.
   Neben seiner wohl spektakulärsten Entdeckung, der Relativitätstheorie, hat er auch auf
   anderen Gebieten der Physik Leistungen erbracht, die jede für sich nobelpreiswürdig
   wären, wie zum Beispiel auf dem Gebiet der Diffusionstheorie. Den Nobelpreis erhielt er
   1921 „for his services to Theoretical Physics, and especially for his discovery of the law
   of the photoelectric effect" (Entdeckung des lichtelektrischen Effekts und allgemeine Ver-
   dienste um die Physik).
[4] MAX PLANCK (1858–1947), dt. Physiker, Professor in Berlin, Präsident der Kaiser-Wil-
   helm-Gesellschaft (der späteren Max-Planck-Gesellschaft). Grundlegende Arbeiten zur
   Thermodynamik und Begründung der Quantentheorie. Einer seiner Söhne wurde im
   Zusammenhang mit dem missglückten Attentat auf Hitler hingerichtet. Nobelpreis 1918
   „in recognition of the services he rendered to the advancement of Physics by his discovery
   of energy quanta".

$$\hbar = \frac{h}{2\pi} = 1{,}0546 \cdot 10^{-34} \text{ Js}$$

benutzt (gelesen als „h quer").

Überall in der Mikro- und Halbleiterphysik ist es üblich, Energiewerte in Elektronenvolt anzugeben: 1 eV = 1,602 · 10^{-19} J. Damit können wir die PLANCKsche Konstante auch schreiben als

$$h = 4{,}136 \cdot 10^{-15} \text{ eVs} \quad \text{bzw.} \quad \hbar = 6{,}582 \cdot 10^{-16} \text{ eVs.}$$

Die Umrechnung der Photonenenergie in Wellenlängen geht daher nach der Zahlenwertgleichung

$$E = \frac{hc}{\lambda} = \frac{1240 \text{ eV nm}}{\lambda} \tag{1.2}$$

vor sich. Diese Beziehung wird in der Halbleiterphysik so oft benötigt, dass man den Zahlenfaktor am besten auswendig lernen sollte. Zu einer Energie von beispielsweise 2 eV gehört demnach eine Wellenlänge von 620 nm; solches Licht liegt im roten Spektralbereich.

Dass man Photonen auch einen Impuls zuordnen kann, wurde durch den COMP-TON-Effekt[5] erkannt, der auftritt, wenn Röntgenstrahlung an Elektronen von Festkörpern gestreut wird. Zur Erklärung dieses Effekts muss der Impulssatz herangezogen werden. Der Impuls von Lichtquanten lässt sich schreiben als

$$p = \frac{h}{\lambda} = \hbar \frac{2\pi}{\lambda}. \tag{1.3}$$

Um bei solchen Formeln nicht immer die Wellenlänge im Nenner mitschleppen zu müssen, wird oft auch die Größe

$$k = \frac{2\pi}{\lambda} \tag{1.4}$$

benutzt. Sie wird als *Wellenzahl* bezeichnet und ist ein wichtiges Charakteristikum von ebenen Wellen.

Kombiniert man nun noch (1.3) mit (1.1), so erhält man einen Zusammenhang zwischen Energie und Impuls eines Photons in der Form

$$E = cp. \tag{1.5}$$

---

[5] ARTHUR H. COMPTON (1892–1962), am. Physiker, Professor in Chicago und Washington. Arbeiten unter anderem zur Röntgenbeugung und später zur Kernphysik, baute zusammen mit anderen Physikern den ersten Uranspaltungsreaktor und einen Reaktor mit hoher Plutonium-Ausbeute (lieferte Material für die Nagasaki-Bombe). Nobelpreis 1927 „for his discovery of the effect named after him".

Unser Photon von 2 eV hat demnach den Impuls $p = E/c = 1{,}07 \cdot 10^{-27}$ kgms^{-1}. Ein Elektron mit der kinetischen Energie von 2 eV hätte dagegen einen Impuls, der um mehr als zwei Zehnerpotenzen größer ist (vgl. Aufgabe 1.2).

1.1.2 Emission und Absorption von Licht

Die soeben beschriebene Wechselwirkung von Elektronen mit Photonen muss nicht dazu führen, dass das Elektron aus dem Festkörper herausgeschlagen wird. Es kann genauso von einem inneren Energiezustand auf einen anderen übergehen (Abb. 1.1). Wird dabei die Energie eines ankommenden Photons gebraucht, um das Elektron in einen Zustand höherer Energie anzuheben, so spricht man von *Absorption*; der Zustand höherer Energie heißt auch *angeregter Zustand*. Die energetischen Verhältnisse werden durch den Energiesatz in der Form

$$\boxed{E_1 - E_2 = h\nu}\tag{1.6}$$

ausgedrückt. Statt $h\nu$ wird oft auch $\hbar\omega$ geschrieben, wobei $\omega = 2\pi\nu$ die so genannte *Kreisfrequenz* ist.

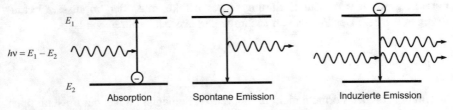

Abb. 1.1 Elementarprozesse der Erzeugung und Vernichtung von Photonen

Der umgekehrte Vorgang, bei dem ein Photon ausgesandt wird, heißt *Emission*. Die Emission kann sich ganz zufällig (aber mit fester mittlerer Wahrscheinlichkeit) ereignen (*spontane Emission*) oder von einem ankommenden Photon ausgelöst werden (*induzierte Emission*). Der letztgenannte Prozess kann zu einer Kettenreaktion werden und bildet deshalb die Grundlage der Lasertechnik. Die spontane Emission in Halbleitern wird auch als *Lumineszenz* bezeichnet und in Lumineszenzdioden (LEDs) praktisch ausgenutzt.

> **Beispiel 1.1**
> Eine blaue Lumineszenzdiode soll bei einer Wellenlänge von ca. 410 nm leuchten. Welche Energie (in Elektronenvolt) muss vom Halbleitermaterial zur Verfügung gestellt werden, damit diese blaue Strahlung erzeugt wird?

Lösung:

Aus (1.2) rechnen wir unmittelbar aus:

$$E = \frac{1240 \text{ eV nm}}{410 \text{ nm}} = 3,02 \text{ eV}.$$

Hinweis: In Halbleitern ist die für optische Übergänge relevante Energie die Breite der „verbotenen Zone", auch Bandgap genannt wir kommen später noch auf die Erklärung dieser Begriffe zurück. Galliumnitrid (GaN) hat ein Bandgap von 3,44 eV, es liegt damit in der Nähe der in unserem Beispiel erforderlichen Energie. Tatsächlich werden die von Galliumnitrid emittierten Photonen aber unter Beteiligung von „tiefen Störstellen" gebildet, deren Energien unterhalb des Bandgaps liegen; die Emissionswellenlänge ist dabei 413 nm.

1.1.3 Elektronen als Wellen

So wie Licht, normalerweise als typischer Wellenvorgang angesehen, auch Teilcheneigenschaften aufweist, so haben Elektronen, die man üblicherweise als Teilchen betrachtet, auch Welleneigenschaften. Der Beweis für die Welleneigenschaft von Elektronen wurde 1927 von DAVISSON[6] und GERMER[7] durch Experimente erbracht. Wenn Elektronen an bestimmten Kristallebenen gestreut wurden, konnten Beugungsbilder beobachtet werden.

Bereits 1924 hatte DE BROGLIE[8] vermutet, dass für Elektronen ein ähnlicher Zusammenhang zwischen Impuls und Wellenlänge wie für Photonen gilt. Dem Impuls p eines Elektrons ist demnach eine Wellenlänge λ zugeordnet:

$$\boxed{\lambda = h/p = 2\pi\hbar/p.} \qquad (1.7)$$

(de-Broglie-Wellenlänge). Bei makroskopischen Körpern, deren Masse und damit auch Impuls sehr groß sind, ist die de-Broglie-Wellenlänge allerdings extrem klein, so dass bei ihnen Wellenerscheinungen nicht beobachtet werden.

---

[6] CLINTON JOSEPH DAVISSON (1881–1958), amerikanischer Physiker, tätig in den Bell Labs. Professor in Charlottsville, Virginia. Nobelpreis 1937 gemeinsam mit Thomson „for their experimental discovery of the diffraction of electrons by crystals"

[7] LESTER HERBERT GERMER (1896–1971), amerikanischer Physiker, arbeitete bei Western Electric, dann in den Bell Labs. Professor an der Cornell University. Arbeiten zur Elektronenbeugung und Metallphysik

[8] PRINCE LOUIS-VICTOR PIERRE RAYMOND DE BROGLIE (1892–1987), frz. Physiker, grundlegende theoretische Arbeiten zur Wellenmechanik, lehrte und arbeitete unter anderem am berühmten Institut Henri Poincaré in Paris. Nobelpreis 1929 „for his discovery of the wave nature of electrons".

Beispiel 1.2

Berechnen Sie die de-Broglie-Wellenlänge eines Elektrons (Masse $m_0 = 9{,}112 \cdot 10^{-31}$ kg) und eines Autos (Masse 1500 kg), die sich jeweils mit einer Geschwindigkeit von 20 m/s bewegen.

Lösung:

Der Impuls ergibt sich aus $p = mv$ und beträgt beim Elektron $1{,}82 \cdot 10^{-29}$ kgms^{-1} und beim Auto $3{,}0 \cdot 10^{-4}$ kgms^{-1}.

Damit ergibt sich als Wellenlänge für das Elektron $3{,}6 \cdot 10^{-5}$ m und für das Auto $2{,}2 \cdot 10^{-38}$ m, also tatsächlich ein extrem kleiner Wert, der gegen die Abmessungen des Autos absolut zu vernachlässigen ist.

1.1.4 HEISENBERGsche Unschärferelation[9]

Die HEISENBERGsche Unschärferelation besagt, dass sich prinzipiell Ort und Impuls eines mikroskopischen (!) Teilchens nicht gleichzeitig beliebig genau angeben lassen.

Wenn die Unbestimmtheit des Orts mit Δx und die des Impulses mit Δp bezeichnet werden, dann können wir schreiben[10]

$$\Delta x \, \Delta p > \hbar. \tag{1.8}$$

Damit hängt zusammen, dass der Aufenthaltsort von Teilchen nicht exakt, sondern nur mit einer gewissen Wahrscheinlichkeit angegeben werden kann.

Wie wir später sehen werden, ist der Impuls (in Halbleitern ist es der „Quasiimpuls", er hängt mit dem Impuls zusammen) eine wichtige Größe für die Erklärung der meisten Halbleitereigenschaften. Bei herkömmlichen Bauelementen spielt die Unschärferelation meist noch keine Rolle; dort geht man davon aus, dass selbst vom makroskopischen Standpunkt „abrupte" räumliche Änderungen aus mikroskopischer Sicht immer noch ganz allmählich verlaufen. Wird jedoch die räumliche Ausdehnung von Bauelementen in einer integrierten Schaltung sehr klein (ULSI-

---

[9] WERNER HEISENBERG (1901–1976), Professor in Leipzig, Göttingen und München. Begründete gemeinsam mit MAX BORN in Göttingen die Matrizendarstellung der Quantenmechanik, im Gegensatz und in Ergänzung zu ERWIN SCHRÖDINGER, der die Wellenmechanik schuf. HEISENBERG war damals 23 Jahre alt! Von 1941 bis Kriegsende war HEISENBERG Direktor am damaligen Kaiser-Wilhelm-Institut in Berlin, dort Arbeiten zur Entwicklung eines Kernreaktors. Nobelpreis 1932 „for the creation of quantum mechanics, the application of which has, inter alia, led to the discovery of the allotropic forms of hydrogen"

[10] Statt $\hbar$ werden in der Literatur auf der rechten Seite auch geringfügig andere Werte der gleichen Größenordnung angegeben.

Technik[11]), dann ist der Impuls nur noch ungenau bestimmt, und man kann nicht mehr mit den gewohnten Halbleitermodellen arbeiten. Unter Umständen können sich dann ganz neue Eigenschaften ergeben. Die Grenze liegt etwa bei einigen Atomabständen, entsprechend etwa 5 bis 10 nm.

1.1.5 Pauli-Prinzip

Das Pauli-Prinzip (nach dem Physiker Wolfgang Pauli[12]) regelt die Besetzung von Zuständen durch Elektronen:

> In einem quantenmechanischen Zustand dürfen sich maximal zwei Elektronen aufhalten.

Die eigentliche Formulierung dieses Prinzips ist noch strenger, es darf sich nämlich genau genommen in jedem Zustand sogar nur ein Elektron aufhalten. Elektronen treten jedoch mit zwei unterschiedlichen Eigendrehimpulsen (*Spin*) auf. Die Spinzustände lassen sich aber nur in Magnetfeldern unterscheiden, sonst fallen sie zusammen. Deshalb kann man sagen, dass sich ohne Magnetfeld in jedem Zustand zwei Elektronen befinden können.

Die Welt wäre sehr eintönig, wenn das Pauli-Prinzip nicht gelten würde. Die Vielfalt aller Atome und daher auch der Moleküle und Festkörper ist letztlich nur durch das Pauli-Prinzip möglich.

1.2 Das Bohrsche Atommodell

Alle Substanzen in unserer Umgebung, insbesondere auch die Halbleiter, sind aus Atomen aufgebaut. Atome bestehen aus einem positiv geladenen Kern (gebildet aus Neutronen und Protonen) und einer negativ geladenen Hülle, gebildet aus Elektronen. Der Beweis für diesen Aufbau wurde durch die Rutherfordschen Streuexperimente[13] erbracht. Beim Beschuss von dünnen Folien mit geladenen Teilchen (Helium-Kernen) stellte Rutherford fest, dass Atome im Wesentlichen leer sind und fast die gesamte Masse in ihren Kernen konzentriert ist.

---

[11] ULSI – *ultra large scale integration*: fortgeschrittenster Teil der Halbleiterintegration, ein nach dieser Technologie gefertigter integrierter Schaltkreis kann über 10 Millionen Bauelemente enthalten. Vorstufe: VLSI – *very large scale integration*.

[12] Wolfgang Pauli (1900–1958), österreichischer Physiker, arbeitete in Hamburg, Zürich und Princeton. Pauli war einer der brillantesten Physiker in der Mitte des 20. Jh. Arbeiten zur Relativitätstheorie; er entdeckte das „Pauli-Prinzip" und sagte die Existenz des Neutrinos voraus. Nobelpreis 1945 „for the discovery of the Exclusion Principle, also called the Pauli Principle".

Aus verschiedensten Gründen lohnt es, sich mit dem einfachsten Atom zu beschäftigen: dem Wasserstoffatom. Es besteht aus einem Proton und einem Elektron. Das Elektron kreist mit einem Impuls $p = mv$ im Abstand r um den schweren Kern, als Zentralkraft wirkt die COULOMB-Kraft.

$$\frac{p^2}{m_0 r} = \frac{e^2}{4\pi\varepsilon_0 r^2}.$$

(1.9)

Hier sind e die Elementarladung, ε_0 die *Influenzkonstante*, auch als *Dielektrizitätskonstante des Vakuums* bezeichnet und m_0 die Masse des freien Elektrons. Zahlenwerte sind im Anhang aufgeführt.

Die Energie ist die Summe aus kinetischer und potentieller Energie

$$E = E_{\mathrm{kin}} + E_{\mathrm{pot}} = \frac{p^2}{2m_0} - \frac{e^2}{4\pi\varepsilon_0 r}.$$

(1.10)

Der Impuls p kann mit Hilfe von (1.9) ersetzt werden und fällt dadurch heraus. Somit ergibt sich:

$$E = -\frac{1}{2}\frac{e^2}{4\pi\varepsilon_0 r}$$

(1.11)

Auf der Grundlage des beobachteten experimentellen Verhaltens der optischen Strahlungsübergänge folgerte NIELS BOHR,[14] dass nur bestimmte diskrete Bahnradien und Energien möglich sein können. BOHR formulierte die nach ihm benannten *BOHRschen Postulate* nicht für die Energien, sondern für die Drehimpulse. Wir wollen hier eine etwas anschaulichere Betrachtungsweise wählen, die erst nachträglich geprägt wurde. Dazu gehen wir von der Tatsache aus, dass Elektronen Welleneigenschaften haben, ihre Wellenlänge ist gegeben durch (1.7). Man kann annehmen, dass nur solche Bahnen im Atom stabil sind, auf denen ein Elektron stehende Wellen ausbilden kann (Abb. 1.2). Dazu muss ein Vielfaches einer Wel-

---

[13] ERNEST RUTHERFORD (1871–1937), neuseeländisch-britischer Physiker. Studium in Neuseeland und Cambridge (England). Hervorragender Experimentator, Professor in Montreal (Kanada), Manchester und Cambridge. Nobelpreis für Chemie 1908 „for his investigations into the disintegration of the elements, and the chemistry of radioactive substances".

[14] NIELS BOHR (1885–1962), dänischer Physiker, Professor in Kopenhagen, emigrierte im 2. Weltkrieg nach Schweden, England und die USA. Nobelpreis 1922 „for his services in the investigation of the structure of atoms and of the radiation emanating from them". BOHR war befreundet mit dem deutschen Physiker Werner HEISENBERG. Umstritten sind bis heute die Diskussionen um HEISENBERGS Zusammentreffen mit ihm während der Zeit der Besetzung Dänemarks durch Deutschland, bei dem ihm HEISENBERG angedeutet haben will, dass in Deutschland ein Atombombenprojekt wohl nicht erfolgreich sein würde.

Abb. 1.2 Auf den erlaubten Bahnen des Wasserstoffatoms bilden sich stehende Wellen aus (*links*, hier für $n = 5$); andere Zustände (zum Beispiel *rechts*) sind nicht stabil

lenlänge auf den Umfang der Bahn passen:

$$2\pi r = n\lambda. \tag{1.12}$$

Durch Einsetzen in (1.3) erhalten wir für die möglichen Impulswerte:

$$p = \hbar\frac{2\pi}{\lambda} \stackrel{!}{=} n\frac{\hbar}{r}. \tag{1.13}$$

Quadrieren und Einsetzen in (1.9) ergibt dann

$$\frac{n^2\hbar^2}{m_0 r^3} = \frac{e^2}{4\pi\varepsilon_0 r^2}. \tag{1.14}$$

Wenn wir jetzt nach r auflösen, sehen wir, dass nur solche Radien $r = a_n$ erlaubt sind, für die

$$\boxed{a_n = n^2\hbar^2\frac{4\pi\varepsilon_0}{m_0 e^2}} \tag{1.15}$$

gilt; das sind die so genannten *Bohrschen Radien*. Die dadurch möglichen Energiewerte erhalten wir, indem für r in (1.11) nur die erlaubten Werte a_n zugelassen werden:

$$\boxed{E_n = -\frac{1}{2}\frac{e^2}{4\pi\varepsilon_0 a_n}.} \tag{1.16}$$

Die Übergänge zwischen diesen diskreten Energieniveaus sind gemäß (1.6) mit der Aufnahme oder Abgabe von Lichtstrahlung (Aufnahme oder Abgabe eines Photons) verbunden, $E_n - E_m = h\nu_{nm}$, während bei der Bewegung auf ein- und derselben Bahn keine Energie abgegeben wird.

Zahlenwerte für a_1 und E_1, also für die erste Bohrsche Bahn ($n = 1$) lassen sich durch Einsetzen der Konstanten in (1.16) leicht ausrechnen. Wir bezeichnen die Energie und den Bohrschen Radius dieser Bahn künftig mit E_B und a_B und erhalten:

$$E_B = -13{,}6 \text{ eV}, \qquad a_B = 5{,}29 \cdot 10^{-11} \text{ m}.$$

Dieser Zustand heißt auch *Grundzustand* des Wasserstoffatoms. Da er energetisch am tiefsten liegt, hält sich das Elektron üblicherweise in diesem Zustand auf.

Diese beiden Zahlenwerte sind zum Vergleich mit späteren Angaben sehr wichtig, deshalb sollten wir sie uns merken. Nicht nur für die Historiker, sondern auch für die Physiker und Ingenieure ist es manchmal sinnvoll, Zahlen auswendig zu lernen! Insbesondere der BOHRsche Radius a_B gibt einen Hinweis auf die Größe der Atome, und er lässt sich gut behalten: Der Durchmesser des Wasserstoffatoms liegt mit $2a_B$ ziemlich genau bei 10^{-10} m.

Die insgesamt zulässigen Energiewerte und Bahnradien des Wasserstoffatoms sind in Abb. 1.3 dargestellt.

Beispiel 1.3

Berechnen Sie die Wellenlänge des Lichts, das beim Übergang von einem Zustand mit der Hauptquantenzahl $n = 3$ nach $n = 2$ von einem Wasserstoffatom ausgesandt wird. Verwenden Sie dabei den Wert für die Grundzustandsenergie von 13,6 eV.

Lösung:

Nach (1.16) hängt die Energie vom BOHRschen Radius ab, und in diesen geht gemäß (1.15) n quadratisch ein. Da sich alle Bahnradien nur durch den Faktor n^2 unterscheiden, unterscheiden sich auch alle Energiewerte nur um den Faktor n^2. Wir können demnach schreiben

$$\Delta E = E_{n=3} - E_{n=2} = E_{n=1}\left(\frac{1}{3^2} - \frac{1}{2^2}\right) = -13,6\,\text{eV}\left(\frac{1}{3^2} - \frac{1}{2^2}\right) = 1,89\,\text{eV}.$$

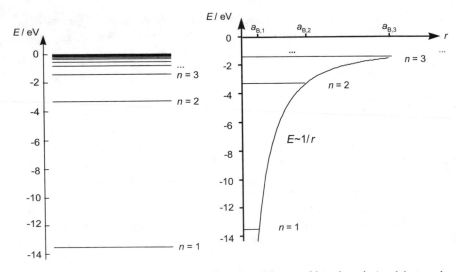

Abb. 1.3 Energieniveaus des Wasserstoffatoms (*rechts* ortsabhängig, mit Ausdehnung der Bahnen). Die *Hüllkurve* gibt die Abhängigkeit nach (1.16) wieder

Durch Umkehrung von (1.2) berechnen wir nun die Wellenlänge zu

$$\lambda = \frac{1240 \text{ eV nm}}{\Delta E} = 656 \text{ nm},$$

solches Licht liegt im sichtbaren Bereich. Es handelt sich dabei um eine Wellenlänge aus der so genannten BALMER-Serie (nach dem Schweizer Physiker und Gymnasiallehrer JOHANN JAKOB BALMER (1825 – 1898)).

Sie hätten doch hoffentlich nicht die Energiedifferenz durch Einsetzen aller einzelnen Konstanten in (1.16) berechnet? Verwenden Sie bei allen Rechnungen möglichst schon anderweitig berechnete Werte (hier 13,6 eV) und skalieren Sie die Ergebnisse!

Ein genaues Modell des Wasserstoffatoms wird durch die Quantenmechanik geliefert. Erst die Quantenmechanik ist die Theorie, die das Verhalten im Mikroskopischen angemessen beschreibt. Es zeigt sich dort, dass die Elektronen nicht exakt auf einer Umlaufbahn zu finden sind, sondern mit gewissen Wahrscheinlichkeiten überall in der Umgebung des Atomkerns. In der Sprache der Quantenmechanik wird diese Wahrscheinlichkeit durch das Quadrat der Wellenfunktion als so genannte Wahrscheinlichkeitsamplitude $|\psi(\mathbf{r})|^2$ dargestellt. Sie ergibt sich als Lösung der SCHRÖDINGERschen Wellengleichung. Diese Wahrscheinlichkeit wird in Abb. 1.4 für die erste Umlaufbahn veranschaulicht. Die Bedeutung unseres vereinfachten Wasserstoffatommodells besteht darin, dass es durchrechenbar ist, wenigstens eine Orientierung für kompliziertere Atome bietet und zudem später anwendbar auf Störstellen im Halbleiter ist.

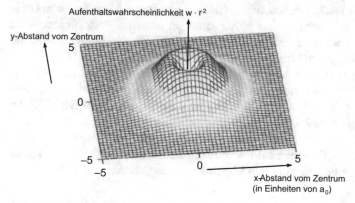

Abb. 1.4 Verteilung der Elektronendichte im Wasserstoffatom (hier multipliziert mit r^2), zweidimensionale Darstellung, nach [Fritzsch 1996]

1.3 Freie Elektronen

1.3.1 Wie entstehen freie Elektronen?

Elektronen tragen eine negative Ladung. Da fast alle Substanzen in unserer Umgebung elektrisch neutral sind, wird diese negative Ladung stets durch die positive

Ladung von Atomkernen kompensiert. Es ist deshalb sehr unwahrscheinlich, ein Elektron irgendwo allein anzutreffen – im Allgemeinen wird es sehr schnell ein Atom mit einer positiven Ladung finden und sich an dieses binden. In Bildröhren und Elektronenmikroskopen, wo man Elektronenstrahlen benötigt, werden die hierfür benötigten Elektronen erzeugt, indem man die erforderliche Energie zuführt.[15] Dadurch können sie aus der Substanz (durch „Ionisieren" des jeweiligen Atoms) frei gesetzt werden. Beim Wasserstoff sind dafür mindestens 13,6 eV erforderlich. In Bildröhren benutzt man aber tunlichst nicht Wasserstoff, sondern Metalle, um Elektronen zu gewinnen; deren Ionisierungsenergie liegt jedoch zumindest in ähnlicher Größenordnung. Woher kommt nun diese Energie?

Im Labor kann man sie durch Photonen zuführen, deren Frequenz ν gerade $E = h\nu$ liefert – das ist der *äußere Photoeffekt*.

In der Technik, zum Beispiel bei der Bildröhre älterer Fernsehgeräte, wird die Energie gewöhnlich durch hohe Temperaturen an der Katode erzeugt. (Die Elektronen werden anschließend im elektrischen Feld beschleunigt.) Im Mittel entfällt ja laut Gleichverteilungssatz der Wärmetheorie auf jeden Freiheitsgrad eines Teilchens die Energie $k_B T/2$; der Umrechnungsfaktor $k_B = 8,617 \cdot 10^{-5}$ eV/K ist die *Boltzmann-Konstante*. Ein Atom in einer Katode hat demnach eine thermische Energie in der Gegend von $k_B T$, die es dem Elektron maximal zur Verfügung stellen kann. Bei Zimmertemperatur (wir nehmen der Einfachheit immer 300 K = 27 °C an) entspricht das einer Energie von lediglich 25,85 meV. Selbst 100-fache Zimmertemperatur (30 000 K) ergibt erst 2,59 cV und würde demnach (wenn man sie erzeugen könnte) nicht reichen, um Elektronen von ihrem Atom zu lösen. Da in den Verteilungsfunktionen – und später auch in anderen Ausdrücken – im Exponenten in der Regel Energien stehen, erweist sich die Umrechnung der Temperatur in Energieeinheiten als sehr sinnvoll.

Das Problem liegt in der Gleichverteilung: Die Energie $k_B T/2$ ist eben nur die mittlere Energie, die tatsächliche Energie eines einzelnen Atoms kann auch sehr viel höher liegen (Abb. 1.5). Auf diese Weise steht ein ganz geringer Bruchteil der thermischen Energie immer zur Verfügung, um Elektronen frei zu setzen.

Freie Elektronen treten in Halbleitern nicht auf. Trotzdem ist das Modell mit einigen wenigen Modifikationen auf Halbleiterelektronen übertragbar, und es lohnt sich, wenn wir uns hier kurz mit ihren Eigenschaften befassen.

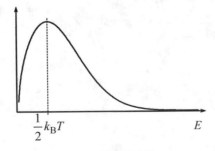

$\dfrac{1}{2} k_B T$ E

Abb. 1.5 Verteilung der Energien bei einer bestimmten Temperatur

---

[15] Damit sich die Elektronen dort frei bewegen können, ist Vakuum erforderlich.

1.3.2 Zur Energieeinheit Elektronenvolt

In der Halbleiterphysik ist als Energieeinheit das „Elektronenvolt" gebräuchlich,[16] eine Einheit, die sich nicht durch einfache Kombination der physikalischen Grundeinheiten ergibt.

Das Elektronenvolt ist als die Energie definiert, die ein Elektron nach Durchlaufen einer Potentialdifferenz von 1 V aufgenommen hat. In diesem Falle ergibt sich

$$E_{el} = eU = e \cdot 1 \text{ V} = 1 \text{ eV}.$$

Der Buchstabe e der Elementarladung kann, wie wir dabei sehen, „rezeptartig" zur Einheit der Spannung herübergezogen werden und ergibt dann direkt die Energieeinheit eV. Zur Umrechnung von Elektronenvolt in die SI-Einheit Joule muss jedoch die Konstante $e = 1,602 \cdot 10^{-19}$ As benutzt werden. Daraus folgt in Zahlenwerten

$$1 \text{ eV} = e \cdot 1 \text{ V} = 1,602 \cdot 10^{-19} \text{ VAs} = 1,602 \cdot 10^{-19} \text{ J}.$$

Beispiel 1.4

Mit welcher Geschwindigkeit fliegt ein Elektron, das durch eine Spannung von
a) 1 V, b) 1 kV und c) 10 kV beschleunigt wird?

Lösung:

Aus dem Energiesatz folgt

$$\frac{m_0}{2} v^2 = eU.$$

Auflösen nach der Geschwindigkeit ergibt bei $U = 1$ V

$$v = \sqrt{\frac{2eU}{m_0}} = \sqrt{\frac{2 \cdot 1,602 \cdot 10^{-19} \text{As} \cdot 1 \text{ V}}{9,11 \cdot 10^{-31} \text{ kg}}} = 5,93 \cdot 10^5 \left(\frac{\text{As V}}{\text{kg}}\right)^{1/2} = 593 \frac{\text{km}}{\text{s}}.$$

Bei $U = 1$ kV beträgt die Geschwindigkeit das $\sqrt{1000}$-fache, also 18760 km/s. Bei 10 kV ergeben sich nach unserer Formel der Wert $5,93 \cdot 10^4$ km/s.

Diese Zahl müsste allerdings noch ein wenig nach unten korrigiert werden, da in dem Geschwindigkeitsbereich bereits relativistische Effekte eine Rolle spielen, bei denen die Masse größer wird.

---

[16] Diese Bezeichnung stammt von LENARD.

1.3.3 Zusammenhang Energie – Impuls/Wellenzahl

Ein frei fliegendes Elektron können wir als punktförmiges Teilchen mit der Masse m_0 ansehen. Aus der klassischen Mechanik wissen wir, dass Impuls p, Geschwindigkeit v und (kinetische) Energie E eines punktförmigen Teilchens wie folgt geschrieben werden können:

$$p = m_0 v, \tag{1.17}$$

$$E = \frac{m_0}{2} v^2 = \frac{p^2}{2m_0}, \tag{1.18}$$

mit $p^2 = |\boldsymbol{p}|^2 = p_x^2 + p_y^2 + p_z^2$.

Die Energie hängt also quadratisch von der Geschwindigkeit oder Impuls ab, es ergibt sich eine Parabel beziehungsweise ein Paraboloid. Für zwei Impulskomponenten ist das in. Abb. 1.6 dargestellt; bei drei Komponenten versagt leider unsere Anschauung. Da wir wissen, dass Elektronen auch Welleneigenschaften haben, können wir die kinetische Energie auch durch die Wellenzahl ausdrücken. Ordnet man der Wellenzahl eine Richtung zu, nämlich die Ausbreitungsrichtung der Welle, so kann man einen *Wellenzahlvektor* $\boldsymbol{k}$ definieren:

$$\boldsymbol{p} = \hbar \boldsymbol{k}. \tag{1.19}$$

Dabei ist $|\boldsymbol{k}| = 2\pi/\lambda$. Die Energie freier Elektronen lässt sich somit auch schreiben als

$$E = \frac{\hbar^2 k^2}{2m_0}, \tag{1.20}$$

dies ist ebenfalls eine Parabel.

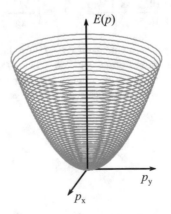

Abb. 1.6 Quadratische Abhängigkeit $E = p^2/2m_0$, hier über zwei Impulskoordinaten aufgetragen

Beispiel 1.5

Wie groß ist die Wellenlänge von Elektronen entsprechend Beispiel 1.4?

Lösung:

Aus $p = \hbar \dfrac{2\pi}{\lambda}$ \qquad folgt durch Umstellen nach λ:

$$\lambda = \hbar \frac{2\pi}{m_0 v} = 1,054 \cdot 10^{-34} \text{ Js} \cdot \frac{2\pi}{9,11 \cdot 10^{-31} \text{ kg} \cdot v} = 7,27 \cdot 10^{-10} \frac{\text{m}^2}{\text{s}} \cdot \frac{1}{v}.$$

Durch Einsetzen der Geschwindigkeitswerte aus Beispiel 1.4 erhalten wir
a) für $U = 1$ V: $v = 593$ km/s und $\lambda = 1{,}23$ nm,
b) für $U = 1$ kV: $v = 18750$ km/s und $\lambda = 0{,}039$ nm,
c) für $U = 10$ kV: $v = 5{,}93 \cdot 10^4$ km/s und $\lambda = 0{,}012$ nm.
Diese Wellenlängen sind demnach kleiner als die von sichtbarem Licht, sie liegen etwa im Bereich der Röntgenstrahlung.

In Elektronenmikroskopen spielt die Wellenlänge eine wichtige Rolle, sie bestimmt dort die mögliche Auflösung: Zwei Objekte, deren Abstände geringer als diese Wellenlänge sind, werden nicht mehr getrennt dargestellt. Allerdings liegen in solchen Geräten die Beschleunigungsspannungen noch höher, nämlich bei ca. 40 bis 100 kV.

1.4 Aufbau der Atome und Periodensystem

Das Energieschema des Wasserstoffatoms findet sich qualitativ auch in den komplizierteren Atomen wieder. Dabei spalten jedoch die einzelnen Niveaus („Schalen") in verschiedene Unterniveaus auf (Abb. 1.7). Die vom Wasserstoffatom her bekannte Zählung der Niveaus ($n = 1, 2, 3 \dots$ usw.) wird jetzt verfeinert. n heißt dabei *Hauptquantenzahl*. Die Bezeichnung der aufgespaltenen Niveaus als s-, p-, d- und f-Zustände hat historische Ursachen und kommt aus der Spektroskopie.[17] Wieder müssen wir bedenken, dass diese Schalen eigentlich „verschmiert" sind wie beim Wasserstoffatom.

Das Periodensystem sortiert die chemischen Elemente nach steigender Kernladungszahl. Diese entspricht gleichzeitig der Zahl der Elektronen in der Atomhülle. In jedem Atom ordnen sich die Elektronen auf den zur Verfügung stehenden Niveaus so an, dass die Gesamtenergie möglichst klein ist. Weil von Element zu Element ein weiteres Elektron hinzugefügt wird, füllen sich die verfügbaren Plätze in den Elektronenschalen von unten nach oben auf. Dabei wird der Bau des Periodensystems vom Pauli-Prinzip bestimmt: Auf den einzelnen Schalen finden demnach nicht beliebig viele Elektronen Platz, sondern nur so viel, dass in jedem quan-

---

[17] von p – „Prinzipalserie" (= Hauptserie), s – „scharfe Nebenserie", d – „diffuse Nebenserie", f – „Fundamentalserie". Man muss diese Bedeutung der Buchstaben nicht unbedingt wissen, aber es ist sicher interessant zu sehen, wie sich Begriffe historisch entwickelt haben, vgl. [Grimsehl 1990].

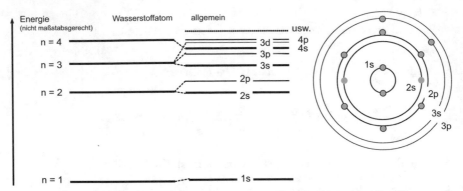

Abb. 1.7 Energieschema komplizierterer Atome im Vergleich mit dem des Wasserstoffatoms (schematisch). *Rechts* die räumliche Anordnung in „Schalen"

tenmechanischen Zustand höchstens zwei Elektronen enthalten sind. Die *s*-Schale entspricht gerade einem Zustand, daher kann sie zwei Elektronen aufnehmen. Die *p*-Schale beinhaltet aber drei Zustände (die „Bahnen" liegen in drei verschiedenen Raumrichtungen), so dass es maximal $2 \cdot 3 = 6$ *p*-Elektronen geben kann. Weiterhin gibt es fünf verschiedene *d*-Zustände und demnach maximal doppelt so viel, also 10 *d*-Elektronen.

Folgende Besetzungen der Elektronenschalen sind insgesamt möglich:

1. Schale ($n = 1$)
   2 *s*-Elektronen
2. Schale ($n = 2$)
   8 Elektronen (davon 2 *s*-Elektronen und 6 *p*-Elektronen)
3. Schale ($n = 3$)
   18 Elektronen (davon 2 *s*-Elektronen, 6 *p*-Elektronen und 10 *d*-Elektronen)
4. Schale ($n = 4$)
   32 Elektronen (davon 2 *s*-Elektronen, 6 *p*-Elektronen, 10 *d*-Elektronen und 14 *f*-Elektronen).
5. Schale ($n = 5$)
   …

Die unterschiedlichen Elektronenzahlen in den einzelnen Schalen sind also die Ursache für die verschieden langen Perioden des Systems der Elemente (Abb. 1.8). Mit der Auffüllung der Elektronenschalen verändert sich allerdings deren energetische Lage durch die gegenseitige Wechselwirkung der Elektronen selbst wieder, so dass Abb. 1.7 nur qualitativ zu werten ist.

Die *d*-Elektronen der 3. Schale werden allerdings erst nach den *s*-Elektronen der 4. Schale eingebaut. Das ist bei den *Nebengruppenelementen* der Fall. Gleiches gilt an späterer Stelle für die *d*-Elektronen der 4. Schale. Die *f*-Elektronen der 4. Schale werden sogar erst innerhalb der *d*-Elektronen der 5. Schale aufgefüllt (bei den *Lanthaniden*). Wir interessieren uns im weiteren jedoch vorwiegend für die Hauptgruppenelemente.

I	II											III	IV	V	VI	VII	VIII
^{1}H																	^{2}He
^{3}Li	^{4}Be											^{5}B	^{6}C	^{7}N	^{8}O	^{9}F	^{10}Ne
^{11}Na	^{12}Mg											^{13}Al	^{14}Si	^{15}P	^{16}S	^{17}Cl	^{18}Ar
^{19}K	^{20}Ca	^{21}Sc	^{22}Ti	^{23}Va	^{24}Cr	^{25}Mn	^{26}Fe	^{27}Co	^{28}Ni	^{29}Cu	^{30}Zn	^{31}Ga	^{32}Ge	^{33}As	^{34}Se	^{35}Br	^{36}Kr
^{37}Rb	^{38}Sr	^{39}Y	^{40}Zr	^{41}Nb	^{42}Mb	^{43}Tc	^{44}Ru	^{45}Rh	^{46}Pd	^{47}Ag	^{48}Cd	^{49}In	^{50}Sn	^{51}Sb	^{52}Te	^{53}I	^{54}Xe
^{55}Cs	^{56}Ba	^{57}La	^{72}Hf	^{73}Ta	^{74}W	^{75}Re	^{76}Os	^{77}Ir	^{78}Pt	^{79}Au	^{80}Hg	^{81}Tl	^{82}Pb	^{83}Bi	^{84}Po	^{85}At	^{86}Rn
^{87}Fr	^{88}Ra	^{89}Ac															

Abb. 1.8 Periodensystem der chemischen Elemente, vereinfacht. Die römischen Zahlen *oben* kennzeichnen die Hauptgruppen. Mit jeder Zeile wird eine neue Elektronenschale besetzt. Die Lanthaniden und Actiniden fehlen in der vorliegenden Darstellung. Eine ausführliche Darstellung findet sich in der Daten- und Formelsammlung des Anhangs auf S. 352

Vollständig aufgefüllte Elektronenschalen sind chemisch äußerst stabil; solche Elemente bilden die *Edelgase*. Bei den übrigen Elementen stehen die *s*- und *p*-Elektronen der nicht vollständig aufgefüllten Schalen als Bindungselektronen zur Verfügung.

Die Elektronenkonfiguration eines chemischen Elements wird durch eine spezielle (allerdings recht eigenwillige) Bezeichnungsweise dargestellt. Dabei wird die Zahl der Elektronen, die sich in einem bestimmten Niveau (zum Beispiel 1*s*) befinden, jeweils durch eine hinter der Niveaubezeichnung stehende Hochzahl angegeben. Die folgenden Beispiele machen das deutlich.

Beispiele für die Elektronenkonfiguration einiger Elemente:

Kohlenstoff (C): $1s^2 2s^2 2p^2$

    2 Elektronen auf der 1*s*-Schale,

    2 Elektronen auf der 2*s*-Schale (Bindungselektronen),

    2 Elektronen auf der 2*p*-Schale (Bindungselektronen),

    also insgesamt 6 Elektronen, davon 4 Bindungselektronen;

Phosphor (P): $1s^2 2s^2 2p^6 3s^2 3p^3$ oder (Ne) $3s^2 3p^3$

    2 Elektronen auf der 1*s*-Schale,

    2 Elektronen auf der 2*s*-Schale,

    6 Elektronen auf der 2*p*-Schale,

    2 Elektronen auf der 3*s*-Schale (Bindungselektronen),

    3 Elektronen auf der 3*p*-Schale (Bindungselektronen),

    also insgesamt 15 Elektronen, davon 5 Bindungselektronen;

    Da die Konfiguration $1s^2 2s^2 2p^6$ der Elektronenhülle des Edelgases Neon entspricht, wird die Phosphor-Konfiguration auch als (Ne) $3s^2 3p^3$ abgekürzt.

Gallium (Ga)

    $1s^2 2s^2 2p^6 3s^2 3p^6 3d^{10} 4s^2 4p^1$ oder (Ar) $3d^{10} 4s^2 4p^1$, davon sind $4s^2 4p^1$ die 3 Bindungselektronen

1.5   Kristallstrukturen und Geometrie

1.5.1 Bravais-Gitter und Elementarzellen

Halbleitersubstanzen sind Festkörper und haben in der Regel einen kristallinen Aufbau. Kristalle treten immer in bestimmten geometrischen Strukturen (*Kristallgittern*) auf. In Abb. 1.9 sind zwei Beispiele für die Grundstrukturen, die sich periodisch zu einem Gitter fortsetzen, dargestellt; die Gitterstrukturen von Halbleitern sind allerdings noch etwas komplizierter.

Alle Kristalltypen sind durch bestimmte Symmetrieelemente wie Spiegelungen und Drehungen klassifizierbar. Mit diesen Symmetrieelementen lassen sich Strukturen aufbauen, die durch periodische Wiederholung den Kristall ergeben. Die kleinste Struktur heißt *Elementarzelle*. Durch die Gestalt der Elementarzellen sind letztlich auch die makroskopischen Eigenschaften festgelegt, wie zum Beispiel die Form seiner Außenflächen. Auch viele physikalische Eigenschaften hängen von den Symmetrieverhältnissen im Kristall ab.

Prinzipiell lassen sich 14 verschiedene Elementarzellen so konstruieren, dass sie ein lückenloses Kristallgitter bilden. Die dadurch entstehenden Gitter heißen BRAVAIS-*Gitter*.[18]

Folgende Bravais-Gitter sind möglich (Abb. 1.10):

     kubisch: alle Seiten gleich lang ($a = b = c$), alle Winkel 90 ° ($\alpha = \beta = \gamma = 90$ °),

     tetragonal: zwei Seiten gleich lang ($a = b \neq c$), alle Winkel 90 ° ($\alpha = \beta = \gamma = 90$ °),

     orthorhombisch: Seiten ungleich lang ($a \neq b \neq c$), alle Winkel 90 ° ($\alpha = \beta = \gamma = 90$ °),

Bei allen folgenden Strukturen ist wenigstens ein Winkel $\neq 90$ °:

     hexagonal: zwei Seiten gleich lang ($a = b \neq c$), $\alpha = 60$ °, $\beta = 90$ °, $\gamma = 120$ °

     rhomboedrisch: alle Seiten gleich lang ($a = b = c$), $\alpha = \beta = \gamma \neq 90$ °, 60 °, 109,5 °,

     monoklin: Seiten ungleich lang ($a \neq b \neq c$), zwei Winkel 90° ($\alpha = \gamma = 90$ °, $\beta \neq 90$ °),

     triklin: Seiten ungleich lang ($a \neq b \neq c$), alle Winkel verschieden ($\alpha \neq \beta \neq \gamma$).

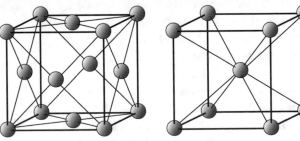

Abb. 1.9 Zwei Beispiele für Kristallstrukturen: *links* kubisch-flächenzentriert, *rechts* kubisch-raumzentriert

---

[18] AUGUSTE BRAVAIS (1811–1863), frz. Physiker und Kristallograph. Professor in Lyon und an der berühmten École Polytechnique in Paris. Nahm an wissenschaftlichen Expeditionen in Algerien und Lappland teil und bestieg zur Durchführung von Beobachtungen den Mont Blanc.

Allein mit kubischer Gitterstruktur sind mehrere verschiedene Elementarzellen möglich. Einfache kubische Elementarzellen treten praktisch nicht auf, dagegen sind kubisch-flächenzentrierte Gitter (fcc, *face-centered cubic*) oder kubisch-raumzentrierte Gitter (bcc, *base-centered cubic*) bei vielen Metallen anzutreffen. Die gängigen Elementhalbleiter kristallisieren in der *Diamantstruktur*:

Bei der Diamant-Struktur sind zwei kubisch-flächenzentrierte Gitter um ¼ der Raumdiagonale gegeneinander verschoben. In dieser Struktur kristallisieren neben Diamant die beiden Halbleiter Silizium und Germanium.

Ähnlich der Diamantstruktur ist die *Zinkblendestruktur*, sie tritt bei Verbindungshalbleitern auf. Bei ihnen sitzen jeweils zwei unterschiedliche Atome auf benachbarten Gitterplätzen, die Plätze sind also nicht gleichwertig. In ihrer Struktur ist sie sonst der Diamantstruktur gleich, es handelt sich also auch hier um zwei kubisch-flächenzentrierte, ineinander geschobene Gitter. Im GaAs sitzen zum Beispiel abwechselnd Gallium- und Arsenatome auf benachbarten Gitterplätzen.

Um sich die relativ komplexe Geometrie der Diamant- oder Zinkblendestruktur deutlich zu machen, muss man schon einige Anforderungen an das räumliche Vorstellungsvermögen stellen. Die MATLAB-Programme, die in Aufgabe 1.16 bis Aufgabe 1.18 entwickelt werden, können hierbei nützliche Dienste leisten. Selbst wenn Sie sie nicht im Detail nachvollziehen wollen, ist es sinnvoll, sich die produzierten Bilder unter mehreren Betrachtungswinkeln anzuschauen[19] und somit die Kristallstruktur vertraut zu machen.

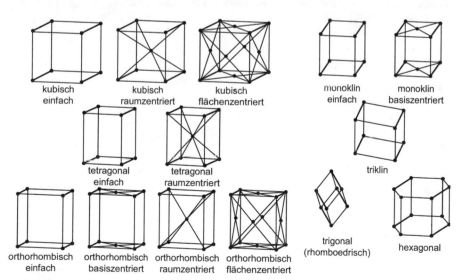

Abb. 1.10 Die 14 Bravais-Gitter (nach Rudden/Wilson)

---

[19] Dies wird durch Anklicken des Kreissymbols im Ausgabefenster der MATLAB-Graphik möglich.

1.5.2 Atomabstände und Packungsdichten

Zur mathematischen Beschreibung der Kristallstruktur wird ein Koordinatensystem benötigt, dessen Nullpunkt in der Regel in einen Gitterpunkt gelegt wird. Die Größe der Elementarzelle, die *Gitterkonstante*, lässt sich aus Röntgenbeugungsexperimenten bestimmen. In Silizium beträgt sie $a_0 = 0,5431$ nm, also rund 1/2 Nanometer. Einige Werte für andere Halbleitersubstanzen sind in Tabelle 1.1. zusammengestellt. Daraus kann man wichtige Informationen über den Abstand von Atomen in einem Halbleiterkristall gewinnen.

Beispiel 1.6
Wie groß ist der Abstand nächster Nachbarn in einem Siliziumkristall?

Lösung:
Nach dem Satz des Pythagoras ergibt sich die Raumdiagonale eines Würfels zu

$$d_0 = \sqrt{a_0^2 + a_0^2 + a_0^2} = \sqrt{3}\, a_0 = 0,9407 \text{ nm.} \qquad (1.21)$$

Der Abstand nächster Nachbarn ist ein Viertel dieses Werts, also 0,2353 nm. Dieser Abstand stellt gleichzeitig den Atomdurchmesser dar, wenn man die Atome näherungsweise als scharf begegrenzte sich berührende Kugeln ansieht. Um eine Vorstellung von der Größenordnung im Kopf zu behalten, sollte man sich hierfür den Näherungswert 1/4 nm merken.

Tabelle 1.1. Gitterkonstanten einiger Halbleiter mit kubischer Struktur, aus [Madelung 1996]

Halbleiter	$a_0/$nm
Diamant	0,3567
Silizium	0,5431
Germanium	0,5658
GaP	0,5450
GaAs	0,5653
AlAs	0,5660
AlP	0,5464
InP	0,5869
InAs	0,6058
InSb	0,6479

Sieht man, wie soeben im Beispiel, die Atome als Kugeln an, so wird deutlich, dass zwischen ihnen noch reichlich freier Platz vorhanden ist. Das Verhältnis des Volumens, das die Atome einnehmen, zur Größe der Elementarzelle, heißt *Packungsdichte*. Zur Berechnung der Packungsdichte muss man zunächst einmal ermitteln, wie viele Atome zu einer Elementarzelle gehören. Für das einfache kubi-

Abb. 1.11 Packungsdichten in einem ebenen Modell. *Links* einfach kubisches, *rechts* kubisch-flächenzentriertes Gitter

sche Gitter ist das noch relativ leicht, wenn man nur „richtig" zählt: An einem ebenen Modell (Abb. 1.11) beispielsweise sehen wir, dass vier Kreise an den Ecken eines Quadrats nur je zu einem Viertel ihrer Fläche in diesem Quadrat liegen. Analog liegen im räumlichen Fall acht sich berührende Achtelkugeln an den Ecken eines Würfels.

Haben wir hingegen ein kubisch-raumzentriertes Gitter, so kommt noch die Kugel in der Mitte der Elementarzelle hinzu, damit ergeben sich $8 \cdot 1/8 + 1 = 2$ Atome pro Elementarzelle. Analog haben wir in einem kubisch-flächenzentrierten Gitter zusätzlich zu den acht Achtelkugeln an den Ecken noch insgesamt 6 Halbkugeln an den Flächenmitten, somit $8 \cdot 1/8 + 6 \cdot 1/2 = 1 + 3 = 4$ Atome pro Elementarzelle. Das Diamantgitter besteht aus zwei gegeneinander verschobenen kubisch-flächenzentrierten Gittern und hat demnach die doppelte Zahl, also 8 Atome pro Elementarzelle.

Werte für die Packungsdichte sind in Tabelle 1.2. angegeben, ihre Berechnung erfolgt im Rahmen der Übungsaufgaben. Wir sehen daraus, dass die Diamantstruktur im Vergleich zu anderen nicht sehr dicht gepackt ist. Eine Folgerung hieraus ist die relativ geringe Dichte solcher Substanzen.

Tabelle 1.2. Packungsdichten verschiedener Gitter

Parameter	Einfach-kubisches Gitter (sc)	Kubisch-raumzentriertes Gitter (bcc)	Kubisch-flächenzentriertes Gitter (fcc)	Diamantgitter
Atome pro Elementarzelle	1	2	4	8
Atomradius, bezogen auf die Gitterkonstante	$\dfrac{a_0}{2}$	$a_0\dfrac{\sqrt{3}}{4}$	$a_0\dfrac{\sqrt{2}}{4}$	$a_0\dfrac{\sqrt{3}}{8}$
Packungsdichte	$\dfrac{\pi}{6} = 52\%$	$\pi\dfrac{\sqrt{3}}{8} = 68\%$	$\pi\dfrac{\sqrt{2}}{6} = 74\%$	$\pi\dfrac{\sqrt{3}}{16} = 34\%$

1.5.3 Kristallrichtungen und MILLERsche Indizes

Durch die Gitterpunkte in einem Kristall können Ebenen unterschiedlicher Neigung gezogen werden. Man nennt diese Ebenen *Netzebenen*. Die Richtung der Netzebenen wird wie in der Geometrie üblich durch ihre Normalenvektoren gekennzeichnet. Während jedoch sonst meist Einheitsvektoren benutzt werden, um die Flächennormalen zu kennzeichnen, benutzt man in der Kristallphysik Normalenvektoren, deren Komponenten ganzzahlige Vielfache der Gitterkonstanten sind. Die Komponenten dieser Normalenvektoren sind die *Millerschen Indizes*[20].

Um zu einer solchen Darstellung zu gelangen, gehen wir für rechtwinklige Koordinatensysteme von der Ebenengleichung in der Form

$$(r - r_1) \cdot n = 0$$

aus, bei der n der Normalenvektor und r der Vektor zu einem beliebigen Punkt der Ebene ist. r_1 ist der Ortsvektor, der zum Ursprung von n führt. Wir können $r_1 \cdot n$ auf die rechte Seite bringen und diese Gleichung auch als

$$r \cdot n = r_1 \cdot n \equiv d$$

schreiben (d zunächst noch unbestimmt!), in Komponentendarstellung ergibt sich

$$x n_x + y n_y + z n_z = d.$$

Wenden wir nun diese Beziehung nacheinander auf die drei Schnittpunkte mit den Koordinatenachsen an, so können wir die Komponenten von n ermitteln. Wir tun dies hier für das Beispiel entsprechend Abb. 1.12:

$$3 n_x + 0 n_y + 0 n_z = d,$$
$$0 n_x + 1 n_y + 0 n_z = d,$$
$$0 n_x + 0 n_y + 2 n_z = d.$$

Daraus folgt

$$n_x = \frac{d}{3}, \quad n_y = d, \quad n_z = \frac{d}{2}.$$

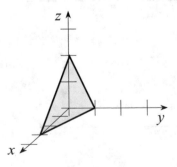

Abb. 1.12 Zur Ableitung der Millerschen Indizes. Dargestellt ist die (263)-Ebene

---

[20] William Miller (1801–1880), brit. Mineraloge und Kristallograph, entwickelte das grundlegende Klassifikationsschema der Kristallographie. Untersuchungen zur Hydrostatik und Hydrodynamik, Mitglied eines parlamentarischen Komitees zur Festlegung von Längen- und Massenstandards.

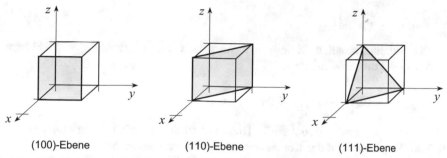

| (100)-Ebene | (110)-Ebene | (111)-Ebene |

Abb. 1.13 Einige wichtige Netzebenen in kubischen Kristallen

Da wir einen Normalenvektor verwenden wollen, dessen Komponenten ganzzahlig sind, kann man jetzt d so wählen, dass diese Forderung gerade erfüllt wird. Mit $d = 6$ erhalten wir

$$n_x = 2, \quad n_y = 6, \quad n_z = 3.$$

Die zugehörige Ebene wird dann gekennzeichnet, indem diese Koordinaten einfach in runde Klammern gesetzt werden: (263). Damit haben wir die MILLERschen Indizes für unser Beispiel ermittelt.

Ein eventuelles Minuszeichen, sofern erforderlich, wird als Strich über die entsprechende Zahl geschrieben, zum Beispiel als $(1\,\bar{1}3)$.

Verläuft eine Ebene zu einer Koordinatenachse parallel, hat also im Endlichen keinen Schnittpunkt, so ist die zugehörige Komponente des Normalenvektors null. Eine Ebene parallel zur z-Achse hat beispielsweise die MILLERschen Indizes (010). Einige wichtige Netzebenen sind in Abb. 1.13 gezeigt. Alle parallelen Ebenen tragen übrigens die gleichen MILLERschen Indizes, es ist also nur das kleinste ganzzahlige Tripel von Interesse.

Die MILLERschen Indizes sind wichtig für die Charakterisierung von Halbleiteroberflächen. Viele physikalische und chemische Eigenschaften, beispielsweise das Aufwachsen von weiteren Kristallschichten, hängen von der Orientierung der Oberfläche ab. Für die Anwendungen sind die (100)-Richtung (eine Ebene parallel zur Oberfläche der Elementarzelle) beziehungsweise die (111)-Richtung (eine Ebene parallel zur Raumdiagonalen) am wichtigsten.

An jeder Netzebene werden Röntgenstrahlen in bestimmter Weise gebeugt. Durch Auswertung der Beugungsbilder lassen sich präzise Daten zur Kristallstruktur von Halbleitern bestimmen, insbesondere erhält man genaue Werte für die Gitterkonstante und somit für die Größe der Elementarzelle.

1.5.4 Massen und Dichten von Halbleitersubstanzen

Aus der Kenntnis der Gitterkonstanten kann man auf die Dichte der Atome in Halbleitern und darüber hinaus auf die Massendichte von Halbleitern schließen. Die Dichte der Atome pro Elementarzelle ist gegeben durch die Zahl der in ihr enthaltenen Atome N_{EZ}, dividiert durch das Volumen der Elementarzelle $V_{EZ} = a_0^3$. Dieser Wert gibt gleichzeitig die Dichte der Atome pro Kubikzentimeter an:

$$n_{\text{Atom}} = N_{\text{EZ}} / a_0^3 . \tag{1.22}$$

Für Silizium erhalten wir mit dem Wert der Gitterkonstanten $a_0 = 0{,}5431$ nm und $N_{\text{EZ}} = 8$ die Atomdichte

$$n_{\text{Atom}} = 8/(0{,}5431 \text{ nm})^3 = 4{,}99 \cdot 10^{22} \text{ cm}^{-3} ,$$

also ziemlich genau $5 \cdot 10^{22}$ cm^{-3}. Diesen Wert sollten wir uns im Hinblick auf spätere Vergleiche mit der Konzentration von Fremdatomen merken.

Wir können auch einen Zusammenhang mit der makroskopisch ermittelbaren Dichte von Halbleitern herstellen. Die Dichte ist definiert als Masse pro Volumeneinheit; diesen Ausdruck können wir zum Beispiel für ein Mol aufschreiben:

$$\rho = \frac{\mu}{V_{\text{m}}} = \frac{\text{molare Masse}}{\text{molares Volumen}} . \tag{1.23}$$

Die molare Masse bezeichnen wir mit μ, wir ermitteln sie in bekannter Weise aus der relativen Atommasse mit Hilfe des Periodensystems der Elemente. Ein Mol ist bekanntlich die Maßeinheit der Stoffmenge, es repräsentiert immer eine bestimmte Zahl, nämlich $6{,}022 \cdot 10^{23}$ Teilchen. Das molare Volumen lässt sich ausdrücken als Produkt aus dem Volumen, das jedem Atom zur Verfügung steht (einschließlich der „Leerräume"),[21] multipliziert mit der Zahl der Atome pro Mol – letzteres ist nichts anderes als die AVOGADRO-Konstante[22] $N_{\text{A}} = 6{,}022 \cdot 10^{23}$ mol^{-1}:

$$\rho = \frac{\mu}{V_{\text{Atom}} \cdot N_{\text{A}}} = \frac{\mu}{\dfrac{V_{\text{EZ}}}{N_{\text{EZ}}} \cdot N_{\text{A}}} = \frac{N_{\text{EZ}} \cdot \mu}{V_{\text{EZ}} \cdot N_{\text{A}}} = n_{\text{Atom}} \frac{\mu}{N_{\text{A}}} . \tag{1.24}$$

Für Silizium ergibt sich durch Einsetzen

$$\rho = n_{\text{Atom}} \frac{\mu}{N_{\text{A}}} = 4{,}99 \cdot 10^{22} \text{ cm}^{-3} \frac{28{,}1 \text{ g mol}^{-1}}{6{,}022 \cdot 10^{23} \text{ mol}^{-1}} = 2{,}33 \text{ g cm}^{-3} ,$$

---

[21] $V_{\text{Atom}} = V_{\text{EZ}}/N_{\text{EZ}}$ ist deshalb größer als das Volumen $\frac{4}{3} \pi r^3$.

[22] AVOGADRO, genauer LORENZO ROMANO AMEDEO CARLO AVOGADRO, CONTE DI QUA-REGNA E DI CERRETO (1776–1856), geb. in Turin, studierte Jura, zeigte jedoch auch Interesse für Naturwissenschaften und belegte die erste Professur für Mathematische Physik in Turin. Sein Beitrag zur Chemie bestand vor allem darin, den Unterschied zwischen Atomen und Molekülen herauszuarbeiten. Formulierte das nach ihm benannte Avogadro-Prinzip („Gleiche Volumina aller Gase enthalten bei gleicher Temperatur und gleichem Druck gleich viele Moleküle"), dies mündete später in der Bestimmung der molaren und atomaren Massen.

was genau mit dem experimentell ermittelten Dichtewert übereinstimmt. Im Formelanhang sind die Dichten der wichtigsten Halbleitersubstanzen zusammengestellt.

Die Masse eines Wasserstoffatoms dient als Vergleichswert für atomare Massen, sie wird auch als *atomare Masseneinheit* (abgekürzt u) bezeichnet:[23]

$$1\,u = 1g\,mol^{-1}/N_A = 1g\,mol^{-1}/6{,}022 \cdot 10^{23}\,mol^{-1} = 1{,}661 \cdot 10^{-24}\,g. \qquad (1.25)$$

1.6 Chemische Bindung

1.6.1 Übersicht über die Bindungsarten

Durch die chemische Bindung von Atomen zu Molekülen oder Kristallen wird in der Regel ein energetisch günstigerer Zustand erreicht. Je nach ihrem Standort im Periodensystem sind für die einzelnen Elemente unterschiedliche Bindungstypen vorteilhaft. Während in einem Molekül nur zwei oder wenige Atome gebunden sind, enthält ein Kristall Bindungen zwischen sehr vielen Atomen in regelmäßiger Anordnung. Im Idealfall reicht die Periodizität der Kristalle bis ins Unendliche.

(a) Heteropolare Bindung (Ionenbindung)

Eine typische Ionenbindung finden wir zum Beispiel beim Natriumchlorid, dem Kochsalz, vor. Der Energiegewinn bei diesem Bindungstyp wird auf zweierlei Art erreicht: Erstens bilden sich stabile Schalen wie bei den Edelgasen – die Natriumatome geben ihr äußeres Hüllenelektron ab und erreichen damit eine Elektronenkonfiguration wie Neon; die Chloratome nehmen ein Elektron zur Bildung einer stabilen Achter-Schale auf und erreichen damit eine Elektronenkonfiguration wie das Argon (Abb. 1.14). Zweitens ziehen sich die jetzt elektrisch geladenen Ionen

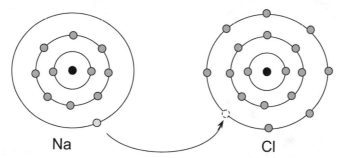

Abb. 1.14 Zustandekommen der Ionenbindung beim Natriumchlorid- (Kochsalz-) Molekül

---

[23] Genauer: 1 u ist definiert als 1/12 der atomaren Masse eines Atoms des Kohlenstoffisotops ^{12}C.

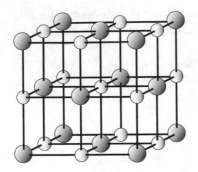

Abb. 1.15 Gitterstruktur des Natriumchlorid-Gitters als Beispiel eines Ionenkristalls

durch COULOMBsche Wechselwirkung gegenseitig an, was einen zusätzlichen Energiegewinn mit sich bringt. Diese Ionenbindung tritt sowohl in einzelnen Molekülen als auch in Kristallen (Abb. 1.15) auf.

(b) Homöopolare oder kovalente Bindung (Atombindung)

Die homöopolare Bindung ist der andere Grenzfall. Sie tritt insbesondere überall dort auf, wo chemisch nahezu gleiche Atome zusammentreten. Die Elemente der IV. Hauptgruppe mit ihren vier Valenzelektronen bilden bei dieser Bindung so genannte sp^3-Hybride, dabei verhalten sich alle vier s- und p-Valenzelektronen gleichartig und strecken ihre vier „Bindungsarme" unter Wahrung größtmöglicher Symmetrie nach außen. Dies führt zu einer Struktur, wie sie besonders deutlich im Methanmolekül zu sehen ist, die vier Eckpunkte mit den Wasserstoffatomen bilden dort ein Tetraeder (Abb. 1.16). Auch für Kristalle, die aus den Elementen der IV. Hauptgruppe allein gebildet werden, ist diese Tetraederstruktur typisch; sie tritt beim Diamant[24] sowie bei den Halbleitern Silizium und Germanium auf.

Bei der homöopolaren Bindung ergibt sich der Energiegewinn durch „Austauschkräfte", die nur quantenmechanisch exakt erklärbar sind. Sie führen dazu,

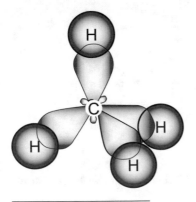

Abb. 1.16 Elektronendichteverteilung in einem Methanmolekül CH_4 (Tetraederstruktur)

---

[24] Diamant ist neben Graphit und den erst später entdeckten Fullerenen sowie Graphen (vgl. hierzu Abschn. 1.8 am Ende dieses Kapitels) eine der Modifikationen, in denen Kohlenstoff vorkommt.

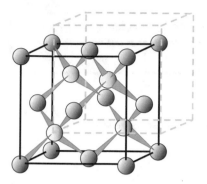

Abb. 1.17 Tetraedrische Bindungen von kristallinem Kohlenstoff im Diamantgitter. Die Atome, die besonders deutlich die Mitte eines Bindungstetraeders zeigen und zum zweiten, versetzten Gitter gehören, sind *heller* dargestellt. Bei der Diamantstruktur sind zwei kubisch-flächenzentrierte Gitter ineinander geschoben, das versetzte Gitter ist *gestrichelt* angedeutet. Sind die beiden Atomsorten verschieden, handelt es sich um eine Zinkblendestruktur

dass die äußeren Elektronen der an einer Bindung beteiligten Atome in der Mitte zwischen je zwei benachbarten Atomen Bindungsladungen aufbauen, die die verbleibenden Atomrümpfe elektrisch anziehen. Dadurch entsteht die bereits erwähnte Struktur aus zwei um jeweils ¼ der Raumdiagonale versetzten kubisch-flächenzentrierten Kristallgittern (*Diamantstruktur,* Abb. 1.17). Im Bild sind die Bindungen perspektivisch durch sich verjüngende Linien dargestellt. Sie liegen nicht in Richtungen der Würfelkanten, sondern zeigen stets in Diagonalenrichtung. Die Kanten des Würfels sind nur gezeichnet, um die kubisch-flächenzentrierte Struktur deutlich zu machen, für die Bindung haben sie keine Bedeutung. In Abb. 1.18 ist die linke untere Ecke aus dem Gitter von Abb. 1.17 herausgezeichnet. Dadurch werden die Bindungen zu den nächsten Nachbarn deutlich.

Wenn Sie sich das Ganze dreidimensional verdeutlichen wollen, können Sie mit etwas Bastelarbeit ein Modell herstellen; die Vorlage dazu finden Sie im Internet. Ebenso nützlich könnte das MATLAB-Programm sein, mit dem man sich die Elementarzelle aus unterschiedlichen Perspektiven anschauen kann (Aufgabe 1.17).

Oft werden die tetraedrischen Bindungen von Molekülen und Festkörpern auch in einem vereinfachten ebenen Modell wie in Abb. 1.19 dargestellt. Dies reicht für manche Zwecke natürlich aus, die tatsächlichen Verhältnisse werden jedoch nur bedingt wiedergegeben.

Halbleiterverbindungen (oder *Verbindungshalbleiter*), deren Einzelkomponenten unmittelbar rechts und links neben denen der IV. Hauptgruppe liegen (z. B. Galliumarsenid, GaAs)[25], sind auch noch nahezu homöopolar. Diese Verbindungen werden als *III-V-Halbleiter* bezeichnet. Sie bilden in der Regel ähnliche Kristallstrukturen wie die Elementhalbleiter Silizium und Germanium. Allerdings sind jetzt die Atome in den beiden kubisch-flächenzentrierten Untergittern nicht mehr gleich, wir haben uns in Abb. 1.17 zum Beispiel unter den hellen Kugeln Galliumatome und unter den dunklen Kugeln Arsenatome vorzustellen (oder umgekehrt). Diese Kristallstruktur heißt dann *Zinkblendestruktur* (nach dem Mineral Zinkblende, ZnS, eine II-VI-Verbindung).

---

[25] GaAs sprich Galliumarsenid. Alle derartigen Halbleiterverbindungen enden auf -id.

> III-V-Halbleiter kristallisieren in der Regel in der *Zinkblendestruktur*. Diese ist aufgebaut wie die Diamantstruktur, beide Untergitter bestehen aber aus unterschiedlichen Atomsorten.

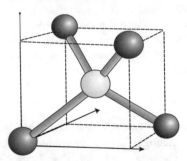

Abb. 1.18   Ausschnitt aus einem Siliziumkristall (Diamantstruktur) zur Verdeutlichung der chemischen Bindungen in der Tetraederstruktur

        H
       ••
H **:** C **:** H

        H

    ••   ••   ••
: Si **:** Si **:** Si **:**
    ••   ••   ••
: Si **:** Si **:** Si **:**
    ••   ••   ••
: Si **:** Si **:** Si **:**
    ••   ••   ••

Abb. 1.19   Ebenes Modell von Substanzen mit homöopolarer Bindung, *links* Methanmolekül, *rechts* Siliziumkristall

Einige für die Optoelektronik wichtige Substanzen wie Cadmiumsulfid (CdS), Cadmiumselenid (CdSe) oder Galliumnitrid (GaN) kristallisieren normalerweise in der so genannten *Wurtzit-Struktur*. Sie unterscheidet sich nur wenig von der Zinkblendestruktur, hat aber geringere Symmetrie.

Zwischen homöopolarer und heteropolarer Bindung sind Übergangsformen möglich. Rein homöopolare Bindungen gibt es nur in Kristallen, die aus einer einzigen Atomsorte bestehen. Alle Verbindungshalbleiter besitzen bereits geringe heteropolare Anteile. In Abb. 1.20 ist die Verteilung der Elektronendichte im Kristall auf der Verbindungslinie benachbarter Atome dargestellt. Man sieht die (110)-Ebene der Diamant- bzw. Zinkblendestruktur in der Reihenfolge Ge, GaAs, ZnSe. Eine hohe Elektronendichte in der Mitte zwischen den Atomen weist auf eine starke Bindungsladung der homöopolaren Bindung hin. Beim Germanium ist diese Dichte am größten, beide Bindungspartner sind ja dort auch gleichberechtigt. Beim Galliumarsenid und Zinkselenid haben wir es jetzt mit jeweils unterschiedlichen Partnern zu tun: Obwohl alle beteiligten Atome in derselben Zeile des Periodensystems stehen, finden wir sie doch in verschiedenen Hauptgruppen. Der ionare Charakter nimmt deshalb vom Germanium zum Zinkselenid zu, das heißt, die Elektronen sind immer mehr an dem jeweils linken Atom lokalisiert.

Interessant ist noch die so genannte Koordinationszahl in einem Kristall. Sie gibt die Anzahl nächster Nachbarn an und beträgt bei der Diamant- und Zinkblende-Struktur 4. Damit gibt die Koordinationszahl die chemische Wertigkeit wieder.

> Die strukturelle Sichtweise des Aufbaus von Halbleitern, wie sie bisher dargestellt wurde, bezeichnet man als *Bindungsmodell*.

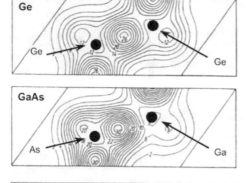

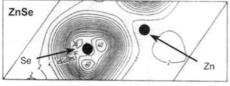

Abb. 1.20 Berechnete Verteilung der Elektronendichte auf der Verbindungslinie benachbarter Atome im Kristall (aus: [Grimsehl 1990]). Der homöopolare Charakter der Bindung nimmt von *oben* nach *unten* ab, der ionare Charakter nimmt zu

(c) Metallische Bindung

Der Vollständigkeit halber soll nur noch die *metallische Bindung* erwähnt werden. Sie kommt durch einen kollektiven Effekt der Elektronen zustande.

1.6.2 Verbreiterung der Energieniveaus zu Bändern

Während wir bisher vor allem den strukturellen Aspekt der chemischen Bindung von Kristallen im Auge hatten, betrachten wir nun, wie sich die Energieniveaus als Folge des Zusammentretens der Atome verändern. Wir kommen damit zum *Bändermodell*.

(a) Bildung von Bändern

Mit Verringerung des Abstands zwischen den einzelnen Atomen (Wir stellen uns vor, das könnte man kontinuierlich tun!) verhalten sich die Energieniveaus qualitativ so wie in Abb. 1.21 dargestellt. Aus den ursprünglich isolierten, scharfen Energieniveaus werden durch Annäherung der Atome bis zu den Abständen, wie wir sie im Kristall finden, verbreiterte Zustände, die *Bänder*. Dabei durchdringen sich die höherliegenden Niveaus benachbarter Atome gegenseitig und „gehen sich energetisch aus dem Weg". Diese Zustände gehören dann nicht mehr zu einem Atom allein, sondern sind kollektives Eigentum des gesamten Kristalls. Die tieferen Zustände (die so genannten Rumpfniveaus) dagegen bleiben noch weitgehend isoliert (Abb. 1.22).

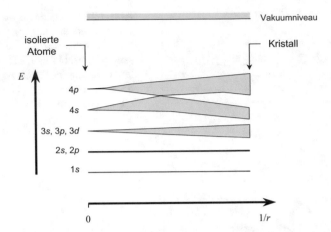

Abb. 1.21 Niveauverbreiterung bei allmählicher Verringerung des Atomabstands von *links* nach *rechts* (schematisch)

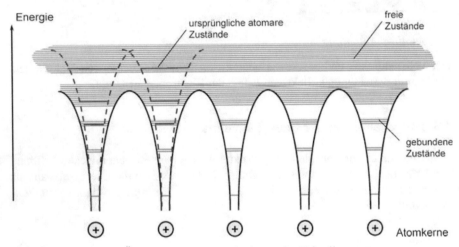

Abb. 1.22 Räumliche Überlappung der Energieniveaus im Kristall

(b) Besetzung der Niveaus mit Elektronen

Wie im einzelnen Atom werden auch im Kristall die energetisch tiefsten Zustände mit Elektronen besetzt, und die darüberliegenden bleiben frei. Da die Elektronen in den tiefsten Zuständen gerade die Bindung („Valenz") bewirken, heißen die daraus gebildeten Bänder *Valenzbänder*. Die Bänder sind über den ganzen Kristall ausgebreitet. Kommt durch Energiezufuhr das eine oder andere Elektron nach oben in einen der normalerweise freien Zustände, so kann es sich nun leicht durch den Kristall bewegen. Dies kann zum Beispiel zu einer elektrischen Leitung führen. Die (mindestens teilweise) freien Bänder heißen deshalb *Leitungsbänder*. In den Valenzbändern blockieren sich die Elektronen auf ihren Positionen gegenseitig, deshalb ist dort eine elektrische Leitung durch die Elektronen nicht möglich.

Generell kann man sagen, dass für die *strukturellen Eigenschaften* der Kristalle, zum Beispiel für ihre Symmetrie, aber auch für Gitterschwingungen, eher die tiefen, isolierten Zustände wichtig sind, für die Leitfähigkeit dagegen vor allem die höherliegenden, ausgebreiteten Zustände.

> Die isolierten atomaren Niveaus der Atome verbreitern sich im Kristall zu Bändern. Die energetisch tiefliegenden, besetzten Bänder sind die *Valenzbänder* – sie tragen zur chemischen Bindung bei; die unmittelbar darüber liegenden Bänder sind die *Leitungsbänder*.

1.7 Halbleiter

1.7.1 Orientierung an der elektrischen Leitfähigkeit

Der Begriff „Halbleiter" suggeriert, dass die Leitfähigkeit solcher Substanzen geringer als die von Metallen, aber größer als die von Isolatoren ist. Tatsächlich liegt sie etwa zwischen 10^{-8} und 10^3 S/cm (Abb. 1.23), also in einem recht weiten Bereich. Auffällig ist jedoch vor allem das Temperaturverhalten der elektrischen Leitung. Während bei Metallen die Leitfähigkeit mit der Temperatur sinkt, steigt sie bei Halbleitern oft[26]. Weiterhin beobachtet man eine deutliche Abhängigkeit von der Verunreinigung (*Dotierung*) und von äußeren Magnetfeldern.

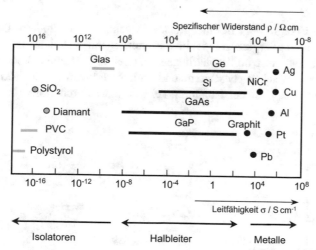

Abb. 1.23 Leitfähigkeit und spezifischer Widerstand verschiedener Substanzen bei Zimmertemperatur, nach [Paul 1992]

---

[26] Häufig wird dieses Temperaturverhalten der Halbleiter-Leitfähigkeit sogar als typischer Unterschied zu dem der Metalle herausgestellt. Wie wir jedoch später sehen werden, kann man sich die Sache so einfach nicht machen (vgl. 2.4.1, Abb.2.11).

Damit ist aber der Begriff des Halbleiters nur ganz oberflächlich erfasst. Entscheidend für die physikalischen Eigenschaften sind die Bindungsverhältnisse und damit die Bänderstruktur.

1.7.2 Bindungen und Bänder in Halbleitern

Wir haben bereits erwähnt, dass sich Elektronen nur auf den tieferliegenden Zuständen in den Bändern aufhalten, die höheren dagegen sind frei, zumindest bei tiefen Temperaturen. Die Besetzungsgrenze heißt *FERMI-Energie* (Bezeichnung E_F), auch *FERMI-Kante oder FERMI-Niveau*. Die Fermi-Energie muss nicht mit einem besetzbaren Energiezustand zusammenfallen, sie ist ein rein mathematischer Wert, der sozusagen die maximale Füllhöhe der „Elektronenflüssigkeit" angibt, falls Niveaus vorhanden sind – später wird die Definition noch präzisiert.

Befinden sich im Bereich der Fermi-Energie ausgebreitete Energieniveaus (*Bänder*), so können sich die Elektronen dort durch den gesamten Kristall bewegen und können dann zur Leitfähigkeit beitragen. Aus Bereichen unterhalb der Fermi-Energie werden immer einige Elektronen durch thermische Energiezufuhr etwas angehoben, so dass die Besetzungsgrenze bei Temperaturen oberhalb des absoluten Nullpunktes unscharf ist. Metalle, Isolatoren und Halbleiter unterscheiden sich nach der Lage der Fermi-Energie wie folgt (Abb. 1.24):

– *Metalle*:
  Die Fermi-Energie liegt im Bereich ausgebreiteter Energiezustände. Das Band, in dem E_F liegt, ist das Leitungsband.

– *Isolatoren*:
  Die Fermi-Energie liegt in einer Lücke zwischen zwei Bändern. Dort gibt es keine erlaubten Energiezustände. Im darunterliegenden (Valenz-)Band sind alle Zustände besetzt und im darüberliegenden (Leitungs-)Band alle Zustände frei. Die Lücke zwischen besetzten und freien Bändern, kurz *Bandabstand* (Bezeichnung E_g), ist bei Isolatoren sehr groß. Dadurch wäre ein sehr hoher

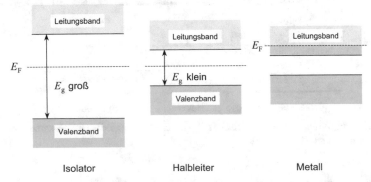

Abb. 1.24 Lage der Fermi-Energie zwischen Valenz- und Leitungsband bei Isolatoren, Halbleitern und Metallen. *Dunkel*: besetzte Bänder, *hell*: freie Bänder

Energieaufwand erforderlich, um Elektronen in die freien Zustände zu bringen; für die elektrische Leitung stehen sie daher nicht zur Verfügung.

– *Halbleiter*:

Die Fermi-Energie liegt zwischen Valenz- und Leitungsband wie bei Isolatoren. Die Lücke zwischen den beiden Bändern ist aber kleiner als bei Isolatoren. Damit können Elektronen mit nicht zu großem Energieaufwand (zum Beispiel durch Zufuhr von Licht oder Wärme) auf die ausgebreiteten Energiezustände gebracht werden.[27] Dort tragen sie zur Leitfähigkeit bei.

Wir sehen aus dieser Gegenüberstellung, dass Halbleiter qualitativ den Isolatoren viel näher stehen als den Metallen, also gerade anders, als wir nach der Namensgebung erwarten könnten.

Die Größe des Bandabstands ist für eine ganze Reihe von Halbleitereigenschaften verantwortlich. Neben der Leitfähigkeit wird auch das optoelektronische Verhalten ganz entscheidend vom Abstand zwischen Leitungs- und Valenzband bestimmt.

1.7.3 Halbleitermaterialien

Nach unseren bisherigen Erkenntnissen sind Halbleitermaterialien Kristalle mit (nahezu) kovalenter Bindung, bei denen mit relativ geringem Energieaufwand Elektronen auf Leitungsbandniveaus angehoben werden können.

Kristalle mit kovalenter Bindung werden durch die Elemente der IV. Hauptgruppe (Abb. 1.25) gebildet.

Als halbleitende Kristalle treten daher Elemente wie Silizium (Si), Germanium (Ge) und Diamant (C) auf. Allerdings bilden auch die binären III-V-Halbleiter, z. B. Galliumphosphid (GaP), Indiumantimonid (InSb) oder Galliumarsenid (GaAs), noch nahezu kovalente Kristalle, ebenso sind mehrere II-VI-Verbindungen, z. B. Cadmiumselenid (CdSe), Zinkselenid (ZnSe) oder Quecksilbertellurid (HgTe), halbleitend.

Während die Elementhalbleiter, vor allem Silizium, die Grundlage der meisten Bauelemente bilden, ist GaAs das Material für die schnelle Elektronik und für die Optoelektronik. Die Bauelementedesigner würden auch sehr gern Diamant einsetzen, aber größere Einkristalle aus diesem Material widersetzen sich der Herstel-

II			III	IV	V	VI
^{4}Be			^{5}B	^{6}C	^{7}N	^{8}O
^{12}Mg			^{13}Al	^{14}Si	^{15}P	^{16}S
^{20}Ca	...	^{30}Zn	^{31}Ga	^{32}Ge	^{33}As	^{34}Se
^{38}Sr		^{48}Cd	^{49}In	^{50}Sn	^{51}Sb	^{52}Te
^{56}Ba		^{80}Hg	^{81}Tl	^{82}Pb	^{83}Bi	^{84}Po

Abb. 1.25 Auszug aus dem Periodensystem mit einigen für Halbleitersubstanzen wichtigen Elementen

---

[27] Diese Energiezufuhr nennt man Anregung von Elektronen.

lung und Bearbeitung noch beharrlich – so bleibt es vorläufig noch im Wesentlichen der Schmuckbranche vorbehalten. Optoelektronische Bauelemente (LEDs, Laserdioden) werden auf der Basis von GaP (grün), GaAs (rot, infrarot), InP und InSb (infrarot) sowie SiC und GaN (blau) hergestellt. Wesentlich für Halbleiter ist die Möglichkeit zur gezielten Dotierung und zur Herstellung von Schichtstrukturen. Man unterscheidet

– *Heterostrukturen:* Unterschiedliche Materialien werden Schicht für Schicht aufeinander abgeschieden. Dabei ist vom chemischen Standpunkt her zu beachten, dass die Kristalle fehlerfrei aufwachsen können. Das ist im Allgemeinen nur bei etwa gleichen Gitterkonstanten gewährleistet.

– *Homostrukturen:* Dabei handelt es sich um Folgen unterschiedlicher Dotierungen auf gleichem Grundmaterial.

„Reine" Halbleiter gibt es praktisch nicht. Undotiertes (engl. *intrinsic*) Silizium hat eine Konzentration von Verunreinigungsatomen von ca. 10^{10} cm^{-3}, ultrareines Germanium 10^{13} cm^{-3}. Zum Vergleich: Die Konzentration der Si-Atome selbst beträgt $5 \cdot 10^{22}$ cm^{-3}, also etwa das 10^9-fache! Andere Halbleitermaterialien lassen sich nicht so rein herstellen (10^{-14} bis 10^{-17} cm^{-3}). Darüber hinaus werden in die Halbleitermaterialien für die meisten Anwendungen noch gezielt Störstellen eingebracht. Diesen Vorgang nennt man *Dotieren*, man spricht dann von *dotierten Kristallen*.

Dotieren ist das (in der Regel gezielte) Einbringen von fremden Atomen, ohne dass die globalen, insbesondere die chemischen und kristallographischen Eigenschaften eines Kristalls wesentlich verändert werden. Fremdatome, die ein Atom des Wirtsgitters ersetzen, heißen *Störstellen*.

Daneben kann man auch *Mischkristalle* herstellen, indem eine Halbleiterkomponente, zum Beispiel Arsen im GaAs teilweise durch eine Substanz aus derselben Hauptgruppe des Periodensystems ersetzt wird, zum Beispiel durch Phosphor; es entsteht dann GaAs$_x$P$_{1-x}$. Die Indizes x und y kennzeichnen dann die stöchiometrischen (d. h. Mischungs-)Anteile. Die so entstehenden Verbindungen haben Eigenschaften, die zwischen denen der jeweiligen Endkomponenten liegen, im Beispiel zwischen denen von GaAs und GaP. Weitere Beispiele sind Al$_x$Ga$_{1-x}$As oder Ga$_x$In$_{1-x}$As, es handelt sich dabei um *ternäre* Verbindungen. Beim Al$_x$Ga$_{1-x}$As$_y$Sb$_{1-y}$ dagegen, einer *quaternären* Verbindung, ist auch noch die andere Komponente gemischt. Mischkristalle sind nicht mit dotierten Kristallen zu verwechseln, die Mischungsanteile können im Gegensatz zur Dotierung beträchtlich sein. Ein Mischkristall stellt bereits eine neue Substanz dar, während bei der Dotierung lediglich die reine Halbleitersubstanz modifiziert wird.

Mischkristalle (engl. *alloys*) bestehen aus Legierungen von unterschiedlichen Halbleitern. Ihre Eigenschaften liegen zwischen denen der Endkomponenten.

1.8   Einige Ergänzungen

Während man lange Zeit der Meinung war, alles, was an halbleitenden Substanzen prinzipiell gebildet werden kann, sei bekannt, haben sich doch in den letzten Jahren erneut weitere Erkenntnisse ergeben. Zum einen ist es gelungen, sehr dünne Schichten von unterschiedlichen Substanzen aufeinander abzuscheiden, beispielsweise immer abwechselnd GaAlAs auf GaAs und so weiter. Jede Schicht kann dabei selbst nur wenige Atomlagen, also einige Nanometer, dick sein, dann liegen ihre Dimensionen schon in dem Bereich, in dem die Gesetze der Quantenmechanik gelten. Es ist auch möglich, diese Schichten nur in Streifenform aufzubringen oder sogar nur als Punktraster. In diesem Fall entstehen so genannte „Quantenpunkte" von GaAs in GaAlAs (Abb. 1.26). Dieses Gitter von Quantenpunkten, also kleinen Substanzclustern, verhält sich ganz ähnlich wie ein Gitter von einzelnen Atomen. Es bildet sozusagen einen „Kristall im Kristall", mit wiederum ganz neuen Eigenschaften gegenüber den homogenen Ausgangssubstanzen GaAs oder GaAlAs allein Die Herstellungs- und Untersuchungsverfahren solcher mikroskopischen Strukturen werden oft unter dem Stichwort *Nanotechnologie* eingeordnet. Eine *einzelne* solche Schicht wird übrigens bereits in üblichen Feldeffekttransistoren (FETs) realisiert.

Eine weitere Substanzgruppe im Nanometerbereich stellen auch die *Kohlenstoff-Nanoröhren* (engl. *carbon nanotubes*, CNT) (Abb. 1.27) dar. Das sind Kohlenstoffverbindungen mit fadenförmiger Struktur, die zum Teil halbleitende Eigenschaften haben. Die Entdeckung der Kohlenstoff-Nanoröhren ging mit der Entdeckung des Fullerens einher. Schon immer waren ja die beiden Kohlenstoff-Modifikationen Graphit und Diamant bekannt. Eine weitere Modifikation, das Fulleren C_{60} – es besteht aus einer „Kugelschale" von 60 in Form von Benzolringen verketteten Kohlenstoffatomen und sieht etwa aus wie ein Fußball – wurde erst 1996 von CURL, KROTO und SMALLEY[28] entdeckt. Dieses Gebilde wurde bereits vorher als mögliche mathematische Form eines Vielflächners auf einer Kugel von BUCKMINSTER

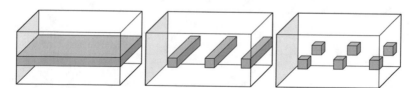

Abb. 1.26 Schichten, Streifen und Quantenpunkte von Nanostrukturen

---

[28] CURL, KROTO und SMALLEY, erhielten den Nobelpreis für Chemie 1996 „for their discovery of fullerenes". Die bis dahin unbekannten Kohlenstoffmodifikationen erregten weltweit Aufsehen.
ROBERT F. CURL (geb. 1933), am. Chemiker, PhD an der University of California in Berkeley, seit 1967 Professor für Chemie an der Rice University in Texas.
SIR HAROLD W. KROTO (geb. 1939), brit. Chemiker, PhD an der University of Sheffield. Professor der Chemie in Sussex.
RICHARD E. SMALLEY (geb. 1943–2005), am. Chemiker, PhD an der Princeton University. 1981 Professor für Chemie und danach 1990 Professor für Physik an der Rice University in Texas.

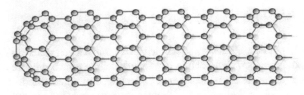

Abb. 1.27 Strukturen von halbleitenden und metallischen Kohlenstoff-Nanoröhren, nach [Fahrner 2003]

metallisch

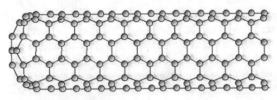

halbleitend

FULLER[29], einem vielseitig tätigen amerikanischen Architekten, Erfinder, Ingenieur und Mathematiker, erkannt.

Die Kohlenstoff-Nanoröhren können sowohl metallisches als auch halbleitendes Verhalten zeigen, je nach Atomanordnung. Anwendungen werden als elektrische Leiterbahnen, als Transistoren und auch für Laserstrukturen gesehen und sind zum Teil schon Gegenstand intensiver technischer Entwicklung.

Erst im Jahr 2010 wurde ein weiterer Nobelpreis für Forschungen auf dem Gebiet des Kohlenstoffs vergeben. Den beiden Physikern ANDRE GEIM und KONSTANTIN NOVOSELOV[30] gelang es, einlagige Kohlenstoffverbindungen aus dem Graphit herzustellen. Dieses Material, Graphen genannt, besitzt eine sehr hohe Leitfähigkeit und wird wegen dieser und anderer interessanter Eigenschaften als zukunftsträchtiges Material für die Mikroelektronik und die Solartechnik angesehen.

---

[29] BUCKMINSTER FULLER (1895–1983), amerik. Architekt. Universell denkend, außerordentlich vielseitig engagiert als Ingenieur, Philosoph und Mathematiker. Sein Credo war, die globalen Probleme der Menschheit durch immer größere Lebensqualität für alle bei Schonung der Ressourcen zu lösen. Von ihm soll der Begriff *Synergie* stammen – die Wissenschaftsdisziplin *Synergetik* wurde allerdings von dem Stuttgarter Physiker HAKEN begründet.

[30] ANDRE GEIM (geb. 1958), russ.-niederländ. Physiker mit dt. Wurzeln, Professur in Manchester, und KONSTANTIN NOVOSELOV (geb. 1974), russ.-brit. Physiker, erhielten den Nobelpreis 2010 „for groundbreaking experiments regarding the two-dimensional material graphene".

Zusammenfassung zu Kapitel 1

- **Einige grundlegende Aussagen der Quantenmechanik**

  (a) *Photonen* und *Elektronen* als quantenmechanische Objekte haben sowohl Teilchen- als auch Welleneigenschaften.

  (b) Der *Zusammenhang zwischen Energie E und Wellenlänge λ* für Licht (Photonen) ist gegeben durch

  $$E = h\nu = h\frac{c}{\lambda},$$

  der *Zusammenhang mit dem Impuls p* ist gegeben über die Lichtgeschwindigkeit c:

  $$E = cp.$$

  (c) Die Wechselwirkung von Licht mit Materie äußert sich in drei Elementarprozessen: *spontane Emission*, *induzierte Emission* und *Absorption*. Die dabei vom Photon abgegebene oder aufgenommene Energie entspricht der Energiedifferenz der beiden Niveaus:

  $$E_1 - E_2 = h\nu$$

  (d) Bei mikroskopischen Objekten sind Ort und Impuls nicht gleichzeitig beliebig genau messbar (*HEISENBERGsche Unschärferelation*).

  (e) *Pauli-Prinzip*: In einem quantenmechanischen Zustand dürfen sich maximal zwei Elektronen aufhalten.
  Aus dem Pauli-Prinzip resultieren die Unterschiede in den energetischen Zuständen der Atome des Periodensystems und somit der Moleküle und Festkörper.

- **Wasserstoffatom als einfachstes Atom**
  Energien und erlaubte Bahnradien („BOHRsche Radien") des Wasserstoffatoms ergeben sich mit dem COULOMBschen Gesetz für die Zentralbewegung im Feld einer Punktladung und der Zusatzforderung, dass nur ganzzahlige Wellenlängen auf eine Bahn passen dürfen (stehende Wellen):

  $$E_n = -\frac{1}{2}\frac{e^2}{4\pi\varepsilon_0 a_n},$$

  $$a_n = n^2\hbar^2\frac{4\pi\varepsilon_0}{m_0 e^2}.$$

  Die Energie des Grundzustandes ($n = 1$) beträgt $-13{,}6$ eV.

- Der zum Impuls p eines **freien Elektrons** gehörende Wellenzahlvektor k ist gegeben durch $p = \hbar k$. Daraus ergibt sich die Energie zu

$$E = \frac{\hbar^2 k^2}{2m_0}.$$

- Die **Atome des Periodensystems** sind nach der Struktur ihrer Elektronenhüllen (Schalenstruktur) geordnet. Folgende Besetzungen sind in den Schalen (= Reihen des Periodensystems) maximal möglich:

  1. Schale ($n = 1$): 2 s-Elektronen

  2. Schale ($n = 2$): 8 Elektronen (davon 2 s-Elektronen und 6 p-Elektronen)

  3. Schale ($n = 3$): 18 Elektronen (davon 2 s-Elektronen, 6 p-Elektronen und 10 d-Elektronen[31])

  4. Schale ($n = 4$): 32 Elektronen (davon 2 s-Elektronen, 6 p-Elektronen, 10 d-Elektronen und 14 f-Elektronen[32]) usw...

- Die **Elementhalbleiter** (Silizium und Germanium) kristallisieren in der *Diamantstruktur*, die meisten **Verbindungshalbleiter** (III-V-Halbleiter) in der *Zinkblendestruktur*. Beide bestehen aus zwei kubisch-flächenzentrierten Gittern, die gegeneinander um 1/4 der Raumdiagonale verschoben sind.

- Die **chemische Bindung** der Halbleiter ist die *homöopolare (kovalente) Bindung*.

- Die isolierten atomaren Niveaus der Atome verbreitern sich im Kristall zu **Bändern**. Die energetisch tiefliegenden, besetzten Bänder sind die *Valenzbänder* – sie tragen zur chemischen Bindung bei; die energetisch höher liegenden Bänder sind die *Leitungsbänder*.

- Die **Fermi-Energie** gibt die *Grenze der besetzten Elektronenzustände* an. Sie liegt bei Halbleitern zwischen Valenz- und Leitungsband, wie bei Isolatoren; die Bandlücke von Halbleitern ist aber viel kleiner.

- **Dotieren** ist das (meist gezielte) *Einbringen von fremden Atomen*, ohne dass die globalen, insbesondere die chemischen und kristallographischen Eigenschaften eines Kristalls wesentlich verändert werden. Im Unterschied dazu bestehen **Mischkristalle** aus Legierungen von unterschiedlichen Halbleitern mit Eigenschaften, die zwischen denen der Endkomponenten liegen.

- Die wichtigsten **Halbleitersubstanzen:**
  Elementhalbleiter: Silizium (wichtigstes Material der Elektronik) und Germanium, prinzipiell auch Diamant.

---

[31] d-Elektronen werden erst nach den s-Elektronen der 4. Schale eingebaut (Nebengruppenelemente)

[32] d-Elektronen werden erst nach den s-Elektronen der 5. Schale eingebaut (Nebengruppenelemente); f-Elektronen werden erst innerhalb der d-Elektronen der 5. Schale aufgefüllt (Lanthaniden).

Verbindungshalbleiter:
- Siliziumcarbid (SIC) (Leistungselektronik),
- *III-V-Verbindungen*, darunter GaAs und InP (schnelle Elektronik und Infrarot-Optoelektronik), GaP (grüne, gelbe und rote LEDs), GaN (blaue LEDs),
- *II-VI-Verbindungen*, darunter CdSe, ZnTe, ZnSe (optische Empfänger, z. B. für Infrarot-Nachtsichtgeräte),
- *III-V-Mischkristalle*: GaAsP (gelbe, orange und rote LEDs), GaInAs, GaInAsP.

Größenordnungen, die Sie sich einprägen sollten

- *Konzentration der Atome in einem Siliziumkristall:* mit guter Genauigkeit $n_{Si} \approx 5 \cdot 10^{22}$ cm^{-3}.
- *Gitterkonstante eines Siliziumkristalls:* ungefähr $a_0 \approx 5 \cdot 10^{-10}$ m = 1/2 nm.
- *Abstand zweier benachbarter Siliziumatome im Kristall* etwa 1/4 nm; das ist gleichzeitig der *Durchmesser eines Siliziumatoms*.
- Das *Wasserstoffatoms* hat einen *Durchmesser* von ungefähr $2 a_B \approx 10^{-10}$ m = 0,1 nm, es ist also wesentlich kleiner als ein Siliziumatom im Kristall.

Aufgaben zu Kapitel 1

Die Aufgaben sind je nach Schwierigkeitsgrad mit Sternen versehen: ein Stern: relativ leicht, fünf Sterne: schwierig – dies entspricht jedenfalls dem Empfinden des Autors. Zur Lösung können die Tabellen und Zahlenwerte der *Daten- und Formelsammlung* (Anhang, Seite 349) herangezogen werden.

Diese Datei können Sie auch aus dem Internet herunterladen, sie ist dann für Ihre Arbeit parallel zum Buch verfügbar.

Diejenigen Leser, die mit MATLAB oder gleichartigen Programmen vertraut sind, werden sinnvollerweise Berechnungen unter Zuhilfenahme der Parameterdateien (konstanten.m, Silizium.m usw.) durchführen, damit sparen Sie sich eine Menge Arbeit und vermeiden Fehler beim Eingeben von Zahlenwerten. *Lösungsvorschläge* sind in der im Internet abrufbaren *Lösungsdatei* skizziert.[33]

Die im Anschluss an die Aufgaben stehenden Testfragen sollen dagegen *ohne zusätzliche Hilfsmittel* beantwortet werden, für sie werden im Buch keine expliziten Antworten gegeben. Es wird dringend empfohlen, die Antworten hierfür mit Hilfe des Textes der einzelnen Kapitel, also durch gründliches Durcharbeiten des Buches, zu erschließen.

Für Temperaturen nehmen wir grundsätzlich, wenn nicht ausdrücklich anders angegeben, 300 K (Zimmertemperatur) an.

---

[33] Eine Übersicht der verfügbaren Dateien mit Hinweisen zum Download findet sich am Schluss des Buches auf Seite 377.

Aufgabe 1.1 Emission und Absorption (zu Abschn. 1.1) *

Welche Wellenlänge hat γ-Strahlung von 1,8 MeV?

Aufgabe 1.2 Impuls eines freien Elektrons (zu Abschn. 1.1) **

Welchen Impuls hat ein freies Elektron mit einer kinetischen Energie von 2 eV? Vergleichen Sie das mit dem Impuls eines Photons, welches auch eine Energie von 2 eV hat (Ende von Abschn. 1.1.1).

Aufgabe 1.3 Wellenlänge von freien Elektronen (zu Abschn. 1.1) **

Berechnen Sie die Wellenlänge von Elektronen, die mit 1 kV beschleunigt wurden.

Aufgabe 1.4 HEISENBERGsche Unschärferelation (zu Abschn. 1.1) **

Stellen Sie sich vor, Sie würden mit Ihrem Auto (Masse 1500 kg) in einer Tempo-30-Zone beim Fahren mit einer Geschwindigkeit von 40 km/h geblitzt. Könnten Sie mit der HEISEN-BERGschen Unschärferelation argumentieren, wonach bei einer scharfen Ortsmessung (Lichtschranke) die Geschwindigkeit Ihres Autos nicht exakt angebbar sei?

Aufgabe 1.5 Wasserstoffatom (zu Abschn. 1.2) ***

Das Elektron im Grundzustand ($n = 1$) des Wasserstoffatoms soll durch Absorption von Licht auf eine Bahn mit höherer Energie gehoben werden. Berechnen Sie die Energie, die Frequenz und die Wellenlänge des Lichts, die für den Übergang

a) $n = 1$ nach $n = 2$;   b) $n = 1$ nach $n = 3$ erforderlich ist.

c) Dasselbe für den Übergang $n = 2$ nach $n = 3$.

Anmerkung: Hier kann man sich vorstellen, dass jeweils ein Lichtquant („Lichtteilchen") absorbiert wird, dessen Energie in der Energie des Elektrons aufgeht.

Aufgabe 1.6 Periodensystem der chemischen Elemente (zu Abschn. 1.4) **

a) Was ist das Gemeinsame an der Elektronenkonfiguration von Li, Na und Ka?
b) Was ist das Gemeinsame an der Elektronenkonfiguration von Al, Si, P und S?
c) Wie viele Valenzelektronen haben jeweils die Elemente Al, C, Si, Ge und As?
d) Welches Element hat die Elektronenkonfiguration $1s^2 2s^2 2p^6 3s^2 3p^2$?
e) Schreiben Sie die Elektronenkonfiguration von Arsen auf.

Aufgabe 1.7 Kristallgeometrie (zu Abschn. 1.4) ***

Bestimmen Sie, ausgehend von der Gitterkonstanten a_0, die folgenden Atomabstände in Halbleitern:

a) den Abstand benachbarter Galliumatome (bzw. benachbarter Arsenatome) im Galliumarsenid (= Abstand von der Ecke einer Elementarzelle zur Flächenmitte),

b) den Abstand benachbarter Gallium- und Arsenatome im Galliumarsenid und benachbarter Siliziumatome im Silizium (jeweils ¼ der Raumdiagonale einer Elementarzelle).

c) die Zahl der Gallium- und Arsenatome pro Kubikzentimeter im Galliumarsenid,

d) die Zahl der Atome pro Kubikzentimeter im Silizium.

Aufgabe 1.8 Netzebenen (zu Abschn. 1.5) *

In Abb. 1.28 ist die Elementarzelle eines kubischen Kristalls dargestellt. Zeichnen Sie die folgenden Netzebenen ein: a) (010)-Ebene, b) (011)-Ebene.

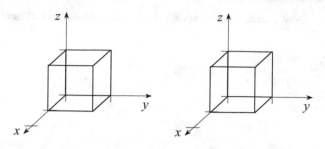

Abb. 1.28 Netzebenen (zu Aufgabe 1.8)

Aufgabe 1.9 Eigenschaften der Elementarzelle (zu Abschn. 1.5) ***

Kupfer kristallisiert im fcc-Gitter. Seine Dichte beträgt $8{,}885 \ \mathrm{g/cm^{-3}}$.

a) Skizzieren Sie die kubische Elementarzelle dieser Struktur.

b) Wie viele Atome entfallen auf eine Elementarzelle?

c) Wie viel Mole und wie viele Atome sind in 1 $\mathrm{cm^3}$ enthalten?

d) Wie groß ist die Kantenlänge der kubischen Elementarzelle?

Aufgabe 1.10 Netzebenen an der Kristalloberfläche (zu Abschn. 1.5) **

a) Die Oberfläche eines kubisch-flächenzentrierten Kristalls sei

    – eine (100)-Ebene,

    – eine (110)-Ebene.

Skizzieren Sie die geometrische Anordnung der Atome auf der Oberfläche.
b) Zeichnen Sie analoge Bilder für einen kubisch-raumzentrierten Kristall.

Aufgabe 1.11 Atommasse (zu Abschn. 1.5) *

a) Geben Sie an, wie Sie aus der Kenntnis der molaren Masse auf die Masse eines Atoms schließen können. Wie groß ist die Masse eines Siliziumatoms?
b) Wie „schwer" ist eine Elementarzelle von Silizium und von GaAs (d. h. wie groß ist ihre Gesamtmasse)?

Aufgabe 1.12 Zahl der Atome in einem Kilogramm (zu Abschn. 1.5) *

Wie viele Atome sind in einem Kilogramm hochreinem Silizium enthalten? Welches Volumen und welchen Radius hat eine Kugel aus solchem Material?

Durch „Zählen" der in einem hochreinen Siliziumkristall der Masse 1 kg enthaltenen Atome versucht man, ein neues Massenormal für das Kilogramm zu entwickeln, das eine bessere Reproduzierbarkeit und genauere Eichungen als der bisherige Kilogrammprototyp gestattet. Allerdings ist es dazu erforderlich, nur Atome eines einzigen Isotops des Siliziums zu benutzen (um nicht „Äpfel mit Birnen zu vergleichen"). Arbeiten hierzu werden zum

Beispiel an der Physikalisch-Technischen Bundesanstalt (PTB) in Braunschweig durchgeführt, vgl. [PTB 2003].

Aufgabe 1.13 Kristallstruktur (zu Abschn. 1.6) *

Im Abb. 1.29 ist ein GaAs-Kristall gezeigt. Markieren Sie durch unterschiedliche Farben
alle Gallium- und alle Arsenatome.

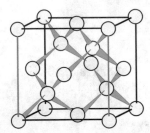

Abb. 1.29 GaAs-Kristall (zu Aufgabe 1.13)

Aufgabe 1.14 Mischkristalle (zu Abschn. 1.7) *

Wie viel Prozent Gallium und Indium, bezogen auf die IIIer-Komponente, enthält
$Ga_{0,3}In_{0,7}As$? Wie viel *Masseprozente* Gallium und Indium sind in diesem Mischkristall
enthalten?

MATLAB-Aufgaben

Aufgabe 1.15 Zusammenhang Energie – Impuls (zu Abschn. 1.3) **

Geben Sie ein Programm an, das die quadratische Abhängigkeit der Energie freier Elektronen über zwei Impulskomponenten entsprechend Abb. 1.6 räumlich darstellt.

Aufgabe 1.16 Räumliche Darstellung eines kubischen Kristalls (zu Abschn. 1.5) ****

Schreiben Sie ein Programm, mit dem Sie einen einfach-kubischen Kristall räumlich darstellen können.

Hierzu sind die folgenden Unterprogramme nützlich:

(a) Funktionsprogramm linie.m. Damit wird eine Linie im Dreidimensionalen gezeichnet, die die Ortsvektoren R_1 und R_2 verbindet:

(b) Funktionsprogramm sphere_1.m.Es zeichnet im Dreidimensionalen eine Kugel um
den Mittelpunkt $R = (X, Y, Z)$ mit dem Radius r. Die Kugel wird von einer Seite plastisch
beleuchtet.

Aufgabe 1.17 Räumliche Darstellung der Elementarzelle eines kubisch-flächenzentrierten
                Kristalls und einer Zinkblendestruktur (zu Abschn. 1.5) *****

Dieses Problem des kubisch-flächenzentrierten Kristalls ist analog zur vorigen Aufgabe zu
lösen, aber es ist noch etwas komplizierter. Ein Hinschielen zum Lösungsvorschlag sollte
deshalb schon erlaubt sein.

Bei der Zinkblendestruktur wird alles noch einmal um eine Stufe schwerer. Wenn Sie sich damit begnügen, auf die Lösung zu schauen und dabei das Programm gedanklich nachzuvollziehen, haben Sie sicher schon eine Menge gelernt.

Es ist empfehlenswert, die Figur, die sich ergibt, im MATLAB-Fenster hin und her zu drehen, um „in den Kristall hineinzuschauen" und sich dessen Struktur zu verdeutlichen.

Aufgabe 1.18 Betrachtung von Elementarzellen aus unterschiedlichen Perspektiven (zu Abschn. 1.5) **

Mit dem MATLAB-Befehl view lässt sich der Betrachtungswinkel einstellen, unter dem ein dreidimensionales geometrisches Gebilde gesehen wird (Abb. 1.30). view kann durch die Angabe der Polarwinkel θ und φ in Grad festgelegt werden: view(theta,phi). Betrachten Sie einen Kristall in Zinkblendestruktur (Programm zinkblende.m) Welche Ebene sehen Sie, wenn Sie view(90,45) beziehungsweise view(90,90) eingeben? (Ebenen-Darstellung über MILLERsche Indizes!)

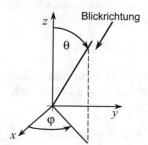

Abb. 1.30 Polarwinkel θ und φ, die die Blickrichtung von view bestimmen

Testfragen

Da zum ersten Kapitel noch nicht viele Übungsaufgaben zum Rechnen zur Verfügung stehen, wird die gründliche Beschäftigung mit den Testfragen besonders ans Herz gelegt.

1.19 Welches sind die Elementarprozesse, in denen ein Photon mit einem Elektron in Wechselwirkung treten kann? Beschreiben Sie diese kurz in einem Energieschema.

1.20 Was besagt das Pauli-Prinzip?

1.21 Welchen Radius hat ungefähr ein Wasserstoffatom? Geben Sie die Größenordnung an: a) ca. 0,001 nm, b) ca. 0,05 nm, c) ca. 0,1 nm, d) ca. 0,5 nm, e) 1 nm, f) ca. 10 nm, g) 1 mm.

1.22 Wir stellen uns vor, das Elektron im Wasserstoffatom würde durch ein Teilchen mit geringerer (größerer) Masse ersetzt. Wird dann der BOHRsche Radius größer oder kleiner? Wird die Energie, die zum Trennen dieses Teilchens vom Kern aufgewendet werden muss, größer oder kleiner als beim „richtigen" H-Atom?
Anmerkung: Solche Fälle sind in der Physik realistisch beim so genannten „Myonium", das aus einem Proton und einem anderen Elementarteilchen (einem so genannten μ-Meson oder Myon) anstelle des Elektrons besteht. Das μ-Meson ist 207-mal so schwer wie ein Elektron.

Im Halbleiter stoßen wir im nächsten Kapitel auch auf Gebilde, die sich wie ein Wasserstoffatom verhalten, das Elektron in diesem System hat jedoch eine kleinere Masse, außerdem ist ε_0 durch $\varepsilon_0\varepsilon_r$ zu ersetzen.

1.23   Wenn ein (freies) Teilchen eine bestimmte Geschwindigkeit hat, ist dann seine Energie eindeutig bestimmt? Umgekehrt: Ist bei gegebener Energie die Geschwindigkeit eindeutig bestimmt?

1.24   Ein Elektron nimmt beim Durchlaufen einer Spannung die Energie von 1 eV = $1{,}602 \cdot 10^{-19}$ J auf. Wenn das Elektron eine kleinere Masse hätte, wäre dann die aufgenommene Energie a) kleiner, b) gleich groß, c) größer?

1.25   In welcher Reihenfolge treten die Schalen (Orbitalen) bei den chemischen Elementen auf? Wie viele Elektronen finden auf den jeweiligen Schalen maximal Platz?

1.26   Welchen Wert hat ungefähr die Gitterkonstante im Silizium? Geben Sie die Größenordnung an, benutzen Sie dabei die in Frage 1.21 vorgeschlagenen Werte.

1.27   a) Was verstehen Sie unter der (100)-Ebene in einem kubischen Kristall?

       b) Wenn die (100)-Ebene die Richtung der vor Ihnen liegenden Papierseite ist, und die y-Richtung nach rechts zeigt, wo liegen dann die [010]-Richtung, die [011]-Richtung usw.?

1.28   In welcher Struktur sind benachbarte Siliziumatome im Kristall angeordnet? Versuchen Sie die Anordnung zu skizzieren.

1.29   Erklären Sie, was Sie unter Ionenbindung (= heteropolarer) und kovalenter (= homöopolarer) Bindung verstehen und geben Sie Beispiele an.

1.30   Wie kommt die Bildung von Bändern zustande?

1.31   Welches Band liegt energetisch höher: Leitungsband oder Valenzband? Welches enthält üblicherweise mehr Elektronen?

1.32   Was ist die Fermi-Energie? Wo liegt diese bei Metallen, Halbleitern und Isolatoren?

1.33   Erklären Sie, warum ein Metall leitet und ein Isolator nicht leitet.

1.34   Wodurch ist ein Halbleiter gegenüber Metall und Isolator charakterisiert?

1.35   Kennzeichnen Sie, ob bei den folgenden Materialien eher ionare oder eher kovalente Bindung vorliegt: Silizium, GaAs, Kochsalz (NaCl)

1.36   Worin liegt der Unterschied zwischen dotierten Kristallen und Mischkristallen?

1.37   Geben Sie je ein Beispiel für folgende Substanzgruppen an: a) Elementhalbleiter, b) binäre III-V-Halbleiter, c) ternäre III-V-Halbleiter

1.38   Nennen Sie typische Einsatzgebiete für a) Si, b) GaAs.

2 Bänderstruktur und Ladungstransport

Wir präzisieren unsere Vorstellung von einem Halbleiter und leiten daraus ab, wie viele Ladungsträger in den jeweiligen Bändern für die elektrische Leitung zur Verfügung stehen. Wir werden sehen, dass ein Halbleiter ein interessantes Gebilde ist, in dem wir es nicht mehr mit gewöhnlichen Elektronen, sondern mit ziemlich stark modifizierten „Quasiteilchen" zu tun haben: den Halbleiterelektronen und Löchern. Diese Teilchen bewegen sich im ungestörten Halbleiter so unbekümmert wie „normale" Elektronen im freien Raum.

Für die meisten Anwendungen werden nicht reine Halbleiter benötigt, sondern solche, die (gezielt eingebrachte!) Störstellen enthalten. Überraschenderweise kann man die Lage von Störstellen im Halbleiter wie die Energieniveaus des Wasserstoffatoms behandeln. Störstellen bringen die entscheidenden Ladungsträger für die Leitfähigkeit und bestimmen deren Temperaturabhängigkeit. Die Temperaturabhängigkeit von Halbleitern wird in der Messtechnik ausgenutzt.

Schließlich berechnen wir die elektrische Leitfähigkeit von Halbleitern. Wir werden sehen, dass es außer dem elektrischen Feld noch eine weitere Ursache für Ströme gibt, nämlich Unterschiede der Teilchendichte. Sie führen zum so genannten Diffusionsstrom. Die Bilanz des elektrischen Stroms wird somit bestimmt durch den *Feldstrom*, den *Diffusionsstrom* und darüber hinaus durch die Erzeugung (*Generation*) und Vernichtung (*Rekombination*) von Ladungsträgern.

© Springer-Verlag GmbH Deutschland, ein Teil von Springer Nature 2018
F. Thuselt, *Physik der Halbleiterbauelemente*,
https://doi.org/10.1007/978-3-662-57638-0_2

2.1   Bändermodell

2.1.1 Eigenschaften des Leitungs- und Valenzbandes

Bis hierher haben wir uns den Halbleiterkristall ziemlich detailliert angesehen,
sozusagen durch eine Lupe. Wir sahen, dass sich die Elektronenzustände der einzelnen Atome im Kristallgitter überlappen, und dass die Elektronen diese Ortsabhängigkeit spüren. Ab jetzt werden wir den Halbleiter „aus größerer Entfernung"
betrachten, so dass seine atomare Struktur nicht mehr im Einzelnen zu erkennen
ist.

Eine vergleichbare Situation liegt vor, wenn wir mit dem Auto über eine mit
Kopfsteinen gepflasterte Landstraße fahren. Während wir bisher die Straße aus der
Sicht einer Ameise betrachtet haben, die das Auf und Ab der einzelnen Steine als
deutliche Anstrengung spürt, finden wir uns nun im fahrenden Auto wieder. Der
Straßenbelag ist jetzt nur noch als allgemeines Rumpeln oder Rauschen zu spüren.

Die Auto-Sicht auf den Halbleiterkristall äußert sich dadurch, dass sich jedes
einzelne Elektron im Leitungsband scheinbar wie ein freies Teilchen bewegt. Statt
des Reibungskoeffizienten beim Autofahren dient die relative dielektrische Konstante ε als pauschaler Materialparameter für die elektrischen Eigenschaften.

Der Einfluss aller anderen Kristallelektronen und der Atomrümpfe auf die
Bewegung des Elektrons im Leitungsband wird dagegen durch eine *effektive
Masse* m_e erfasst. Somit kann man in den meisten bei Anwendungen wichtigen
Fällen für die kinetische Energie von Halbleiterelektronen schreiben:

$$ E_e = \frac{p^2}{2m_e} = \frac{\hbar^2 k^2}{2m_e}. \quad 1 \tag{2.1} $$

Diese Formel sieht zwar äußerlich genauso aus wie bei einem freien Elektron,
aber die effektive Masse eines Elektrons im Kristall ist keine universelle Naturkon-
stante, sondern von Substanz zu Substanz verschieden. In Spalte 3 von Tabelle 2.1.
sind einige Werte angegeben. Die Werte in den übrigen Spalten werden noch erläutert. Bei der Größe p handelt es sich streng genommen nicht um einen richtigen
Impuls, da wesentliche Merkmale dieser Größe nicht erfüllt werden.[2] Man spricht
von einem *Quasiimpuls*.

Durch die gesamte Halbleiterphysik zieht sich der Begriff des Quasiteilchens:

> Ein Teilchen im Halbleiter, das den Einfluss seiner Umgebung durch Parameter wie
> die effektive Masse beinhaltet, wird oft als *Quasiteilchen* bezeichnet. Elektronen im
> Leitungsband eines Halbleiters sind Beispiele von Quasiteilchen.

---

[1] Auf den Bandrand bezogene Energien bezeichnen wir mit einem serifenlosen E.
[2] Die „Translationsinvarianz" ist nicht gegeben.

Tabelle 2.1. Materialparameter der wichtigsten Halbleitersubstanzen

Halbleiter	Relative Dielektrizitäts- konstante ε	Effektive Masse der Elektro- nen m_e/m_0	Zahl der Leitungsband- minima ν_e	Effektive Masse der Löcher m_h/m_0
Si	11,4	0,32	6 (indirekter HL)	0,57
Ge	15,4	0,22	4 (indirekter HL)	0,36
GaP	11,2	0,58	3 (indirekter HL)	0,54
GaAs	12,4	0,066	1 (direkter HL)	0,54
InSb	15,9	0,0136	1 (direkter HL)	0,6
SiC[a]	10	0.45	indirekter HL	1,0
GaN[b]	8,9	0,20	1 (direkter HL)	0,85

[a] Es gibt mehrere Modifikationen von Siliziumcarbid, die sich in ihrer Kristallstruktur unterscheiden. Hier angegeben sind die Werte für 6H-SiC, einen der wichtigsten Vertreter.
[b] Ebenso gibt es mehrere Modifikationen von Galliumnitrid. Hier sind die Werte für hexagonales GaN angegeben. Es hat eine Wurtzit-Struktur

An dieser Stelle muss darauf hingewiesen werden, dass wir zunächst nur Halbleiter betrachten, deren Eigenschaften sich mit dem Ort nicht ändern, so genannte *homogene Halbleiter.*

Für das Valenzband ist die Beschreibung durch Elektronen weniger geeignet, wir haben es hier ja stets mit einer ungeheuer großen Zahl von Elektronen zu tun. Nur gelegentlich wird einmal eines weggenommen oder hinzugefügt. Aus der Mathematik wissen wir, dass es außerordentlich unpraktisch ist, mit sehr kleinen Differenzen großer Zahlen zu arbeiten – man macht dabei leicht Fehler. Deshalb hat es sich eingebürgert, statt der vielen Valenzbandelektronen lieber nur die *fehlenden Elektronen* zu betrachten; sie werden als *Löcher*[3] bezeichnet und tragen, da ja ein negatives Teilchen in der Bilanz fehlt, eine positive Ladung. Mit demselben Recht wie das Elektron im Leitungsband wird ein Loch im Valenzband als vollkommen eigenständiges Teilchen, mit einer eigenen effektiven Masse m_h (letzte Spalte in Tabelle 2.1.), angesehen. Ein entsprechender Zusammenhang zwischen kinetischer Energie und Impuls gilt auch hier:

$$E_h = \frac{p^2}{2m_h} = \frac{\hbar^2 k^2}{2m_h}. \tag{2.2}$$

Löcher im Valenzband sind neben den Elektronen des Leitungsbandes weitere Quasiteilchen im Halbleiter.

---

[3] Engl. *hole*, daher wird für Löcher gewöhnlich der Index „h" verwendet.

Diese quadratischen Abhängigkeiten sind jedoch nur für kleine kinetische Energien von Elektronen und Löchern richtig. Wir wollen uns mit dem allgemeinen Fall zwar nicht beschäftigen, aber wenigstens die Begriffe und die graphischen Zusammenhänge in Abb. 2.1 einmal aufzeigen. Diese Darstellung bezeichnet man als *Bandstruktur* des Halbleiters. Sie ist besonders für optische Eigenschaften wichtig. Warum in Halbleitern statt des einfachen parabolischen Zusammenhangs $E(k) = (\hbar^2 k^2)/(2m_0)$ der freien Elektronen komplizierte Bandstrukturen wie in Abb. 2.1 auftreten, wird am Ende dieses Kapitels in Abschn. 2.7.1 skizziert. Wenn

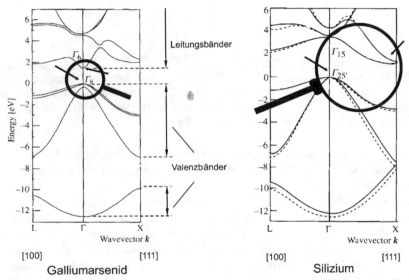

Abb. 2.1 Bandstrukturen von Galliumarsenid und Silizium, jeweils in unterschiedlichen Kristallrichtungen (nach [Yu und Cardona 2001]). Die *Pfeile* kennzeichnen jeweils den niedrigsten Punkt des Leitungsbandes und den höchsten Punkt des Valenzbandes. Die durch *Lupen* gekennzeichneten Ausschnitte sind in Abb. 2.2 schematisch herausgezeichnet

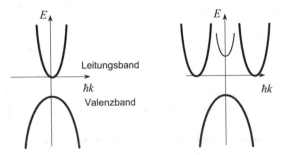

Abb. 2.2 Leitungsbandrand und Valenzbandrand eines direkten (*links*) und indirekten (*rechts*) Halbleiters, schematisch und vereinfacht. Die Darstellungen entsprechen den durch *Lupen* in Abb. 2.1 gekennzeichneten Stellen

Sie mit der Beschreibung von Elektronen als Wellen noch nicht so vertraut sind, sollten Sie aber jenen Abschnitt vorerst noch zurückstellen.

In Abb. 2.2 sind die interessanten Details des Leitungsbandes schematisch dargestellt: Der unterste Leitungsbandrand kann im Impulsraum direkt über dem Valenzbandrand liegen oder an einer davon entfernten Position. Dementsprechend bezeichnet man die Halbleiter als *direkte* oder *indirekte* Halbleiter.

Indirekte Halbleiter haben mehrere gleichberechtigte Minima („*Täler*"). In ihnen besitzen die Elektronen jeweils bereits einen bestimmten „Grund-Quasiimpuls". Die Zahl der Täler v_e ist eine wichtige Kenngröße der einzelnen Halbleitermaterialien. Sie ist in Tabelle 2.1. zusammen mit der effektiven Masse angegeben.

Unterscheiden Sie direkte und indirekte Halbleiter:

- In direkten Halbleitern liegt das Leitungsbandminimum im k-Raum über dem Valenzbandmaximum.
- In indirekten Halbleitern liegt das Leitungsbandminimum im k-Raum nicht unmittelbar über dem Valenzbandmaximum. In diesem Falle haben wir es, bedingt durch Symmetrieeigenschaften der Halbleiterbandstruktur, stets mit mehreren gleichartigen Minima zu tun.

Indirekte Halbleiter besitzen neben ihren niedrigsten, indirekten Leitungsbandminima, wie auch aus Abb. 2.2 zu erkennen ist, ebenfalls noch ein lokales direktes Minimum. Da es aber höher liegt als die indirekten Minima, ist es im Allgemeinen nicht mit Elektronen besetzt. Kommen durch irgendwelche Prozesse, zum Beispiel durch Erzeugung mit Licht, doch einmal Elektronen dort hinein, so rutschen sie möglichst schnell in die tiefer liegenden indirekten Minima.

Die Frage, ob ein Halbleiter direkt oder indirekt ist, hat große praktische Auswirkungen. Direkte Halbleiter sind in der Optoelektronik wichtig, denn nur bei ihnen erreicht man eine schnelle Rekombination von Elektronen und Löchern und damit eine effiziente Strahlungsausbeute.[4] Ein Beispiel hierfür ist Galliumarsenid. Das Wechselspiel von Leitungselektronen zwischen direktem und höherliegendem indirekten Minimum ist für Hochfrequenzbauelemente (GUNN-Dioden) interessant.

Vereinfacht stellt man die Situation in der Nähe der Bandränder meist wie in Abb. 2.2 dar. Am Rand ist in sehr guter Näherung die Energie E proportional zu k^2, wie schon in (2.1) und (2.2) verwendet.

Genau genommen kann die Krümmung der Bandränder in den verschiedenen Richtungen des k-Raums unterschiedlich sein. Entsprechend sollte dann auch die effektive Masse richtungsabhängig angesetzt werden, man müsste demnach eine longitudinale und transversale effektive Masse unterscheiden. In einigen Anwen-

---

[4] Galliumphosphid stellt eine Ausnahme unter den für die Optoelektronik wichtigen Substanzen dar: Es ist zwar ein indirekter Halbleiter, durch eine besondere Dotierung mit der so genannten *isoelektronischen Störstelle* Stickstoff erreicht man jedoch eine mit direkten Halbleitern vergleichbare Strahlungsausbeute.

dungen, zum Beispiel in der Optik, ist das auch wichtig, aber zum Glück kommt man gerade bei Leitfähigkeitsproblemen meist mit gemittelten Werten aus, wie sie in Tabelle 2.1. angegeben sind.[5]

Am oberen Rand des Valenzbandes zeigen die Parabeln übrigens nach unten, das heißt, die kinetische Energie der Löcher entsprechend (2.2) wird nach unten größer. Darüber hinaus gibt es sogar zwei Parabeln mit unterschiedlichen Krümmungen für die so genannten *leichten Löcher* und *schweren Löcher*. Auch hier vereinfachen wir wieder, indem wir ein Modell mit einem einzigen Valenzband annehmen.[6] Für die meisten Anwendungen liefert dieses Modell erstaunlich gute Ergebnisse. Auch zukünftig werden wir uns der Einfachheit halber auf einen solchen Modell-Halbleiter beschränken.

2.1.2 Erzeugung „freier" Elektronen und Löcher

Von jetzt ab werden uns nur noch die beiden energetischen Bereiche interessieren, die nahe dem unteren Rand des niedrigsten Leitungsbandes oder nahe dem oberen Rand des höchsten Valenzbandes liegen. Diese Bänder wollen wir künftig schlechthin *Leitungsband* beziehungsweise *Valenzband* nennen, von der komplizierteren Struktur sehen wir dabei vollkommen ab.

Der Energiebereich $E_g = E_c - E_v$ zwischen Leitungs- und Valenzband, in dem keine erlaubten Zustände liegen, heißt *verbotene Zone* oder *Energielücke* (engl. *gap* oder *bandgap*). E_c ist die untere Kante des Leitungsbandes, E_v die obere Kante des Valenzbandes. Die Bandabstände sind ebenfalls charakteristische Halbleiterparameter, wir finden sie in Tabelle 2.2. angegeben.

Die Bandabstände von Halbleitern sind geringfügig abhängig von der Temperatur, der Störstellenkonzentration und der Konzentration freier Elektronen und Löcher. Diese Feinheiten spielen für uns aber erst später eine Rolle.

---

[5] Um Angaben in der Literatur, zum Beispiel in [Madelung 1996], verarbeiten zu können, muss man jedoch diese Zusammensetzung der mittleren effektiven Masse m_e kennen: Sie wird wie folgt aus der *longitudinalen effektiven Masse* $m_\parallel$ und der *transversalen effektiven Masse* $m_\perp$ zusammengesetzt:

$$m_e = (m_\parallel m_\perp^2)^{1/3} .$$

[6] Die mittlere effektive Masse des Valenzbandes wird aus der *effektiven Masse der schweren Löcher* m_{hh} und der *effektiven Masse der leichten Löcher* m_{lh} nach der Formel

$$m_h^{3/2} = m_{lh}^{3/2} + m_{hh}^{3/2} .$$

gebildet.

Tabelle 2.2. Bandabstände einiger Halbleiter. Daten für die Isolatoren Diamant und Siliziumdioxid (SiO_2) sind zum Vergleich angegeben. Werte nach [Madelung 1966] sowie [Powell u. Roland 2002]

Halbleiter	Bandabstand Eg in eV bei 300 K	Typ (direkt oder indirekt)
Si	1,12	indirekt
Ge	0,66	indirekt
GaP	2,26	indirekt
GaAs	1,424	direkt
InSb	0,18	direkt
SiC (6H-SiC)	2,86	indirekt [a]
GaN	3,39	direkt [a]
C (Diamant)	ca. 5,5	indirekt
SiO_2	ca. 8	

[a] Wurtzit-Gitterstruktur (hexagonal); die übrigen Halbleiter: Diamant- bzw. Zinkblende-Struktur

Elektronen können durch Aufnahme ausreichender Energie aus dem Valenzband ins Leitungsband angehoben werden – man kann auch sagen, Elektronen und Löcher werden paarweise erzeugt. Dies geschieht

– *durch optische Anregung* (Bestrahlung mit Licht, dessen Energie mindestens dem Bandabstand vom Leitungs- zum Valenzband entspricht): $h\nu \geq E_g$,
– *durch Aufnahme thermischer Energie.*

Bei Zimmertemperatur (300 K oder 27 °C) reicht die mittlere thermische Energie von 25,9 meV nicht aus, um Elektronen ins Leitungsband zu heben, denn das ist eine sehr kleine Energie gegenüber der Breite der verbotenen Zone. Wie aber schon in 1.3.1 erwähnt, gibt es immer einen Anteil thermischer Energie, der sehr viel größer ist und zur Erzeugung von Elektron-Loch-Paaren beitragen kann. Andererseits werden Elektron-Loch-Paare auch immer wieder vernichtet. Unter normalen Bedingungen, wenn optisch nichts angeregt wird, bildet sich dadurch ein dynamisches Gleichgewicht zwischen der Generation (Erzeugung) und der Rekombination (Vernichtung) aus.

Eine Vorstellung von der Lichtwellenlänge, die erforderlich ist, um einem Elektron die Energie E_g zuzuführen, erhalten wir durch die Aufgabe 2.1.

Da Elektronen und Löcher immer paarweise erzeugt werden, sind in einem reinen Halbleiter stets gleich viel Elektronen wie Löcher vorhanden. In einem geeignet dotierten Halbleiter jedoch ist das anders, dort überwiegt ein Typ Ladungsträger. Die Träger, die in der Überzahl vorhanden sind, heißen *Majoritätsträger*, die anderen *Minoritätsträger*.

Elektronen und Löcher können sich in ihrem jeweiligen Band wie freie Teilchen bewegen. Sie sind natürlich nicht wirklich frei, sondern noch an den Kristall gebunden, aber bei Berücksichtigung ihrer effektiven Masse ist ihre Bewegung durch die eines freien Teilchens beschreibbar.[7]

2.2 Trägerdichte im Leitungs- und Valenzband

Besonders in der Optoelektronik möchte man gern wissen, wie viele Elektronen (oder Löcher) auf Zuständen sitzen, die eine bestimmte Energie E haben. Dazu müssen wir erstens wissen, wie viele erlaubte Zustände zu dieser Energie überhaupt gehören. Dieser Frage werden wir uns als Erstes zuwenden. Zweitens müssen wir jedoch auch die Wahrscheinlichkeit kennen, mit der die Zustände besetzt sind. Den Besetzungswahrscheinlichkeiten wenden wir uns anschließend zu.

2.2.1 Zustandsdichte der Elektronen und Löcher

Um unsere Überlegungen übersichtlicher zu gestalten, zählen wir jetzt die Energie vom Leitungsbandrand an, $E = E - E_c$. Die Zustandsdichte $g_c(E)dE$ der Elektronen im Leitungsband pro Energieintervall dE ist eine grundlegende Größe zur Berechnung der Teilchenkonzentration. Sie gibt an, wie viele Plätze zur Besetzung mit Elektronen (oder Löchern) innerhalb eines gewissen Energiebereichs überhaupt zur Verfügung stehen. Darüber, ob diese Plätze tatsächlich besetzt werden, macht sie allerdings noch keine Aussage.

Ihre Herleitung soll am Beispiel der Elektronen in unserem Modell-Halbleiter beschrieben werden, für die Löcher gelten die Überlegungen sinngemäß.

Nach dem Pauli-Prinzip (Abschn. 1.1.5) können sich in jedem Zustand höchstens zwei Elektronen befinden. Das einzige Unterscheidungsmerkmal für die möglichen Zustände in einem Kristall sind die Wellenvektoren k oder (Quasi-)Impulse $p = \hbar k$ der Elektronen, sie sind mikroskopisch *diskret* verteilt.

Dass in einem Kristall nur bestimmte diskrete $\mathbf{k}$-Zustände möglich sind, hängt mit den Welleneigenschaften der Elektronen zusammen. Wenn wir uns einen Kristall als einen Quader mit ebenen Grenzflächen denken, kann man sich vorstellen, dass sich in ihm nur stehende Elektronenwellen bis zu einer maximalen Wellenlänge ausbilden können. Das ist analog zu einer schwingenden Saite, bei der nur ganzzahlige Vielfache einer Grundwellenlänge vorkommen können. Diese maximale Wellenlänge entspricht wegen $|k| = 2\pi\hbar/\lambda$ einem minimalen Wellenvektor. Wenn also nur diskrete Werte der Wellenlänge möglich sind, dann gibt es auch nur diskrete k-Werte. Wir erinnern uns, dass auch die gebundenen Zustände im Wasserstoffatom stehende Wellen sind und infolge dessen zu diskreten Zuständen führen.

Aus makroskopischer Sicht liegen die möglichen Impulse im Halbleiter allerdings so dicht, dass man von fast gleichmäßiger „Verschmierung" der Elektronen ausgehen kann. In jedem dieser k-Zustände können sich nach dem Pauli-Prinzip nur zwei Elektronen aufhalten,

---

[7] Die Behandlung von Elektronen in einem Festkörper als freie Elektronen geht bereits auf PAUL DRUDE (1863–1906) zurück (Elektronentheorie der Metalle, 1900).

es können also nur zwei Elektronen einen bestimmten Impuls bzw. Wellenvektor k haben.

Zu ein- und derselben Energie können allerdings ganz unterschiedliche Wellenzahlvektoren oder Quasi-Impulse beitragen. Da die kinetische Energie nur vom Quadrat des Quasiimpulses abhängt, sind verschiedene Kombinationen seiner x-, y- und z-Komponenten möglich, die denselben Energiewert geben können:

$$E = \frac{\hbar^2 k^2}{2m_e} = \frac{\hbar^2 (k_x{}^2 + k_y{}^2 + k_z{}^2)}{2m_e}. \tag{2.3}$$

Dabei ist $k = \sqrt{k_x{}^2 + k_y{}^2 + k_z{}^2}$.

Wir müssen also zählen, wie viele Elektronen zu einer bestimmten Energie E beitragen. In Abb. 2.3 ist das für die Ebene verdeutlicht. Die Punkte symbolisieren die verschiedenen möglichen k-Zustände. Wenn $g(k)$ die Dichte der Teilchenzustände in einem Flächenelement der k-Ebene ist, dann befinden sich innerhalb des Kreisrings mit der Dicke dk und der Fläche $2\pi k \, \mathrm{d}k$ gerade $g(k) \, 2\pi k \, \mathrm{d}k$ solche k-Zustände. Diese Zählung ist um so genauer, je weiter der Kreisring vom Zentrum entfernt liegt. Je höher die Energie, desto größer auch der Betrag des k-Vektors, desto mehr Zustände werden durch den Kreisring erfasst. In Wahrheit darf man nicht nur die (k_x, k_y)-Ebene betrachten, sondern muss auch die k_z-Komponente berücksichtigen. Dann wird aus dem Kreisring eine Kugelschale, und die Zahl der Zustände in dieser Schale wird zu $g(k) \, 4\pi k^2 \, \mathrm{d}k$, darin ist $g(k)$ überall konstant.

(Vergleichen Sie mit der Masse einer Kugelschale der Dicke dr im Ortsraum. Diese ergibt sich bei gegebener Massendichte γ als $\mathrm{d}m = \gamma 4\pi r^2 \, \mathrm{d}r$, also durch einen ganz analogen Ausdruck!)

Gehen wir jetzt von k über zur Energie, dann müssen wir die Zahl der k-Zustände auch im entsprechenden Energieintervall wiederfinden:

$$g_c(E)\mathrm{d}E = g(k) \, 4\pi k^2 \, \mathrm{d}k. \tag{2.4}$$

Die Dichte $g(k)$ kann hier nicht abgeleitet werden; aus quantenmechanischen und kristallographischen Überlegungen (Es sind wie bei einer schwingenden Saite nur bestimmte Moden von stehenden Wellen möglich) ergibt sie sich zu

$$g_c(k) = \frac{2}{(2\pi)^3}.$$

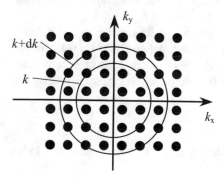

Abb. 2.3 Zustände im k-Raum (ebenes Modell)

Wir wollten jedoch die Zustandsdichte pro Energieintervall berechnen. Dazu müssen wir dk sowie k^2 durch die Energie E ausdrücken. Gl. (2.3), nach k aufgelöst, ergibt

$$k = \sqrt{\frac{2m_e E}{\hbar^2}}.$$

Weiterhin erhält man durch Differenzieren von (2.3):

$$dE = \frac{\hbar^2}{2m_e} 2k \, dk$$

Wenn wir beides dazu benutzen, um in (2.4) k zu ersetzen, erhalten wir

$$g_c(E) \, dE = g(k) \, 2\pi \sqrt{\frac{2m_e E}{\hbar^2}} \frac{2m_e}{\hbar^2} \, dE = g(k) \, 2\pi \left(\frac{2m_e}{\hbar^2}\right)^{3/2} \sqrt{E} \, dE$$

Außer den Impulszuständen gibt es in indirekten Halbleitern noch ein weiteres Unterscheidungskriterium für die Zahl der möglichen Zustände, nämlich die verschiedenen Leitungsbandminima. Deren Zahl v_e haben wir bei der Zählung zusätzlich zu berücksichtigen, so dass sich endgültig ergibt:[8]

$$g_c(E) \, dE = v_e \frac{2}{(2\pi)^3} \, 2\pi \left(\frac{2m_e}{\hbar^2}\right)^{3/2} \sqrt{E} \, dE \qquad (2.5)$$

Dieser Ausdruck sieht nun leider etwas kompliziert aus. Wir merken uns, dass die Zustandsdichte proportional ist zur Wurzel aus der Energie (vom Bandrand aus gezählt), und dass weiterhin die effektive Masse sowie im Leitungsband die Zahl der Minima eingeht:

$$\boxed{g_c(E) \, dE \sim v_e (m_e)^{3/2} \sqrt{E} \, dE} \qquad (2.6)$$

So viele Elektronen passen maximal in eine Energieschale der Dicke dE. Wie wir aber auch wissen, sind nicht alle dieser Zustände besetzt, sondern vorwiegend die unteren bis etwa zu einer bestimmten Maximalenergie, wobei die Besetzungsgrenze in der Nähe dieser Maximalenergie durch die ständige Zufuhr von thermischer Energie unscharf ist (nächster Abschnitt).

Analoge Beziehungen (jedoch mit $v_h = 1$) gelten für die Löcher im Valenzband; nur zählt dort die kinetische Energie $E = E_v - E$ nach unten. Bei einer realistischen Beschreibung von Halbleitern können die Verhältnisse durch Anisotropien wesentlich komplizierter werden – aber man muss ja nicht gleich das ganze Spektrum der Probleme auffahren!

---

[8] Verwechseln Sie v_e nicht mit der Frequenz, die wir ebenfalls durch v, aber ohne Index, bezeichnen.

2.2.2 Fermi-Verteilung

Wir wollen jetzt wissen, wie groß die Wahrscheinlichkeit ist, dass auch wirklich Elektronen auf den verfügbaren Energiezuständen sitzen.

Ein vergleichbares Modell für diese Situation finden wir in einem Fußballstadion. Die k-Zustände sind die Sitzplätze, die Energie entspricht der Höhe über dem Fußballfeld. Im Kristall sind die Sitzplätze jedoch in drei Raumrichtungen verteilt, was wir uns anschaulich schlechter vorstellen können. Da die Reihen im Stadion nach außen hin größer werden, sind oben („höhere Energie") mehr Plätze vorhanden, das heißt die Zustandsdichte der Plätze pro Energieintervall wird größer (nur sicher im Fußballstadion nicht gerade wurzelförmig!).

Nun fragen wir nach der Besetzungswahrscheinlichkeit der Plätze. Im Stadion werden gewöhnlich die unteren Sitzplätze von den Zuschauern bevorzugt. So lieben es auch die Elektronen im Kristall. Die Verteilung von Elektronen (und Löchern) auf vorgegebene Zustände wird im Allgemeinen durch die so genannte Fermi-Verteilung (nach dem italienischen Physiker ENRICO FERMI[9]) gegeben. Diese Verteilungsfunktion gilt nicht nur im Halbleiter, sondern ganz allgemein in der Physik. Die *Fermi-Funktion* ist durch die folgende Wahrscheinlichkeitsverteilung definiert (vgl. Abb. 2.4):

$$f_e(E) = \frac{1}{1 + \exp\left(\dfrac{E - E_F}{k_B T}\right)}. \tag{2.7}$$

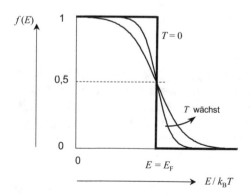

Abb. 2.4 Fermi-Funktion

---

[9] ENRICO FERMI (1901–1954), italienischer Physiker, emigrierte 1938 nach den USA, dort einer der Leiter des „Manhattan-Projekts" (Bau der ersten Atombombe) aus Furcht vor möglichen deutschen Entwicklungen. Nobelpreis 1938 „for his demonstrations of the existence of new radioactive elements produced by neutron irradiation, and for his related discovery of nuclear reactions brought about by slow neutrons". Entdeckung der „Fermi-Statistik" 1926.

k_B ist die Boltzmann-Konstante. Die Größe E_F ist die bereits früher erwähnte Besetzungsgrenze, die Fermi-Energie. Die Fermi-Funktion fällt im Wesentlichen innerhalb eines Energiebereichs der Breite $k_B T$ von eins auf null ab. Die Besetzungswahrscheinlichkeit bei der Energie E_F beträgt 50 %.

Für die Löcher im Valenzband, die ja eigentlich fehlende Elektronen sind, ergibt sich eine ähnliche Verteilung:

$$f_h(E) = 1 - f_e(E) = 1 - \frac{1}{1 + \exp\left(\dfrac{E - E_F}{k_B T}\right)} = \frac{1}{1 + \exp\left(\dfrac{E_F - E}{k_B T}\right)}. \tag{2.8}$$

Häufig benötigt man Näherungen für die Fermi-Verteilungsfunktion. In der Grenze sehr tiefer Temperaturen ($T \to 0$) entsteht die Stufenfunktion, d. h. $f(E) = 1$ bis zu $E = E_F$ und $f(E) = 0$ für $E > E_F$. Diesen Fall nennt man *völlige Entartung*. In einem anderen Fall, wenn die betrachteten Energien weit oberhalb der Fermi-Energie liegen, also bei $E - E_F \gg k_B T$, wird die Exponentialfunktion im Nenner von (2.7) viel größer als eins. Das trifft weit rechts in Abb. 2.4 zu. Man kann dann nähern:

$$f_e(E) = \frac{1}{1 + \exp\left(\dfrac{E - E_F}{k_B T}\right)} \approx \exp\left(-\frac{E - E_F}{k_B T}\right). \tag{2.9}$$

Für die Löcher ergibt sich unter diesen Bedingungen analog

$$f_h(E) \approx \exp\left(\frac{E - E_F}{k_B T}\right). \tag{2.10}$$

Die Berechtigung für eine solche Näherung (sie heißt auch Boltzmann-Näherung nach dem österreichischen Physiker LUDWIG BOLTZMANN[10]) ist bei Halbleitern in den meisten Fällen gegeben: Wie wir später sehen werden, befindet sich die Fermi-Energie in der Regel weitab von den erlaubten Energiezuständen, innerhalb der verbotenen Zone (Abb. 2.5). Dort ist die Fermi-Funktion im Leitungsband und im Valenzband bereits so weit abgeklungen, dass nur noch die nahezu exponentiellen Ausläufer wesentlich sind.

Bei Metallen haben wir übrigens gerade die umgekehrte Situation vor uns: Hier liegt die Fermi-Energie mitten im Leitungsband, so dass man die BOLTZMANN-

---

[10] LUDWIG BOLTZMANN (1844–1906), Österreichischer theoretischer Physiker, Professor in Wien, Graz, und Leipzig. Dort wegen Auseinandersetzungen mit seinem fachlichen Kontrahenten OSTWALD erfolgloser Selbstmordversuch, danach Rückkehr nach Wien. 1871 Beschreibung der Molekülverteilung in Gasen durch MAXWELL-BOLTZMANN-Verteilung. 1879 STEFAN-BOLTZMANNsches T^4-Gesetz zur Temperaturstrahlung.

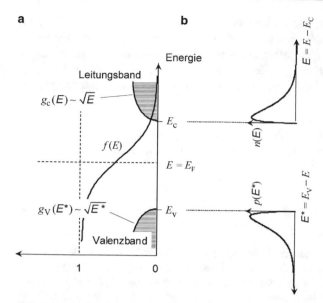

Abb. 2.5 Projektion der Verteilungsfunktion auf Valenz- und Leitungsband im Halbleiter (a) und resultierende Elektronen- beziehungsweise Löcherkonzentration pro Energieintervall (b)

Näherung nicht mehr benutzen kann. Auch in Halbleitern kann in einigen Fällen das Fermi-Niveau in einem der Bänder liegen, so bei intensiver Bestrahlung mit Laserlicht oder bei sehr starker Dotierung, wie sie zum Beispiel in Tunnel- oder Zenerdioden vorhanden ist.

2.2.3 Teilchenkonzentration in den Bändern

Die Konzentration $n(E)$ der Elektronen pro Energieintervall dE ergibt sich aus der Konzentration der möglichen Zustände, multipliziert mit der Wahrscheinlichkeit, mit der sie besetzt sind,

$$n(E)dE = g_c(E)f_e(E)dE \tag{2.11}$$

Das entspricht der Überlagerung der beiden Kurven $g_c(E)$ und $f(E)$ von Abb. 2.5. (Wir zählen jetzt alle Energiewerte von den jeweiligen Bandrändern aus.) Eine solche Überlagerung von Wurzelfunktion und Exponentialfunktion läuft auf die auf der rechten Seite dieser Abbildung gezeigten Kurven hinaus. Betrachten wir beispielsweise die Elektronenkonzentration im Leitungsband in Abhängigkeit von der Energie. Unmittelbar über dem Bandrand steigt sie erst einmal an, denn die mit $\sqrt{E}$ ansteigende Zustandsdichte stellt immer mehr Zustände bereit. Gleichzeitig nimmt die Wahrscheinlichkeit, mit der diese Zustände besetzt werden können, aber immer mehr ab. Dieser Abfall wird durch die Boltzmann-Verteilung bestimmt, die proportional zur Exponentialfunktion $f(E) = \exp((E - E_F)/(k_B T))$ ist. An einer Stelle im Energiebereich oberhalb des Bandrandes „kippt" die Kurve $n(E)$ um, sie steigt dann nicht mehr an, sondern fällt steil ab. Man kann zeigen, dass dies bei der Energie $E = k_B T/2$ der Fall ist.

Für die Verteilung der Elektronen auf die einzelnen Energiezustände interessiert man sich vor allem in der Optik. Für die Leitfähigkeitseigenschaften dagegen ist vorwiegende die *gesamte* Konzentration n der Elektronen im Leitungsband (und ähnlich auch die Konzentration der Löcher im Valenzband) wichtig. Diese erhält man daraus durch Summation über alle Energien. Diese Summation wird natürlich zur Integration, also

$$n = \int_0^\infty g_c(E) f_e(E) \, dE \tag{2.12}$$

Dabei haben wir angenommen, dass die energetischen Zustände bis zu großen Energien noch nach der Beziehung (2.3) quadratisch von k abhängen, was eigentlich nur in der Nähe der Bandkante gilt. Da aber die Verteilungsfunktion f_e rasch kleiner wird, macht man dort keinen großen Fehler mehr, wenn man nicht exakt rechnet. Wir gehen sogar so weit, die Integration bis unendlich auszudehnen; dadurch wird das Integral später wenigstens in einigen Spezialfällen noch lösbar.

Nun entsteht mit (2.5) und (2.7)

$$n = \int_0^\infty g_c(E) f_e(E) \, dE = \frac{2}{(2\pi)^3} 2\pi v_e \left(\frac{2m_e}{\hbar^2}\right)^{3/2} \int_0^\infty \sqrt{E} \, \frac{1}{1 + \exp\left(\dfrac{E - (E_F - E_c)}{k_B T}\right)} \, dE \tag{2.13}$$

Wir führen jetzt zwei Substitutionen durch:

$$\frac{E}{k_B T} \equiv \eta \quad \text{und} \quad \frac{(E_F - E_c)}{k_B T} \equiv \eta_c . \tag{2.14}$$

Damit nimmt (2.13) folgende Gestalt an:

$$n = \frac{2}{(2\pi)^3} 2\pi v_e \left(\frac{2m_e}{\hbar^2}\right)^{3/2} (k_B T)^{3/2} \int_0^\infty \sqrt{\eta} \, \frac{1}{1 + \exp(\eta - \eta_c)} \, d\eta . \tag{2.15}$$

Für das Integral

$$\mathscr{F}_{1/2}(\eta_c) = \frac{2}{\sqrt{\pi}} \int_0^\infty \eta^{1/2} \frac{1}{1 + \exp(\eta - \eta_c)} \, d\eta \tag{2.16}$$

kann kein geschlossener Ausdruck angegeben werden, es ist aber in einigen Halbleiterbüchern tabelliert (vgl. z. B. [Blakemore 1982b]). Es heißt *Fermi-Integral* (der Ordnung 1/2). Auf den Webseiten zum Buch ist eine MATLAB-Funktion zu finden, die die Berechnung von Fermi-Integralen mit sehr guter Genauigkeit erlaubt.

Weil der Vorfaktor in (2.15) reichlich kompliziert aussieht, führt man gern zwei Abkürzungen ein:

$$N_c = 2v_e \left(\frac{m_e k_B T}{2\pi \hbar^2} \right)^{3/2} \qquad (2.17)$$

ist die sog. *effektive Zustandsdichte* der Leitungsbandzustände (mit $N_c = 2{,}73 \cdot 10^{19}$ cm^{-3} für Silizium);[11]

$$N_v = 2 \left(\frac{m_h k_B T}{2\pi \hbar^2} \right)^{3/2} \qquad (2.18)$$

ist analog die effektive Zustandsdichte der Valenzbandzustände (mit $N_v = 1{,}08 \cdot 10^{19}$ cm^{-3} für Silizium). Im Vergleich mit (2.17) fehlt hier eine Variable v_h. Wir wollen uns aber daran erinnern, dass wir stets nur von *einem* Valenzband ausgehen.

Dann lässt sich die gesamte Elektronenkonzentration im Leitungsband kurz schreiben als

$$n = N_c \mathscr{F}_{1/2}(\eta_c). \qquad (2.19)$$

In den meisten Fällen benötigt man die Fermi-Verteilungsfunktion (2.7) nur mit der Boltzmann-Näherung für die Verteilungsfunktion, die durch (2.9) gegeben ist. In diesem Falle können wir das Integral vereinfachen und erhalten eine schlichte Exponentialfunktion

$$\mathscr{F}_{1/2}(\eta_C) = \frac{2}{\sqrt{\pi}} \int_0^\infty \eta^{1/2} \exp(\eta_C - \eta) \, d\eta = \frac{2}{\sqrt{\pi}} \Gamma\left(\frac{3}{2}\right) e^{\eta_C} = e^{\eta_C}.$$

$\Gamma(3/2) = (\sqrt{\pi})/2$ ist die Gamma-Funktion. Es ergibt sich schließlich:

$$n = N_c \, e^{\frac{E_F - E_c}{k_B T}} \qquad (2.20)$$

für das Leitungsband und

---

[11] *Hinweis*: In (2.17) steht ein Ausdruck $v_e m_e^{3/2}$. In einigen anderen Lehrbüchern wird dieses Produkt als „effektive Zustandsdichtemasse der Leitungselektronen" definiert, was aber physikalisch wenig gerechtfertigt ist. Beim Vergleich von Zahlenwerten ist der Unterschied jedoch zu beachten, das heißt, es ist dann der dort definierte Wert durch $v_e^{2/3}$ zu dividieren, um auf die hier benutzten Werte zu kommen.

$$p = N_v \, e^{\frac{E_v - E_F}{k_B T}} \qquad\qquad (2.21)$$

für das Valenzband.

Diese Ausdrücke würden uns schon erlauben, n und p auszurechnen, stünde nicht in den Gleichungen noch die unbekannte Fermi-Energie E_F. Deren Lage kennen wir im Moment nicht. Wenn wir jedoch (2.20) und (2.21) multiplizieren, fällt E_F heraus und wir erhalten:

$$n \cdot p = N_c N_v e^{-\frac{E_c - E_v}{k_B T}} = N_c N_v e^{-\frac{E_g}{k_B T}} . \qquad (2.22)$$

Jetzt sind alle Größen auf der rechten Seite bekannt. Sie hängen von den Ladungsträgerkonzentrationen nicht mehr ab. Dies ist nichts anderes als die Widerspiegelung des von der Chemie her bekannten *Massenwirkungsgesetzes*, aufgeschrieben für die „Reaktion"

Elektron + Loch ⇌ Energie.

In einem reinen oder „intrinsischen" Halbleiter[12] sind keine Störstellen vorhanden. In ihm muss die Zahl der Elektronen im Leitungsband gleich der Zahl der Löcher im Valenzband sein, da beide immer nur paarweise erzeugt werden können: $n = p$. Wir nennen diese Konzentration *intrinsische Ladungsträgerkonzentration* n_i. Damit können wir schreiben

$$n_i = \sqrt{N_c N_v} \, e^{-\frac{E_g}{2k_B T}} . \qquad\qquad (2.23)$$

Die Größe n_i wird benutzt, um (2.22) in der kurzen Form

$$np = n_i^2 \qquad\qquad (2.24)$$

verwenden zu können. n_i kann man in zweierlei Hinsicht interpretieren: Einmal ist n_i die intrinsische Ladungsträgerkonzentration, also die Konzentration der Elektronen und Löcher, die sich gemäß (2.23) in einem reinen Halbleiter einstellt. Andererseits dürfen wir n_i^2 aber auch einfach als eine Konstante ansehen, die für die Einstellung des Gleichgewichts in Gleichung (2.24) sorgt, und zwar unter beliebigen Bedingungen, auch in einem Halbleiter, in dem durch Dotierung oder auf andere Weise eine der Konzentrationen bereits vorgegeben ist.

---

[12] auch *Eigenhalbleiter*, engl. *intrinsic semiconductor*

Die in (2.22) im Exponenten stehende Größe hat den Charakter einer Aktivierungsenergie. Man kann sich vorstellen, dass durch Energiezufuhr ein Elektron mittels einer Energie $E_g/2$ aus der Mitte der verbotenen Zone ins Leitungsband angehoben und gleichzeitig ein Loch mittels einer gleich großen Energie ins Valenzband „hinuntergedrückt" wird; auf diese Weise ist keines der beiden Teilchen bevorzugt. Das Bezugsniveau in der Bandmitte ist die im folgenden noch zu bestimmende Fermi-Energie.

Wenn dieses Bezugsniveau aus der Bandmitte an eine andere Position rückt – was zum Beispiel in Halbleitern mit Störstellen der Fall ist –, so vergrößert sich zwar die Aktivierungsenergie eines der Teilchen, gleichzeitig verringert sich die andere Aktivierungsenergie um denselben Betrag, so dass ihre Summe weiterhin E_g bleibt.

Zahlenwerte für die effektiven Zustandsdichten und die intrinsische Ladungsträgerkonzentration n_i der wichtigsten Halbleiter bei Zimmertemperatur sind in Tabelle 2.3. angegeben, die Werte sollen Sie zur Übung selbst ausrechnen (Aufgabe 2.4 und Aufgabe 2.5). Für Silizium kann man sich grob $n_i = 10^{10}$ cm^{-3} merken. In der Praxis können Substanzen nie so rein hergestellt werden, dass die Ladungsträgerkonzentration in der Größenordnung von n_i liegt. Die tatsächlichen Werte liegen in der Regel um mehrere Größenordnungen darüber. Insofern ist n_i lediglich ein Rechenwert, wenn auch ein überaus nützlicher.

Tabelle 2.3. Effektive Zustandsdichten und intrinsische Ladungsträgerkonzentration der wichtigsten Halbleitersubstanzen bei 300 K

Halbleiter	N_c/cm^{-3}	N_v/cm^{-3}	n_i/cm^{-3}
Si	$2{,}73 \cdot 10^{19}$	$1{,}08 \cdot 10^{19}$	$6{,}71 \cdot 10^{9}$
Ge	$1{,}04 \cdot 10^{19}$	$5{,}42 \cdot 10^{18}$	$2{,}14 \cdot 10^{13}$
GaP	$3{,}33 \cdot 10^{19}$	$9{,}96 \cdot 10^{18}$	$1{,}892 \cdot 10^{0}$
GaAs	$4{,}25 \cdot 10^{17}$	$9{,}96 \cdot 10^{18}$	$2{,}25 \cdot 10^{6}$
InSb	$3{,}98 \cdot 10^{16}$	$1{,}17 \cdot 10^{19}$	$2{,}10 \cdot 10^{16}$

Beispiel 2.1

Durch Dotierung werde eine Elektronenkonzentration im Silizium von $n = 10^{16}$ cm^{-3} vorgegeben. Wie groß ist dann die Konzentration p der Löcher?

Lösung:

Die Löcherkonzentration ergibt sich unter Verwendung von (2.24) zu

$$p = \frac{n_i^2}{n} = \frac{\left(10^{10}\ \text{cm}^{-3}\right)^2}{10^{16}\ \text{cm}^{-3}} = 10^4\ \text{cm}^{-3}$$

Um sich einen Überblick zu verschaffen, kann man im Silizium stets erst einmal mit $n_i = 10^{10}$ cm^{-3} rechnen. Wie Sie sehen, ist die Lochkonzentration nur noch sehr klein – nur 10000 Löcher pro Kubikzentimeter! Das ist schon eher eine fiktive Rechengröße. Der genaue Wert ist übrigens

$$p = \frac{n_i^2}{n} = \frac{\left(6,71 \cdot 10^9 \text{ cm}^{-3}\right)^2}{10^{16} \text{ cm}^{-3}} = 4,5 \cdot 10^3 \text{ cm}^{-3}$$

Dass die Löcherkonzentration gerade kleiner wird, wenn die Elektronenkonzentration wächst, könnte vielleicht im ersten Moment verwunderlich sein. Wir müssen jedoch bedenken, dass es sich um ein dynamisches Gleichgewicht in einer „chemischen Reaktion" handelt, bei der sich ein Elektron und ein Loch finden müssen, um ein Photon zu erzeugen. Erhöhen wir in Gedanken die Konzentration der Elektronen, so ist es für ein einzelnes Loch aussichtsreicher, ein Elektron zu treffen und zu rekombinieren, so dass die Löcherkonzentration abnimmt

2.2.4 Bestimmung der Fermi-Energie

Oftmals ist es notwendig, die Lage der Fermi-Energie E_F zu kennen. Für den reinen Halbleiter gehen wir wieder von (2.20) und (2.21) aus und setzen diesmal beide gleich. Das dürfen wir wegen der Neutralitätsbedingung[13] $n = p$ tun:

$$N_c \, e^{\frac{E_F - E_c}{k_B T}} = N_v \, e^{\frac{E_v - E_F}{k_B T}} . \tag{2.25}$$

Logarithmieren beider Seiten der Gleichung und Auflösen nach E_F liefert:

$$E_F = \frac{E_c + E_v}{2} + \frac{k_B T}{2} \ln \frac{N_v}{N_c} \tag{2.26}$$

oder

$$E_F = \frac{E_c + E_v}{2} + \frac{k_B T}{2} \ln \frac{m_h^{3/2}}{v_e m_e^{3/2}} . \tag{2.27}$$

Die soeben definierte Fermi-Energie *im reinen Halbleiter* bezeichnet man oft auch mit dem Buchstaben E_i (vgl. hierzu Aufgabe 2.6). Ohne den logarithmischen zweiten Term läge sie genau in der Mitte der verbotenen Zone. Der zweite Summand bringt hierzu nur eine kleine, schwach temperaturabhängige Korrektur.

---

[13] Die Konzentration der positiven Ladungsträger muss gleich der Konzentration der negativen Ladungsträger sein.

2.3 Halbleiter mit Störstellen

2.3.1 Donatoren und Akzeptoren

Das Einbringen von Störstellen bei der Züchtung heißt Dotierung. Die technisch interessantesten Störstellen besitzen in der Regel ein Bindungselektron mehr oder weniger als das zu ersetzende Wirtsgitteratom. In der Praxis sind, je nach Substanz, Dotierungskonzentrationen von etwa 10^{14} bis 10^{20} cm^{-3} üblich. Dotierungen können in verschiedenen Formen auftreten:

- *Donatoren*: Donatoren sind Atome, die ein Bindungselektron *mehr* besitzen als das Wirtsgitteratom, welches sie ersetzen. Die Atome der 5. Hauptgruppe haben zum Beispiel fünf Valenzelektronen – im Gegensatz zum Silizium, das nur vier besitzt. Dieses fünfte Valenzelektron wird zur chemischen Bindung im Kristallgitter nicht benötigt und könnte sich deshalb im Prinzip frei durch den Halbleiter bewegen. Allerdings unterliegt es ja noch der Coulomb-Anziehung durch die nicht abgesättigte Ladung des Atomkerns (vgl. Abb. 2.6).
  Ein Beispiel ist Phosphor in Silizium.
  Bei III-V-Halbleitern hängt es davon ab, welches Atom ersetzt wird, wenn eine eingebaute Störstelle als Donator wirken soll. Beispielsweise stellen im GaAs die folgenden Elemente Donatoren dar:
  – Sauerstoff oder Schwefel (6 Valenzelektronen) auf As-Platz (5 Valenzelektronen),
  – Silizium (4 Valenzelektronen) auf Ga-Platz (3 Valenzelektronen).

- *Akzeptoren*: Akzeptoren sind Atome, die ein Bindungselektron *weniger* besitzen als das zu ersetzende Wirtsgitteratom. Das fehlende, zur Bindung aber benötigte Valenzelektron wird gleichzeitig mit einem Loch erst „erschaffen". Somit ist weiterhin Neutralität gewährleistet. Das Loch bewegt sich – wie umgekehrt beim Donator das Elektron – im Coulomb-Feld der gegenüber dem Wirtsgitteratom negativen Kernladung. Ein Beispiel für einen Akzeptor ist Bor (3 Valenzelektronen) im Silizium (4 Valenzelektronen). Im GaAs sind Akzeptoren:
  – Zink (2 Valenzelektronen) auf Ga-Platz (3 Valenzelektronen),
  – Silizium (4 Valenzelektronen) auf As-Platz (5 Valenzelektronen).

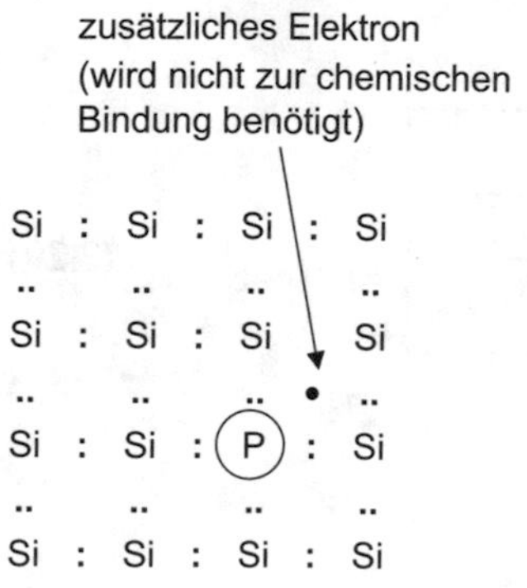

Abb. 2.6 Ebenes Bindungsmodell für einen Donator: Phosphor in Silizium

Viel treffendere Bezeichnungen für Donator und Akzeptor wären eigentlich die Namen „Elektronenspender" und „Lochspender".

- *Isoelektronische Störstellen*: In einigen Fallen sind auch noch weitere Störstellentypen von Bedeutung. Fremdatome, die genau so viele Bindungselektronen besitzen wie das Wirtsgitteratom, heißen *isoelektronische Störstellen*. Sie sind nur hinsichtlich ihrer optischen Eigenschaften interessant, bringen jedoch keine Ladungsträger ein. Beispielsweise sorgt die isoelektronische Störstelle Stickstoff im GaP für das intensive grüne Leuchten der GaP-Lumineszenzdioden.

2.3.2 Bindungsenergie von Ladungsträgern an Störstellen

Betrachten wir jetzt der Einfachheit halber einen Donator, wie Phosphor im Silizium. Vier seiner fünf Valenzelektronen werden für die Ausbildung der gemeinsamen kovalenten Bindung mit den benachbarten Siliziumatomen benötigt. Übrig bleiben ein fünftes Valenzelektron und eine positive Kernladung.

Damit haben wir fast dasselbe Modell vor uns wie im Abschn. 1.2 beim Wasserstoffatom: Ein einzelnes Elektron bewegt sich im Feld einer positiven Atomladung. Der Unterschied besteht lediglich darin, dass das Elektron jetzt die effektive Masse m_e und nicht m_0 trägt (da es sich ja im Halbleitermaterial befindet) und dass in der Coulombkraft die Dielektrizitätskonstante ε_0 durch diejenige im Material $\varepsilon_0\varepsilon$ zu ersetzen ist. Die Energiewerte der Donatorzustände liegen unterhalb des Leitungsbandrandes.

Wenn wir die Leitungsbandzustände als die (im Halbleiter) freien Zustände ansehen, ergibt sich die Bindungsenergie eines Elektrons am Donator, vom Leitungsbandrand aus gerechnet, in Analogie zu Abschn. 1.2 wie folgt:

a) Energie des Grundzustands:

$$E_e = E_c - E_D = \frac{1}{2}\frac{e^2}{4\pi\varepsilon\varepsilon_0 a_e} = 13,6 \text{ eV} \cdot \frac{\left(\dfrac{m_e}{m_0}\right)}{\varepsilon^2}. \tag{2.28}$$

(E_D kennzeichnet im Gegensatz zu E_e die Absolutlage des Donatorzustands.)

b) BOHRscher Radius des Grundzustands

$$a_e = \hbar^2 \cdot \frac{4\pi\varepsilon\varepsilon_0}{m_e e^2} = a_B \frac{\varepsilon}{\left(\dfrac{m_e}{m_0}\right)} = 5,29 \cdot 10^{-11} \text{ m} \cdot \frac{\varepsilon}{\left(\dfrac{m_e}{m_0}\right)}. \tag{2.29}$$

Beispiel 2.2

Bestimmen Sie die räumliche Ausdehnung (mit anderen Worten, die BOHRschen Radien) und die Bindungsenergien einiger Donatoren und Akzeptoren in verschiedenen Halbleitern.

Lösung:

Wir verwenden die folgenden Daten:
- Bindungsenergie des Elektrons im Wasserstoffatom: 13,6 eV,
- zugehöriger BOHRscher Radius des Elektrons: $a_B = 5,29 \cdot 10^{-9}$ cm.

Es müssen nur die entsprechenden Werte für ε und m_e bzw. m_h aus Tabelle 2.1. entnommen und in die Gleichungen (2.28) und (2.29) eingesetzt werden. Die Ergebnisse sind in Tabelle 2.4. zu finden. Dort sind auch einige experimentelle Daten zum Vergleich angegeben. Die Größenordnung liegt bei den Bindungsenergien im Bereich von Millielektronenvolt, bei den Bohr-Radien bei einigen Nanometern.

Vergleichen Sie insbesondere den Bohrschen Radius eines Elektrons am Donator in Silizium von ca. 2 nm – dieser Wert verdeutlicht die Ausdehnung des Störstellenzustands – mit dem Silizium-Atomradius, der nur ungefähr 0,12 nm groß ist.

Anmerkung: In der Halbleiterliteratur wird häufig die so genannte „effektive Zustandsdichtemasse" angegeben, welche die Vieltalstruktur bereits enthält, $m_e^* = m_e \nu_e^{2/3}$ (vgl. Fußnote 11 auf Seite 59). Die so definierte Masse eignet sich aber nicht für die Berechnung der Donatorbindungsenergien in Silizium. Statt 33,5 meV würde sich nämlich ein um den Faktor $\nu_e^{2/3} = 6^{2/3} = 3,3$ größerer Wert ergeben, also 110,5 meV.

Tabelle 2.4. Einige Bindungsenergien und BOHRsche Radien von Elektronen an Störstellen, alle Angaben beziehen sich auf 300 K. Aus [Madelung 1996], [Yu and Cardona 2001] und [Shur 1990]

	ε	$\dfrac{m_e}{m_0}$	BOHRscher Radius a_e oder a_h in cm	Berechnete Bindungsenergie E_e oder E_h in meV	Experimentelle Bindungsenergie E_e oder E_h in meV[a]
Si-Donator	11,4	0,32	$1,88 \cdot 10^{-7}$ $(= 1,88$ nm$)$	33,5	Si:Sb 43 Si:P 46 Si:As 54
Si-Akzeptor		0,578	$1,06 \cdot 10^{-7}$	59,7	Si:B 44 Si:Al 69 Si:Ga 73
GaAs-Donator	12,4	0,0665	$9,9 \cdot 10^{-7}$	5,8	GaAs:Si 5,84 GaAs:Se 5,79
InSb-Donator	15,9	0,0136	$6,18 \cdot 10^{-6}$	0,73	ca. 0,7

a Bezogen auf die jeweilige Bandkante des Halbleiters

Da Elektronen in der Regel den energetisch tiefsten Zustand einnehmen möchten, sollten sie an die Störstelle gebunden sein. Wird allerdings hinreichend Energie zugeführt, kann das Teilchen ins Leitungsband frei gesetzt werden und damit zur elektrischen Leitfähigkeit beitragen. Damit haben wir eine ergiebige Quelle für Ladungsträger gefunden: Wir müssen Halbleiter nur genügend hoch dotieren und so viel Energie zuführen, dass die Ladungsträger alle im Band sind.

Bei Akzeptoren sind die Verhältnisse umgekehrt: Sie steuern einen positiven Ladungsträger, also ein Loch, bei, das ebenfalls durch den Halbleiter wandern kann. Auch jetzt haben wir es wieder mit einem wasserstoffähnlichen System zu tun, nur mit negativer Ladung im Kern, der von einer positiven Ladung umkreist wird. Die Energie und der BOHRsche Radius ergeben sich also nach denselben Formeln, allerdings liegen jetzt die Energiewerte oberhalb des Valenzbandrandes.

Das Wasserstoffatom ist ein typisches Beispiel dafür, wie einzelne physikalische Modelle in ganz unterschiedlichen Bereichen der Physik Anwendung finden: Außer im Wasserstoffatom selbst fanden wir es soeben bei Störstellen im Halbleiter wieder. Darüber hinaus dient es aber auch zur Beschreibung der Wechselwirkung bei Elementarteilchen, also in einem ganz anderen Gebiet als der Halbleiterphysik: Ein Elektron kann nämlich mit dem korrespondierenden positiv geladenen Teilchen, dem Positron, auch wieder einen gebundenen Zustand bilden, der wiederum mit dem gleichen Modell beschrieben wird. Nur die in die Berechnung eingehenden Parameter und demzufolge die Bindungsenergien sind jeweils ganz verschieden.

Am Rande sei vermerkt, dass es in Halbleitern noch weitere Gebilde gibt, bei denen sich Bindungsenergien gemäß einem Wasserstoffmodell ergeben. Ein Beispiel (bei optischer Anregung zu beobachten), ist das *Exciton*, bestehend aus einem Elektron und einem Loch, die sich beide gegenseitig umkreisen – bis sie sich schließlich auffressen und zerstrahlen.

Die Analogien gehen sogar noch weiter. So wie sich aus zwei Wasserstoffatomen ein Wassermolekül (H_2) bilden kann, so kann bei einem Donator (negativer Rumpf plus zugehöriges gebundenes Elektron), der in der Nähe eines Akzeptors (positiver Rumpf plus zugehöriges gebundenes Loch) sitzt, auch eine „Molekülbindung" entstehen: ein *Donator-Akzeptor-Paar*. Solche Paare besitzen tatsächlich eine Art Molekül-Bindungsenergie. In der Optoelektronik spielen sie zum Beispiel als Zink-Sauerstoff-Paare im GaP eine Rolle, weil dadurch die Emissionswellenlänge vom Grünen zum Roten hin verschoben wird.

2.3.3 Ladungsträgerkonzentration bei Anwesenheit von Störstellen

Im Gleichgewicht muss ein homogener Halbleiter nach außen und in jedem Teilvolumen elektrisch neutral sein. Die *Neutralitätsbedingung* für die Ladungsträger und die ionisierten Störstellenrümpfe in einem Halbleiter lautet:

$$N_D^+ + p = N_A^- + n. \tag{2.30}$$

N_D^+ ist die Konzentration der nicht mit einem Elektron besetzten (d. h. ionisierten) Donatoren, N_A^- ist die Konzentration der ionisierten, also nicht mit einem Loch besetzten Akzeptoren. Im Gegensatz dazu soll N_D die Konzentration aller (geladenen und neutralen) Donatoren und N_A die Konzentration aller Akzeptoren sein.

Falls nur Donatoren vorhanden sind, fällt N_A^- weg. Wenn wir jetzt noch p nach dem Massenwirkungsgesetz (2.24) ersetzen und (2.30) nach n auflösen, erhalten wir

$$ n = \frac{N_D^+}{2} + \sqrt{\left(\frac{N_D^+}{2}\right)^2 + n_i^2} \; . \tag{2.31}$$

Nur das Pluszeichen ist vor der Wurzel sinnvoll, denn sonst würden sich negative Konzentrationen ergeben.

Die Gesamtzahl der Elektronen im Leitungsband setzt sich demnach aus zwei Anteilen zusammen: einem Anteil, der von den Donatoren stammt und infolgedessen ionisierte Donatorrümpfe mit einer Konzentration N_D^+ zurücklässt und einem zweiten Anteil, der aus dem Valenzband stammt und dort Löcher zurücklässt. Die Energie, die benötigt wird, um ein Elektron von seinem Donator zu lösen, ist jedoch viel kleiner als die, die zum Anheben aus dem Valenzband erforderlich ist. Deshalb wird der erste Prozess bereits bei viel niedrigeren Temperaturen einsetzen als der letzte.

Im Einzelnen müssen wir mit wachsender Temperatur von $T = 0$ an folgende Bereiche unterscheiden:

(1) Extrem tiefe Temperaturen

Bei extrem tiefen Temperaturen, in der Nähe des absoluten Temperaturnullpunkts, reicht die thermische Energie nicht aus, um Elektronen von den Donatorniveaus zu lösen und ins Leitungsband zu bringen. Aus dem Valenzband gelangen erst recht keine Elektronen dahin, da für Übergänge von dort aus ein noch größerer Energiebetrag benötigt würde. Es ist also $n = 0$.

Das Fermi-Niveau liegt jetzt übrigens nicht mehr etwa in der Mitte der verbotenen Zone, sondern oberhalb der Doantorniveaus. Das ist auch verständlich, denn es muss sich ja oberhalb aller besetzten Zustände befinden.

(2) Mittlere Temperaturen

Mit höher werdender Temperatur können aus dem Valenzband immer noch keine Elektronen ins Leitungsband gehoben werden; dies ist zum Beispiel daran zu erkennen, dass die Exponentialfunktion in $n_i = \sqrt{N_c N_v}\exp(-E_g/(2k_B T))$ sehr klein wird. Die Störstellen sind jedoch trotzdem schon teilweise ionisiert und setzen damit Elektronen ins Leitungsband frei: (2.31) wird zu $n = N_D^+$. Diese Situation bezeichnet man als *Störstellenreserve*. Wir erhalten eine exponentielle Abhängigkeit der Zahl der freigesetzten Elektronen von der Temperatur:

$$n = \sqrt{N_c \frac{N_D}{g} \cdot \exp\left(-\frac{E_e}{2k_B T}\right)}, \qquad \text{wobei } E_e = E_c - E_D. \tag{2.32}$$

g ist ein Faktor, der die Vielfachheit der Bandzustände angibt, zu denen die Störstelle gehört („Entartungsfaktor"[14]). Üblicherweise wird $g = 2$ gesetzt. Korrekter wäre jedoch die Berücksichtigung der Tälerzahl v_e.

Zur Begründung der Beziehung (2.32) müssten wir von dem folgenden Ausdruck ausgehen:

$$N_D^+ = N_D \left\{ 1 - \frac{1}{1 + \dfrac{1}{g}\exp\left(\dfrac{E_D - E_F}{k_B T}\right)} \right\} = N_D \frac{1}{1 + g\exp\left(-\dfrac{E_D - E_F}{k_B T}\right)}. \tag{2.33}$$

Diese Formel erinnert an die Fermi-Verteilungsfunktion der Leitungsbandelektronen (2.7), ihre Herleitung würde allerdings tiefere Kenntnisse der statistischen Physik erfordern. Wenn die Fermi-Energie oberhalb des Störstellenniveaus liegt – dies wird erst weiter unten gerechtfertigt –, wird $E_D - E_F$ negativ, und die Exponentialfunktion bei niedrigen Temperaturen wegen $k_B T \ll |E_D - E_F|$ sehr groß. Man kann in diesem Fall auch hier wieder nähern

$$N_D^+ = N_D \frac{1}{1 + g\exp\left(-\dfrac{E_D - E_F}{k_B T}\right)} \approx \frac{N_D}{g}\exp\left(\frac{E_D - E_F}{k_B T}\right). \tag{2.34}$$

Bilden wir das Produkt von N_D^+ aus (2.34) mit n aus (2.19), so fällt die Fermi-Energie heraus,

$$nN_D^+ = N_c \exp\left(\frac{E_F - E_c}{k_B T}\right) \cdot \frac{N_D}{g}\exp\left(\frac{E_D - E_F}{k_B T}\right) = N_c \frac{N_D}{g}\left(\frac{E_D - E_c}{k_B T}\right). \tag{2.35}$$

Nun müssen wir nur noch berücksichtigen, dass die Leitungsbandelektronen in diesem Fall allein von den Donatoren stammen, so dass $n = N_D^+$. Dann können wir auf beiden Seiten die Wurzel ziehen und erhalten schließlich (2.32).

Analog zum Vorgehen in Abschn. 2.2.4 bei der Ableitung von (2.26) ergibt sich hier für die Lage der Fermi-Energie

$$E_F = \frac{E_D + E_c}{2} + \frac{k_B T}{2}\ln\frac{N_D}{gN_c}, \tag{2.36}$$

sie liegt nun etwa in der Mitte zwischen dem Leitungsbandrand und dem Störstellenniveau.

---

[14] Die Bezeichnung „Entartung" an dieser Stelle hat unmittelbar nichts mit der „Entartung" in der Fermi-Verteilungsfunktion zu tun.

(3) „Normale" Temperaturen (etwa Zimmertemperatur)[15]

Unter den Bedingungen, bei denen Bauelemente üblicherweise betrieben werden, also bei Zimmertemperatur oder etwas höher, sind alle Störstellen ionisiert, $N_D = N_D^+$ *(Störstellenerschöpfung)*. Die Zahl der Elektronen, die durch Anregung aus dem Valenzband entstehen, ist immer noch zu vernachlässigen, so dass wir

$$n = N_D \tag{2.37}$$

setzen können. Dies ist die für Anwendungen wichtigste Situation. Insbesondere bei Bauelementen wird dieser Fall in der Regel schon der Einfachheit halber vorausgesetzt.

Im gesamten bisher besprochenen Temperaturbereich lässt sich die Elektronenkonzentration im Leitungsband aus der Formel (2.33) ableiten, wenn wir die Konzentration n der Leitungselektronen und die Konzentration N_D^+ gleichsetzen. Leider steht aber im Nenner von (2.33) noch die Fermi-Energie, die ebenfalls von n abhängt. Sie ersetzen wir mit Hilfe der Beziehung

$$\exp\frac{E_F}{k_B T} = \frac{n}{N_c} \exp\frac{E_c}{k_B T}, \tag{2.38}$$

die nichts anderes ist als die Vorschrift zur Berechnung der Elektronenkonzentration im Leitungsband (2.20), hier nur etwas umgestaltet.

Durch Ersetzen des Exponentialausdrucks in (2.33) mit Hilfe von (2.38) bekommen wir

$$\frac{n}{N_D} = \frac{1}{1 + g\dfrac{n}{N_c}\exp\left(\dfrac{E_c - E_D}{k_B T}\right)} = \frac{1}{1 + g\dfrac{n}{N_c}\exp\dfrac{E_e}{k_B T}}. \tag{2.39}$$

Wenn wir jetzt beide Seiten mit dem Nenner multiplizieren, erhalten wir die folgende quadratische Gleichung

$$n^2 + n\frac{N_c}{g}\exp\left(-\frac{E_e}{k_B T}\right) - \frac{N_c N_D}{g}\exp\left(-\frac{E_e}{k_B T}\right) = 0. \tag{2.40}$$

Ihre Lösung lautet

$$n = \frac{N_c}{2g}\exp\left(-\frac{E_e}{k_B T}\right)\left\{-1 + \sqrt{1 + \frac{4g N_D}{N_c}\exp\left(\frac{E_e}{k_B T}\right)}\right\}. \tag{2.41}$$

---

[15] Die Bezeichnung „Zimmertemperatur" ist natürlich nur als grober Richtwert zu verstehen. Tatsächlich hängt die Einteilung der Temperaturbereiche von der Höhe der Dotierung ab.

Durch Umkehrung von (2.20) erhalten wir aus der Elektronenkonzentration die Fermi-Energie:

$$E_F = k_B T \ln\left\{\frac{n}{N_c}\right\} = k_B T \ln\left[\frac{1}{2g}\exp\left(-\frac{E_e}{k_B T}\right)\left\{-1 + \sqrt{1 + \frac{4gN_D}{N_c}\exp\left(\frac{E_e}{k_B T}\right)}\right\}\right]. \quad (2.42)$$

(4) Hohe Temperaturen (weit oberhalb der Zimmertemperatur)

Zusätzlich zu den von den Donatoren frei gesetzten Elektronen kommt bei sehr hohen Temperaturen ein großer Anteil von Elektronen durch Anregung aus dem Valenzband ins Leitungsband. In (2.31) sind dann n_i und N_D^+ von vergleichbarer Größenordnung.

Mit wachsender Temperatur überwiegt schließlich der Anteil der aus dem Valenzband kommenden Ladungsträger ($n \gg N_D^+$), und wir haben dann

$$n \approx n_i \quad (2.43)$$

Die vergleichsweise geringe Zahl der von den Donatoren gelieferten Elektronen spielt dann kaum noch eine Rolle, es liegt Eigenleitung wie beim reinen Halbleiter vor.

Diese Situation ist meist unerwünscht, da sich viele Eigenschaften von Bauelementen dann ändern. Um das beim Übergang zu höherer Temperatur zu vermeiden, hilft es nur, auf Substanzen zurückzugreifen, die einen größeren Bandabstand haben, dann setzt die Eigenleitung erst später ein. Da die Gap-Energie wie die Temperatur im Exponenten von $n_i = \sqrt{N_c N_v}\exp(-E_g/(2k_B T))$ steht, macht sich bereits eine recht kleine Erhöhung von E_g dadurch bemerkbar, dass solche Halbleiter erst bei höheren Temperaturen zur Eigenleitung kommen. Als temperaturstabile Substanzen kommen also solche mit großem Bandabstand in Frage. Silizium ist geeigneter als Germanium, noch besser sind GaAs oder sogar GaN. In Aufgabe 2.22 wird der Übergang zur Eigenleitung abgeschätzt.

Das Fermi-Niveau rutscht beim Übergang zu höheren Temperaturen aus seiner Lage oberhalb der Störstellenzustände, wo es sich bei $T = 0$ befand, heraus. Es liegt jetzt in der Mitte der verbotenen Zone wie bei einem undotierten Halbleiter.

(5) Zusammenfassende Übersicht

Alle vier soeben diskutierten Bereiche sind schematisch in Abb. 2.7 zusammengefasst.

Wie wir sahen, kann die Ermittlung der Elektronenkonzentration im Leitungsband recht kompliziert werden. Glücklicherweise arbeiten jedoch die meisten Halbleiterbauelemente bei Zimmertemperatur (oder wenig darüber), so dass man es dann mit dem Fall der Störstellenerschöpfung zu tun hat, bei dem man einfach $n = N_D$ annehmen kann (Dichte der Leitungsbandelektronen = Dichte der Donatoren). Dies werden wir auch in Zukunft meist tun, ohne noch jedesmal besonders darauf hinzuweisen. Es ist aber trotzdem wichtig zu wissen, dass diese Annahme nur auf einen bestimmten Temperaturbereich bei gegebener Dotierungskonzentration begrenzt ist.

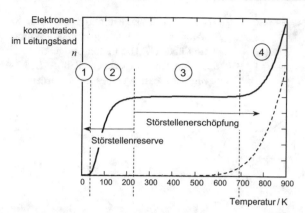

Abb. 2.7 Temperaturabhängigkeit der Ladungsträgerkonzentration in dotierten Halbleitern. Die *gestrichelte ansteigende Kurve rechts* ist der Anteil, der allein durch Eigenleitung zustande kommt. Die Zahlen entsprechen den im Text beschriebenen Temperaturbereichen

---

Beispiel 2.3

Wie groß ist die Konzentration von Elektronen in einer Siliziumprobe mit einer Donatordotierung von 10^{17} cm^{-3} bei Zimmertemperatur? Alle Donatoren seien dabei schon ionisiert, das heißt, sie haben ihr Elektron an das Leitungsband abgegeben.

Lösung:

Unter den genannten Bedingungen ist die Elektronenkonzentration mit guter Genauigkeit gleich der Donatorkonzentration, $n = N_D$; die Konzentration der Löcher ergibt sich jetzt nach dem Massenwirkungsgesetz (2.24),

$$p = \frac{n_i^2}{N_D} = \frac{\left(6{,}71 \cdot 10^9 \,\mathrm{cm}^{-3}\right)^2}{10^{17}\,\mathrm{cm}^{-3}} = 450\,\mathrm{cm}^{-3},$$

das ist ein extrem kleiner Wert. Elektronen- und Lochkonzentration sind in diesem Falle also im Gegensatz zu einem reinen Halbleiter sehr verschieden. Die Elektronen sind hier Majoritätsträger, die Löcher Minoritätsträger.

Zum Abschluss wollen wir noch einmal auf die oben angeführten exponentiellen Temperaturabhängigkeiten der Ladungsträgerkonzentration zurückkommen. Im Falle der Eigenleitung war sie durch Gl. (2.23) und im Falle der Störstellenleitung bei tiefen Temperaturen durch Gl. (2.32) bestimmt. In beiden Fällen ergab sich ein Term, der proportional ist zu $\exp\{E/(2k_B T)\}$. Wenn man die gemessene Ladungsträgerdichte im Band halblogarithmisch wie in Abb. 2.8 aufträgt kann man aus einem solchen Bild sehr gut die Energien E bestimmen, die in dem Exponenten stehen.[16]

---

[16] Die äußerst schwache Temperaturabhängigkeit von N_c und N_v unter der Wurzel von (2.23) und (2.32) wirkt sich gegenüber der viel stärkeren im Exponenten kaum aus.

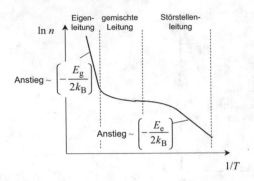

Abb. 2.8 Exponentielle Temperaturabhängigkeit der Ladungsträgerkonzentration über $1/T$. Die Ladungsträgerkonzentration kann experimentell über Leitfähigkeitsmessungen bestimmt werden

2.4 Die Bewegung von Ladungsträgern

Für die Bewegung von Ladungsträgern in einem Halbleiter können zwei Grunderscheinungen verantwortlich gemacht werden, und zwar,

– *Drift* und
– *Diffusion.*

Beide können zur Bilanz der Ladungsträger in einem bestimmten Raumbereich beitragen. Für diese Bilanz ist als weiterer Mechanismus die *Generation* (Erzeugung) und der umgekehrte Prozess, die *Rekombination* (Vernichtung), wichtig. Zunächst untersuchen wir Drift und Diffusion genauer.

2.4.1 Drift

Das *Ohmsche Gesetz* für einen geraden Leiter der Länge l mit konstantem Querschnitt A ist üblicherweise in der Form

$$I = \frac{1}{R}U = \frac{A\sigma}{l}U$$

bekannt. σ ist die Leitfähigkeit. Schreiben wir dies mittels Stromdichte $|j| = I/A$ und elektrischer Feldstärke $|\vec{\mathscr{E}}| = U/l$ auf, erhalten wir

$$|j| = \sigma|\vec{\mathscr{E}}| \tag{2.44}$$

Ein Strom entsteht durch Bewegung von Teilchen. In einem Halbleiter haben wir es prinzipiell mit zwei Sorten von Ladungsträgern zu tun, dementsprechend gibt es auch zwei Stromanteile: den Elektronenstrom und den Löcherstrom. Wir betrachten jeden Beitrag für sich.

Eine im Mittel gleichförmige Bewegung von Teilchen in einer Richtung heißt *Drift*. Elektronen und Löcher bewegen sich im elektrischen Feld normalerweise nicht mit konstanter Geschwindigkeit, sondern werden beschleunigt. Durch Stöße geben sie jedoch im Kristall ihre so gewonnene kinetische Energie an Störstellen oder Gitterschwingungen regelmäßig wieder ab und werden dadurch gebremst. So kommt im Mittel eine konstante Geschwindigkeit zustande, ähnlich dem Fall einer Kugel in einem zähen Sirup.

Welche mittlere Geschwindigkeit entsteht nun durch die Balance zwischen elektrischem Feld und „Bremseffekt"? Wegen der einfacheren Behandlung der Vorzeichen betrachten wir hier die Löcher (Konzentration p); ihre Driftgeschwindigkeit bezeichnen wir mit v_d^h. Durch die Querschnittsfläche A eines Quaders (Abb. 2.9) strömen in der Zeiteinheit $\mathrm{d}t$ $\mathrm{d}N$ Löcher und damit die Ladung $\mathrm{d}Q = e\,\mathrm{d}N = epAv_\mathrm{d}^\mathrm{h}\,\mathrm{d}t$ hindurch; sie füllt das Volumen $Av_\mathrm{d}^\mathrm{h}\,\mathrm{d}t$ aus. Die Löcher, die zu einem bestimmten Zeitpunkt links hineingelangt waren, befinden sich nach der Zeit $\mathrm{d}t$ gerade am rechten Ende. Damit ergibt sich für ihre Stromdichte

$$j_\mathrm{h} = \frac{1}{A}\frac{\mathrm{d}Q}{\mathrm{d}t} = epv_\mathrm{d}^\mathrm{h}. \tag{2.45}$$

Analog erhalten wir für die Elektronenstromdichte (Die Elektronen bewegen sich gegen die Feldrichtung!):

$$j_\mathrm{e} = \frac{1}{A}\frac{\mathrm{d}Q}{\mathrm{d}t} = -env_\mathrm{d}^\mathrm{e}. \tag{2.46}$$

Dieser Strom heißt *Driftstrom* oder *Feldstrom*.

Durch Gleichsetzen mit (2.44) kann man die Driftgeschwindigkeiten v_d^e und v_d^h mit der elektrischen Feldstärke und der Leitfähigkeit der jeweiligen Trägersorte in Verbindung bringen:

$$v_\mathrm{d}^\mathrm{h} = \frac{\sigma_\mathrm{h}}{ep}\mathscr{E} \quad \text{und} \quad v_\mathrm{d}^\mathrm{e} = -\frac{\sigma_\mathrm{e}}{en}\mathscr{E}. \tag{2.47}$$

Der Proportionalitätsfaktor zwischen der elektrischen Feldstärke $\mathscr{E}$ und der Driftgeschwindigkeit v_d heißt *Beweglichkeit* (engl. mobility); sie wird mit dem Symbol μ_h beziehungsweise μ_e bezeichnet:

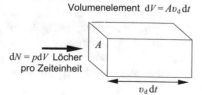

Abb. 2.9 Zur Ableitung der Driftgeschwindigkeit

$$v_d^h = \mu_h \mathscr{E} \quad \text{und} \quad v_d^e = -\mu_e \mathscr{E} .$$ (2.48)

Die Leitfähigkeit ergibt sich damit zu

$$\sigma_h = e\mu_h p \quad \text{und} \quad \sigma_e = e\mu_e n .$$ (2.49)

Sie hängt also von zwei wichtigen Größen ab: von der jeweiligen Ladungsträger-konzentration (p beziehungsweise n) und von der zugehörigen Beweglichkeit (μ_h beziehungsweise μ_e). Beide Größen werden in unterschiedlicher Weise von der Temperatur beeinflusst: Wie sich die Ladungsträgerkonzentration mit der Temperatur ändert, haben wir bereits im Abschn. 2.3 skizziert. Dort sahen wir, dass sie mit wachsender Temperatur zunimmt. Die Beweglichkeit dagegen sinkt überwiegend mit wachsender Temperatur (vgl. Abb. 2.10), zumindest in reinem Silizium. Das führt insgesamt zu einem Verhalten der Leitfähigkeit, wie es in Abb. 2.11 dargestellt ist.

Wäre die Leitfähigkeit σ allein durch die Beweglichkeit bestimmt, müsste sie mit wachsender Temperatur sinken. Diese Situation beobachten wir zum Beispiel bei Metallen. Bei Halbleitern überlagert sich jedoch die Zunahme der Ladungsträgerkonzentration mit wachsender Temperatur (gestrichelte Kurve in Abb. 2.11).

Beide Effekte zusammen liefern das für Halbleiter typische Verhalten (durchgezogene Kurve der Abbildung). Es führt bei tiefen und hohen Temperaturen zu einem Anwachsen von σ mit wachsendem T, im mittleren Temperaturbereich dagegen zu einem Abfallen.

Aus dem Verlauf der Beweglichkeit über der Temperatur lässt sich auf den Streumechanismus im Halbeiter schließen (vergleichen Sie Aufgabe 2.11). Wir

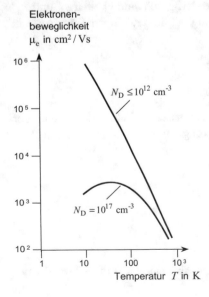

Elektronen-
beweglichkeit
μ_e in cm^2/Vs

$N_D \leq 10^{12}$ cm^{-3}

$N_D = 10^{17}$ cm^{-3}

Temperatur T in K

Abb. 2.10 Beweglichkeit μ_e der Elektronen im Silizium über der Temperatur (nach [Singh 1994]).

In reinen Halbleitern (*obere Kurve*) ist μ_e durch Streuung an Gitterschwingungen bestimmt. Mit wachsender Temperatur schwingt das Gitter stärker und μ_e sinkt daher.

In dotierten Halbleitern (*untere Kurve*) wird μ_e, vor allem bei tiefen Temperaturen, durch Streuung an Störstellen dominiert. Da die Elektronen mit steigender Temperatur durch ihre größere thermische Geschwindigkeit schneller an den Störstellen vorbeifliegen, spüren sie deren Potential weniger. Deshalb wächst μ_e mit steigender Temperatur

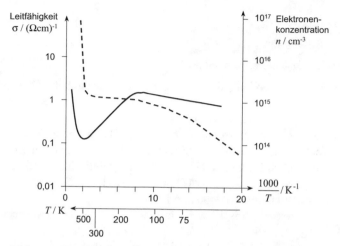

Abb. 2.11 Elektronenkonzentration *n* (*rechte Skala, gestrichelte Kurve*) und Leitfähigkeit σ (*linke Skala, durchgezogene Kurve*) über der reziproken Temperatur in Silizium. Donatorkonzentration 10^{15} cm^{-3} (nach [Neamen 1997])

können Aussagen über die Beweglichkeit machen, wenn wir wieder von einer mikroskopischen Vorstellung ausgehen: Wir nehmen an, die bereits erwähnte konstante Driftgeschwindigkeit bilde sich dadurch heraus, dass die elektrische Feldkraft $e\mathscr{E}$ durch eine gleich große, geschwindigkeitsproportionale „Reibungskraft" kompensiert wird:

$$m\frac{v_d}{\tau} = e\mathscr{E} . \qquad (2.50)$$

Diese „Reibungskraft" kommt letztendlich durch verschiedene Stoßprozesse der Ladungsträger (zum Beispiel Streuung an Störstellen, Streuung an Gitterschwingungen…) zustande. τ hat die Dimension einer Zeit und kann als die mittlere freie Flugzeit eines Ladungsträgers zwischen zwei Stößen interpretiert werden. In der Zeit τ gelangen die Teilchen um eine Strecke *l* vorwärts. Diese Strecke heißt *mittlere freie Weglänge*.

Durch Umstellen nach der Driftgeschwindigkeit ergibt sich

$$v_d = \frac{e}{m}\tau \, \mathscr{E} .$$

Wir wissen aus der Definition (2.48), dass der Vorfaktor in dieser Gleichung die Beweglichkeit sein muss. Folglich können wir dafür schreiben

$$\mu = \frac{e}{m}\tau . \qquad (2.51)$$

Da sich verschiedene Beiträge zur „Reibungskraft" in (2.50) addieren, müssen sich die einzelnen mittleren Flugzeiten aus den Einzelanteilen verschiedener Stoßprozesse τ_i reziprok addieren,

$$\frac{1}{\tau} = \sum_i \frac{1}{\tau_i}.$$

Das ist die so genannte MATTHIESEN-*Regel*.

Für praktische Anwendungen ist es wichtig, die Beweglichkeit bei Zimmertemperatur für unterschiedliche Störstellenkonzentrationen zu kennen. Wie man schon anhand von Abb. 2.10 ahnt, wird sie bei höheren Dotierungen kleiner – die Störstellen behindern die Ladungsträger immer mehr. Der gesamte Verlauf von μ über der Störstellenkonzentration ist für Silizium in Abb. 2.12 aufgetragen. Ähnliche Abhängigkeiten gelten für andere Halbleiter. Ein analytischer Ausdruck, der diese Beziehung wiedergibt, wird im MATLAB-Anwendungsteil benutzt. Es handelt sich dabei um die Funktionen mye.m und myh.m.

Aus Abb. 2.12 liest man beispielsweise folgende Werte für die Beweglichkeit im Silizium ab:[17]

– für die Elektronen: $\mu_e = 1340\ \mathrm{cm}^2\mathrm{V}^{-1}\mathrm{s}^{-1}$ bei $N_D = 10^{14}\ \mathrm{cm}^{-3}$,
– für die Löcher: $\mu_h = 140\ \mathrm{cm}^2\mathrm{V}^{-1}\mathrm{s}^{-1}$ bei $N_D = 10^{18}\ \mathrm{cm}^{-3}$.

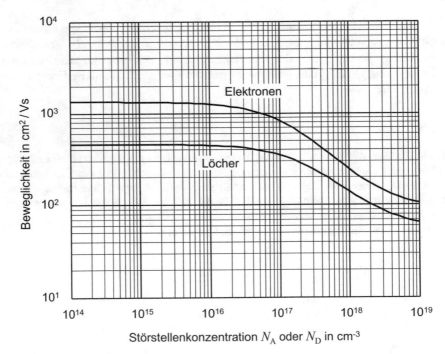

Abb. 2.12 Beweglichkeit im Silizium bei Zimmertemperatur in Abhängigkeit von der Dotierung

---

[17] Die Werte für Silizium lassen sich natürlich ebenfalls mittels der im Anhang enthaltenen MATLAB-Funktionen mye.m und mye.m erhalten.

Wir wollen auch die Größe der Driftgeschwindigkeiten im Silizium wissen. Bei einer Feldstärke $\mathscr{E} = 10$ V/cm ergibt sich beispielsweise $v_d^e = \mu_e \mathscr{E} = 134$ m/s sowie $v_d^h = 14$ m/s.

Im reinen, unkompensierten Galliumarsenid liegen die Beweglichkeiten bei $\mu_e = 8500$ cm^{2}V^{-1}s^{-1} sowie $\mu_h = 400$ cm^{2}V^{-1}s^{-1}. Im Indiumantimonid (InSb) erreicht die Elektronenbeweglichkeit sogar $60\,000$ cm^{2}V^{-1}s^{-1}. Die hohe Elektronenbeweglichkeit von 8500 cm^{2}V^{-1}s^{-1} lässt verstehen, warum man für schnelle Elektronik GaAs-Bauelemente einsetzt.

Beispiel 2.4

Ein Stück n-Silizium (Querschnitt 0,5 mm^2, Länge 1 cm) ist mit Störstellen in einer Höhe von 10^{17} cm^{-3} dotiert. Wie groß ist der elektrische Strom, der bei einer angelegten Spannung von 5 V fließt? Die Donatoren seien bei Zimmertemperatur alle ionisiert.

Lösung:

Wir entnehmen der Abb. 2.12: $\mu_e = 825$ cm^{2}V^{-1}s^{-1}. Daraus folgt

$$\sigma = \mu e n = 825 \text{ cm}^2 \text{ V}^{-1}\text{s}^{-1} \cdot 1{,}602 \cdot 10^{-19} \text{As} \cdot 10^{17}\text{cm}^{-3} = 13{,}2 \ \Omega^{-1}\text{cm}^{-1}$$

und somit

$$I = A\sigma\frac{U}{l} = 0{,}005 \text{ cm}^2 \cdot 13{,}2 \ \Omega^{-1}\text{cm}^{-1} \cdot \frac{5 \text{ V}}{1 \text{ cm}} = 0{,}33 \text{ A}.$$

Es muss noch erwähnt werden, dass die Leitfähigkeit in starken elektrischen Feldern ($> 10^3$ V/cm) nicht mehr feldstärkeunabhängig ist. Die Gleichung (2.47) für die Driftgeschwindigkeit gilt dann nicht mehr, sondern v geht in einen konstanten Wert, unabhängig von $\mathscr{E}$, über.

2.4.2 Anwendung: Widerstandsthermometer

Die Temperaturabhängigkeit des elektrischen Widerstands in Halbleitern wird zur Temperaturmessung mittels Silizium-Sensoren ausgenutzt. Sie haben einen Arbeitsbereich von etwa −50 °C bis 150 °C. Bei diesen Temperaturen befinden wir uns, geeignete Dotierung vorausgesetzt, im Bereich der Störstellenerschöpfung, und die durch Donatoren eingebrachte Ladungsträgerkonzentration im Leitungsband ist konstant. Die Widerstandsänderung ist dann allein durch die Beweglichkeit bestimmt, so dass der Widerstand mit der Temperatur wächst (Abb. 2.13)

Es kommen aber prinzipiell auch Temperaturbereiche zur Widerstandsmessung in Frage, bei denen sich nicht die Beweglichkeit, sondern vor allem die Ladungsträgerkonzentration ändert:

Zur Messung sehr tiefer Temperaturen (zwischen 0,1 und 100 K) werden Widerstandsthermometer aus Arsen-dotiertem Germanium eingesetzt. In diesem Bereich ändert sich die Ladungsträgerkonzentration im Leitungsband nach dem Exponentialgesetz (2.32), so dass sich die Form $\sigma \sim \exp(-E_e/(2k_B T))$ ergibt: Der Widerstand $R \sim 1/\sigma$ sinkt mit wachsender Temperatur, und wir erhalten demnach eine negative Kennlinie.

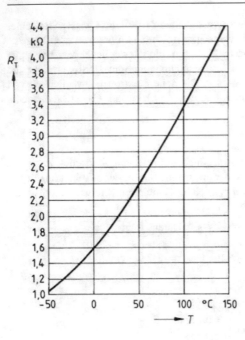

Abb. 2.13 Kennlinie des Temperatursensors KTY 10-6. Quelle: [Infineon Technologies 2004], S. 243. Wiedergabe mit Genehmigung der Infineon Technologies AG, München

Bei hohen Temperaturen gilt ein ähnliches Gesetz für σ, wobei allerdings nun entsprechend (2.23) die Gap-Energie statt der Störstellenenergie im Exponenten auftritt. Das Leitfähigkeitsverhalten wird dann meist in der Form

$$\sigma = \sigma_0 \exp\left(-B(\frac{1}{T} - \frac{1}{T_0})\right)$$

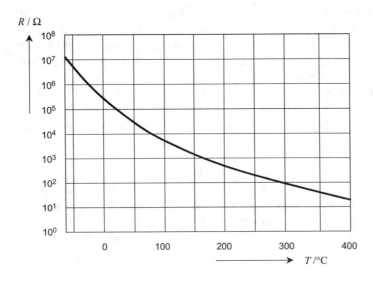

Abb. 2.14 Kennlinie eines Heißleiters, nach [Heywang 1988]

dargestellt. Auch hier ergibt sich wieder eine negative Kennlinie. Solche Bauelemente werden als *Heißleiter* oder NTC-Widerstände (NTC – negative temperature coefficient) bezeichnet. Es handelt sich dabei meist um (polykristalline) Halbleiter-Keramik-Widerstände. Die Konstante B ist eine Materialkonstante, ihr Wert liegt zwischen 1500 und 7000 K. T_0 ist eine Bezugstemperatur, zu der der Leitfähigkeitswert σ_0 gehört. Die typische Kennlinie eines solchen Heißleiters ist in Abb. 2.14 gezeigt.

2.4.3 HALL-Effekt

Wenn ein Strom senkrecht zu den Feldlinien eines Magnetfeldes fließt, wird eine Querspannung induziert. Dies ist der so genannte HALL-Effekt[18]. Der Hall-Effekt ist für die Ermittlung von grundlegenden Halbleiterdaten, vor allem der Ladungsträgerkonzentration, äußerst wichtig, er wird aber auch in technischen Sensoren häufig ausgenutzt.

Zur Ableitung einer Beziehung für die Hall-Spannung U_H betrachten wir einen rechteckigen Leiter entsprechend Abb. 2.15. Ein elektrischer Strom fließe von links nach rechts durch dieses Leiterstück; wir nehmen an, dass es sich um Löcher handelt, das macht die Vorzeichenbetrachtungen einfacher. Die Löcher bewegen sich dann auch von links nach rechts. Senkrecht zum Strom liege ein Magnetfeld B an. Wir wissen, dass ein Ladungsträger im elektrischen und magnetischen Feld die LORENTZ-Kraft erfährt,

$$F = e(\vec{\mathscr{E}} + v \times B) \tag{2.52}$$

– in dieser Form gilt die Formel für positive Ladungsträger.

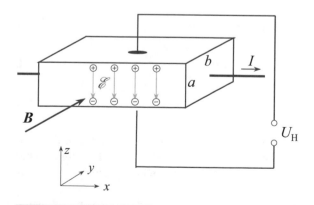

Abb. 2.15 Hall-Effekt

---

[18] EDWIN HERBERT HALL (1855–1938), amerikanischer Physiker, Studium in Baltimore. Während der Arbeit an seiner „doctoral thesis" 1879 Entdeckung des Hall-Effekts. 1895–1921 Professor in Harvard.

In unserem Falle ist das elektrische Feld zunächst null. So, wie wir unsere Geometrie gewählt haben, zeigt die Lorentz-Kraft senkrecht nach oben. Das führt dazu, dass sich an der oberen Fläche des Leiters positive Ladungsträger ansammeln, die untere Fläche ist durch einen Mangel an Löchern dagegen negativ geladen. Diese Ladungen werden so lange abgelenkt, bis das durch sie entstehende elektrische Feld so groß ist, dass es die Kraftwirkung durch das Magnetfeld aufhebt. Die Gesamtkraft ist dann null. Wir können (2.52) dann in der Form

$$0 = e(\vec{\mathscr{E}} + v \times \boldsymbol{B}) \tag{2.53}$$

schreiben. Da das $\mathscr{E}$-Feld in negativer z-Richtung verläuft, können wir diese Gleichung skalar wie folgt ausdrücken:

$$\mathscr{E} = vB. \tag{2.54}$$

Die (Drift-)Geschwindigkeit drücken wir nach (2.45) durch die Stromdichte j beziehungsweise den Strom I aus und erhalten

$$\mathscr{E} = \frac{j}{ep}B = \frac{I/A}{ep}B. \tag{2.55}$$

$A = ab$ ist die Querschnittsfläche. Durch das elektrische Feld entsteht eine Spannungsdifferenz, die HALL-Spannung $U_\mathrm{H} = \mathscr{E}a$. Für sie erhalten wir

$$U_\mathrm{H} = \frac{1}{ep}\frac{I\,B}{b} = R_\mathrm{H}\frac{I\,B}{b} \tag{2.56}$$

mit dem HALL-Koeffizienten R_H, der definiert ist durch

$$R_\mathrm{H} = \frac{1}{ep}. \tag{2.57}$$

Für Elektronen gilt analog

$$R_\mathrm{H} = \frac{1}{-en}. \tag{2.58}$$

Der HALL-Koeffizient kann sehr gut aus Messungen von U_H, I, B und der Probenbreite b bestimmt werden. Damit bekommt man eine Möglichkeit, die Ladungsträgerkonzentration p zu ermitteln – eine sehr wichtige Größe in der Halbleiterphysik.

Die Formeln sind auch auf den Fall der Elektronenleitung anwendbar, wenn man überall p durch n ersetzt und e durch $-e$. Dann sieht man, dass der Hall-Koeffizient vom Vorzeichen der Ladungsträger abhängt, mithin lassen sich n- und p-dotierte Halbleiter unterscheiden. Wenn man aus Widerstandsmessungen Werte für die Leitfähigkeit σ gewinnt, kann man dann aus der Beziehung

$$\sigma_h = e\mu_h\,p$$

(vgl. (2.49)) Rückschlüsse auf die Beweglichkeit ziehen.

HALL-Messungen lassen sich zur Messung von Magnetfeldern benutzen. Eine andere Anwendung ergibt sich in HALL-Sensoren. Dort wird ein Halbleiter in der Nähe eines kleinen Permanentmagneten positioniert. Die Änderung der HALL-Spannung, die beim Annähern eines ferromagnetischen Materials durch die Veränderung des **B**-Feldes entsteht, kann man gut nachweisen und damit den HALL-Sensor als Positionssensor einsetzen.

Beispiel 2.5

Ermitteln Sie den HALL-Koeffizienten in einem Metall (Silber, Elektronenkonzentration $n = 7 \cdot 10^{22}\,\mathrm{cm}^{-3}$) und in einem n-dotierten Halbleiter ($n = N_D = 10^{17}\,\mathrm{cm}^{-3}$).

Lösung:

– für Silber

$$R_H = \frac{1}{-en} = \frac{1}{-1,602 \cdot 10^{-19}\,\mathrm{As} \cdot 7 \cdot 10^{22}\,\mathrm{cm}^{-3}} = -8,92 \cdot 10^{-19}\,\mathrm{C}^{-1}\,\mathrm{cm}^3\,.$$

(Das negative Vorzeichen entsteht, da die Ladungsträger hier Elektronen sind.)

– für den Halbleiter

$$R_H = \frac{1}{-eN_D} = \frac{1}{-1,602 \cdot 10^{-19}\,\mathrm{As} \cdot 10^{17}\,\mathrm{cm}^{-3}} = -62,4\,\mathrm{C}^{-1}\,\mathrm{cm}^3\,.$$

Der Hall-Koeffizient ist in Halbeitern also viel größer als in Metallen, da die Ladungsträgerkonzentration im Nenner steht. In Metallen ist der Hall-Effekt nahezu nicht messbar.

Der HALL-Koeffizient R_H ist nicht zu verwechseln mit dem HALL-Widerstand, der wie jeder Widerstand durch das Verhältnis von Spannung zu Strom definiert ist, sich also laut (2.56) zu B/enb ergibt. Demnach müsste der HALL-Widerstand dem Magnetfeld proportional sein. In zweidimensionalen Halbleitern bei sehr niedrigen Temperaturen und sehr hohen Magnetfeldern wächst er jedoch nicht kontinuierlich, sondern nur in Stufen, wenn B ansteigt. Dieser *Quanten-Hall-Effekt* wurde 1980 durch KLAUS VON KLITZING[19] entdeckt und dient heute als Grundlage eines äußerst präzisen Widerstandsnormals. Als zweidimensionale Struktur wurde übrigens der leitfähige Kanal eines Feldeffekt-Transistors benutzt, den wir später kennenlernen werden.

---

[19] KLAUS VON KLITZING (geb. 1943), dt. Physiker, Studium in Braunschweig, Promotion in Würzburg, 1980 Professor an der TU München, seit 1984 Direktor am Max-Planck-Institut für Festkörperforschung in Stuttgart. Nobelpreis 1985 „for the discovery of the quantized Hall effect".

Beispiel 2.6

Die Stufen, in denen sich der HALL-Widerstand unter den erwähnten Bedingungen des Quanten-Hall-Effekts ändert, sind ganzzahlige Bruchteile des Verhältnisses h/e^2, also allein durch die PLANCKsche Konstante h und die Elementarladung e bestimmt. Berechnen Sie den Zahlenwert dieser Größe und zeigen Sie, dass sich tatsächlich die Dimension eines Widerstands ergibt.

Lösung:

$$\frac{h}{e^2} = \frac{6{,}626 \cdot 10^{-34}\,\text{J}}{\left(1{,}602 \cdot 10^{-19}\,\text{As}\right)^2} = 2{,}581 \cdot 10^4\,\frac{\text{VAs}^2}{\text{A}^2\text{s}^2} = 2{,}581 \cdot 10^4\,\frac{\text{V}}{\text{A}} = 25{,}81\,\text{k}\Omega.$$

Die Konstante $R_\text{K} = h/e^2$ heißt *von-Klitzing-Konstante*.

An Schichten aus GaAlAs und GaAs gemessene Widerstandsstufen sind in der folgenden Abb. 2.16 zu erkennen.,

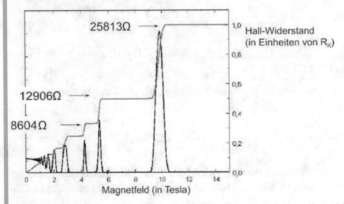

Abb. 2.16 Messungen des Quanten-Hall-Effekts. Nach [Leadley 1996]

2.4.4 Diffusion

Diffusion tritt infolge von Konzentrationsunterschieden auf; sie äußert sich in einer Bewegung von Teilchen aus Gebieten hoher Konzentration zu Gebieten niedrigerer Konzentration und ist nicht an elektrische Eigenschaften gebunden.

Die Diffusion kann am einfachsten mit Hilfe eines Modells erklärt werden, bei dem man von einer ständigen mikroskopischen Bewegung aller Teilchen ausgeht. Diese bewegen sich im Mittel in alle Raumrichtungen mit gleicher Wahrscheinlichkeit. Wir betrachten einen Halbleiter, in dem sich die Teilchenkonzentration n nur in x-Richtung ändert. An einem bestimmten Punkt x_0 besitzt die Hälfte aller Teilchen – wir nehmen an, es seien Elektronen – eine Geschwindigkeitskomponente in positiver x-Richtung, die andere Hälfte in negativer x-Richtung (Abb. 2.17). Die Teilchenstromdichte ergibt sich ähnlich wie bei der Herleitung von Gleichung (2.46) als Produkt von Teilchenkonzentration und Geschwindigkeit[20] zu $(n_\text{L}/2)v$ für die von links nach rechts fliegenden Teilchen und $(n_\text{R}/2)v$ für die von rechts nach links fliegenden Teilchen. Ihre Differenz ist $((n_\text{L} - n_\text{R})/2)v$. Die Geschwindig-

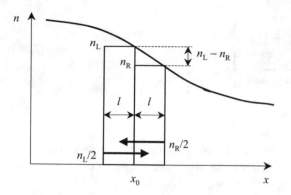

Abb. 2.17 Zur Ableitung der Diffusionsgleichung

keit v kann durch die mittlere freie Flugzeit und die mittlere freie Weglänge ausgedrückt werden. Wenn wir dann noch mit der Ladung $-e$ multiplizieren, erhalten wir als Diffusionsstrom der Elektronen

$$j_e^{\text{Diff}} = -e\,\frac{n_L - n_R}{2} \cdot \frac{l}{\tau}.$$

Die relative Änderung der Teilchenkonzentrationen in sehr kleinen mikroskopischen Bereichen wird dieselbe sein, egal ob wir sie auf einer Länge l oder einer Länge dx betrachten. Daher können wir schreiben

$$\frac{n_L - n_R}{l} = -\frac{dn(x)}{dx}.$$

Damit ergibt sich

$$j_e^{\text{Diff}} = -e\,\frac{n_L - n_R}{2} \cdot \frac{l}{\tau} = -e\,\frac{1}{2}\frac{dn}{dx} \cdot \frac{l^2}{\tau}.$$

Hier können wir $D_e = l^2/2\tau$ abkürzen.

Der Diffusionsstrom der Elektronen (und analog der Löcher) ergibt sich damit schließlich zu

$$j_e^{\text{Diff}}(x) = eD_e\,\frac{dn(x)}{dx} \quad \text{und} \quad j_h^{\text{Diff}}(x) = -eD_h\,\frac{dp(x)}{dx}, \tag{2.59}$$

wobei D_e bzw. D_h als Diffusionskoeffizienten der Elektronen bzw. Löcher bezeichnet werden. Es handelt sich dabei um die Materialgrößen für die Diffusion, sie werden als Diffusionskoeffizienten der Elektronen bzw. Löcher bezeichnet. Die elektrische Ladung e müssen wir dazu schreiben, weil wir uns nicht für den Teilchenstrom, sondern für den elektrischen Strom interessieren.

Der *Gesamtstrom* jeder Trägersorte, bestehend aus Drift- und Diffusionsanteil, ist

---

[20] Dort betrachteten wir die elektrische Stromdichte, daher die Ladung e in (2.46).

$$j_e(x) = e\mu_e n(x)\mathscr{E}(x) + eD_e \frac{dn(x)}{dx},$$

(2.60)

$$j_h(x) = e\mu_h p(x)\mathscr{E}(x) - eD_h \frac{dp(x)}{dx}.$$

(2.61)

Diffusionsströme sind bei elektronischen Bauelementen mindestens genau so wichtig wie Feldströme. Sie liefern unter anderem die Voraussetzungen für das Funktionieren von Halbleiterdioden und Bipolartransistoren.

2.4.5 Einstein-Beziehung

Diffusionskoeffizient und Beweglichkeit hängen miteinander zusammen. Das ist leicht vorstellbar, da beide Größen ja die Wechselwirkung von Elektronen (oder Löchern) mit der Umgebung beinhalten. Der formale Zusammenhang ist zuerst von EINSTEIN gefunden worden.

Wir betrachten dazu eine Situation, bei der der Diffusionsstrom gleich groß wie der Driftstrom ist. Für den Fall der Elektronen gehen wir beispielsweise von Gleichung (2.60) aus und nehmen an, der Gesamtstrom sei null. Dann erhalten wir

$$e\mu_e n(x)\mathscr{E}(x) = -eD_e \frac{dn(x)}{dx}.$$

(2.62)

Jetzt drücken wir links das elektrische Feld durch die elektrische Energie E_{el} aus:

$$e\mathscr{E}(x) = \frac{dE_{el}(x)}{dx}.$$

Bezüglich der Elektronenkonzentration nehmen wir an, dass sich in kleinen Bereichen überall ein lokales Gleichgewicht einstellt, so dass man (2.20) verwenden kann, allerdings betrachten wir darin den Leitungsbandrand $E_c(x)$ als ortsabhängig. Damit wird aus der rechten Seite von (2.62)

$$\frac{d}{dx}n(x) = \frac{d}{dx}\left(N_c \exp\frac{E_F - E_c(x)}{k_B T} \right) =$$

$$= N_c \exp\frac{E_F - E_c(x)}{k_B T}\left(-\frac{1}{k_B T}\frac{dE_c}{dx} \right) =$$

$$= n(x)\left(-\frac{1}{k_B T}\frac{dE_c}{dx} \right).$$

(2.63)

Durch Vergleich von (2.62) und (2.63) erhalten wir

$$\mu_e n(x)\frac{dE_{el}}{dx} = -eD_e n(x)\left(-\frac{1}{k_B T}\frac{dE_c}{dx} \right).$$

(2.64)

Die Konzentration $n(x)$ kürzt sich sofort heraus. Nun berücksichtigen wir noch, dass die Ortsabhängigkeit des Bandrandes allein durch die Ortsabhängigkeit der elektrischen Feldenergie hervorgerufen wird, es ist also $dE_{el}/dx = dE_C/dx$. Dadurch kürzen sich die beiden Differentialquotienten ebenfalls heraus, und wir erhalten einen Zusammenhang von Beweglichkeit, Diffusionskoeffizient und Temperatur.

Der gesuchte Zusammenhang lautet

$$D_e = \frac{\mu_e k_B T}{e} \quad \text{und} \quad D_h = \frac{\mu_h k_B T}{e} \tag{2.65}$$

für die Elektronen beziehungsweise die Löcher.

Diese Beziehungen gelten jedoch nicht bei tieferen Temperaturen und hohen Ladungsträgerdichten; sie sind auf den Fall der Nichtentartung beschränkt.

Zahlenwerte für den Diffusionskoeffizienten zum Beispiel der Elektronen im Silizium erhalten wir, indem wir die Beweglichkeit mit Hilfe der MATLAB-Funktion mye(n,T) beziehungsweise myh(n,T) berechnen oder aus Abb. 2.12 entnehmen und $k_B T/e$ direkt in Elektronenvolt einsetzen.

Beispiel 2.7

Bestimmen Sie den Diffusionskoeffizienten der Elektronen im Silizium bei einer Dotierungskonzentration von 10^{16} cm^{-3}.

Lösung:

Entweder aus mye(n,T) oder (mit geringerer Genauigkeit) aus Abb. 2.12 entnehmen wir: $\mu_e = 1260$ cm^2 V^{-1}s^{-1} bei $N_D = 10^{16}$ cm^{-3}. Daraus folgt

$$D_e = \mu_e \frac{k_B T}{e} = 1260 \frac{\text{cm}^2}{\text{Vs}} \cdot 0{,}0259 \text{ V} = 32{,}6 \text{ cm}^2\text{s}^{-1}.$$

2.4.6 Generation und Rekombination

Elektronen und Löcher können über ihren thermischen Gleichgewichtswert (den wir nun als n_0 beziehungsweise p_0 bezeichnen) hinaus durch besondere Anregung erzeugt werden, dann ist $n > n_0$ und $p > p_0$. Dies kann durch Bestrahlung mit Licht (Photonen) erfolgen oder auch durch Injektionsströme, die Ladungsträger aus anderen Raumgebieten zuführen.

Die Häufigkeit eines bestimmten Prozesses pro Zeiteinheit bezeichnet man in der Physik als *Rate*. Verwechseln Sie diesen Begriff nicht mit einer Frequenz! Von Frequenzen spricht man nur bei periodisch veränderlichen (sinusförmigen) Signalen, Raten hingegen treten bei zufälligen Prozessen auf. In der Halbleiterphysik interessiert man sich für die Häufigkeit, mit der Elektronen (oder Löcher) pro Zeiteinheit erzeugt oder vernichtet werden können.

Die Rate der (meist optischen) Erzeugung von Ladungsträgerpaaren, die *Generationsrate*, bezeichnen wir mit G, die *Rekombinationsrate* mit R. Damit kann die zeitliche Veränderung der Ladungsträgerkonzentration zum Beispiel der Elektronen über die Differenz von Generation und Rekombination als

$$\frac{\partial n}{\partial t} = G - R.$$

(2.66)

geschrieben werden. Im Gleichgewicht ist $\partial n/\partial t = 0$ beziehungsweise $G = R$, Generation und Rekombination halten sich die Waage.

Die gegenüber dem Gleichgewicht erhöhten Ladungsträgerkonzentrationen können durch verschiedene Mechanismen abgebaut werden.

1. Direkte Band-Band-Rekombination

Ein Elektron aus dem Leitungsband kann direkt mit einem Loch aus dem Valenzband unter Aussendung eines Photons rekombinieren. Dieser Prozess ist vor allem in direkten Halbleitern wie GaAs von Bedeutung, da dort die strahlende Rekombinationswahrscheinlichkeit entsprechend groß ist. Die Rate oder Geschwindigkeit, mit der solch ein Prozess abläuft, ist immer mit einer typischen Abklingzeit τ verbunden. Sie kann für verschiedene Bedingungen angegeben werden, wir greifen hier einige Situationen beispielhaft heraus.

Wenn Elektronen und Löcher direkt rekombinieren, ist die Rekombinationsrate für diese strahlenden Prozesse R_s sowohl der Elektronen- als auch der Löcherkonzentration proportional,

$$R_s = \frac{np}{\tau_s},$$

(2.67)

mit der Rekombinationszeitkonstanten τ_s für strahlende Prozesse. Im GaAs kann zum Beispiel der Wert $\tau_s = 3{,}03 \cdot 10^9 \, \text{s/cm}^3$ als Richtwert genommen werden [Müller 1991]. Im Gleichgewicht (gekennzeichnet durch die Konzentrationen n_0 und p_0) ist die Rekombinationsrate gleich der Generationsrate $G = R = n_0 p_0/\tau_s$. Damit ergibt sich als effektive (oder Netto-)Rekombinationsrate

$$R_s^{\text{eff}} \equiv R_s - G_s = \frac{np - n_0 p_0}{\tau_s}$$

(2.68)

Indem wir die Abweichungen vom Gleichgewichtswert $\Delta n = n - n_0$ und $\Delta p = p - p_0$ einführen, erhalten wir

$$R_s^{\text{eff}} = \frac{(n_0 + \Delta n)(p_0 + \Delta p) - n_0 p_0}{\tau_s} = \frac{n_0 \Delta p + p_0 \Delta n + \Delta n \Delta p}{\tau_s}.$$

(2.69)

Handelt es sich zum Beispiel um n-dotiertes Material, so ist $n_0 \gg p_0$ und der Term mit p_0 ist vernachlässigbar,

$$R_s^{\text{eff}} = \frac{(n_0 + \Delta n)\Delta p}{\tau_s} = \frac{n\Delta p}{\tau_s} \equiv \frac{\Delta p}{\tau_h}. \tag{2.70}$$

Dabei bleibt n näherungsweise konstant, denn eine Erhöhung der Majoritätsträgerkonzentration um Δn wirkt sich auf n nur geringfügig aus. Es ist also $n = n_0 + \Delta n \approx n_0$. Der Minoritätsträgerüberschuss baut sich dadurch mit einer effektiven Zeitkonstanten $\tau_h = \tau_s / n_0$ ab:

$$\frac{d\Delta p}{dt} = \frac{\Delta p}{\tau_h}. \tag{2.71}$$

Die Lösung ist eine Exponentialfunktion

$$\Delta p(t) = \Delta p(0) e^{-t/\tau_h}. \tag{2.72}$$

Die Rekombination ist hier proportional dem Überschuss der Minoritätsträgerkonzentration. Die Minoritätsträger, also die Löcher, bilden den Engpass beim Rekombinationsprozess, während Elektronen in genügender Anzahl vorhanden sind. Dieser Rekombinationsprozess hat zum Beispiel im Bereich von pn-Übergängen in Halbleiterdioden bei der Minoritätsträgerinjektion Bedeutung, wie wir später in Abschn. 3.3.3 noch sehen weren. Analoge Situationen für Δn ergeben sich natürlich, wenn $p_0 \gg n_0$ ist wie im p-dotierten Material.

In einem anderen Fall, wenn Elektronen- und Löcherkonzentration beide nur wenig über ihrem Gleichgewichtswert liegen und beide nicht zu hoch sind (so dass sie noch der Boltzmann-Statistik genügen), kann man in (2.69) den Term mit $\Delta n \Delta p$ vernachlässigen und erhält

$$R_s = \frac{n_0 \Delta p + p_0 \Delta n}{\tau_e}. \tag{2.73}$$

Beispiel 2.8

Ein Stück undotiertes GaAs (so genanntes i-GaAs) werde vom Rand her gleichmäßig mit Elektronen und Löchern überschwemmt. Deren Konzentration betrage $n = p = 10^{16}$ cm^{-3}. Wie viele Elektron-Loch-Paare rekombinieren pro Sekunde in einem Volumenstück von 1 µm^3?

Lösung:

Die Generationsrate in Gl. (2.68) können wir vernachlässigen, da $n_0 p_0 = n_i^2 = (2{,}3 \cdot 10^6 \text{ cm}^{-3})^2$ vernachlässigbar klein ist gegenüber dem Produkt np. Demnach erhalten wir mit der Rekombinationszeit τ_s von oben

$$R_s = \frac{np}{\tau_s} = \frac{\left(10^{16} \text{cm}^{-3}\right)^2}{3{,}03 \cdot 10^9 \text{ s cm}^{-3}} = 3{,}3 \cdot 10^{20} \text{ s}^{-1} \text{cm}^{-3}.$$

In einem Volumen $V = (1\ \mu m)^3$ beträgt die Rekombinationsrate deshalb

$$R_s \cdot V = 3,3 \cdot 10^{20}\ s^{-1}\ cm^{-3} \cdot \left(10^{-4}\ cm\right)^3 = 3,3 \cdot 10^8\ s^{-1},$$

das heißt, es rekombinieren pro Sekunde ca. 10^8 Elektron-Loch-Paare.

Beispiel 2.9

Zeigen Sie, dass in p-dotiertem GaAs ($N_A = 10^{16}\ cm^{-3}$) eine durch optische Anregung eingebrachte Konzentration von Überschussladungsträgern $\Delta n = \Delta p = 10^{14}\ cm^{-3}$ sich auf die Konzentration von Majoritätsträgern fast nicht, auf die Konzentration von Minoritätsträgern jedoch gewaltig auswirkt.

Lösung:

Die Gesamtkonzentration von Löchern beläuft sich auf $p = p_0 + \Delta p = N_A + \Delta p = 1,01 \cdot 10^{16}\ cm^{-3}$, die Änderung beträgt nur 1%. Die Gleichgewichtskonzentration der Elektronen ergibt sich zu

$$n_0 = \frac{n_i^2}{p_0} = \frac{(2,25 \cdot 10^6\ cm^{-3})^2}{10^{16}\ cm^{-3}} = 5,1 \cdot 10^{-4}\ cm^{-3},$$

das ist praktisch null.

Die Elektronenkonzentration baut sich nach der Anregung von $10^{14}\ cm^{-3}$ auf null ab, während die Löcherkonzentration nahezu konstant auf dem Wert von $10^{16}\ cm^{-3}$ verbleibt.

2. Nichtstrahlende Rekombination über tiefe Zentren

Rekombinationsprozesse können auch ohne Emission eines Photons ablaufen. Dabei spielen in der Regel so genannte tiefe Störstellen, deren Energieniveaus in der Mitte der verbotenen Zone liegen, eine Rolle. Sie fangen zunächst einen der Partner, zum Beispiel das Elektron, ein, das danach mit einem Loch aus dem Valenzband rekombinieren kann. Die Energieniveaus von tiefen Störstellen lassen sich nicht mit dem früher verwendeten „Bohrschen Modell" beschreiben, sie haben auch keine Bedeutung für die Bildung von p- oder n-Halbleitern, sondern sie sind lediglich für die hier beschriebenen Rekombinationsprozesse interessant.

Derartige nichtstrahlende Prozesse (Index „ns") lassen sich, wie hier aber nicht näher begründet werden soll, durch die Formel

$$R_{ns}^{eff} = \frac{np - n_i^2}{\tau_{ns}(n + p)} \tag{2.74}$$

beschreiben; die typische Zeitkonstante dafür ist τ_{ns}. Diese Beziehung heißt Shockley-Read-Hall-Gleichung (vgl. dazu beispielsweise [Möschwitzer 1992] oder [Singh 1994]). Solche Rekombinationsmechanismen spielen in indirekten Halbleitern wie Silizium eine dominierende Rolle.

3. Nichtstrahlende Rekombination durch Auger-Prozesse

Eine andere Form der nichtstrahlenden Rekombination läuft über so genannte Auger-Prozesse[21]. Bei solchen Prozessen geben das Elektron und das Loch ihre Energie nicht an ein Photon ab wie bei der strahlenden Rekombination, sondern an ein weiteres Elektron[22] aus dem Leitungsband, das dann um einen Betrag von der Größenordnung E_g nach oben geschleudert wird, anschließend gibt dieses Elektron seine überschüssige Energie an das Kristallgitter wieder ab und „kleckert" auf den Bandrand hinunter. An Auger-Prozessen sind demnach immer gleichzeitig drei Ladungsträger beteiligt. Deshalb leuchtet ein, dass die Rekombinationsrate proportional zu np^2 beziehungsweise n^2p ist und im Falle $n = p$ durch

$$R_{Auger} = c_A n^3, \tag{2.75}$$

gegeben ist. c_A ist ein Proportionalitätsfaktor.

Für weitere Fälle der Rekombination sei auf spezielle Literatur verwiesen, zum Beispiel [Singh 1995].

2.4.7 Kontinuitätsgleichungen

Die Gesamtbilanz für die zeitliche Änderung der Ladungsträgerkonzentration als Resultat von Stromfluss sowie Generation/Rekombination in Halbleitern wird durch die *Kontinuitätsgleichungen* beschrieben:

$$\frac{\partial n}{\partial t} = \frac{1}{e}\operatorname{div} j_e + (G - R)_e, \tag{2.76}$$

$$\frac{\partial p}{\partial t} = -\frac{1}{e}\operatorname{div} j_h + (G - R)_h. \tag{2.77}$$

Die Differenz $(G - R)_{e/h}$ ist die effektive Generations-/Rekombinationsrate.

Wenn die Größen nur in x-Richtung ortsabhängig sind, reduziert sich die Divergenz auf die Ableitung nach der x-Koordinate, nämlich $\forall/\forall x$.

Im stationären Fall (keine zeitliche Veränderung) ist die linke Seite null. Auf der rechten Seite sind die Ausdrücke für die Stromdichten einzusetzen, die in (2.60) und (2.61) abgeleitet wurden.

Die Kontinuitätsgleichungen besagen nichts anderes, als dass die zeitliche Änderung einer Ladungsträgerkonzentration an einem bestimmten Ort bedingt ist durch

a) die Differenz zwischen hin- und wegfließendem Strom (Drift- und Diffusionsstrom) und
b) die Differenz zwischen Generation und Rekombination von Ladungsträgern.

---

[21] sprich: „Ogé" mit „g" wie in Gara*g*e.
[22] Dasselbe kann auch mit einem Loch geschehen.

Da in die Stromdichten j_e und j_h die Teilchenkonzentrationen und ihre Ableitungen selbst auch wieder eingehen, können sich komplizierte Differentialgleichungen ergeben, die oft nur noch numerisch gelöst werden können. Wir werden uns jedoch mit diesem allgemeinen Fall hier nicht befassen.

Grundsätzlich ist wichtig, dass eine Überschusskonzentration von Ladungsträgern durch Zufluss (also durch einen Trägerstrom) oder durch intensive optische Anregung entstehen kann.

2.4.8 Halbleiter im stationären Nichtgleichgewicht

Eine optisch oder durch Ladungsträgerzufluss entstandene örtlich erhöhte Konzentration von Elektronen und Löchern kann sich nach dem Abschalten der Ursache zeitlich wieder abbauen, wie in 2.4.6 besprochen. Sie kann aber auch für eine gewisse Zeit auf einem erhöhten Wert verbleiben. Solche Situationen heißen stationär. Bei einem stationären Fall handelt es sich nicht um ein echtes Gleichgewicht mit Trägerkonzentrationen n_0 und p_0, sondern um ein „Fließgleichgewicht": Im Falle optischer Anregung hält sich dabei die Rate der Elektron-Loch-Paar-Erzeugung die Waage mit der Rekombination, und zwar auf einem Niveau $n > n_0$ und $p > p_0$.

Bei einer über ihren Gleichgewichtswert hinaus gehenden Konzentration von Elektronen und Löchern müsste die Verteilung auf die einzelnen Zustände nicht selbstverständlich einer Fermi-Verteilungsfunktion entsprechen; tatsächlich stellt sich jedoch innerhalb des Leitungsbandes und auch innerhalb des Valenzbandes jeweils für sich sehr schnell eine solche Verteilung ein. Dass dies so ist, gilt durch Experimente als gesichert. Nur der Ausgleich zwischen Leitungs- und Valenzband dauert länger. Das hat zur Folge, dass kein gemeinsames Fermi-Niveau für beide Bänder mehr existiert; es gibt jetzt für jedes Band ein eigenes *Quasi-Fermi-Niveau* E_F^e und E_F^h.

Diese Quasi-Fermi-Niveaus E_F^e und E_F^h sind definiert durch

$$n = n_i \exp \frac{E_F^e - E_i}{k_B T}, \tag{2.78}$$

$$p = n_i \exp \frac{E_i - E_F^h}{k_B T}. \tag{2.79}$$

wobei die Energie E_i das Fermi-Nniveau im undotierten Halbleiter sein soll (vgl. auch Aufgabe 2.6). Indem wir

$$n_i = N_c \exp \frac{E_i - E_c}{k_B T} = N_c \exp \frac{E_c - E_i}{k_B T} \tag{2.80}$$

einsetzen, können wir auch schreiben:

$$n = N_c \exp\frac{E_F^e - E_c}{k_B T}, \qquad (2.81)$$

$$p = N_v \exp\frac{E_v - E_F^h}{k_B T}. \qquad (2.82)$$

Sehr häufig, insbesondere im stationären Nichtgleichgewicht, drückt man die Differenz des Ferminiveaus beziehungsweise Quasiferminiveaus vom Bandrand durch das *chemische Potential* aus (Abb. 2.18),

$$\mu_e^* = E_F^e - E_c, \qquad (2.83)$$

$$\mu_h^* = E_v - E_F^h, \;^{23}. \qquad (2.84)$$

Eine solche Größe ist im Allgemeinen eher von chemischen Reaktionen her bekannt, sie findet aber auch in der Halbleiterphysik ihre Berechtigung.[24] Damit können wir für die gesamte Konzentration der Ladungsträger in den Bändern auch schreiben

$$n = N_c e^{\frac{\mu_e^*}{k_B T}}, \qquad (2.85)$$

$$p = N_v e^{\frac{\mu_h^*}{k_B T}}. \qquad (2.86)$$

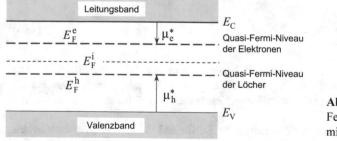

Abb. 2.18 Quasi-Fermi-Niveaus und chemische Potentiale

Mit Hilfe der soeben eingeführten chemischen Potentiale lassen sich noch andere nützliche Gleichungen angeben. So lässt sich die Verteilungsfunktion (2.9) auch schreiben als

$$
f_e(E) = \exp\left(-\frac{E - E_F^e}{k_B T}\right) = \exp\left(-\frac{(E - E_c) + (E_c - E_F^e)}{k_B T}\right) =
$$

$$
= e^{-\frac{E_e}{k_B T}} e^{\frac{\mu_e^*}{k_B T}} =
$$

$$
= \frac{n}{N_c} e^{-\frac{E_e}{k_B T}}.
$$

(2.87)

Analog geht (2.10) über in

$$
f_h(E) = \frac{p}{N_v} e^{-\frac{E_h}{k_B T}}.
$$

(2.88)

2.5 Temperaturabhängigkeit von Energielücke und effektiver Masse

Bereits in 2.1 wurde erwähnt, dass die Breite der verbotenen Zone zwischen Leitungs- und Valenzband, das Gap, von der Temperatur abhängt. Ursache ist neben der thermischen Ausdehnung des Atomgitters die Wechselwirkung von Elektronen mit Gitterschwingungen, die temperaturabhängig ist [Yu und Cardona 2001]. Die experimentellen Daten werden mit hinreichender Genauigkeit durch die folgende empirische Beziehung wiedergegeben [Sze 1981]:

$$
E_g(T) = E_g(0) - \frac{\alpha T^2}{\beta + T}.
$$

(2.89)

Die empirischen Parameter α und β variieren von Halbleiter zu Halbleiter. Die MATLAB-Funktionen Eg_Si.m, Eg_Ge.m, und Eg_GaAs.m enthalten genau diese Formel mit den entsprechenden substanzspezifischen Parametern für Silizium, Germanium und GaAs.

Der Verlauf von E_g über der Temperatur für Si, Ge und GaAs wird graphisch mittels MATLAB durch das Programm Egplot.m dargestellt

Auch die effektive Masse ist eine temperaturabhängige Größe. Bei ihr wirkt sich die Temperaturabhängigkeit in der Berechnung der Eigenleitungskonzentration weniger aus als bei E_g, da sie nicht in eine Exponentialfunktion eingeht. Für Silizium zum Beispiel wird diese Abhängigkeit in der MATLAB-Funktion me_Si.m dargestellt.

2.6 Halbleiter bei hohen Ladungsträgerdichten

Alle bisherigen Ergebnisse zur Trägerkonzentration in den Bändern und zur Fermi-Energie gelten nicht mehr, wenn die Ladungsträgerdichten hoch sind. Diese Situation kommt in Halbleitern nicht selten vor, sie kann bei intensiver Bestrahlung mit Licht oder bei starker Dotierung auftreten, beispielsweise im Emittergebiet eines Bipolartransistors.

Wir wollen einige prinzipielle Modifikationen der bisher abgeleiteten Ergebnisse kennen lernen, ohne dabei jedoch das Thema vollständig behandeln zu können.

2.6.1 Trägerkonzentration im Leitungsband

Im Abschn. 2.2.3 haben wir mit (2.19) einen Ausdruck für die Elektronenkonzentration im Leitungsband gefunden, der im Allgemeinen nicht geschlossen auswertbar ist, sondern auf das so genannte Fermi-Integral führt,

$$n = N_c \mathscr{F}_{1/2}(\eta_c)$$

(2.90)

mit E

$$\mathscr{F}_{1/2}(\eta_c) = \frac{2}{\sqrt{\pi}} \int_0^\infty \eta^{1/2} \frac{1}{1 + \exp(\eta - \eta_c)} \, d\eta.$$

(2.91)

Die Größe $\eta = E/(k_B T)$ ist dabei eine normierte Energie, also die Energie, vom Bandrand aus gerechnet, geteilt durch $k_B T$. Analog ist $\eta_c = (E_F - E_c)/(k_B T)$ die normierte Fermi-Energie. Nur für $E - E_F \gg k_B T$, also $\eta - \eta_c \gg 1$, konnten wir das Integral geschlossen lösen und erhielten dafür den Ausdruck

$$\mathscr{F}_{1/2}(\eta_c) = e^{\eta_c}.$$

(2.92)

Die beschriebene Approximation setzt voraus, dass die im Integranden stehenden Energiewerte $E = \eta \cdot k_B T$ „genügend weit" von der Fermi-Energie E_F entfernt sein müssen (bezogen auf die thermische Energie $k_B T$). Das ist dann der Fall, wenn E_F weit unterhalb des Bandrandes liegt, also zum Beispiel in einem eigenleitenden Halbleiter. Man nennt diesen Grenzfall auch *Boltzmann-Fall* oder *Hochtemperatur-Näherung*.

Bei starker Dotierung und somit höheren Ladungsträgerdichten kann die Fermi-Energie näher in Richtung der besetzbaren Energiezustände rücken, so dass der Boltzmann-Fall nicht mehr zulässig ist. Es bleibt uns dann meist nichts anderes übrig, als das Fermi-Integral numerisch auszuwerten. Eine entsprechende Funktion fermi.m = f(x,k) ist als MATLAB-Funktion verfügbar (siehe Webseite), sie leistet für $k = 1/2$ genau dies. Der Wert x in dieser Funktion entspricht unserem η_c.

In noch einem weiteren Grenzfall ist eine exakte Lösung des Integrals (2.91) möglich, und zwar dann, wenn die Fermi-Verteilungsfunktion

$$f(\eta_c) = \frac{1}{1 + \exp(\eta - \eta_c)}$$

einen nahezu stufenförmigen Verlauf annimmt („Entartung"). In diesem Fall reduziert sich das Integral (2.91) nämlich auf

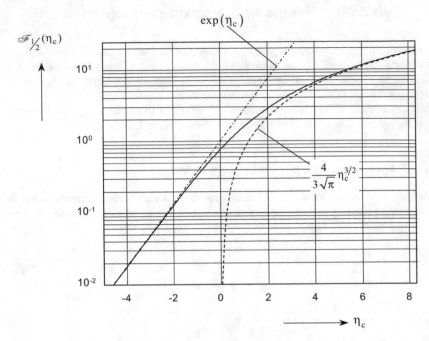

Abb. 2.19 Fermi-Integral (*durchgezogene Linie*) mit den beiden Näherungen für den „Boltzmann-Fall" (*strichpunktiert*) und „Fermi-Fall" (*gestrichelt*)

$$\mathscr{F}_{1/2}(\eta_c) = \frac{2}{\sqrt{\pi}} \int_0^{\eta_c} \eta^{1/2} \, d\eta = \frac{4}{3\sqrt{\pi}} \, \eta^{3/2} = \frac{4}{3\sqrt{\pi}} \left(\frac{E_F - E_c}{k_B T} \right)^{3/2}. \tag{2.93}$$

Diesen Grenzfall nennt man „Fermi-Näherung" oder „Tieftemperatur-Näherung". Der Begriff tiefer Temperaturen kann hier überaus großzügig gehandhabt werden, entscheidend ist nur, dass die Annahme einer stufenförmigen Verteilungsfunktion zutrifft. Dies ist in Metallen sogar bei Zimmertemperatur gerechtfertigt, ebenso in Halbleitern, wenn die Ladungsträgerdichten hoch sind.

In Abb. 2.19 ist der Verlauf des Fermi-Integrals (2.91) zusammen mit den Näherungen (2.92) und (2.93) dargestellt.

Während mit (2.90) eine Beziehung zur Verfügung steht, die die Teilchendichte bei gegebener Lage des Fermi-Niveaus zu berechnen gestattet, ist häufig der umgekehrte Fall wichtig. Die Umkehrfunktion $\mathscr{F}^{-1}$ des Fermi-Integrals (2.91) bezeichnen wir als $\mathscr{U}(x)$ und schreiben

$$\eta_c = \mathscr{U}\left(\frac{n}{N_c} \right). \tag{2.94}$$

Eine Näherungsfunktion, die in den meisten praktischen Fällen zur Berechnung ausreicht, ist als MATLAB-Näherungsfunktion `rez_fermi.m` im MATLAB-Anhang gegeben (nach [Blakemore 1982a]). Ihre Genauigkeit, die bei einigen Prozent liegt, ist für nahezu alle praktischen Fälle ausreichend.

Beispiel 2.10

Wir betrachten einen n-dotierten Halbleiter, Elektronen sind dann Majoritätsträger, Löcher Minoritätsträger. Dann kann man für die Minoritätsträger weiterhin von Nichtentartung ausgehen, während man für die Majoritätsträger unter Umständen das komplette Fermi-Integral benutzen muss. Das Massenwirkungsgesetz (2.24) ist für diesen Fall neu zu formulieren.

Lösung:

Wir führen normierte Konzentrationen für die Löcher und für die Elektronen ein:

$$\tilde{p} = \frac{p}{N_V} = e^{\frac{E_v - E_F}{k_B T}} \qquad \text{und} \qquad \tilde{n} = \frac{n}{N_C} = \mathscr{F}_{1/2}\frac{E_F - E_v}{k_B T} \ .$$

(Bei Nichtentartung wäre die Fermi-Funktion in der rechten Gleichung ebenfalls eine Exponentialfunktion.) Die Umkehrung der rechten Gleichung liefert

$$\frac{E_F - E_c}{k_B T} = \mathscr{U}\left(\tilde{n}\right) \qquad \text{bzw.} \qquad \frac{E_F}{k_B T} = \mathscr{U}\left(\tilde{n}\right) + \frac{E_c}{k_B T}.$$

Damit haben wir die Lage von E_F bezüglich des Leitungsbandrandes bestimmt. Wir setzen dies in die Gleichung für $\tilde{p}$ ein und bekommen

$$\tilde{p} = \frac{p}{N_V} = e^{\frac{E_v - E_F}{k_B T}} = \exp\left(\frac{E_v - E_c}{k_B T} - \mathscr{U}\left(\tilde{n}\right)\right)$$

$$= \exp\left(-\frac{E_g}{k_B T} - \mathscr{U}\left(\tilde{n}\right)\right) = \frac{n_i^2}{N_C N_V} e^{-\mathscr{U}\left(\tilde{n}\right)}.$$

Damit ergibt sich schließlich

$$p \cdot N_c e^{\mathscr{U}\left(\frac{n}{N_C}\right)} = n_i^2 , \tag{2.95}$$

anstelle des bei Nichtentartung geltenden einfacheren Ausdrucks $pn = n_i^2$.

Beispiel 2.11

Ein MATLAB-Programm soll geschrieben werden, das die Minoritätsträgerdichten p in Abhängigkeit von der Konzentration der Majoritätsträger $n = N_D$ in Silizium graphisch darstellt. Entartung der Majoritätsträger sei zugelassen.

Dabei soll p/p_0 aufgetragen werden (p_0 sei die Minoritätsträgerkonzentration im angenommenen nichtentarteten Fall).

Lösung:
Wir schreiben die Gleichungen für p und p_0 auf:

$$\frac{p}{N_\mathrm{v}} = e^{\frac{E_\mathrm{v}-E_\mathrm{F}}{k_\mathrm{B}T}} \quad \text{und} \quad \frac{p_0}{N_\mathrm{v}} = e^{\frac{E_\mathrm{v}-E_\mathrm{F}^0}{k_\mathrm{B}T}}.$$

Die Fermi-Energie wird durch die Konzentration der Elektronen bestimmt,

$$\frac{E_\mathrm{F}-E_\mathrm{c}}{k_\mathrm{B}T} = \mathcal{U}\left(\frac{n}{N_\mathrm{c}}\right) \quad \text{und} \quad \frac{E_\mathrm{F}^0-E_\mathrm{c}}{k_\mathrm{B}T} = \ln\left(\frac{n}{N_\mathrm{c}}\right).$$

Wir ersetzen E_F in der darüberstehenden Gleichung und dividieren p durch p_0. Daraus folgt dann

$$\frac{p}{p_0} = \exp\left\{\ln\left(\frac{n}{N_\mathrm{c}}\right) - \mathcal{U}\left(\frac{n}{N_\mathrm{c}}\right)\right\}.$$

Im Programm mwg.m werden diese Werte für Silizium berechnet. Erst bei Majoritätsträgerdichten oberhalb von etwa $10^{18}\,\mathrm{cm}^{-3}$ werden Korrekturen erforderlich: Die Löcherkonzentration ist unter Berücksichtigung der Entartung kleiner als im Boltzmann-Fall.

2.6.2 Gapschrumpfung

Hohe Ladungsträgerdichten modifizieren nicht nur die Verteilung der Ladungsträger über die Bänder, sondern führen auch dazu, dass sich der Abstand zwischen Leitungs- und Valenzband verringert. Diesen Effekt bezeichnet man als *Gapschrumpfung*, englisch *band-gap narrowing* oder *gap-shift*. Die Ursache hierfür besteht in der kollektiven Wechselwirkung der Ladungsträger untereinander, und zwar spielen dabei sowohl Elektronen und Löcher als auch die (ortsfesten) Störstellen eine Rolle. Ein herausgegriffenes Elektron stößt andere Elektronen in seiner Umgebung ab, während es eine Wolke von Ladungsträgern entgegengesetzten Vorzeichens, also Löcher (sofern vorhanden), mit sich herumschleppt. Dies führt zu einem Gewinn an Energie.

Bei einigermaßen hohen Temperaturen (darunter können wir bereits Zimmertemperatur verstehen!) und nicht zu hohen Ladungsträgerdichten – also kurz unter „normalen" Bedingungen im Halbleiter – kann die folgende Überlegung diesen Effekt anschaulich machen:

Wir suchen die Verteilung der übrigen Elektronen im Feld dieses herausgegriffenen Elektrons. Auf einer Kugelfläche um dieses Elektron haben wir überall das gleiche Potential. Um die Sache einfacher zu gestalten, betrachten wir zunächst die Situation in einiger Entfernung, dort kann ein kleines Stück Kugelfläche als Ebene angesehen werden. Die Ladungsverteilung $n(x)$ der umgebenden Elektronen verursacht ein elektrisches Potential $\Phi(x)$, welches mit der Ladung über die aus der Elektrotechnik bekannte POISSON-Gleichung zusammenhängt:

$$\rho(x) = \varepsilon\varepsilon_0 \frac{\mathrm{d}^2\Phi(x)}{\mathrm{d}x^2}. \tag{2.96}$$

Die entscheidende Annahme ist nun, dass dieses Potential die Energie der Bandränder verändert, sie werden ortsabhängig. Für den Leitungsbandrand zum Beispiel schreiben wir jetzt $E_c + e\Phi(x)$. In den modifizierten Bändern verteilen sich dann die Elektronen gemäß

$$n(x) = N_c e^{\frac{E_F - E_c - e\Phi(x)}{k_B T}} \equiv n \exp\left(-e\Phi(x)/k_B T\right). \tag{2.97}$$

n auf der rechten Seite (ohne das Argument x) ist diejenige Elektronenkonzentration, die ohne das Vorhandensein des ortsabhängigen Potentials überall vorhanden wäre, also unsere übliche Gleichgewichtskonzentration. Die Ladungsdichte bekommen wir aus (2.97) durch Multiplikation mit der Einzelladung eines Elektrons, $-e$.

Nun darf man jedoch nicht nur die Elektronen allein berücksichtigen. Da der Halbleiter insgesamt elektrisch neutral ist, muss auch eine insgesamt gleich große positive Ladung existieren. Sie stammt bei dotierten Materialien von den geladenen Donatoren, die die Elektronen beim Übergang ins Leitungsband zurückgelassen haben. Wenn wir diese ebenfalls berücksichtigen, erhalten wir durch Einsetzen in (2.96)

$$\frac{d^2\Phi(x)}{dx^2} = -\frac{en}{\varepsilon\varepsilon_0} e^{-e\Phi(x)/k_B T} + \frac{en}{\varepsilon\varepsilon_0}. \tag{2.98}$$

Bei kleinen Potentialen $\Phi(x)$ und, wie vorausgesetzt, hohen Temperaturen kann man die Exponentialfunktion entwickeln,

$$\frac{d^2\Phi(x)}{dx^2} = -\frac{en}{\varepsilon\varepsilon_0}\left(1 - \frac{e\Phi(x)}{k_B T}\right) + \frac{en}{\varepsilon\varepsilon_0}. \tag{2.99}$$

Damit erhalten wir die Differentialgleichung

$$\frac{d^2\Phi(x)}{dx^2} = \frac{e^2 n}{\varepsilon\varepsilon_0 k_B T}\Phi(x), \tag{2.100}$$

sie hat die Lösung

$$\Phi(x) = C e^{-k_D x}. \tag{2.101}$$

Die Lösung mit dem anderen Vorzeichen im Exponenten kann ausgeschlossen werden, da das Potential zum Unendlichen hin nicht immer weiter wachsen darf. Die Konstante k_D hat den Wert

$$k_D = \sqrt{\frac{e^2 n}{\varepsilon\varepsilon_0 k_B T}}. \tag{2.102}$$

Nun hätten wir eigentlich die POISSON-Gleichung für das kugelsymmetrische Problem aufschreiben müssen. Anstelle von (2.101) erhalten wir dann eine Lösung, die mit dem Abstand r abfällt,

$$\Phi(r) = \frac{C}{r} e^{-k_D r}. \tag{2.103}$$

Die Konstante C bestimmen wir aus der Forderung, dass wir für $k_D = 0$ das normale Coulomb-Potential erhalten müssen, damit wird

$$\Phi(r) = \frac{e}{4\pi\varepsilon\varepsilon_0 r} e^{-k_D r}.$$
(2.104)

Das Potential in der Nähe eines wechselwirkenden Elektrons sieht also wie das normale Coulomb-Potential aus, multipliziert mit einer Exponentialfunktion, die dessen Wirkung vor allem für große Entfernungen abschirmt. Dies geschieht innerhalb von Abständen der Größenordnung $L_D = 1/k_D$, der so genannten DEBYEschen Abschirmlänge.[25]

Vom elektrischen Potential ist es nur noch ein kleiner Schritt zur mittleren Energie eines Teilchens. Diese Energie wird wegen des exponentiellen Abfalls im Potential nur von Beiträgen nahe $r = 0$ bestimmt, wir entwickeln daher die Exponentialfunktion in eine Reihe:

$$\Phi(r) = \frac{e}{4\pi\varepsilon\varepsilon_0 r}\left(1 - k_D r...\right).$$
(2.105)

Der erste Term ist das Coulomb-Feld des herausgegriffenen Elektrons selbst, der übrige Beitrag muss dann ganz offensichtlich von der Wechselwirkung mit den Elektronen der Umgebung kommen. Die weiteren Terme der Entwicklung sind klein und können weggelassen werden. Damit landen wir für die Zusatzenergie der Elektronen infolge Wechselwirkung bei

$$\mu_{ww}^e = \frac{1}{2}e\Phi = -\frac{1}{2}\frac{e^2 k_D}{4\pi\varepsilon\varepsilon_0}.$$
(2.106)

Der Faktor $1/2$ muss stehen, da die Wechselwirkung zwischen jeweils zwei Elektronen immer nur einmal gezählt werden darf. Wir bezeichnen diesen Energiebeitrag, wie es in der Literatur üblich ist, als Wechselwirkungsanteil zum chemischen Potential mit dem Buchstaben μ_{ww}^e. Analog hatten wir in (2.83) einen entsprechenden Beitrag der kinetischen Energie eingeführt.

Durch Einsetzen von k_D aus (2.102) ergibt sich schließlich

$$\mu_{ww}^e = -\frac{1}{2}\frac{e^2}{4\pi\varepsilon\varepsilon_0}k_D = -\frac{1}{2}\frac{e^2}{4\pi\varepsilon\varepsilon_0}\sqrt{\frac{e^2 n}{\varepsilon\varepsilon_0 k_B T}}.$$
(2.107)

Diese Formel ist noch ziemlich unanschaulich. Schön wäre es zum Beispiel, sie mit der Bindungsenergie des Elektrons an der Donatorstörstelle

---

[25] Nach dem Physiker PETER DEBYE (1884–1966), geb. in Maastricht (Niederlande). Studium der Elektrotechnik an der Technischen Hochschule Aachen, Professor für Physik in Zürich, Leipzig und Berlin. 1934–1939 Direktor des Kaiser-Wilhelm-Instituts für Chemie (des späteren Max-Planck-Instituts) in Berlin. Nach Emigration in die USA (1940) Professor an der Cornell University. Fundamentale Arbeiten zur Theorie der Elektrolytlösungen („Debye-Hückel-Theorie") und zur Atomstruktur in Kristallen („Debye-Scherrer-Methode"). Nobelpreis für Chemie 1936 „for his contributions to our knowledge of molecular structure through his investigations on dipole moments and on the diffraction of X-rays and electrons in gases".

$$E_e = -\frac{1}{2}\frac{e^2}{4\pi\varepsilon\varepsilon_0 a_B} \tag{2.108}$$

zu vergleichen. Dazu können wir sie schreiben als

$$\mu_{ww}^e = E_e \cdot \frac{a_B}{L_D}. \tag{2.109}$$

Da k_D gemäß (2.107) proportional zur Wurzel aus der Elektronenkonzentration n wächst, gilt das auch für die Energie μ_{WW}^e. Wir sehen, dass die Energie des Leitungsbandes mit der Wurzel aus der Elektronenkonzentration kleiner wird, der Bandrand rutscht also nach unten. Für das Valenzband können wir die Ableitung im Wesentlichen wiederholen, dort ergibt sich der gleiche Ausdruck. Noch einmal ähnliche Überlegungen lassen sich für die Coulomb-Wechselwirkung der Elektronen mit den Störstellen anstellen, dieser Beitrag ist aber jeweils nur halb so groß wie der in (2.109) (das wollen wir hier nicht weiter begründen). Somit kann man zusammenfassen, dass bei Zimmertemperatur die Gap-Verschiebung proportional zu $\sqrt{n}$ ist.

Die hier vorgestellte Theorie wurde von DEBYE zunächst für Elektrolytlösungen entwickelt (vgl. [Landau und Lifschitz 1966]). Sie findet aber auch bei ionisierten Gasen (Plasmen) Anwendung und ebenso bei Elektronen in Metallen und Halbleitern – ein gutes Beispiel dafür, dass es sich lohnt, das physikalische Verhalten auch in ganz anderen Gebieten gut zu kennen, wenn man nach Modellen für bestimmte Erscheinungen sucht.

Beispiel 2.12

Berechnen Sie die Werte für die Gapschrumpfung des Leitungsbandes und des Valenzbandes in Silizium nach Gl. (2.109) bei einer Elektronenkonzentration von 10^{18} cm^{-3}. Leiten Sie daraus die allgemeine Beziehung $\mu_{WW} = \mu_{WW}(n)$ ab.

Lösung:

Wir berechnen zuerst die Debyesche Abschirmlänge nach (2.102):

$$L_D = \frac{1}{k_D} = \sqrt{\frac{\varepsilon\varepsilon_0 k_B T}{e^2 n}} = \sqrt{\frac{11,4 \cdot 8,854 \cdot 10^{-12}\,\text{As/Vm} \cdot 0,0258\,\text{eV}}{e \cdot 1,602 \cdot 10^{-19}\,\text{As} \cdot 10^{18}\,\text{cm}^{-3}}}$$

$$= 4,036 \cdot 10^{-7}\,\text{cm}.$$

Damit bekommen wir

$$\mu_{ww}^e = E_e \cdot \frac{a_B}{L_D} = -33,5\,\text{meV} \cdot \frac{1,88 \cdot 10^{-9}}{4,036 \cdot 10^{-9}} = -15,6\,\text{meV}.$$

Der Beitrag für das Valenzband ist noch einmal genauso groß, der von den Störstellen herrührende Beitrag (Index „i") noch jeweils halb so groß, wie wir gerade gesagt hatten, so dass sich insgesamt ergibt

$$\mu_{ww} = \mu_{ww}^e + \mu_{ww}^h + \mu_{ww}^{i,e} + \mu_{ww}^{i,h} =$$

$$= -15,6\,\text{meV} - 15,6\,\text{meV} - \frac{1}{2} \cdot 15,6\,\text{meV} - \frac{1}{2} \cdot 15,6\,\text{meV} = -46,8\,\text{meV}.$$

Um dies für beliebige Teilchendichten zu schreiben, müssen wir nur noch mit $\sqrt{n}$ skalieren, so dass wir erhalten:

$$\mu_{\text{ww}}(n) = -46,8\,\text{meV}\left(\sqrt{\frac{n}{10^{18}\,\text{cm}^{-3}}}\right). \qquad (2.110)$$

Diese Beziehung gilt für Konzentrationen bis zu etwa $10^{18}\,\text{cm}^{-3}$.

Wie schon erwähnt, gelten unsere Überlegungen vor allem für Halbleiter mit nicht zu hohen Ladungsträgerdichten in den Bändern. Bei Silizium ist das recht gut erfüllt, denn dort verteilen sich die Elektronen auf alle sechs Leitungsbandminima, so dass die Dichte in keinem Minimum zu hoch wird. Im Galliumarsenid, das nur ein Minimum besitzt, ist die Anwendbarkeit schon problematischer. Wenn die Dichten der Ladungsträger größer sind, gehorcht die Elektronenverteilung nicht mehr einer Boltzmann-Verteilung wie in (2.97), sondern man muss mit einer Fermi-Verteilung rechnen. In diesem Falle ist die Debyesche Abschirmlänge durch eine andere Größe, die Thomas-Fermi-Abschirmlänge $1/k_{\text{TF}}$ zu ersetzen [Kittel 1999]. Auch bei sehr tiefen Temperaturen ändern sich die Verhältnisse, dort verläuft die Gapschrumpfung proportional zu $n^{1/4}$ [Thuselt und Rösler 1985a].

Ein MATLAB-Programm plot_myges.m zur Berechnung der Gapschrumpfung unter ziemlich allgemeinen Voraussetzungen wird im Paket der MATLAB-Funktionen auf den Webseiten mitgeliefert (Abb. 2.20).

Was passiert mit den Störstellenzuständen, wenn das Gap kleiner wird? Sie werden von dem nach unten rutschenden Bandrand einfach verschluckt. Bei hohen Ladungsträgerdichten gibt es also keine Störstellenzustände mehr, und alle Ladungsträger sind frei, sogar bei tiefen Temperaturen. Die Theorie, die das beschreibt, ist aber ziemlich anspruchsvoll und geht weit über unsere Möglichkeiten hinaus.

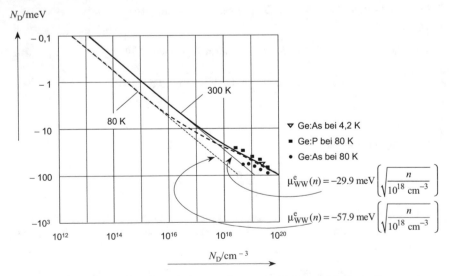

Abb. 2.20 Gapschrumpfung in n-dotiertem Germanium bei verschiedenen Temperaturen, berechnet mit plot_myges.m . Die Approximationen nach Gl. (2.110) sind als *Geraden* eingezeichnet. Einige experimentelle Werte zum Vergleich. Nach [Thuselt und Rösler 1985b]; experimentelle Quellen siehe dort

2.7 Einige Ergänzungen

2.7.1 Bandstruktur von Halbleitern

Als Ergänzung zu 2.1.1 wollen wir uns nun an einem einfachen Beispiel klar machen, wie die Bandstruktur in einem Halbleiter zustande kommt. Dazu betrachten wir ein vereinfachtes, eindimensionales Modell.

Wir wissen bereits (Abschn. 1.1.3), dass Elektronen im Rahmen der Quantentheorie auch Welleneigenschaften haben. Freie Elektronen bewegen sich geradlinig in einer Richtung und sind demzufolge als fortlaufende Wellen darstellbar; eine in x-Richtung fortlaufende Welle wird durch eine Wellenfunktion

$$\psi(r) = e^{i\frac{\pi x}{\lambda}} = e^{ikx}$$

beschrieben. Darin sind λ die Wellenlänge und k der Wellenzahlvektor, und es gilt $p = 2\pi\hbar/\lambda = \hbar k$. Eine in negativer x-Richtung laufende Welle sieht genau so aus, sie hat lediglich ein Minuszeichen im Argument.

In einem Kristall werden die Elektronenwellen nun an den Punkten des Kristallgitters gestreut und interferieren dann. In Abb. 2.21 ist die Reflexion zweier Wellen an benachbarten Netzebenen dargestellt. Die Differenz ihrer Weglängen ist das Doppelte der Gitterkonstanten, also $2a_0$. Ist dieser Gangunterschied gerade so groß wie eine Wellenlänge, $2a_0 = \lambda$ (oder ein ganzzahliges Vielfaches davon), so bilden sich stehende Wellen aus. Für die Ausbreitungsvektoren der Wellen bedeutet dies, dass dann

$$k = \frac{2\pi}{\lambda} = \frac{\pi}{a_0}$$

gilt. Elektronen mit Wellenlängen, die genügend weit davon entfernt sind, interferieren nicht und bleiben daher fortlaufende Wellen. Ist die obige Bedingung jedoch erfüllt, dann überlagern sich hin- und rücklaufende Welle und die Wellenfunktion lässt sich wegen der Euler-schen Formel für die komplexen Exponentialfunktionen als Kosinusfunktion darstellen:

$$\psi_+(r) = \psi_1(r) + \psi_2(r) = e^{i\frac{\pi}{a_0}x} + e^{-i\frac{\pi}{a_0}x} = 2\cos\left(\frac{\pi}{a_0}x\right) = 2\cos(kx). \tag{2.111}$$

Die x-Koordinate zählt vom Ort des Atomrumpfes aus. Physikalische Bedeutung hat, so lehrt die Quantentheorie, stets das Quadrat der Wellenfunktion, es gibt die Wahrscheinlichkeitsdichte an. Wie man aus Abb. 2.22 sieht, handelt es sich in (2.111) um stehende Wellen, deren Maximum direkt am Ort der Atomrümpfe liegt.

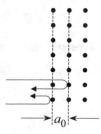

Abb. 2.21 Reflexion von Elektronenwellen im Kristall an zwei benachbarten Netzebenen

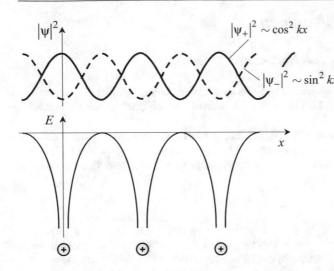

Abb. 2.22 Kristall-elektronen-Wellen-funktionen

Eine andere stehende Welle ergibt sich, wenn man die Wellenfunktion ψ_1 und ψ_2 nicht addiert, sondern voneinander subtrahiert,

$$\psi_+(r) = \psi_1(r) - \psi_2(r) = e^{i\frac{\pi}{a_0}x} - e^{-i\frac{\pi}{a_0}x} = 2i\sin\left(\frac{\pi}{a_0}x\right) = 2i\sin(kx). \tag{2.112}$$

Sie beschreibt Elektronen, deren Aufenthaltswahrscheinlichkeit wegen der Sinusfunktion in der Mitte zwischen den Atomen am größten ist.

Diejenigen Elektronen, die vorwiegend in der Nähe des positiv geladenen Atomrumpfes sitzen, die also durch ψ_+ beschrieben werden, haben eine geringere potentielle Energie als die, die sich zwischen den Atomen befinden und durch ψ_- beschrieben werden. Betrachten wir unter diesem Aspekt die Abhängigkeit der Energie als Funktion des Wellenvektors k. Für freie Elektronen gilt die parabolische Abhängigkeit gemäß (1.20). Für unseren eindimensionalen Fall ist diese Parabel durch die gestrichelte Linie in Abb. 2.23 a) dargestellt. Für Halbleiterelektronen wird diese Abhängigkeit in der Nähe der kritischen k-Werte $\pm\pi/a_0$ modifiziert. Die zu ψ_+ gehörenden Energiewerte weichen nach unten aus, die zu ψ_- gehörenden nach oben, somit entstehen die in Abb. 2.23 a) gezeigten durchgezogenen Kurvenzüge. Betrachtet man die Energieskala, so erkennt man, dass es Energiebereiche gibt, für die keine Zustände existieren. Dies sind die bereits erwähnten Energielücken oder Gaps.

Der Gangunterschied benachbarter Netzebenen braucht jedoch nicht nur eine, sondern kann auch mehrere, nämlich m, Wellenlängen betragen. Allgemein hat man also $2a_0 = m\lambda$ zu schreiben. Dann lautet die k-Bedingung für die Sprünge beziehungsweise Energielücken

$$k = \pm\frac{m\pi}{a_0}. \tag{2.113}$$

Trägt man diese Punkte auf der k-Skala auf, so wird im Raum der k-Vektoren ein Gitter erzeugt, das *reziproke Gitter*. Seine Gitterpunkte sind durch die Bedingung

$$G \cdot a_0 = 2\pi \tag{2.114}$$

über die Gitterkonstante a_0 des „realen" Gitters festgelegt. Die durch das reziproke Gitter eingeteilten Zonen heißen *BRILLOUIN-Zonen*.

Man kann mit etwas Aufwand (den wir hier nicht treiben wollen) zeigen, dass Elektronen-Wellenfunktionen deren k-Werte sich gerade um einen reziproken Gittervektor G unterscheiden, physikalisch identisch sind.[26] Ursache dafür ist die Translationssymmetrie des Kristalls. Folglich ist es gleichgültig, in welcher Brillouin-Zone die Energiewerte des Halbleiters $E(k)$ betrachtet werden. An Stelle der ausgebreiteten Darstellung in Abb. 2.23 a) kann man dann die Energiewerte in die erste Brillouin-Zone hineinklappen wie in Abb. 2.23 b). Diese Darstellung ist in der Festkörperphysik vor allem gebräuchlich, allein schon deshalb,

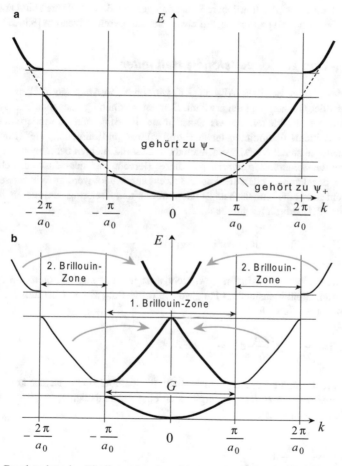

Abb. 2.23 Bandstruktur im Eindimensionalen. (a) Ausgebreitetes Schema, die *gestrichelte Linie* gibt die $E(k)$-Abhängigkeit für freie Elektronen wieder, die *ausgezogenen Linien* die durch den Kristall modifizierten Energien. (b) Bandstruktur in die erste Brillouin-Zone geklappt. (*graue Pfeile* deuten das Hineinklappen an)

---

[26] Für ein vertiefendes Studium vgl. hierzu beispielsweise [Kittel 1999], Kap. 7

weil sie platzsparend ist. Man spricht dann von einem *reduzierten Zonenschema* im Gegensatz zu einem *ausgebreiteten Zonenschema* wie im oberen Teil der Abbildung.

Bisher haben wir alle Überlegungen nur für eine Raumrichtung ausgeführt. Wenn man die gesamte dreidimensionale Kristallstruktur betrachtet, gilt natürlich die einfache Beziehung $2a_0 = m\lambda$ nicht mehr, da dann ja die Elektronen auch schräg auf die Netzebenen des Gitters auftreffen können. Wie bei der Reflexion von Licht am Spiegel geht dann zusätzlich der Einfallswinkel in die Reflexionsbedingung ein. Das hat zur Folge, dass die Bandstruktur von der Raumrichtung abhängt, und zwar in recht komplizierter Weise. Bei den in Abb. 2.1 gezeigten Bandstrukturen von Galliumarsenid und Silizium ist das deutlich zu sehen, sie unterscheiden sich, je nachdem ob sie längs des Wellenvektors in [100]- oder [111]-Richtung betrachtet werden. Ausführlichere Behandlungen der Bandstrukturen sind zum Beispiel in [Yu und Cardona 2001] zu finden, auf etwas elementarerem Niveau in [Kittel 1999].

2.7.2 Ein- und zweidimensionale Halbleiter

Am Ende des vorigen Kapitels (Abschn. 1.8) wurden Nanostrukturen in Form von Schichten, Streifen oder Quantenpunkten erwähnt. Dementsprechend gibt es nicht nur die üblichen dreidimensionalen Halbleiter, die wir bisher immer im Blick hatten, sondern auch zweidimensionale (Schichten), eindimensionale (Streifen) und „null-dimensionale" (Punkte) Halbleiter. In Analogie zu 2.2.1 lassen sich auch dafür Zustandsdichten berechnen.

Für *zweidimensionale Strukturen* ist diese Berechnung der Zustandsdichte besonders einfach, dort kann nämlich die Abb. 2.3 direkt angewandt werden. Wir müssen dann die k-Werte nicht über eine Kugelschale, sondern über einen Kreisring summieren, so dass wir an Stelle von (2.4) lediglich schreiben

$$g(E)\, dE = g(k) \cdot 2\pi k \, dk \qquad \text{mit} \qquad g(k) = \frac{2}{(2\pi)^2}.$$

In der Zustandsdichte im k-Raum $g_c(k)$ steht jetzt nur die zweite Potenz im Nenner, im Gegensatz zum dreidimensionalen Fall, wo die dritte Potenz von (2π) auftritt. Analog zu 2.2.1 ergibt sich schließlich

$$g(E)\, dE = \frac{2}{(2\pi)^2} \cdot \pi \, \frac{2m_e}{\hbar^2}\, dE = \frac{m_e}{\pi\hbar^2}\, dE. \tag{2.115}$$

Dieser Ausdruck enthält die Energie nicht mehr, die Zustandsdichte ist also konstant.

In *eindimensionalen Halbleitern* ergibt sich eine Zustandsdichte, in der die Wurzel aus der Energie im Nenner steht,

$$g(E)\, dE = \frac{1}{\pi}\left(\frac{2m_e}{\hbar^2}\right)^{1/2} \frac{1}{\sqrt{E}}\, dE. \tag{2.116}$$

Die Herleitung der beiden Formeln geht analog zu der bei dreidimensionalen Halbleitern vor sich, sie wird in Aufgabe 2.18 durchgeführt.

2.7.3 Der Teilchenzoo der Halbleiterphysik

So wie in der realen Welt eine Vielzahl von verschiedenen Atomen, Molekülen, Elektronen, Photonen und noch weiteren einzelnen oder zusammengesetzten Teilchen existiert, so gibt es auch in der Welt des Halbleiters zahlreiche Sorten von Teilchen, nur sind es hier Quasiteilchen. Der Vorsatz „Quasi" muss uns nicht beeindrucken, in einfachster Näherung hat man sich ein Quasiteilchen wie ein „normales" Teilchen vorzustellen. Elektronen und Löcher als grundlegende Quasiteilchen im Halbleiter haben wir ja bereits intensiv kennen gelernt.

Ein *Halbleiterelektron* ist im Prinzip ein „richtiges" Elektron, jedoch mit anderer Masse, nämlich der effektiven Masse. Ein anderes Quasiteilchen, das nicht weniger wert ist als das Elektron, ist das *Loch*. Löcher sind so etwas wie positiv geladene Halbleiter-Elektronen. Auch in der „realen Welt" (außerhalb des Halbleiters) gibt es ein positives Gegenstück zum Elektron, allerdings tritt es nur bei radioaktiven Zerfällen oder im Kosmos auf: das *Positron*. *Donator* und *Akzeptor* (Abb. 2.24) als Halbleiter-Pendant zum Wasserstoffatom sind uns auch schon begegnet. Kommen Donator und Akzeptor nahe zusammen, bilden sie sogar so etwas wie ein Wasserstoffmolekül, allerdings sind darin in einer Hälfte die Ladungen vertauscht (der „Atomkern" ist negativ, das Hüllenteilchen positiv geladen).

Elektron und Loch können aber auch noch gemeinsam einen gebundenen Zustand bilden, das *Exciton*. Beide drehen sich in diesem Gebilde um ihren gemeinsamen Schwerpunkt, der bei etwa gleichen effektiven Massen ziemlich genau in ihrer Mitte liegt. Das Exciton hat ebenfalls eine Entsprechung in der realen Welt, dort ist es das Positronium, welches aus Elektron und Positron besteht. Das Positronium ist nicht stabil und zerfällt nach kurzer Zeit, wobei nichts übrig bleibt als sehr energiereiche Strahlung. Auch das Exciton zerfällt schließlich, nur ist die entstehende Strahlung bei weitem nicht so energiereich, sondern sie liegt im Bereich des sichtbaren Lichts. Schließlich können zwei Excitonen sogar ein *Biexciton* bilden, und es sind auch schon noch kompliziertere Gebilde beobachtet worden, die *Multiexcitonen*.

Von Multiexcitonen ausgehend, liegt der Gedanke an ein System aus sehr vielen Elektronen und Löchern nahe, das ist dann eine Elektron-Loch-Flüssigkeit.

Wir haben schon oft davon Gebrauch gemacht, dass die Besetzungswahrscheinlichkeit von Elektronen und Löchern nach der *Fermi-Verteilungsfunktion* geregelt wird ((2.7) und (2.8)). Es gibt überhaupt nur zwei Verteilungsfunktionen für elementare Teilchen, eine davon ist die Fermi-Verteilung. Teilchen, die sich nach dieser Verteilung richten, heißen *Fermionen*. Hierzu gehören die meisten Teilchen in der Physik. Alle anderen Teilchen gehorchen einer anderen Verteilung, der so genannten *Bose-Verteilung*, sie heißen Bose-Teilchen oder *Bosonen*.[27] Lichtteilchen, also *Photonen*, gehören dazu. Ähnlich wie Licht in der Teilchenvorstellung als Photon bezeichnet wird, ordnet man auch Schallwellen im Festkörper eine Teilcheneigenschaft zu, das sind dann *Phononen*. Phononen sind ebenfalls Bose-Teilchen. Auch das Exciton als zusammengesetztes Teilchen aus Elektron und Loch gehört zu den Bosonen. Bosonen sind zu einer Art „Kondensation" fähig, wie sie auch bei der Supraleitung und Suprafluidität auftritt. Man spricht von *Bose-Einstein-Kondensation*. Die

---

[27] SATYENDRA NATH BOSE (1894–1974), indischer Physiker, Studium in Kalkutta. Arbeitete in Dacca, Paris (bei Marie Curie) und Berlin, dort Zusammentreffen mit Einstein. Professor in Dacca und Kalkutta. Nach Bose sind die Bose-Einstein-Statistik sowie die Bosonen benannt. Bose sagte die Existenz der „Bose-Einstein-Kondensate" voraus. Wichtige Beiträge zur mathematischen und statistischen Physik.

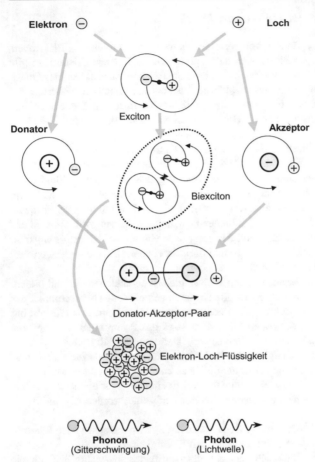

Abb. 2.24 Quasiteilchen-Stammbaum der Halbleiterphysik. Elektron und Loch sind Fermionen; Exciton, Biexciton, Phonon und Photon sind Bosonen

Suche danach gehört zu den gegenwärtig sehr intensiv untersuchten Phänomenen in der modernen Physik. Der Nobelpreis im Jahre 2001 wurde an eine Gruppe von drei Physikern, darunter der Deutsche WOLFGANG KETTERLE, für Arbeiten zur Bose-Einstein-Kondensation vergeben.

So kann man im Halbleiter eine Vielzahl von exotischen Spezies beobachten. Wenn sie auch nicht alle für technische Anwendungen wichtig sind, so beanspruchen doch viele davon ein grundsätzliches theoretisches Interesse.

Zusammenfassung zu Kapitel 2

- **Bewegliche Ladungsträger in Halbleitern** sind (negativ geladene) Elektronen im Leitungsband und (positiv geladene) Löcher im Valenzband. Beide Träger sind Quasiteilchen und verhalten sich ähnlich wie freie Teilchen, sie werden jedoch durch eine *effektive* Masse beschrieben.

- Die **Konzentration der Elektronen und Löcher pro Energieintervall** wird durch das Produkt aus Zustandsdichte (proportional zu $\sqrt{E}$) und Fermi-Verteilungsfunktion gegeben.
- Die **Gesamtkonzentration der Elektronen und Löcher** im Valenz- bzw. Leitungsband ergibt sich durch Integration über alle Energiezustände des jeweiligen Bandes. Im Leitungsband muss zusätzlich mit der Zahl ν_e der äquivalenten Leitungsbandminima multipliziert werden. Wenn die Konzentration der Ladungsträger nicht zu hoch ist (keine Entartung), ergibt sich eine exponentielle Abhängigkeit

$$n = N_c\, e^{\frac{E_F - E_c}{k_B T}}$$

für das Leitungsband und

$$p = N_v\, e^{\frac{E_v - E_F}{k_B T}}$$

für das Valenzband.
- Für die Konzentrationen von Elektronen und Löchern in Halbleitern gilt das **Massenwirkungsgesetz**.

$$np = n_i^2$$

Es besagt, dass das Produkt aus Elektronen- und Löcherkonzentration bei einer bestimmten Temperatur im thermischen Gleichgewicht immer konstant ist.
- Die **Besetzungsgrenze** der Elektronen- und Lochzustände ist durch die *Fermi-Energie* gegeben. Sie liegt bei Halbleitern in der Regel innerhalb der verbotenen Zone, und zwar bei undotierten Halbleitern in grober Näherung in ihrer Mitte, bei dotierten Halbleitern etwa in der Nähe der Störstellenniveaus.
- Als **Berechnungsschema für die Teilchenkonzentrationen** kann die Skizze 2.25 dienen (dargestellt am Beispiel der Elektronen, für Löcher gilt es analog):
- Für die Beschreibung von **Störstellen in Halbleitern** eignet sich ein wasserstoffähnliches Modell, bei dem die Bindungsenergie und der BOHRsche Radius (der die Ausdehnung des gebundenen Elektrons beschreibt) durch die *relative Dielektrizitätskonstante* ε und die effektive Masse m_e bzw. m_h skaliert werden.
- Die Störstellen geben ihre Ladungsträger bei höheren Temperaturen an die jeweiligen Bänder ab. Abhängig von der Temperatur unterscheidet man die folgenden **Bereiche**
  - *Störstellenreserve* (Störstellen binden zum Teil noch Ladungsträger),
  - *Störstellenerschöpfung* (alle Ladungsträger abgegeben).

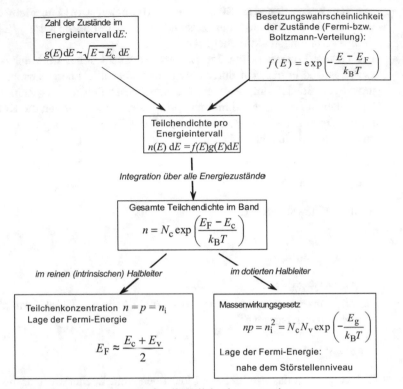

Abb. 2.25 Berechnungsschema für die Teilchenkonzentration

Unter üblichen Dotierungsbedingungen liegt in den meisten Halbleitern bei Zimmertemperatur der Zustand der Störstellenerschöpfung vor. Störstellen können damit ergiebige Lieferanten freier Ladungsträger sein.

- Der **Strom in Halbleitern** kann prinzipiell **aus zwei Anteilen** bestehen:
  - aus dem *Driftstrom* oder *Feldstrom*, hervorgerufen durch ein elektrisches Feld,
  - aus dem *Diffusionsstrom*, hervorgerufen durch einen Gradienten der Ladungsträgerkonzentration.

  Jeder dieser Anteile kann sowohl von Elektronen als auch von Löchern getragen werden.

- Eine wichtige Kenngröße von Halbleitern ist die **Beweglichkeit** μ; sie ist der Quotient aus Driftgeschwindigkeit und elektrischer Feldstärke. Die **elektrische Leitfähigkeit** σ setzt sich aus zwei Anteilen zusammen, aus *Beweglichkeit* und *Trägerkonzentration*, $\sigma_h = e\mu_h p$ bzw. $\sigma_e = e\mu_e n$.

- Mit diesen Beziehungen können wir die Temperaturabhängigkeit der elektrischen Leitfähigkeit (Abb. 2.26) verstehen. Sie wird gleichzeitig durch die Temperaturabhängigkeiten der Beweglichkeit und der Ladungsträgerkonzentrationen n und p bestimmt.

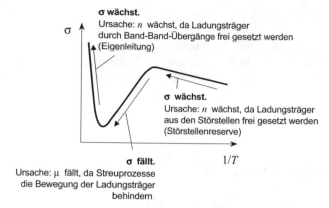

Abb. 2.26 Temperaturabhängigkeit der elektrischen Leitfähigkeit (prinzipielle Darstellung). Eingezeichnet sind die drei wichtigsten Ursachen für das Verhalten von σ mit wachsender Temperatur

- **Diffusionsströme** entstehen infolge von räumlichen Ungleichheiten der Ladungsträgerverteilung. Ihre „treibende Kraft" ist der Gradient der Teilchenkonzentration dn/dx beziehungsweise dp/dx, im Gegensatz dazu werden elektrische Ströme durch elektrische Felder (elektrische Spannungen) hervorgerufen.

- Der **Diffusionskoeffizient** ist der Materialparameter, der Ursache (Konzentrationsgradient) und Wirkung (elektrische Stromdichte) miteinander verbindet. Er hängt in üblichen Temperaturbereichen mit der Beweglichkeit und der Temperatur über die *Einstein-Beziehung* zusammen:

$$D_e = \frac{\mu_e k_B T}{e} \quad \text{und} \quad D_h = \frac{\mu_h k_B T}{e}.$$

- Durch Injektionsströme oder durch Bestrahlung mit Licht **erhöhen sich die Ladungsträgerkonzentrationen gegenüber ihrem Gleichgewichtswert.** Die Rückkehr zum Gleichgewicht geschieht vorwiegend durch
  - *strahlende Rekombination,*
  - *nichtstrahlende Rekombination über tiefe Zentren,*
  - *nichtstrahlende Rekombination durch Auger-Prozesse.*

Größenordnungen im Silizium, die Sie sich einprägen sollten

- *Materialparameter*:
  - Bandabstand E_g = 1,12 eV, das sind rund 1/10 der Ionisierungsenergie des Wasserstoffatoms (13,6 eV), relative Dielektrizitätskonstante ε ≈ 11.
  - Effektive Massen von Elektronen und Löchern sind kleiner als eins.
  - 6 Leitungsbandminima.
- *Intrinsische Ladungsträgerkonzentration* n_i ≈ 10^{10} cm^{-3}.

- *Störstellenbindungsenergie* ca. 40 bis 50 meV, das sind nur einige Prozent der Gap-Energie E_g.
- Praktisch sinnvolle *Dotierungskonzentrationen*: ca. 10^{13} bis 10^{20} cm^{-3}; zum Vergleich: Konzentration der Wirtsgitteratome: $n_{Si} \approx 5 \cdot 10^{22}$ cm^{-3}.
- *Bohrscher Radius eines Elektrons am Donator* ca. 2 nm; eines Loches am Akzeptor ca. 1 nm; dieser Wert verdeutlicht die Ausdehnung des Störstellenzustands. Der Silizium-Atomradius beträgt dagegen nur ungefähr 0,12 nm.

Aufgaben zu Kapitel 2

Aufgabe 2.1 Bandabstand (zu Abschn. 2.1) *

Der Bandabstand E_g ist die Energie, die aufgewendet werden muss, um ein Elektron aus dem Valenz- ins Leitungsband anzuheben; sie kann zum Beispiel durch Licht geeigneter Wellenlänge zugeführt werden. Ermitteln Sie die dem Bandabstand verschiedener Substanzen entsprechende Wellenlänge des Lichts.[28] Benutzen Sie dazu Tabelle 2.2., in der Werte für E_g zu finden sind (ohne Diamant und SiO$_2$).

Aufgabe 2.2 Bandabstand in Halbleiter-Mischreihen (zu Abschn. 2.1) *

In Abb. 2.27 ist der Bandabstand (= Breite der verbotenen Zone) für Mischkristalle der Reihe GaAs$_{1-x}$P$_x$ dargestellt (Abb. 2.27). Bei der Rekombination eines Elektron-Loch-Paares wird diese Energie in die Energie des ausgesandte Lichtquants überführt.

Schätzen Sie die erforderliche Zusammensetzung des Mischkristalls ab, wenn Licht mit den folgenden Wellenlängen ausgesandt werden soll:

$$\lambda = 548 \text{ nm (grün)},$$
$$\lambda = 580 \text{ nm (gelb)},$$
$$\lambda = 620 \text{ nm (rot)}.$$

Aufgabe 2.3 FERMI-Verteilung (zu Abschn. 2.2) ***

Die Löcher im Valenzband stellt man sich als fehlendes Elektron vor. Folgerichtig ist ihre Fermi-Verteilungsfunktion gegeben durch

$$f_h(E) = 1 - f_e(E).$$

Zeigen Sie, dass man f_h wie folgt schreiben kann (Beachten Sie das Minuszeichen im Exponenten!):

$$f_h(E) = \frac{1}{1 + \exp(-\dfrac{E - E_F}{k_B T})}.$$

Leiten Sie daraus die Näherungen für sehr niedrige ($E \ll E_F$) und sehr hohe ($E \gg E_F$) Energien ab.

---

[28] In Wirklichkeit kommt bei optischen Übergängen zur Energie E_g im Mittel noch ein Betrag $k_B T/2$ hinzu, wie in einer späteren Aufgabe im Kap. 4 nachgewiesen wird (Aufgabe 4.1).

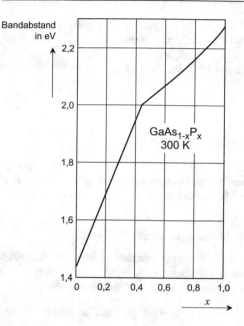

Abb. 2.27 Bandabstand in der Mischreihe $GaAs_{1-x}P_x$

Aufgabe 2.4 Effektive Zustandsdichten (zu Abschn. 2.2) *

Berechnen Sie mit Hilfe der Angaben in Tabelle 2.1. die effektiven Zustandsdichten N_c bzw. N_v des Leitungs- und Valenzbandes für die drei Halbleiter Si, Ge und GaAs bei 300 K. Die Ergebnisse können Sie anhand von Tabelle 2.3 beziehungsweise Tabelle A1.2 der Daten- und Formelsammlung nachprüfen.

Aufgabe 2.5 Intrinsische Ladungsträgerkonzentration (zu Abschn. 2.2) *

Berechnen Sie analog die intrinsische Ladungsträgerkonzentration n_i für die Halbleiter Si, Ge und GaAs bei 300 K. Auch hier finden Sie die Ergebnisse in Tabelle 2.3 oder Tabelle A1.2 der Daten- und Formelsammlung.

Aufgabe 2.6 Ein anderer Ausdruck für die Elektronenkonzentration (zu Abschn. 2.2) ****

Am Ende von Abschn. 2.2.4 wurde die Fermi-Energie *im reinen* (d. h. intrinsischen) *Halbleiter* angegeben, wir bezeichnen sie hier als E_i. Sie kann implizit durch

$$n_i = N_c \exp\frac{E_i - E_c}{k_B T}$$

definiert werden. Zeigen Sie, dass man unter Verwendung von E_i den Ausdruck (2.20) für die Elektronenkonzentration *in einem beliebigen Halbleiter* in der folgenden Form schreiben kann:

$$n = n_i \exp\frac{E_F - E_i}{k_B T}. \tag{2.117}$$

Die Elektronenkonzentration wird hier also zurückgeführt auf die Differenz der Fermi-Energie gegenüber dem Fall des intrinsischen Halbleiters. Wenn diese Differenz null ist, dann ergibt sich folgerichtig $n = n_i$.

Für die Löcher ergibt sich daraus wegen $p = n_i^2/n$ der ähnliche Ausdruck

$$p = n_i \exp \frac{E_i - E_F}{k_B T}. \tag{2.118}$$

Aufgabe 2.7 Fermi-Energie bei $n \neq p$ (zu Abschn. 2.2) ****

Verallgemeinern Sie die Gleichungen (2.26) beziehungsweise (2.27) für den Fall, dass die Konzentrationen von freien Elektronen und freien Löchern nicht mehr gleich sind. Diese Situation kann zum Beispiel in dotierten Halbleitern vorliegen. Gehen Sie dazu von den Beziehungen (2.20) und (2.21) aus.

Aufgabe 2.8 Fermi-Energie in dotierten Halbleitern (zu Abschn. 2.3) ***

Berechnen Sie die Lage der Fermi-Energie E_F in phosphordotiertem Silizium bei 30 K (Bindungsenergie 45 meV). Die Donatorkonzentration betrage $N_D = 10^{18}$ cm^{-3}. Zeichnen Sie qualitativ die Lage des Phosphor-Niveaus und die von E_F in das Bandschema ein.

Aufgabe 2.9 Beginn der Eigenleitung in dotierten Halbleitern (zu Abschn. 2.3) *

Gegeben seien Halbleiterproben aus Silizium und Germanium, jeweils dotiert mit Donatoren; Konzentration $N_D = 10^{15}$ cm^{-3}. Geben Sie mit Hilfe der Abb. 2.28 an, von welchen Temperaturen an Eigenleitung jeweils merklich wird. Das ist offensichtlich der Fall, wenn im Bereich der Störstellenerschöpfung ($n_e = N$) die Elektronenkonzentration mit der intrinsischen Ladungsträgerkonzentration n_i identisch wird.

Aufgabe 2.10 Konzentration freier Ladungsträger in dotierten Halbleitern (zu Abschn. 2.3) ***

Eine Siliziumprobe ist mit Bor dotiert, die Konzentration beträgt 10^{14} cm^{-3}. Wie groß sind die Konzentrationen der Elektronen im Leitungsband und der Löcher im Valenzband
  a) bei 300 K,
  b) bei 500 K?

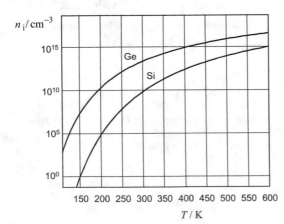

Abb. 2.28 Eigenleitungskonzentration in Abhängigkeit von der Temperatur. (Die Abbildung wurde mit Hilfe des MATLAB-Programms ni_Temp.m erstellt)

Bei den betrachteten Temperaturen kann man davon ausgehen, dass an den Störstellen keine Ladungsträger mehr gebunden sind, sie befinden sich alle in den Bändern. Die Abhängigkeit von E_g von der Temperatur soll keine Rolle spielen. Bei 300 K trägt die Eigenleitung zur Ladungsträgerkonzentration noch nichts bei.

Aufgabe 2.11 Temperaturabhängigkeit der Beweglichkeit (zu Abschn. 2.4) ****

In Abb. 2.29 ist der spezifische Widerstand ρ von Tellur als Funktion der Temperatur für verschiedene Elektronenkonzentrationen dargestellt. Für jede Kurve ist die Konzentration der freien Ladungsträger jeweils konstant, daher ist ρ = 1/σ ~ 1/μ. Ermitteln Sie den Exponenten n in der Temperaturabhängigkeit ρ ~ T^n in den beiden Grenzbereichen hoher und niedriger Temperaturen. Sie müssen beachten, dass es sich in der Abbildung um eine doppelt logarithmische Darstellung handelt. Aus einer solchen Darstellung kann man den Exponenten n in der funktionalen Abhängigkeit unmittelbar aus dem Anstieg der Messkurve entnehmen: ln ρ ~ n ln T.

Ergänzende Anmerkung: Aus der Temperaturabhängigkeit von ρ lässt sich wegen ρ ~ 1/ μ auf die Temperaturabhängigkeit von μ schließen. Hieraus lassen sich bei geeigneter Kenntnis der Streumechanismen der Ladungsträger Aussagen über die Ursachen der Beweglichkeit treffen.

Aufgabe 2.12 Leitfähigkeit (zu Abschn. 2.4) **

Die Leitfähigkeit eines Halbleiters hängt über

$$\sigma = \mu_h \, e \, p + \mu_e \, e \, n$$

sowohl von der Elektronen- als auch der Löcherkonzentration ab. Wie groß müssen beide sein, damit σ minimal wird? Der Einfachheit halber nehmen wir hier an, dass μ_e und μ_h nicht von der Konzentration abhängen.

Aufgabe 2.13 Nochmals zur Leitfähigkeit (zu Abschn. 2.4) **

Durch einen Siliziumhalbleiter mit 0,1 mm² Querschnittsfläche fließt ein Strom von 1 μA. Das Material ist mit Bor (Konzentration 10^{17} cm^{-3}) dotiert.

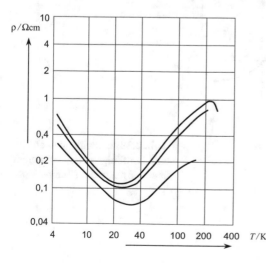

Abb. 2.29 Spezifischer Widerstand von Tellur als Funktion der Temperatur; doppelt-logarithmisch aufgetragen (nach: [Kreher 1973])

a) Berechnen Sie die Leitfähigkeit dieses Materials.

a) Wie groß ist im Vergleich hierzu die Leitfähigkeit von intrinsischem (undotiertem) Silizium?

a) Mit welcher Driftgeschwindigkeit bewegen sich die Ladungsträger in dem mit Bor dotierten Material?

Aufgabe 2.14 Pauschale Aussagen zur Leitfähigkeit von Halbleitern (zu Abschn. 2.4) ***

Halbleiter werden häufig dadurch charakterisiert, dass ihre Leitfähigkeit a) von der Temperatur und b) von der Dotierung abhängt. Zeigen Sie dies anhand von Gl. (2.49).

Aufgabe 2.15 Widerstand in integrierten Schaltkreisen (zu Abschn. 2.4) **

In einem Schaltkreis soll die Länge einer Silizium-Halbleiterschicht (Querschnittsfläche $2\,\mu m^2$, Dotierungskonzentration $N_D = 10^{14}\,cm^{-3}$) so gewählt werden, dass ein Widerstand von 100 kΩ entsteht. Welche Länge muss der Streifen haben? Annahme: Zimmertemperatur, daher seien alle Störstellen ionisiert.

Aufgabe 2.16 Ermittlung der Gapenergie aus Leitfähigkeitsmessungen (zu Abschn. 2.4) ***

In einer Halbleiterprobe aus dotiertem Germanium werden Messungen der temperaturabhängigen Leitfähigkeit, von Zimmertemperatur an aufwärts, durchgeführt. Das Ergebnis ist in Abb. 2.30 dargestellt. In diesem Temperaturbereich befindet man sich in dem Gebiet, in dem Eigenleitung einsetzt. Aus der Steigung der Kurve $\sigma = \sigma(T)$ soll die Breite der verbotenen Zone (Gapenergie) ermittelt werden.

$\sigma/\Omega^{-1}\,cm^{-1}$

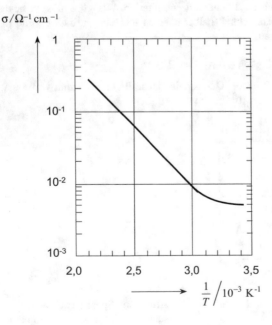

Abb. 2.30 Experimentell ermittelte Leitfähigkeit in Germanium über der reziproken Temperatur

Aufgabe 2.17 Fermi-Energie bei hoher Dotierung (zu Abschn. 2.7) ***

Berechnen Sie die Lage der Fermi-Energie in Bezug auf den Bandrand in GaAs bei einer Dotierung $N_D = 10^{18}$ cm^{-3} und 300 K. Die Donatoren seien alle ionisiert. Wie groß ist der Fehler, wenn Sie statt des Fermi-Falls nur den Boltzmann-Fall annehmen?

Aufgabe 2.18 Zustandsdichte in ein- und zweidimensionalen Halbleitern (zu Abschn. 2.7) ***

Berechnen Sie die Zustandsdichte für Elektronen a) in zweidimensionalen, b) in eindimensionalen Halbleitern. Starten Sie bei Gl. (2.4) und gehen Sie analog zur Herleitung von Gl. (2.5) vor. Als Ergebnis müssen Sie die Formeln (2.115) und (2.116) erhalten.

Aufgabe 2.19 Elektronenkonzentration und Leitfähigkeit (zu Abschn. 2.3.3) *

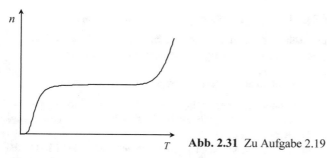

Abb. 2.31 Zu Aufgabe 2.19

In Abb. 2.31 sehen Sie den Verlauf der Elektronenkonzentration in einem mit Donatoren dotierten Halbleiter in Abhängigkeit von der Temperatur. Wie müsste das Bild aussehen, wenn

a) die Donatorkonzentration geringer ist,
b) höher ist als im dargestellten Fall? Zeichnen Sie die beiden Kurven in das Bild ein.
c) Skizzieren Sie das Verhalten der Leitfähigkeit, passend zum obigen Bild.

Aufgabe 2.20 Verhalten der Beweglichkeit (zu Abschn. 2.4.1) *

a) Im linken Bild von 2.32 ist der Verlauf der Elektronenbeweglichkeit in Halbleitern in Abhängigkeit von der Dotierung bei Zimmertemperatur dargestellt. Erklären Sie mit einigen Stichworten die physikalische Ursache für das Abfallen dieser Kurve.

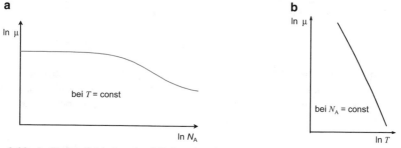

Abb. 2.32a,b Beweglichkeiten im Silizium in Abhängigkeit von Störstellenkonzentration und Temperatur.

b) In Abb. 2.32b ist die Beweglichkeit über der Temperatur aufgetragen. In diesem Fall handelt es sich um einen Halbleiter, der undotiert ist. Erklären Sie auch hier, warum die Beweglichkeit nach rechts abfällt.

MATLAB-Aufgaben

Aufgabe 2.21 Intrinsische Ladungsträgerkonzentration als Funktion der Temperatur (zu Abschn. 2.2) **

Stellen Sie graphisch die intrinsische Ladungsträgerkonzentration n_i als Funktion der Temperatur für Silizium dar. Die Abhängigkeit $E_g(T)$ wollen wir hierbei nicht berücksichtigen.

Aufgabe 2.22 Beginn der Eigenleitung in dotierten Halbleitern (zu Abschn. 2.3) ***

Lösen Sie Aufgabe 2.9 numerisch statt graphisch, und zwar mit dem MATLAB-Nullstellensuchprogramm fzero.m oder einem anderen geeigneten Programm zur Nullstellensuche.

Aufgabe 2.23 Dotierungskonzentration aus Strommessungen (zu Abschn. 2.4) **

Durch ein Stück n-Silizium (Querschnitt 0,5 mm², Länge 1 cm) fließt bei Zimmertemperatur ein elektrischer Strom von 1,1 mA. Die angelegte Spannung beträgt 5 V. Können Sie daraus Aussagen über die Höhe der Dotierung machen?

Die Lösung führt auf eine nichtlineare Gleichung, benutzen Sie daher das MATLAB-Nullstellensuchprogramm und verwenden Sie die Approximationsfunktion mye(n,T) für die Beweglichkeit der Elektronen in Abhängigkeit von der Konzentration.

Testfragen

2.24   Wodurch unterscheiden sich Halbleiterelektronen und Löcher von freien Elektronen?

2.25   a) Nennen Sie je zwei Beispiele für direkte und indirekte Halbleitermaterialien.
        b) Welcher Typ eignet sich prinzipiell besser für optoelektronische Anwendungen?

2.26   Galliumarsenid hat eine geringere Breite der verbotenen Zone als Galliumphosphid.
        a) Welcher der beiden Halbleiter emittiert grünes, welcher infrarotes Licht?
        b) In welchem dieser beiden Halbleiter ist die Konzentration der Ladungsträger bei Zimmertemperatur größer (intrinsisches Material vorausgesetzt)?

2.27   Was verstehen Sie unter Minoritäts- und Majoritätsladungsträgern?

2.28   Stellen Sie sich vor, Sie könnten die effektive Masse des Leitungsbandes im Silizium verringern. Würde dann die Zustandsdichte pro Energieintervall kleiner oder größer oder bliebe sie sogar konstant? Passen dann bei gegebener Temperatur mehr Elektronen ins Leitungsband?

2.29   Was wird durch die Fermi-Verteilung beschrieben? Wodurch ist das Ferminiveau charakterisiert?

2.30 a) Skizzieren Sie den Verlauf der Fermi-Verteilungsfunktion für Elektronen bei Zimmertemperatur. Kennzeichnen Sie darin die Lage der Fermi-Energie.

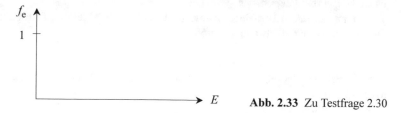

Abb. 2.33 Zu Testfrage 2.30

b) Zeichnen Sie in das gleiche Achsensystem die Verteilungsfunktion bei $T = 0$ K.

2.31 Beantworten Sie die folgenden Fragen ohne Benutzung von Hilfsmitteln!

a) Extrem reines Silizium hat bei Zimmertemperatur eine Elektronenkonzentration von ca. $7 \cdot 10^9$ cm^{-3}. Wie groß ist die Konzentration der Löcher?

b) Ein Stück Silizium sei mit Donatoren (Konzentration 10^{17} cm^{-3}) dotiert. Wie groß ist (bei Zimmertemperatur) die Konzentration der Elektronen?

c) Wie groß ist in diesem Stück Silizium die Konzentration der Löcher?

2.32 Eine Siliziumprobe ist mit Arsen (Konzentration 10^{18} cm^{-3}) dotiert. Diese Atome sind bei Zimmertemperatur alle ionisiert.

a) Welche Ladungsträger, Elektronen oder Löcher, sind in dieser Probe Minoritätsträger, welche sind Majoritätsträger?

b) Welche Konzentration haben die Majoritätsträger?

c) Nach welcher Formel können Sie die Konzentration der Minoritätsträger berechnen? (Ein Zahlenwert wird nicht verlangt.)

2.33 Nennen Sie Beispiele für Elemente, die als Donatoren beziehungsweise Akzeptoren in Frage kommen:

a) im Silizium,

b) im Galliumarsenid.

2.34 Kann ein Element sowohl Donator als auch Akzeptor sein? Wenn ja, unter welchen Bedingungen?

Ordnen Sie unter diesem Gesichtspunkt ein: Schwefel, Silizium und Sauerstoff im Grundmaterial Galliumphosphid.

2.35 a) Erklären Sie anhand des *Bindungsmodells*, wie man sich einen Donator und einen Akzeptor veranschaulichen kann.

b) Wie kann man sich diese beiden Störstellen anhand des *Energiebänderschemas* verdeutlichen? Wo liegen diese Zustände im Bänderschema?

2.36 Wo liegt das Ferminiveau in donatordotierten und wo in akzeptordotierten Halbleitern?

2.37   Vergleichen Sie die Bindungsenergien eines Elektrons am Wasserstoffatom und eines Halbleiterelektrons an einem Donator im Silizium.
       Ist die Donatorbindungsenergie
       a) etwa um den Faktor 10 kleiner, b) etwa um den Faktor 100 kleiner, c) etwa um den Faktor 1000 kleiner, d) etwa gleich groß?

2.38   In Abb. 2.34 ist schematisch die Verteilung der Ladungsträger in einem n-Halbleiter gezeigt. Welchem der folgenden Temperaturbereiche entspricht diese Situation?
       a) etwa $T \approx 0$ K,
       b) etwa $T < 100$ K,
       c) etwa Zimmertemperatur,
       d) etwa $T > 400$ K.
       (Der Anteil der aus dem Valenzband freigesetzten Elektronen ist allerdings hier übertrieben groß dargestellt.)

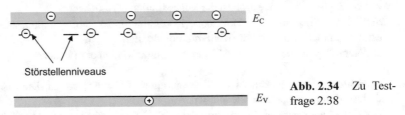

Abb. 2.34   Zu Testfrage 2.38

2.39   In den drei Teilen der Abb. 2.35 sind die energetischen Zustände dargestellt für
       1. undotiertes Silizium, 2. donatordotiertes Silizium, $N_D = 10^{16}$ cm^{-3}, 3. akzeptordotiertes Silizium, $N_A = 10^{18}$ cm^{-3}.

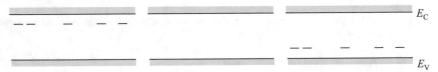

Abb. 2.35 Zu Testfrage 2.39

       a) Kennzeichnen Sie an den Skizzen, welche zu Fall 1, 2 oder 3 gehört.
       b) Wie groß ist in allen drei Fällen die Konzentration freier Elektronen und Löcher bei Zimmertemperatur? Schätzen Sie diese Werte ohne genaue Zahlenrechnung ab.
       c) Skizzieren Sie jeweils grob, wo etwa die Fermi-Energie liegt.
       Hinweis: Für die intrinsische Ladungsträgerkonzentration soll ein Wert von 10^{10} cm^{-3} angenommen werden.

2.40   Benennen Sie die Ursachen von Drift- und Diffusionstrom.

2.41   a) In einem gewissen Raumbereich eines Halbleiters sei ein elektrisches Feld vorhanden. In welcher Richtung bewegen sich die Löcher, wenn sich die Elektronen nach rechts bewegen?

b) Wir nehmen an, Elektronen und Löcher spüren einen gleichen Dichtegradienten. Bewegen sie sich dann in gleicher Richtung oder in entgegengesetzten Richtungen?

2.42   Sind in einem stark dotierten Halbleitermaterial die Beweglichkeiten kleiner oder größer als in undotiertem Material, oder sind sie in beiden Fällen gleich? (Begründung!)

2.43   Skizzieren Sie das Verhalten der Beweglichkeit bei 300 K als Funktion der Störstellenkonzentration. Erklären Sie das Abfallen mit wachsender Störstellenkonzentration.

2.44   a) Skizzieren Sie die Temperaturabhängigkeit der Ladungsträgerkonzentration $n(T)$ im Leitungsband eines donatordotierten Halbleiters.
b) Bezeichnen Sie in Ihrer Skizze die typischen Kurvenverläufe und nennen Sie die Ursachen für den Verlauf in den jeweiligen Gebieten.

2.45   Skizzieren Sie den typischen Verlauf der Leitfähigkeit von Halbleitern über der Temperatur.

2.46   Welche beiden physikalischen Größen gehen unmittelbar in die Formel für die Leitfähigkeit eines Halbleiters ein? Was ist bei einem Metall anders?

2.47   Skizzieren Sie die Kennlinie eines Silizium-Widerstandsthermometers und eines NTC-Widerstands. Welcher physikalische Effekt ist jeweils für das typische Verhalten verantwortlich?

2.48   Gegeben seien Halbleiterbauelemente aus Silizium und Germanium, jeweils dotiert mit Donatoren; Konzentration $N_D = 10^{15}$ cm^{-3}.
Für das Funktionieren von Bauelementen ist es wichtig, dass die Konzentration der Ladungsträger in den Bändern bei Erwärmung einigermaßen konstant bleibt. Geben Sie an, bis zu welchen Temperaturen dies in den betrachteten dotierten Proben jeweils gewährleistet ist (kurze Erklärung).
Hilfreich könnte in diesem Zusammenhang die Abbildung Abb. 2.28 sein; sie zeigt die so genannte *intrinsische Ladungsträgerkonzentration* von Silizium und Germanium.

3 pn-Übergänge

Nachdem wir uns ausführlich mit dem homogenen Halbleiter befasst haben, können wir jetzt zur Untersuchung von Halbleiterstrukturen übergehen. Fast alle Bauelemente – Ausnahmen waren die bereits besprochenen Widerstandsthermometer – bestehen aus Bereichen mit unterschiedlichen Eigenschaften. Dabei kann es sich sowohl um Heterostrukturen handeln, also um vollkommen unterschiedliche Grundmaterialien, als auch um Homostrukturen, also um lediglich verschieden dotierte Komponenten ein- und desselben Grundmaterials. Wir werden uns hier vorwiegend mit Homostrukturen befassen.

Die einfachste Struktur ist der pn-Übergang, der die Grundlage der meisten Halbleiterdioden bildet. Wir behandeln zunächst, ausgehend von den grundlegenden Kenntnissen über Halbleitermaterialien aus dem letzten Kapitel, den prinzipiellen Aufbau von pn-Übergängen und führen diese Überlegungen dann weiter, indem wir äußere Spannungen anlegen. Dabei gelingt es uns, ein Modell einer Halbleiterdiode abzuleiten, das die Kennlinien realer Bauelemente gut wiedergibt.

3.1 Modell einer Halbleiterdiode

Nur wenige Bauelemente, wie zum Beispiel das Widerstandsthermometer, können aus einem homogenen Halbleiter hergestellt werden. In den meisten Fällen ist eine bestimmte räumliche Struktur nötig, innerhalb derer sich die Materialeigenschaften ändern. Das einfachste strukturierte Bauelement ist eine Halbleiterdiode. Sie besteht im Wesentlichen aus einem *pn-Übergang*, das ist eine Schichtfolge von n- und p-dotiertem Material.

Ein pn-Übergang wird meist durch Diffusion von Akzeptoren in n-Material hergestellt, so dass die vorher schon vorhandene n-Dotierung überkompensiert wird. Mit Einzelheiten der Technologie befassen wir uns später. Hier wollen wir uns die Verhältnisse an einem einfachen linearen Modell (Abb. 3.1) klarmachen.

© Springer-Verlag GmbH Deutschland, ein Teil von Springer Nature 2018
F. Thuselt, *Physik der Halbleiterbauelemente*,
https://doi.org/10.1007/978-3-662-57638-0_3

a Dotierungskonzentration   **b** Dotierungskonzentration

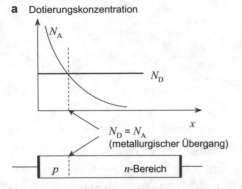

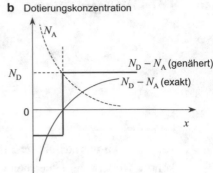

Abb. 3.1 Dotierungsprofil einer Halbleiterdiode. (a) reales Profil, (b) Differenz der Dotierungskonzentrationen (exakt und stufenförmig genähert)

Zur Vereinfachung nehmen wir an Stelle des tatsächlichen Dotierungsprofils jedoch in Zukunft immer ein Stufenprofil wie im rechten Teil der Abbildung an, wobei links $N_D = 0$ und rechts $N_A = 0$ sei. Tatsächlich hat der durch Diffusion entstandene Bereich meist die Form einer Wanne in der Grundsubstanz (Abb. 3.2). Die Geometrie ist hier gegenüber Abb. 3.1 um 90° gekippt.

Im linken, akzeptordotierten Bereich der Abb. 3.1 sind die beweglichen Ladungsträger Löcher, daher spricht man von p-Leitung. Im rechten, donatordotierten Bereich sind die beweglichen Ladungsträger Elektronen (n-Leitung). An der Übergangsstelle können beide Sorten rekombinieren (das geschieht bereits beim Herstellungsprozess!), so dass dieses Gebiet dann keine beweglichen Ladungsträger mehr aufweist. Wir nehmen als einfachstes an, dass die Übergänge abrupt sind und kommen dann zu dem in Abb. 3.3 gezeigten Modell, dessen vier Bereiche sich jeweils durch ihre Ladungsdichten unterscheiden.

Ein einfaches Modell eines pn-Übergangs besteht darin, dass innerhalb einer Verarmungs- oder Sperrschicht an der Grenze von n- und p-Gebiet alle beweglichen Ladungsträger ausgeräumt sind. Dort ist also nur noch die negative beziehungsweise positive Raumladung der Störstellenrümpfe vorhanden (*Raumladungszone*).

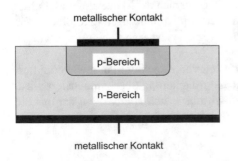

Abb. 3.2 Technologischer Aufbau einer Halbleiterdiode (gegenüber Abb. 3.1 und Abb. 3.3 um 90° gedreht). *Rechts daneben*: Schaltzeichen

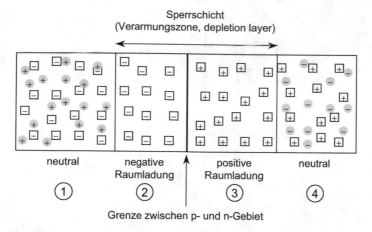

Abb. 3.3 Modell eines Halbleiters mit pn-Übergang. *Rechtecke*: unbewegliche Rümpfe der Donatoren bzw. Akzeptoren; *Kreise*: bewegliche Ladungsträger (Elektronen und Löcher)

Die schlagartige Änderung der Elektronen- bzw. Löcherkonzentration an den Grenzen der Raumladungsgebiete führt zu einem Diffusionsstrom in diese Gebiete hinein. Dieser wird jedoch durch einen gleich großen, aber entgegengesetzt gerichteten Feldstrom kompensiert, so dass insgesamt Gleichgewicht herrscht.

Die Raumladungszone heißt auch Verarmungsschicht (engl. depletion layer), da bewegliche Ladungsträger dort praktisch nicht (oder kaum) vorhanden sind.

3.2 pn-Übergang ohne äußere Spannung

3.2.1 Qualitative Betrachtungen

Zunächst wollen wir versuchen, die Verhältnisse am pn-Übergang qualitativ zu verstehen. Wir werden das dann durch Nachrechnen untermauern, wobei die Rechnung zunächst zunächst langwierig zu sein scheint. Wichtig ist, vor allem die Zusammenhänge im Auge zu behalten.

Von den ortsfesten Ladungen gehen Feldlinien aus. Sie beginnen an den positiven Donatorrümpfen, in unserer Darstellung auf der rechten Seite, und enden an den negativen Akzeptorrümpfen auf der linken Seite. Zur Mitte des Raumladungsgebiets hin werden sie dichter, da ja die Zahl der Ladungen, von denen sie ausgehen, immer größer wird. Der Betrag der Feldstärke steigt demnach bis dorthin kontinuierlich an. In dem dargestellten Modell ist das Feld negativ, da die Feldlinien von rechts nach links zeigen. Durch das elektrische Feld wird ein Potentialunterschied zwischen den beiden Raumladungsgebieten aufgebaut. Die zur Raumladung gehörige Feldstärke und das dadurch aufgebaute Potential sind in Abb. 3.4 skizziert

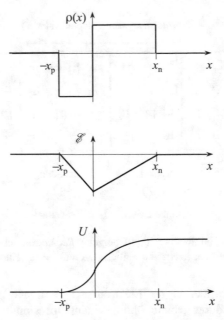

Abb. 3.4 Raumladung, elektrische Feldstärke und Potentialverlauf am pn-Übergang im Modell abrupter Raumladungsgebiete

Den genauen Zusammenhang zwischen Ladungsdichte und Feldstärke stellt das *GAUSSsche Gesetz der Elektrostatik*

$$\rho = \operatorname{div} \boldsymbol{D}. \tag{3.1}$$

her, es ist eine der „berühmten" MAXWELLschen Gleichungen. Sie drückt quantitativ aus, was wir eben qualitativ beschrieben haben: Ladungen sind die Quellen der elektrischen Feldstärkelinien (genauer: der Linien der dielektrischen Verschiebungsflussdichte $\boldsymbol{D}$). Bei dem hier gewählten Modell einer Halbleiterdiode hängt die Ladungsdichte nur von der x-Koordinate ab, und die Flussdichte lässt sich durch die elektrische Feldstärke über $\boldsymbol{D} = \varepsilon\varepsilon_0 \overrightarrow{\mathscr{E}}$ ausdrücken. Damit wird (3.1) zu

$$\rho(x) = \varepsilon\varepsilon_0 \frac{\mathrm{d}\,\mathscr{E}(x)}{\mathrm{d}x},\ ^1 \tag{3.2}$$

---

[1] In manchen Büchern wird diese Gleichung auch als POISSON-Gleichung bezeichnet. In der Poisson-Gleichung steht aber eigentlich auf der rechten Seite nicht die elektrische Feldstärke $\mathscr{E}$, sondern der Potentialgradient grad U – was dasselbe ist. Wir benutzen übrigens für die Feldstärke ein Zierschrift- $\mathscr{E}$ um sie von der Energie zu unterscheiden.

Anschaulich kann man sich den Zusammenhang zwischen Ladung und Fluss-dichte auch wie folgt verdeutlichen: Wenn wir von links nach rechts durch das Raumladungsgebiet des pn-Übergangs wandern, kommen wir an immer mehr negativen Raumladungen vorbei, so dass die Dichte der Flusslinien bis zur Grenze des p- und n-Gebiets immer größer wird, um danach wieder abzunehmen. Die „Zahl" der Flusslinien ergibt sich also durch Summation über die Zahl der Ladun-gen, an denen wir vorübergeschritten sind. Wenn wir nun noch aus der Summation über die Einzelladungen eine Integration über die Ladungs*dichte* machen, erhalten wir die integrale Form zu Gleichung (3.1)

$$D(x) = \int \rho(x) dx.$$

Die elektrische Feldstärke ergibt sich daraus zu

$$\mathscr{E}(x) = \frac{1}{\varepsilon \varepsilon_0} \int \rho(x) dx. \tag{3.3}$$

Das ist genau die integrierte Form von (3.2).

3.2.2 Berechnung des Potentialverlaufs

Wir berechnen den Verlauf der elektrischen Feldstärke $\mathscr{E}(x)$ gemäß (3.3) durch Integration über die Ladungsdichten in den jeweiligen im letzten Abschnitt (Abb. 3.3) definierten vier Raumgebieten. Daraus ergibt sich anschließend durch nochmalige Integration das elektrische Potential $U(x)$. Die Ergebnisse sind in Tabelle 3.1. auf der folgenden Seite zusammengestellt.

Der gesamte Potentialunterschied zwischen dem linken (1.) und dem rechten (4.) neutralen Bereich ist durch den Ausdruck

$$U_D \equiv \frac{e}{2\varepsilon\varepsilon_0} \left(N_D x_n^2 + N_A x_p^2 \right) \tag{3.4}$$

gegeben. Da diese Potentialdifferenz ihre Ursache letztlich in der Diffusion hat, die die Raumladungsgebiete frei räumt, heißt sie *Diffusionsspannung*.

Die Energie $E(x)$ folgt wegen

$$E(x) = -eU(x) \tag{3.5}$$

(bis auf das Vorzeichen) der Spannung $U(x)$, womit die Bänder den in Abb. 3.5 gezeigten Verlauf annehmen.

Tabelle 3.1. Ladung, Feldstärke und Potential am pn-Übergang (Die vier Bereiche entsprechen denen in Abb. 3.3)

1. (Neutral)	2. (Negative Raumladung)	3. (Positive Raumladung)	4. (Neutral)
Ladungsdichte $\rho(x)$ (Abb. 3.4 oben)			
$\rho = 0$	$\rho = -eN_A$	$\rho = eN_D$	$\rho = 0$
Zusammenhang Ladungsdichte – Feldstärke (Abb. 3.4 Mitte) über Gleichung (3.3) $$\mathscr{E}(x) \ = \ \frac{1}{\varepsilon\varepsilon_0}\int\rho(x)\mathrm{d}x$$			
$\mathscr{E} = 0$ (feldfrei)	$\mathscr{E}(x)=-\dfrac{eN_A}{\varepsilon\varepsilon_0}\left(x_p + x\right)$	$\mathscr{E}(x)=\dfrac{eN_D}{\varepsilon\varepsilon_0}\left(x - x_n\right)$	$\mathscr{E} = 0$ (feldfrei)
Zusammenhang Feldstärke - Potential (Abb. 3.4 unten) über $$U(x) \ = \ -\int\mathscr{E}(x)\mathrm{d}x$$			
$U = 0$ (feldfrei)	$U(x) =$ $= \dfrac{eN_A}{\varepsilon\varepsilon_0}\displaystyle\int\limits_{-x_p}^{x}\left(x_p + x\right)\mathrm{d}x =$ $= \dfrac{eN_A}{\varepsilon\varepsilon_0}\dfrac{\left(x_p+x\right)^2}{2}$	$U(x) = U(0) -$ $\dfrac{eN_D}{\varepsilon\varepsilon_0}\displaystyle\int\limits_{0}^{x}(x - x_n)\,\mathrm{d}x =$ $= \dfrac{eN_A}{\varepsilon\varepsilon_0}\dfrac{x_p^2}{2} +$ $\dfrac{eN_D}{\varepsilon\varepsilon_0}\cdot\left\{\dfrac{x_n^2}{2} - \dfrac{\left(x-x_n\right)^2}{2}\right\}$	$U(x) = \text{const} =$ $= \dfrac{e}{2\varepsilon\varepsilon_0}\left(N_D x_n^2 + N_A x_p^2\right)$ $\equiv U_D$
Die Energie ergibt sich aus dem Potential zu $$E(x) = -e\,U(x)$$			

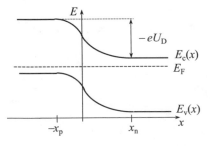

Abb. 3.5 Energiebänder am pn-Übergang

3.2.3 Breite der Sperrschicht

Die Ladungen links und rechts des pn-Übergangs müssen sich insgesamt neutralisieren, also betragsmäßig gleich groß sein. Je geringer demnach ein Raumladungsgebiet dotiert ist, desto weiter muss es ausgedehnt sein, das heißt

$$N_A x_p = N_D x_n. \tag{3.6}$$

Dieselbe Bedingung ergibt sich auch aus der Forderung, dass $\mathscr{E}$ an der Stelle $x = 0$ von rechts und von links kommend den gleichen Wert haben muss (Anschlussbedingung beim Lösen der Differentialgleichung).

Wenn wir dies in den Ausdruck für die Diffusionsspannung (3.4) einsetzen, erhalten wir entweder einen Zusammenhang zwischen x_p und U_D oder zwischen x_n und U_D. Damit lässt sich die Breite des linken bzw. rechten Teils des Raumladungsgebiets angeben:

$$x_n^2 = \frac{2\varepsilon\varepsilon_0 U_D}{e} \frac{N_A}{N_D N_A + N_D{}^2}, \tag{3.7}$$

$$x_p^2 = \frac{2\varepsilon\varepsilon_0 U_D}{e} \frac{N_D}{N_D N_A + N_A{}^2}. \tag{3.8}$$

Die Summe aus x_p und x_n ergibt die gesamte Breite b der Sperrschicht

$$\boxed{b = \sqrt{\frac{2\varepsilon\varepsilon_0}{e}} \sqrt{\frac{N_D + N_A}{N_D N_A}} \sqrt{U_D}.} \tag{3.9}$$

Allerdings wissen wir leider noch nicht, wie groß der Wert von U_D in diesem Ausdruck ist. Die Verwendung von (3.4) bringt in dieser Hinsicht nichts, denn daraus haben wir ja gerade erst unsere Beziehung für b abgeleitet. Wir benötigen aber eine Formel, die die Diffusionsspannung in Abhängigkeit von grundlegenden Eigenschaften des pn-Übergangs, beispielsweise von der Dotierung, angibt. Deren Herleitung wird uns im nächsten Abschnitt gelingen.

3.2.4 Diffusionsspannung

Wir müssen hier noch einmal eine allgemeine Überlegung zur Güte unserer Näherung für den pn-Übergang anstellen. Bisher hatten wir angenommen, dass innerhalb der Raumladungsgebiete keine beweglichen Ladungen vorhanden sind. Nur deshalb konnten wir auch die Gleichung (3.2) lösen. Es ist aber klar, dass die Elektronen und Löcher nicht daran denken, außerhalb der Sperrschicht zu bleiben. Aufgrund des Dichtegefälles diffundieren sie in Wirklichkeit in die Raumladungszone hinein. Das ist für die Anwendungen auch gut so, denn andernfalls könnte ja kein Strom fließen, und an dem sind wir ja bei einer Halbleiterdiode gerade interessiert.

Die in (3.2) einzusetzende Gesamtladung muss demnach nicht nur die Donator- und Akzeptorkonzentrationen N_D und N_A (stufenförmige Abhängigkeit von x!), sondern auch die der Elektronen $n(x)$ und Löcher $p(x)$ (beide in noch nicht bekannter Weise ortsabhängig) berücksichtigen,

$$\rho(x) = e\,(N_D(x) - N_A(x) + p(x) - n(x)). \tag{3.10}$$

Dass wir zunächst die Ortsabhängigkeit von n und p vernachlässigt hatten, war berechtigt, denn im Raumladungsgebiet dominieren die ortsfesten Ladungen der Störstellenrümpfe. Jetzt beziehen wir aber in einem zweiten Schritt n und p mit ein. Die Annahme einer abrupten Grenze der Elektronen und Löcher an den Stellen $-x_p$ und x_n war ja auch arg willkürlich. Es ist stattdessen zu berücksichtigen, dass die Elektronen und die Löcher in die Raumladungsgebiete hineindiffundieren. Diese Diffusion wird jedoch gebremst durch das elektrische Feld, dem sich die Ladungsträger in den Raumladungsgebieten ausgesetzt sehen. Elektronen, die sehr weit nach links in das Raumladungsgebiet hinein gelangen, spüren die negative Ladung der Akzeptoren auf der linken Seite und werden deshalb mehr und mehr abgestoßen.

Qualitativ ist klar, wie der Ladungsverlauf im Raumladungsgebiet aussehen muss: Im linken, p-dotierten neutralen Gebiet (Bereich 1 in Tabelle 3.1.) ist die Löcherkonzentration gleich der Akzeptorkonzentration $p = N_A$, und die Elektronenkonzentration n_0 ergibt sich daraus mit dem Massenwirkungsgesetz zu

$$n_0 = \frac{n_i^2}{N_A}. \tag{3.11}$$

Im rechten, n-dotierten neutralen Gebiet (Bereich 4 in Tabelle 3.1.) haben wir analog $n = N_D$ und

$$p_0 = \frac{n_i^2}{N_D}. \tag{3.12}$$

Im Raumladungsgebiet wird die Ladungsträgerkonzentration dazwischen liegen, wie in Abb. 3.6 halblogarithmisch dargestellt. Der genaue Verlauf von $n(x)$ und $p(x)$ muss sich als Lösung der Diffusionsgleichung ergeben.

Diese Lösung soll jetzt ermittelt werden. Dazu schreiben wir den Ausdruck für den Gesamtstrom auf, den wir bereits früher abgeleitet hatten – für die Elektronen war es (2.60):

$$j_e(x) = e\mu_e n(x)\mathscr{E}(x) + eD_e\,\frac{dn(x)}{dx} = 0 \tag{3.13}$$

Der Gesamtstrom setzt sich aus einem Feldanteil (hervorgerufen durch $\mathscr{E}(x)$) und einem Diffusionsanteil (hervorgerufen durch den Konzentrationsgradienten) zusammen. Die einzelnen Anteile brauchen jedoch selbst nicht null zu sein. Hier wird der Feldstrom durch einen gleich großen, aber entgegengesetzt gerichteten Diffusionsstrom kompensiert. Eine analoge Beziehung gilt natürlich für die Löcher.

Da wir $\mathscr{E}(x)$ bereits kennen, können wir die Differentialgleichung benutzen, um nun $n(x)$ zu berechnen. Wir formen sie deshalb nach $\mathscr{E}(x)$ um, wobei wir gleich $D_e = \mu_e k_B T/e$ einsetzen:

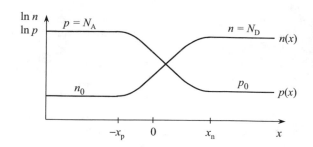

Abb. 3.6 Ladungsträgerkonzentration in der Umgebung des pn-Übergangs (halblogarithmisch)

$$\mathscr{E}(x) = -\frac{k_\mathrm{B}T}{e} \frac{1}{n(x)} \frac{\mathrm{d}n(x)}{\mathrm{d}x}. \tag{3.14}$$

Von hier aus kommen wir durch „Trennen der Variablen" weiter:

$$\int_{-x_\mathrm{p}}^{x} \mathscr{E}(x)\,\mathrm{d}x = -\frac{k_\mathrm{B}T}{e} \int_{-x_\mathrm{p}}^{x} \frac{\mathrm{d}n}{n}. \tag{3.15}$$

Die links stehende Größe ist gerade die Potentialdifferenz $U(x) - U(-x_\mathrm{p})$ zwischen einem beliebigen Punkt x und dem Punkt $-x_\mathrm{p}$. Daraus folgt

$$-\big(U(x) - U(-x_\mathrm{p})\big) = -\frac{k_\mathrm{B}T}{e} \ln \frac{n(x)}{n(-x_\mathrm{p})}. \tag{3.16}$$

Der Logarithmus der Elektronenkonzentration folgt also genau dem Verlauf des elektrischen Potentials. Nach Umformung erhalten wir aus (3.16)

$$n(x) = n(-x_\mathrm{p}) \exp\left\{ \frac{e\big(U(x) - U(-x_\mathrm{p})\big)}{k_\mathrm{B}T} \right\}, \tag{3.17}$$

und analog

$$p(x) = p(-x_\mathrm{p}) \exp\left\{ \frac{-e\big(U(x) - U(-x_\mathrm{p})\big)}{k_\mathrm{B}T} \right\}. \tag{3.18}$$

Damit haben wir den gesuchten Verlauf der Ladungsträgerkonzentration gefunden.

Uns interessiert jedoch anstelle von (3.16) viel eher die Potentialdifferenz über die gesamte Breite der Raumladungszone. Dazu schreiben wir diese Formel speziell für den Wert $x = x_\mathrm{n}$ auf, dann ist nämlich die Potentialdifferenz gerade gleich der Diffusionsspannung:

$$U_\mathrm{D} \equiv U(x_\mathrm{n}) - U(-x_\mathrm{p}) = \frac{k_\mathrm{B}T}{e} \ln \frac{n(x_\mathrm{n})}{n(-x_\mathrm{p})}. \tag{3.19}$$

Für die Teilchenkonzentrationen können wir hier einsetzen

$$n(x_\mathrm{n}) = N_\mathrm{D} \quad \text{sowie} \quad n(-x_\mathrm{p}) = \frac{n_\mathrm{i}^2}{N_\mathrm{A}}, \tag{3.20}$$

und wir erhalten endgültig

$$U_D = \frac{k_B T}{e} \ln \frac{N_D N_A}{n_i^2}. \tag{3.21}$$

Somit haben wir endlich einen Ausdruck für die Diffusionsspannung erhalten, der nur von bekannten makroskopischen Parametern (Temperatur und Dotierungskonzentrationen) abhängt. Das gleiche Ergebnis kann man übrigens auch aus der Fermi-Energie ableiten, deren Lage ja über die gesamte Sperrschicht konstant ist (Aufgabe 3.5).

Wenn man die Formel (3.17) in die Form

$$n(-x_p) = n(x_n) e^{\frac{-eU_D}{k_B T}} \tag{3.22}$$

bringt, wird deutlich, dass zum Beispiel die Dichte der Elektronen als Minoritätsträger im p-Gebiet gegenüber der als Majoritätsträger im n-Gebiet exponentiell kleiner ist,

$$n_0(\text{p-Gebiet}) = N_D \, e^{\frac{-eU_D}{k_B T}}. \tag{3.23}$$

Das gilt umgekehrt auch für die Löcher wegen

$$p(x_n) = p(-x_p) e^{\frac{-eU_D}{k_B T}}; \quad \text{bzw.} \quad p_0(\text{n-Gebiet}) = N_A \, e^{\frac{-eU_D}{k_B T}}. \tag{3.24}$$

Beispiel 3.1
Die Diffusionsspannung für eine symmetrische Siliziumdiode ($N_A = N_D = 10^{15}\,\text{cm}^{-3}$) ist zu berechnen.

Lösung:

$$U_D = \frac{k_B T}{e} \ln \frac{N_A N_D}{n_i^2} = 0,026\ \text{V} \cdot \ln \frac{10^{30}}{(7 \cdot 10^9)^2} = 0,61\ \text{V}.$$

Beachten Sie, dass die Diffusionsspannung von der Temperatur und der Dotierungskonzentration in beiden Gebieten abhängt.

Beispiel 3.2
Berechnen Sie die Sperrschichtbreite für die symmetrische Siliziumdiode aus Beispiel 3.1.

Lösung:
Aus (3.7) erhalten wir

$$x_n = \sqrt{\frac{2\varepsilon\varepsilon_0}{e}} \sqrt{\frac{N_A}{N_D(N_A + N_D)}} U_D = 0,62\ \mu\text{m}.$$

Für x_p ergibt sich, wie es wegen $N_A = N_D$ sein muss, der gleiche Wert. Daraus folgt für die Sperrschichtbreite: $b = x_n + x_p = 2 \cdot 0,62\ \mu\text{m} = 1,24\ \mu\text{m}$.

3.3 pn-Übergang mit äußerer Spannung

3.3.1 Modell

Auch bei Anlegen einer äußeren Spannung gehen wir von demselben Modell aus wie bisher. Wir nehmen also wieder vier getrennte Gebiete wie bereits in Abb. 3.3 an:

1. links ein neutrales p-Gebiet,
2. daneben ein negatives Raumladungsgebiet, hervorgerufen durch geladene Akzeptorrümpfe,
3. als Nächstes ein positives Raumladungsgebiet, hervorgerufen durch geladene Donatorrümpfe,
4. rechts ein neutrales n-Gebiet.

Wird eine äußere Spannung U so angelegt, dass links am p-Gebiet der negative Pol der Spannungsquelle liegt und rechts am n-Gebiet der positive Pol, so werden Elektronen nach rechts und Löcher nach links gesaugt, so dass die Sperrschicht breiter wird. Bei umgekehrter Polung werden die Ladungsträger in Richtung der Sperrschicht gedrückt, so dass diese schmaler wird.

Gleichzeitig verändert sich die Energiedifferenz zwischen n- und p-Gebiet. Durch die äußere Spannung kann der n-Bereich gegenüber dem p-Bereich energetisch angehoben oder abgesenkt werden, je nach Vorzeichen dieser Spannung. Ein positives Potential rechts „verringert" die Energie auf dieser Seite um $E = -eU$; die Potentialdifferenz und ebenso energetische Differenz zwischen beiden Bereichen wird also größer.

Umgekehrt verringert sich die Energiedifferenz, wenn eine Spannung in der anderen Richtung angelegt wird (Abb. 3.7). Dadurch können jetzt mehr Elektronen von rechts nach links und Löcher von links nach rechts gelangen. Weil stets Ladungsträger von außen nachgeliefert werden, fließt ein Strom. Diese Polung bezeichnet man als *Durchlassrichtung* (*Flussspannung*), im Gegensatz zur vorher beschriebenen *Sperrrichtung* (*Sperrspannung*).

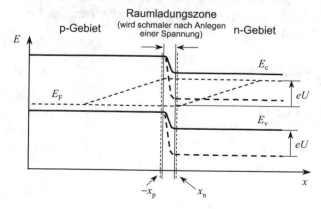

Abb. 3.7 Energiebänder an einem pn-Übergang, wenn eine äußere Spannung in Durchlassrichtung angelegt ist. Die Bänder sind gegenüber dem spannungslosen Fall um eU angehoben, das Fermi-Niveau spaltet im Bereich des Übergangs auf. Die Werte von x_n und x_p verändern sich gegenüber dem spannungslosen Fall

Die Ladungsträgerkonzentration wird durch die äußere Vorspannung ebenfalls geändert. Dabei verbleibt die Majoritätsträgerkonzentration am Rand der Raumladungszone bei ihren durch die Störstellen festgelegten Werten, also

$$n(x_n) = N_D \quad \text{und} \quad p(-x_p) = N_A. \tag{3.25}$$

Ladungsträger strömen aber aus dem Majoritätsgebiet ins jeweils andere Gebiet; die Konzentration der Minoritätsträger an den Grenzen der Raumladungsgebiete erhöht sich dadurch. Weit links im p-Gebiet, fernab von der Raumladungszone, wird sie jedoch immer noch durch $n = n_0 = n_i^2/N_A$ bestimmt – im p-Gebiet durch $p = p_0 = n_i^2/N_D$.

Durch eine von außen an einen pn-Übergang angelegte Flussspannung
1. verringert sich die Sperrschichtbreite (Raumladungszone),
2. verkleinert sich die Energiebarriere zwischen p- und n-Gebiet.
Bei Sperrpolung kehren sich die Verhältnisse um.

Für die weiteren Überlegungen behalten wir das Modell der vorigen Abschnitte bei und treffen zusätzlich folgende Annahmen:
1. Wir gehen davon aus, dass die Ohmschen Widerstände in den neutralen Bereichen des Halbleiters vernachlässigbar sind. Dann fällt die gesamte äußere Spannung wie auch die Diffusionsspannung nur über dem pn-Übergang ab.
2. Die Raumladungszone ist sehr schmal, so dass keine merkliche Rekombination in diesem Bereich auftritt.

3.3.2 Breite der Sperrschicht

Die Größe des Raumladungsgebiets auf der n- als auch auf der p-Seite verändert sich durch die von außen angelegte Spannung; die in Abschn. 3.2.3 erhaltenen Beziehungen sind demnach zu modifizieren. Unter der obigen Annahme, dass die gesamte äußere Spannung nur über dem pn-Übergang abfällt, brauchen wir in allen Ausdrücken, in denen U_D auftritt, nur U_D durch $(U_D - U)$ zu ersetzen. Insbesondere erhalten wir damit für das n-Gebiet an Stelle von (3.7)

$$x_n^2 = \frac{2\varepsilon\varepsilon_0}{e} \frac{N_A}{N_D N_A + N_D^2} (U_D - U), \tag{3.26}$$

und für das p-Gebiet an Stelle von (3.8)

$$x_p^2 = \frac{2\varepsilon\varepsilon_0}{e} \frac{N_D}{N_D N_A + N_A^2} (U_D - U). \tag{3.27}$$

Die Gesamtbreite der Sperrschicht $b = x_n + x_p$ ergibt sich daraus zu

$$b = \sqrt{\frac{2\varepsilon\varepsilon_0}{e}} \sqrt{\frac{N_D + N_A}{N_D N_A}} \sqrt{U_D - U}. \tag{3.28}$$

3.3.3 Berechnung der Ströme

Wenn an unserem pn-Übergang eine Spannung anliegt, muss auch ein Strom fließen. Im Innern des Halbleiters wird er sich aus einem Elektronen- und einem Lochanteil zusammensetzen. Bevor wir jedoch zur Berechnung der über einen pn-Übergang fließenden Ströme kommen, wollen wir uns Gedanken über die räumliche Verteilung der beweglichen Ladungsträger machen. Wir gehen dazu von (3.22) bzw. (3.24) aus. Auch hier tritt zur Diffusionsspannung jetzt die äußere Spannung hinzu:

$$n(-x_p) = n(x_n)\, e^{\frac{-e(U_D - U)}{k_B T}} = n_0\, e^{\frac{eU}{k_B T}} \tag{3.29}$$

sowie

$$p(x_n) = p(-x_p)\, e^{\frac{-e(U_D - U)}{k_B T}} = p_0\, e^{\frac{eU}{k_B T}}. \tag{3.30}$$

Beim Anlegen einer positiven Spannung (*Durchlassrichtung*) wird der Exponent kleiner und die Minoritätsträgerdichte der Löcher an der rechten Begrenzung x_n des Raumladungsgebiets größer. Für die Elektronen gilt sinngemäß das Gleiche an der Stelle $-x_p$.

Der Abfall der Ladungsträgerdichte $p(x_n)$ bis zur Gleichgewichtsdichte p_0 vollzieht sich in den an die Raumladungszone angrenzenden Bereichen exponentiell innerhalb einer charakteristischen Länge, der *Diffusionslänge* der Löcher L_h:

$$p(x) - p_0 = \left(p(x_n) - p_0 \right) \exp\left(\frac{-(x - x_n)}{L_h} \right), \tag{3.31}$$

entsprechend Abb. 3.8 (Beachten Sie, dass die Raumladungszone sehr schmal ist!):

Wir leiten (3.31) am Beispiel der Löcher ab. Außerhalb der Raumladungsgebiete gibt es kein elektrisches Feld mehr und demnach auch keinen Feldstrom. Der gesamte Strom in diesem Bereich muss daher durch den Diffusionsstrom getragen werden. Mit größerem Abstand vom Raumladungsgebiet wird er geringer, da durch die Rekombination immer mehr Löcher verschwinden. Quantitativ können wir das mit der Kontinuitätsgleichung aus Abschn. 2.4.7 erfassen. Aus (2.76) folgt

$$0 = e\frac{\partial p}{\partial t} = -\operatorname{div} j_h + e(G - R)_h, \tag{3.32}$$

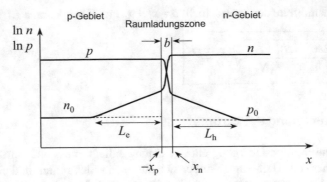

Abb. 3.8 Verlauf der Trägerdichten außerhalb der Raumladungszone

wobei die Rekombination R gegenüber der Generation G überwiegt. Die Differenz $R^{\mathrm{eff}} = R - G$ hatten wir bereits in (2.68) als effektive Rekombinationsrate eingeführt.

Wir erhalten

$$0 = -\operatorname{div} \boldsymbol{j}_{\mathrm{h}} - eR^{\mathrm{eff}} = -\frac{\mathrm{d}}{\mathrm{d}x} \boldsymbol{j}_{\mathrm{h}} - eR^{\mathrm{eff}} = -\frac{\mathrm{d}}{\mathrm{d}x}\left(-eD_{\mathrm{h}}\frac{\mathrm{d}p(x)}{\mathrm{d}x}\right) - eR^{\mathrm{eff}}. \tag{3.33}$$

Jetzt kann man durch e dividieren und die beiden Differentiationen zusammenfassen:

$$D_{\mathrm{h}}\frac{\mathrm{d}^2 p(x)}{\mathrm{d}x^2} - R^{\mathrm{eff}} = 0. \tag{3.34}$$

Für die Rekombination R nimmt man oft eine Beziehung der Form

$$R^{\mathrm{eff}} = \frac{p(x) - p_0}{\tau_{\mathrm{h}}}, \tag{3.35}$$

an, wobei τ_{h} eine typische Zeitkonstante ist, die Rekombinations-Lebensdauer (Gl. (2.71) in Abschn. 2.4.6). Daraus folgt

$$D_{\mathrm{h}}\frac{\mathrm{d}^2 (p(x) - p_0)}{\mathrm{d}x^2} - \frac{p(x) - p_0}{\tau_{\mathrm{h}}} = 0. \tag{3.36}$$

(Es spielt keine Rolle, ob wir in (3.34) $p(x)$ oder die Differenz $(p(x) - p_0)$ nach x ableiten, da die Konstante p_0 bei der Differentiation verschwindet.)

Die Lösung dieser Differentialgleichung 2. Ordnung hat die gesuchte Gestalt von (3.31), also

$$p(x) - p_0 = \left(p(x_{\mathrm{n}}) - p_0\right)\exp\left(-\frac{x - x_{\mathrm{n}}}{\sqrt{D_{\mathrm{h}}\tau_{\mathrm{h}}}}\right), \tag{3.37}$$

wie man durch Einsetzen in (3.36) leicht nachprüfen kann.

Es ist sicher plausibel, dass außerhalb des Raumladungsgebietes kein elektrisches Feld mehr existiert und demnach auch kein Feldstrom fließt. Der gesamte Strom in diesem Bereich muss daher durch den Diffusionsstrom getragen werden. Mit größerem Abstand vom Raumladungsgebiet wird er geringer, da durch die Rekombination immer mehr Löcher verschwinden. Die oben vorgestellte Lösung drückt genau das aus und führt gerade zu dem dargestellten exponentiellen Abfall mit der Entfernung von der Grenze des Raumladungsgebiets.

Die Größe

$$L_h = \sqrt{D_h \tau_h} \,. \tag{3.38}$$

heißt *Diffusionslänge der Löcher*. Sie enthält unter der Wurzel den Diffusionskoeffizienten und die Rekombinations-Lebensdauer und kennzeichnet damit, wie weit die Löcher im Mittel durch Diffusion gelangen können, bevor sie rekombinieren. Analog ist

$$L_e = \sqrt{D_e \tau_e} \tag{3.39}$$

die *Diffusionslänge der Elektronen* und τ_e deren Rekombinations-Lebensdauer.

Die Ladungsträgerkonzentration ist um so höher, je stärker die Diffusion ist und je langsamer die Rekombination abläuft, daher erscheint die Abhängigkeit der Diffusionslänge von $D_e \tau_e$ plausibel.

Jetzt müssen wir in (3.31) noch den Wert der Löcherkonzentration $p(x_n)$ an der Stelle x_n einsetzen, er wurde in (3.30) angegeben. Wir erhalten damit nach Ausklammern von p_0

$$p(x) - p_0 = \left(e^{\frac{eU}{k_B T}} - 1 \right) p_0 \exp\left(-\frac{x - x_n}{L_h} \right). \tag{3.40}$$

Speziell an der Stelle $x = x_n$ wird die zweite Exponentialfunktion in diesem Ausdruck zu eins,

$$p(x_n) - p_0 = \left(e^{\frac{eU}{k_B T}} - 1 \right) p_0 \tag{3.41}$$

– bei x_n ist die Dichte der Überschussladungsträger maximal. Die Konzentration $p(x)$ der Löcher fällt vom Wert

$$p(x_n) = e^{\frac{eU}{k_B T}} p_0 \tag{3.42}$$

bei $x = x_n$ bis auf p_0 im Unendlichen ab.

Aus dem Verlauf der Löcherkonzentration lässt sich nun der Diffusionsstrom[2]

$$j_\mathrm{h}(x) = -eD_\mathrm{h}\,\frac{\mathrm{d}p(x)}{\mathrm{d}x}. \tag{3.43}$$

bestimmen:

$$j_\mathrm{h}(x) = -eD_\mathrm{h}\,\frac{\mathrm{d}}{\mathrm{d}x}\left\{\left(e^{\frac{eU}{k_\mathrm{B}T}}-1\right)p_0\exp\left(-\frac{x-x_\mathrm{n}}{L_\mathrm{h}}\right)\right\} =$$

$$= -eD_\mathrm{h}\left(e^{\frac{eU}{k_\mathrm{B}T}}-1\right)p_0\left(-\frac{1}{L_\mathrm{h}}\right)\exp\left(-\frac{x-x_\mathrm{n}}{L_\mathrm{h}}\right). \tag{3.44}$$

Heißt dies, dass der Strom für $x \to \infty$ verschwindet? Sicher nicht. Der Minoritätsträger-Diffusionsstrom ist dort vollständig in den Driftstrom der Majoritätsträger übergegangen.

Zum Löcherstrom kommt noch ein Elektronenstrom hinzu. Im Raumladungsgebiet sind beide Anteile für sich konstant, da dort so gut wie keine Rekombination stattfindet. Wir können uns also aussuchen, an welcher Stelle zwischen $-x_\mathrm{p}$ und x_n wir jeden Stromanteil berechnen und werden jeweils den Punkt wählen, bei dem das am einfachsten ist. Der Löcherstrom beispielsweise ist an der Stelle $x = x_\mathrm{n}$ ein reiner Diffusionsstrom, denn an diesem Punkt beginnt ja gerade das raumladungsfreie Gebiet, in dem es keinen Feldstrom geben sollte. Wir können also (3.44) heranziehen, um den Löcherstrom an dieser Stelle zu berechnen.

$$j_\mathrm{h}(x = x_\mathrm{n}) = -eD_\mathrm{h}\left(e^{\frac{eU}{k_\mathrm{B}T}}-1\right)p_0\left(-\frac{1}{L_\mathrm{h}}\right)\exp\left(-\frac{x-x_\mathrm{n}}{L_\mathrm{h}}\right)\Bigg|_{x=x_n} =$$

$$= e\frac{D_\mathrm{h}}{L_\mathrm{h}}\left\{\left(e^{\frac{eU}{k_\mathrm{B}T}}-1\right)p_0\right\}. \tag{3.45}$$

Analog lässt sich der Elektronenstrom am bequemsten durch den Diffusionsstrom an der Stelle $x = -x_\mathrm{p}$ berechnen:

$$j_\mathrm{e}(x = -x_\mathrm{p}) = eD_\mathrm{e}\left(e^{\frac{eU}{k_\mathrm{B}T}}-1\right)n_0\cdot\frac{1}{L_\mathrm{e}}\cdot\ \exp\left(\frac{x+x_\mathrm{p}}{L_\mathrm{e}}\right)\Bigg|_{x=-x_p} =$$

$$= e\frac{D_\mathrm{e}}{L_\mathrm{e}}\left\{\left(e^{\frac{eU}{k_\mathrm{B}T}}-1\right)n_0\right\}. \tag{3.46}$$

---

[2] Wir schreiben die Formeln wieder nur für die Stromdichten hin, durch Multiplikation mit der Querschnittsfläche lässt sich daraus einfach der Gesamtstrom finden.

Die eben gewonnenen Ausdrücke für die Ströme basierten zunächst auf der Annahme einer Polung in Durchlassrichtung. Eine *Sperrpolung* würde dagegen bedeuten, dass die Potentialunterschiede zwischen p- und n-Gebiet größer werden. Damit sind die Minoritätsträgerkonzentrationen gerade kleiner als im Gleichgewicht, also $p(x) < p_0$ und $n(x) < n_0$. In diesem Falle wird der Unterschied zum Gleichgewicht nicht durch Rekombination, sondern durch Generation bewirkt. Um diese Generation auszugleichen, müssen (kleine) Sperrströme fließen. Ihre Richtung ist gerade entgegengesetzt zum Strom im Durchlassfall. Die erhaltenen Gleichungen (3.45) und (3.46) gelten aber auch in diesem Fall.

3.3.4 Strom-Spannungs-Kennlinie

Aus (3.45) und (3.46) ergibt sich der gesamte Strom am pn-Übergang durch Summation zu

$$j = j_e(-x_p) + j_h(x_n) = \left(\frac{eD_e}{L_e} n_0 + \frac{eD_h}{L_h} p_0 \right) \left(e^{\frac{eU}{k_B T}} - 1 \right). \tag{3.47}$$

Er berechnet sich also aus einem Minoritätsträgerstrom der Elektronen im p-Gebiet und einem Minoritätsträgerstrom der Löcher im n-Gebiet. Dies ist die *Strom-Spannungs-Kennlinie* einer Halbleiterdiode. Der Vorfaktor

$$j_s = \frac{eD_e}{L_e} n_0 + \frac{eD_h}{L_h} p_0 \tag{3.48}$$

stellt die *Sättigungsstrom-* oder *Sperrstromdichte* dar. Dieser Strom fließt in Sperrrichtung bei negativer äußerer Spannung. Die Exponentialfunktion wird in diesem Falle zu null.

Die Gleichung (3.47) heißt SHOCKLEY-*Gleichung*. Sie gibt die *Kennlinie* einer Halbleiterdiode, also das Verhalten des Stroms in Abhängigkeit von der angelegten Spannung, wieder. Bereits bei nicht allzu hohen Spannungen U im Durchlassbereich überwiegt in der rechten Klammer der Exponentialterm, und die Eins kann vernachlässigt werden.

> Die Kennlinie einer pn-Halbleiterdiode ist durch einen exponentiellen Anstieg des Stroms bei positiver angelegter Spannung (im Durchlassbereich) und einen konstanten und sehr kleinen Sperrstrom bei negativer angelegter Spannung (im Sperrbereich) gekennzeichnet. Darauf beruht ihre Gleichrichterwirkung.

Man kann den Sättigungsstrom auch anders darstellen. Hierzu drücken wir die Minoritätsträgerkonzentrationen n_0 und p_0 durch die Majoritätsträgerkonzentrationen nach dem Massenwirkungsgesetz

$$n_0 = n_i^2 / N_A \quad \text{und} \quad p_0 = n_i^2 / N_D$$

aus und schreiben

$$j_s = n_i^2 \left(\frac{eD_e}{L_e N_A} + \frac{eD_h}{L_h N_D} \right) = n_i^2 k_B T \left(\frac{\mu_e}{L_e N_A} + \frac{\mu_h}{L_h N_D} \right)$$
$$\sim (k_B T)^4 \exp\left(-E_g / k_B T\right). \tag{3.49}$$

Aus dieser Darstellung des Sättigungsstroms kann man seine Temperaturabhängigkeit able-sen. Die Beweglichkeit und die Diffusionslänge sind nur sehr schwach temperaturabhängig, somit hat der Ausdruck in der zweiten Zeile und darin vor allem der Exponentialterm den stärksten Einfluss.

Der in (3.48) verwendete Ausdruck für den Sperrstrom beruhte auf unserer Ableitung im letzten Abschnitt; darin hatten wir die Diffusionsgleichung für die Minoritätsträger unter der Annahme gelöst, dass diese genügend viel Platz haben, um weit entfernt vom pn-Übergang bis auf ihren Gleichgewichtswert abzufallen. Der x-Bereich, in dem das geschieht, ist durch die Diffusionslängen L_e beziehungs-weise L_h gekennzeichnet, diese Größen tauchen deshalb typischerweise im Aus-druck für den Sperrstrom auf. Man spricht von einer *Näherung der langen Diode.*

Wenn dagegen die gesamte Ausdehnung der p- und n-dotierten Bereiche (wir bezeichnen sie mit X_p und X_n) kleiner als die jeweilige Diffusionslänge ist, (*Nähe-rung einer kurzen Diode, $X_p \ll L_e$ und $X_n \ll L_h$*) muss die Minoritätsträgerkonzen-tration bereits innerhalb diese Stücks auf den Gleichgewichtswert abfallen, das heißt, der Abfall wird steiler. Im Sättigungsstrom sind dann an Stelle der Diffusi-onslängen die Werte X_p und X_n, also die geometrischen Abmessungen, zu finden. Da sie im Nenner stehen, wird der Sättigungsstrom dadurch größer:

$$j_s = \frac{eD_e}{(X_p - x_p)} n_0 + \frac{eD_h}{(X_n - x_n)} p_0 \tag{3.50}$$

Diese Situation wird uns bei der Behandlung des Bipolartransistors wieder begeg-nen. In jedem Fall bleibt jedoch die Form der SHOCKLEY-Gleichung bestehen:

$$\boxed{j = j_s \left(e^{\frac{eU}{k_B T}} - 1 \right).} \tag{3.51}$$

Beispiel 3.3

Die Sperrstromdichte an einem unsymmetrischen p^+n-Übergang im Silizium ist zu berechnen. Daten: $N_A = 10^{19}$ cm^{-3}, $N_D = 10^{14}$ cm^{-3}.

Lösung:

a) Wir bestimmen zunächst die Beweglichkeiten der Minoritätsträger und berechnen daraus den Diffusionskoeffizienten und die Diffusionslänge.

Im n-Gebiet sind die Minoritätsträger Löcher; bei $N_D = 10^{14}$ cm^{-3} liest man aus Abb. 2.12 ab: $\mu_h = 461$ cm^{2}V^{-1}s^{-1}. Daraus ergibt sich

$$D_h = \mu_h \frac{k_B T}{e} = 461 \frac{cm^2}{Vs} \cdot 0,0259 \text{ V} = 12,0 \text{ cm}^2\text{s}^{-1}.$$

Typische Werte für die Rekombinationszeit sind 10^{-3} bis 10^{-6} s. Mit $\tau_h = 10^{-6}$ s erhalten wir $L_h = \sqrt{D_h \tau_h} = 34,6$ µm.

Die analogen Überlegungen ergeben für das p-Gebiet mit $N_A = 10^{19}$ cm^{-3}

$$D_e = \mu_e \frac{k_B T}{e} = 101 \frac{cm^2}{Vs} \cdot 0,0259 \text{ V} = 2,6 \text{ cm}^2\text{s}^{-1}$$

sowie mit der gleichen Rekombinationszeit für die Elektronen $L_e = \sqrt{D_e \tau_e} = 16,1$ µm.

Diffusionslängen können im Silizium bis zu etwa 0,2 mm reichen, im Germanium können sie noch größer sein. Beim Galliumarsenid liegt der maximale Wert im Mikrometerbereich. In der Regel ist $L_e > L_h$.

b) Nun können wir die Sperrstromdichte ausrechnen. In dem Ausdruck (3.48)

$$j_s = \left(\frac{eD_e}{L_e} n_0 + \frac{eD_h}{L_h} p_0 \right) = \left(\frac{eD_e}{L_e} \frac{n_i^2}{N_A} + \frac{eD_h}{L_h} \frac{n_i^2}{N_D} \right)$$

ist der Beitrag der Elektronen zum Sperrstrom auf Grund des sehr kleinen Wertes der Elektronenkonzentration im p-Gebiet.

$$n_0 = \frac{n_i^2}{N_A} = \frac{(7 \cdot 10^9)^2}{10^{19}} \text{ cm}^{-3} = 4,9 \text{ cm}^{-3}$$

gegen den Löcheranteil zu vernachlässigen. Mit

$$p_0 = \frac{n_i^2}{N_D} = \frac{(7 \cdot 10^9)^2}{10^{14}} \text{ cm}^{-3} = 4,9 \cdot 10^5 \text{ cm}^{-3}$$

ergibt sich

$$j_s = \frac{eD_h}{L_h} p_0 =$$

$$= \frac{1,602 \cdot 10^{-19} \text{ As} \cdot 12,0 \text{ cm}^2 \text{ s}^{-1}}{34,6 \text{ µm}} \cdot 4,9 \cdot 10^5 \text{ cm}^{-3} =$$

$$= 2,72 \cdot 10^{-10} \text{ A/cm}^2.$$

Warum ist der Minoritätsstrom der Elektronen so klein, verglichen mit dem Anteil der Löcher? Anschaulich ist das klar: Sobald die Elektronen ins p-Gebiet gelangen, treffen sie dort gleich auf sehr viele Löcher und rekombinieren praktisch sofort. Die Löcher hingegen werden weit ins n-Gebiet hineingetragen, bevor sie rekombinieren, und stellen deshalb den Hauptanteil zum Sperrstrom.

An der SHOCKLEY-Gleichung (3.47) ist übrigens bemerkenswert, dass die Diffusionsspannung U_D darin nicht auftaucht. Insbesondere kann U_D auch nicht die Rolle einer „Schwellenspannung" spielen, wie zuweilen angenommen wird. Häufig wird in Datenblättern eine solche Schwellenspannung von ca. 0,6 V für Siliziumdioden angegeben, von der an die Diode leitfähig sei. Eine irgendwie angegebene Schwellenspannung kann aber bestenfalls den Charakter einer Vergleichsgröße haben, in dem Sinne, dass der dazugehörige Strom ein Maß für die Krümmung der Exponentialfunktion, mit anderen Worten für die Größe des Vorfaktors j_s in (3.47), (3.48) ist.

Was passiert eigentlich, wenn die von außen angelegte Spannung U größer ist als die Diffusionsspannung U_D? In diesem Falle würde ja theoretisch das Potential auf der n-Seite (vgl. Abb. 3.7) so weit angehoben, dass sich die Potentialbarriere umkehrt. Somit könnten Unmengen von Elektronen in das p-Gebiet und von Löchern in das n-Gebiet fließen. Der Strom würde also sehr groß. Bevor es dazu kommt, macht sich jedoch der Bahnwiderstand zwischen Kontakten und pn-Übergang bemerkbar. Wir haben ihn bisher immer vernachlässigt, doch mit wachsender äußerer Spannung fällt ein immer größerer Anteil davon in den Bahngebieten ab, während sich die Spannung über der Sperrschicht asymptotisch dem Wert U_D nähert. In den Datenblättern ist natürlich die Gesamtspannung einschließlich dem Spannungsabfall über den Bahngebieten angegeben. Bei sehr hohen Strömen führt die starke Erwärmung schließlich zur Zerstörung des Bauelements.

3.3.5 Lawinen- und Zener-Effekt

Ein Beispiel für eine realistische Diodenkennlinie finden Sie in Abb. 3.9 Der steil abfallende untere Teil der Kennlinie bei höheren Sperrspannungen ist entweder durch den *Zener-Effekt* oder durch den *Avalanche-* (Lawinen)-*Effekt* verursacht.[3] Unser bisheriges Modell kann diese nicht beschreiben.

Der Zener-Effekt ist nur quantenmechanisch zu erklären; dabei tunneln Elektronen und Löcher durch ein Gebiet hindurch, in dem eigentlich gar keine Zustände existieren. Das Tunneln von Elektronen und Löchern hängt mit der räumlichen Unschärfe ihrer Zustände zusammen. Nach üblicher klassischer Vorstellung, die auch unserer makroskopischen Erfahrung entspricht, können Leitungsbandelektronen nur dann in die Raumladungszone übertreten, wenn sie die dazu erforderliche Energie haben. Für Elektronen mit geringerer Energie wirkt diese Zone dagegen wie eine Mauer, von der sie zurückprallen. So wie aber im Bohrschen Wasserstoffatom der Aufenthalt nicht nur an den diskreten Positionen der Bohrschen Bahnen möglich ist, sondern mit einer äußerst geringen Wahrscheinlichkeit auch in Zwischenbereichen (vgl. Abb. 1.4), so gibt es für ein Leitungsbandelektron ebenfalls eine endliche Wahrscheinlichkeit, sich in der Raumladungszone aufzuhalten, auch wenn es noch nicht die erforderliche Energie hat – es kann die Raum-

---

[3] CLARENCE MELVIN ZENER (1905–1993), am. Physiker

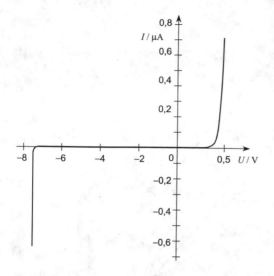

Abb. 3.9 Beispiel einer Diodenkennlinie. Beachten Sie die unterschiedlichen Maßstäbe im Durchlass- und
Sperrbereich

ladungszone sogar durchdringen[4] und landet dann auf der anderen Seite im Valenzband.

Der Lawineneffekt beruht, anders als der Zener-Effekt, auf der Stoßionisation der Ladungsträger in hohen elektrischen Feldern. Auch er führt zur Stromverstärkung (Abb. 3.10). Ein Elektron nimmt bei seiner Beschleunigung aus dem elektrischen Feld kinetische Energie auf. Wenn diese Energie die Größe $E_{kin} = E_g$ erreicht, kann sie zur Erzeugung eines weiteren Elektron-Loch-Paares abgegeben werden. Setzt sich der Prozess mehrfach fort, so ist eine lawinenartige Erhöhung der Ladungsträgerkonzentration und damit des Stroms die Folge.

Obwohl beide Effekte ihrer Natur nach ganz und gar verschieden sind, führen sie doch zu einem nahezu gleichen Verhalten bei höheren Sperrspannungen. Lediglich das Temperaturverhalten ist unterschiedlich: Während beim Lawineneffekt die Durchbruchspannung mit der Temperatur steigt – die Bewegung der Ladungsträger wird zunehmend behindert –, sinkt sie beim Zener-Effekt. Bei geeigneter Dotierung und damit günstiger Dimensionierung der Sperrschicht kann man erreichen, dass sich beide Temperatureinflüsse gerade die Waage halten. Prinzipiell tritt der Tunneleffekt in solchen Dioden auf, in denen das Raumladungsgebiet genügend schmal ist. Um ihn auszulösen, reicht dann bereits eine relativ kleine Sperrspannung. Den Lawineneffekt beobachtet man dagegen in Bauelementen mit geringerer Dotierung bei höheren Sperrspannungen – die Grenze liegt bei etwa −5 V. Die Lawinendurchbruchspannung kann sehr hoch sein, je nach Dimensionierung der Diode kann sie sogar einige Kilovolt betragen..

In der Praxis unterscheidet man die beiden Arten von Dioden oft nicht und bezeichnet beide als Zenerdioden. Da die Zenerspannung unabhängig von der

---

[4] Makroskopisch gibt es das nur im Film, beispielsweise in „Ein Mann geht durch die Wand" mit Heinz Rühmann.

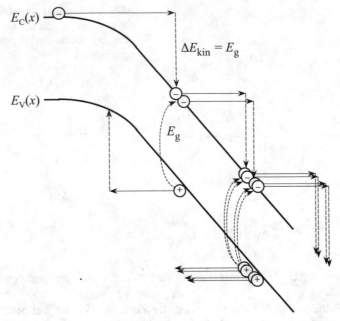

Abb. 3.10 Lawineneffekt zur paarweisen Erzeugung von Elektronen und Löchern

Höhe des fließenden Strom ist, werden Zenerdioden zur Spannungsstabilisierung eingesetzt.

3.4 Kapazität eines pn-Übergangs

Wie jede Ladung führt auch die Raumladung des pn-Übergangs zu einer Kapazität, der *Sperrschichtkapazität*. Der pn-Übergang wird daher als Kondensator in integrierten Schaltungen verwendet. Ein herkömmlicher Kondensator ist in solchen Schaltungen nicht einsetzbar, da er eine viel zu große Fläche benötigen würde. Die Überschussladungsträger beim Stromfluss führen noch zu einer weiteren Kapazität, die als *Diffusionskapazität* bezeichnet wird.

3.4.1 Sperrschichtkapazität

Wäre die Raumladung des pn-Übergangs nicht kontinuierlich verteilt, sondern an den Punkten $-x_p$ und x_n konzentriert, entsprächen die Verhältnisse dem Plattenkondensator, wo sich die Kapazität nach der Formel

$$C_s = \frac{\varepsilon \varepsilon_0}{b} A$$ \hfill (3.52)

ergibt. A ist die Fläche, b der Plattenabstand; beim pn-Übergang ist $b = x_n + |x_p|$. Obwohl das elektrische Feld aber im Raumladungsgebiet des pn-Übergangs anders als im Plattenkondensator nicht homogen ist, gilt obige Formel erstaunlicherweise trotzdem. Dies können wir mit unserem Modell leicht ableiten.

Die Ladungsänderung bei Änderung der Sperrschichtbreite um dx_p beziehungsweise dx_n ergibt sich zu $dQ = eN_A dx_p A$ für das p-Gebiet und $dQ = eN_D dx_n A$ für das n-Gebiet. (A ist die Querschnittsfläche des Übergangs, eN_A und eN_D sind die Ladungsdichten der Akzeptor- beziehungsweise Donatorrümpfe). Die Kapazität ist definiert durch die Beziehung

$$C_s = -\frac{dQ}{dU} \tag{3.53}$$

(Der Index „s" steht für *Sperrschicht*).

Durch Einsetzen der Ausdrücke für das Differential der Ladung erhalten wir unter Verwendung der früheren Beziehungen (3.8) für x_p[5]

$$C_s = -\frac{dQ}{dU} = -eN_A A \frac{dx_p}{dU} =$$

$$= -eN_A A \frac{d}{dU} \sqrt{\frac{2\varepsilon\varepsilon_0}{e} \frac{N_D}{N_D N_A + N_A^2} (U_D - U)} . \tag{3.54}$$

(Der Anteil der äußeren Spannung $-U$ wurde unter der Wurzel ergänzt.) Nach Ausführen der Differentiation ergibt sich

$$C_s = -eN_A A \sqrt{\frac{2\varepsilon\varepsilon_0}{e} \frac{N_D}{N_D N_A + N_A^2}} \left(-\frac{1}{2} \frac{1}{\sqrt{U_D - U}} \right). \tag{3.55}$$

Wir formen jetzt den Vorfaktor so um, dass wir die Sperrschichtbreite (3.28) im Nenner einführen können,

$$C_s = A\varepsilon\varepsilon_0 \sqrt{\frac{e}{2\varepsilon\varepsilon_0} \frac{N_D N_A^2}{N_D N_A + N_A^2}} \left(\frac{1}{\sqrt{U_D - U}} \right), \tag{3.56}$$

und tatsächlich erhalten wir nach dem Kürzen von N_A unter der Wurzel den gesuchten Ausdruck (3.52).

> Die Sperrschichtkapazität eines pn-Übergangs entspricht der eines Plattenkondensators mit der gleichen Fläche, bei dem der Plattenabstand durch die Sperrschichtbreite b ersetzt wird.

Im Gegensatz zum Plattenkondensator hängt jedoch die Kapazität eines pn-Übergangs von der angelegten Spannung ab.

---

[5] Die Ableitung wäre natürlich auch für die rechte Seite des pn-Übergangs unter Verwendung von x_n möglich.

Die beschriebenen Zusammenhänge macht man sich bei *Kapazitäts-* oder *Varaktordioden*[6] zunutze, welche zum Beispiel in der Mikrowellentechnik als Bauelemente mit variabler Kapazität eingesetzt werden. Typisch werden dabei Kapazitäten von etwa 2 ... 20 pF erreicht.

Durch Messung der Sperrschichtkapazität über der an einem pn-Übergang angelegten Spannung kann man einige wichtige Aussagen über dessen Materialparameter erhalten: Wir erinnern uns dazu, wie die Sperrschichtbreite b gemäß Formel (3.28) von der an die Diode angelegten Spannung U abhängt:

$$b = \sqrt{\frac{2\varepsilon\varepsilon_0}{e}} \sqrt{\frac{N_D + N_A}{N_D N_A}} \sqrt{U_D - U} .$$ (3.57)

Diese Beziehung lässt sich, eingesetzt in Gl. (3.52), zur Messung von b und damit von C_s benutzen. Trägt man nämlich $(1/C_s^2)$ über $-U$ auf, so ergibt sich eine lineare Funktion, die sehr vorteilhaft für die Auswertung ist:

$$\frac{1}{C_s^2} = \left(\frac{b}{\varepsilon\varepsilon_0 A} \right)^2 \sim (U_D - U).$$ (3.58)

Durch Extrapolation der experimentell aufgenommenen Kurve ergibt sich also die Diffusionsspannung (Abb. 3.11). In Aufgabe 3.14 wird daraus die Konzentration einer Störstellensorte des Materials berechnet.

Die Bestimmung der Störstellenkonzentration aus der Sperrschichtkapazität ist übrigens ein praktisch sehr wichtiges Verfahren. Es stehen nämlich nur sehr ungenaue Methoden zur Verfügung, diese Konzentration schon beim chemischen Herstellungsprozess der Bauelemente zu bestimmen. Mit einem etwas abgewandelten Verfahren kann man sogar das *Dotierungsprofil* ermitteln.

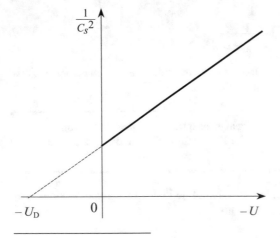

Abb. 3.11 Reziprokwert der Sperrschichtkapazität einer Diode über der Sperrspannung

---

[6] engl. *varactor* = „*variable reactor*", auch als *Varicap* (= „*variable capacitance*") bezeichnet

3.4.2 Diffusionskapazität

Die Diffusionskapazität entsteht durch Überschuss-Minoritätsladungen infolge der Diffusion.

Wir betrachten hier einen p^+n-Übergang, also einen Übergang mit hoch dotiertem p-Bereich. Die Rechnungen werden dadurch bedeutend einfacher, denn wir müssen nur den Anteil der Löcher im n-Gebiet berücksichtigen und können die Elektronen im p-Gebiet vernachlässigen. Jedes Loch trägt die Ladung e. In einem Volumenelement der Querschnittsfläche A und der Länge dx im Minoritätsgebiet ist die Löcherdichte durch $p(x)$ gegeben, so dass sich die gesamte Überschussladung durch Integration berechnen lässt:

$$C_{\text{diff}} = \frac{dQ}{dU}\bigg|_{\text{diff}} = \frac{d}{dU}\left\{ eA \int_{x_n}^{\infty} [p(x) - p_0]\, dx \right\}. \tag{3.59}$$

Einen Ausdruck für $[p(x) - p_0]$ haben wir bereits in Gl. (3.31) als exponentiellen Abfall mit der charakteristischen Diffusionslänge L_h gefunden; damit können wir Integration und Differentiation unabhängig voneinander ausführen:

$$\frac{d}{dU}\left\{ eA \int_{x_n}^{\infty} [p(x) - p_0]\, dx \right\} = eA \frac{d}{dU}\left[e^{\frac{eU}{k_B T}} - 1 \right] p_0 \int_{x_n}^{\infty} e^{-\frac{(x-x_n)}{L_h}}\, dx =$$

$$= A \frac{e^2}{k_B T} e^{\frac{eU}{k_B T}} p_0(-L_h)\left(e^{-\frac{(x-x_n)}{L_h}} \right)^{\infty}_{x = x_n}. \tag{3.60}$$

Die letzte e-Funktion liefert nach dem Einsetzen der Grenzen einfach den Faktor eins. Dadurch erhalten wir schließlich

$$C_D = A \frac{e^2}{k_B T} p_0 e^{\frac{eU}{k_B T}} L_h. \tag{3.61}$$

Diesen Ausdruck schreibt man häufig noch in anderer Form, indem er zunächst erst einmal aufgebläht wird und der Diffusionskoeffizient der Löcher und ihre Rekombinationszeit eingeführt werden. Dazu muss man mit D_h/L_h erweitern:

$$C_D = A \frac{e^2}{k_B T} \frac{D_h}{L_h} p_0 e^{\frac{eU}{k_B T}} \frac{L_h^2}{D_h} = A \frac{e^2}{k_B T} \frac{D_h}{L_h} p_0 e^{\frac{eU}{k_B T}} \tau_h. \tag{3.62}$$

Dabei haben wir noch L_h durch die Rekombinationslebensdauer τ_h gemäß (3.38) ausgedrückt.

Durch die Exponentialfunktion kommt man auf den Gedanken, die Stromdichte der Löcher aus (3.45)

$$j_h = e \frac{D_h}{L_h} p_0 \left(e^{\frac{eU}{k_B T}} - 1 \right)$$

als Abkürzung einzuführen. Lediglich die Eins stört hier, sie beschreibt den Sperrstrom. Da wir uns aber nur für den Durchlassfall interessieren und bei kleinen Strömen die Diffusionskapazität sowieso vernachlässigbar ist, macht man keinen großen Fehler, wenn man die Kapazität durch die Löcherstromdichte j_h ausdrückt.

Damit ergibt sich für die Diffusionskapazität der einfache Ausdruck

$$C_D = \frac{e}{k_B T} \tau_h j_h A. \tag{3.63}$$

3.5   Differentieller Widerstand und Leitwert

Der differentielle Leitwert ist definiert durch

$$Y = \frac{1}{r} = \frac{dI}{dU} = A \frac{dj}{dU}. \tag{3.64}$$

Indem wir jetzt die Stromdichte nach (3.47) verwenden und nach U ableiten, erhalten wir

$$Y = A \frac{e}{k_B T} \left(\frac{eD_e}{L_e} n_0 + \frac{eD_h}{L_h} p_0 \right) e^{\frac{eU}{k_B T}}. \tag{3.65}$$

Wie bei der Berechnung der Diffusionskapazität spielt es kaum eine Rolle, ob wir bei Durchlasspolung die Eins nach dem Exponenten hinschreiben oder nicht, so dass wir den Leitwert Y durch die Stromdichte ausdrücken können:

$$Y = A \frac{e}{k_B T} j(U). \tag{3.66}$$

Beispiel 3.4

Leiten Sie einen Zusammenhang zwischen der Diffusionskapazität (3.63) und dem Leitwert (3.66) ab.

Lösung:
Durch Vergleich folgt unmittelbar

$$C_D = A \frac{e}{k_B T} j(U) \tau_h = Y \tau_h.$$

3.6 ESAKI- oder Tunneldiode

Wir beginnen diesen Abschnitt mit einem einführenden Beispiel.

Beispiel 3.5

Wie hoch muss man die beiden Teile eines pn-Übergangs im Silizium dotieren, damit das Leitungsbandniveau auf der n-Seite bis auf das Valenzbandniveau der gegenüberliegenden p-Seite heruntergezogen wird? (Wir nehmen auf beiden Seiten gleich hohe Dotierung an, $N_A = N_D$; symmetrischer pn-Übergang).

Lösung:

Durch Umkehrung von (3.21) erhalten wir

$$\frac{N_A N_D}{n_i^2} = e^{\frac{eU_D}{k_B T}} .$$

Wir verwenden sofort $N_A = N_D$ und ziehen dann die Wurzel,

$$N_A = n_i \, e^{\frac{eU_D}{2k_B T}} .$$

Die elektrische Energie eU_D muss gerade so groß sein, dass sie die Differenz zwischen Leitungs- und Valenzband kompensieren kann. Damit ergibt sich

$$N_A = n_i \, e^{\frac{E_c - E_v}{2k_B T}} .$$

Mit den Zahlenwerten $E_c - E_v = E_g = 1{,}12$ eV, $k_B T = 0{,}0259$ eV ergibt sich $N_A = N_D = 6{,}99 \cdot 10^9$ cm$^{-3} \cdot 2{,}46 \cdot 10^9 = 1{,}71 \cdot 10^{19}$ cm^{-3}.

Dieser Wert kann uns allerdings nur zur Orientierung dienen, denn bei Dotierungen in dieser Höhe gilt die Boltzmann-Näherung für die Fermische Verteilungsfunktion, die wir im Abschn. 2.2.2 begründet haben, nicht mehr. Alle Überlegungen zur Ladungsträgerkonzentration und zum pn-Übergang beruhten auf dieser Annahme und werden bei hohen Konzentrationen von Elektronen und Löchern zumindest fragwürdig (Abschn. 2.6).

Wir sehen hier, dass etwas Interessantes passiert, wenn infolge hoher Dotierung das Leitungsband am pn-Übergang bis auf Valenzbandniveau oder sogar noch weiter heruntergezogen wird. Praktisch haben wir hier die selbe Situation vor uns wie beim Zener-Effekt; nur wird dort die Potentialbarriere durch die hohe negative Sperrspannung abgesenkt, während sie jetzt bereits ohne äußere Spannung, allein infolge der hohen Dotierung, dort liegt (Abb. 3.12). Es ist also wiederum Tunneln von Ladungsträgern möglich. Wenn die Potentialdifferenz am pn-Übergang durch wachsende Flussspannung kleiner und kleiner wird, stehen bald keine Übergänge mehr für das Tunneln zur Verfügung, so dass der Tunnelstrom sinkt und nun der normale Diodenstrom einsetzt. Insgesamt entsteht eine n-förmige Kennlinie.

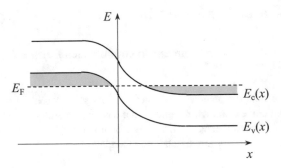

Abb. 3.12 Energiebandstruktur einer Tunneldiode

Diese Kennlinie wird in der *Tunneldiode* (nach ihrem Erfinder auch ESAKI-Diode[7] genannt) ausgenutzt. Sie besteht aus einem (p^+n^-)-Übergang, bei dem bereits ohne äußere Vorspannung der Leitungsbandrand des n-Gebiets tiefer als der Valenzbandrand des p-Gebiets liegt. Durch ihre fallende Kennlinie (Abb. 3.13) wurde die Tunneldiode in der HF-Technik und für Schaltanwendungen interessant.

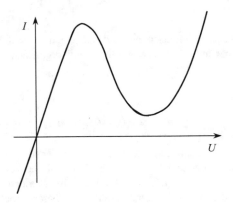

Abb. 3.13 Kennlinie einer Tunneldiode mit den entsprechenden Teilströmen

---

[7] LEO ESAKI (geb. 1925), japan. Physiker, B.S. und Promotion in Tokio. Grundlegende Arbeiten zur Thermodynamik und Begründung der Quantentheorie. Danach Arbeiten über stark dotierte Halbleiter bei Sony, dabei Entdeckung der Tunneldiode. Sie war das erste Bauelement, das quantenmechanische Effekte ausnutzt. Nobelpreis 1973 gemeinsam mit GIAEVER und JOSEPHSON für „for their experimental discoveries regarding tunneling phenomena in semiconductors and superconductors, respectively".

3.7 Einige Ergänzungen zu pn-Übergängen

Im Anschluss an unsere bisherigen Überlegungen sollen hier noch bruchstückhaft einige Ergänzungen angefügt werden:

1. Generation und Rekombination im Raumladungsgebiet

Bisher hatten wir die Generation und Rekombination im Raumladungsgebiet des pn-Übergangs vernachlässigt. Insbesondere bei Sperrspannungen oder kleinen Flussspannungen ist das aber nicht unbedingt gerechtfertigt, vor allem in Siliziumdioden. Dann ergibt sich ein zusätzlicher Beitrag zum Sperrstrom. Er wird durch einen Exponentialfaktor

$$j \sim \mathrm{e}^{\frac{eU}{mk_\mathrm{B}T}} . \tag{3.67}$$

beschrieben; dieser Anteil kommt zum üblichen Diffusionssperrstrom hinzu. Der Faktor m im Nenner heißt *Idealitätsfaktor*, er ist meist gleich 2. Damit entsteht folgende Gleichung für den Strom:

$$j = j_{\mathrm{s,Diff}}\,\mathrm{e}^{\frac{eU}{k_\mathrm{B}T}} + j_{\mathrm{s,R/G}}\,\mathrm{e}^{\frac{eU}{mk_\mathrm{B}T}} . \tag{3.68}$$

$j_{\mathrm{s,Diff}}$ ist der Sperrstromanteil, der durch Diffusion zustande kommt, $j_{\mathrm{s,R/G}}$ der Generations-/Rekombinationsanteil. Zur Herleitung vgl. z. B. [Pierret 1996] oder [Löcherer 1992]. Bei höheren Durchlassströmen spielt der zweite Anteil keine Rolle mehr.

2. pin-Dioden

Wenn Halbleiterdioden für Leistungsgleichrichter verwendet werden sollen, müssen sie zwei Kriterien erfüllen:

Einmal soll die Durchbruchspannung möglichst hoch sein. Sie ist beim Lawineneffekt um so höher, je geringer die Dotierung ist. Auf der anderen Seite sollen aber die Verluste im Durchlassbereich gering bleiben, das ist nur bei einer großen Leitfähigkeit, also bei hoher Dotierung, zu erreichen. Beide Forderungen widersprechen einander.

Ein Ausweg wird in Form einer *pin-Struktur* gefunden. Bei ihr befindet sich zwischen p- und n-Gebiet ein nahezu neutraler Bereich, also ein eigenleitendes („intrinsisches") Gebiet. Dieses Gebiet nennt man deshalb auch i-Gebiet. Bei schwacher Dotierung spricht man auch von *psn-Strukturen* (s von „soft"). Bei Polung in Flussrichtung werden aus den angrenzenden höherdotierten Gebieten genügend Ladungsträger in das i-Gebiet hineingeschwemmt, so dass dort die Leitfähigkeit groß wird. Bei Sperrpolung hingegen ist das i-Gebiet sehr hochohmig, damit wird gerade die andere Forderung erfüllt. Leistungsdioden, die aus solchen Strukturen bestehen, können bei genügend großen Durchmessern Ströme bis zu 1000 A gleichrichten.

Eine weitere Anwendung finden pin-Strukturen als Mikrowellendioden und als Photodioden. Auf letztere kommen wir im Kap. 4 noch zurück.

3. Spice

Sowohl für den Entwurf von Bauelementen als auch für ihr Verhalten in einer Schaltung sind sehr oft Simulationen erforderlich. Hierfür gibt es spezielle Programme, in denen die Bauelementeparameter variiert werden können. Heute am häufigsten verwendet wird das Programmpaket SPICE; es kommt in den Varianten PSpice^{TM} und AIM-SPICE auf den Markt. Zur Illustration zeigt das folgende Beispiel die SPICE-Parameter einer Gleichrichterdiode aus einer Bauteilebibliothek [OrCAD 1999]. Einige uns aus den vorigen Abschnitten bekannte Parameter sind erläutert.

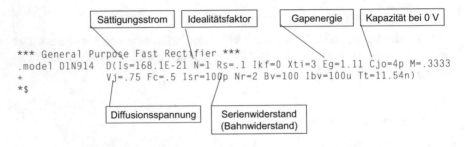

```
*** General Purpose Fast Rectifier ***
.model D1N914  D(Is=168.1E-21 N=1 Rs=.1 Ikf=0 Xti=3 Eg=1.11 Cjo=4p M=.3333
+             Vj=.75 Fc=.5 Isr=100p Nr=2 Bv=100 Ibv=100u Tt=11.54n)
*$
```

Zusammenfassung zu Kapitel 3

- Ein **pn-Übergang** entsteht an der Grenzschicht zwischen akzeptor- und donatordotiertem Halbleitermaterial. Dort bildet sich durch Rekombination beweglicher Ladungsträger ein Raumladungsgebiet aus den Rümpfen der ortsfesten Störstellenladungen. Mit dem **Modell abrupter Raumladungsgrenzen** lässt sich der Verlauf der elektrischen Feldstärke und des Potentials als Lösung der entsprechenden *MAXWELLschen Gleichung* bestimmen.

- Die **Breite der Raumladungszone** setzt sich aus der Breite im p-Gebiet und der im n-Gebiet gemäß $b = |x_p| + x_n$ zusammen. Sie ergibt sich in Abhängigkeit von der äußeren Spannung zu

$$b = \sqrt{\frac{2\varepsilon\varepsilon_0}{e}} \sqrt{\frac{N_D + N_A}{N_D N_A}} \sqrt{U_D - U}.$$

Da die Raumladungen im p- und im n-Gebiet jeweils gleich groß sein müssen, gilt für die Breiten x_p und x_n der Teilgebiete die Beziehung

$$N_A x_p = N_D x_n.$$

- Zwischen p- und n-leitendem Bereich einer Halbleiterdiode, an der keine äußere Spannung anliegt, bildet sich ein **Potentialunterschied** aus. Er heißt *Diffusionsspannung*. Ihren Wert kann man aus dem Gleichgewicht von Diffusions- und Feldstrom berechnen, daraus ergibt sich

$$U_D = \frac{k_B T}{e} \ln \frac{N_D N_A}{n_i^2}.$$

- Durch eine von außen an einen pn-Übergang angelegte **Flussspannung**
  1. verringert sich die Sperrschichtbreite (Raumladungszone),
  2. verkleinert sich die Energiebarriere zwischen p- und n-Gebiet.
  Bei Sperrpolung kehren sich die Verhältnisse um.
- Der über einen pn-Übergang fließende **Strom** setzt sich aus Elektronen- und Lochanteil zusammen. Im Bereich der Raumladungszone sind beide Anteile für sich jeweils konstant, falls die Rekombination dort vernachlässigt wird. Außerhalb sind die Teilströme der Minoritätsträger reine Diffusionsströme, sie klingen infolge Rekombination exponentiell ab. Das räumliche Abklingverhalten zum Beispiel der Löcherkonzentration ergibt sich aus der Diffusions-/Rekombinationsbilanz zu

$$p(x) - p_0 = \left(e^{\frac{eU}{k_B T}} - 1 \right) p_0 \exp\left(-\frac{x - x_n}{L_h} \right),$$

mit der Diffusionslänge L_h. Analoges gilt für die Elektronen. Daraus erhält man durch Differentiation die Diffusionsstromdichten $j_h(x)$ beziehungsweise $j_e(x)$.

- Zur Berechnung des **Gesamtstroms über einen pn-Übergang** suchten wir uns geeignete x-Positionen heraus, an denen sich die beiden Teilströme leicht berechnen lassen. Dafür eignen sich die Ränder der Raumladungsgebiete. So ergibt sich $j = j_e(-x_p) + j_h(x_n)$ und daraus der Strom-Spannungs-Zusammenhang (Kennliniengleichung oder *SHOCKLEY-Gleichung*)

$$j = j_s \left(e^{\frac{eU}{k_B T}} - 1 \right).$$

- In der gebräuchlichsten Näherung einer sehr langen Diode ist die **Sperrstromdichte** j_s durch die Minoritätsträgerkonzentrationen, die Diffusionslängen und die Diffusionskoeffizienten bestimmt:

$$j_s = \frac{e D_e}{L_e} n_0 + \frac{e D_h}{L_h} p_0.$$

Bei kurzen Dioden stehen an Stelle der Diffusionslängen die geometrischen Ausdehnungen der Diodengebiete.

• Durch die Ladungen an einem pn-Übergang bauen sich **Kapazitäten** auf. Die *Sperrschichtkapazität* wird durch die ortsfesten Ladungen gebildet, sie lässt sich durch die selbe Formel darstellen wie die Kapazität eines Plattenkondensators,

$$C_S = \frac{\varepsilon\varepsilon_0}{b}\,A,$$

allerdings ist hier die Breite b der Sperrschicht von der äußeren Spannung abhängig,
Zusätzlich zur Sperrschichtkapazität entsteht infolge des bei der Diffusion entstehenden Ladungsträgerüberschusses eine *Diffusionskapazität.*

Aufgaben zu Kapitel 3

Aufgabe 3.1 Lineares Dotierungsprofil (zu Abschn. 3.2) **

In Abb. 3.14 ist der Raumladungsverlauf gezeigt, wie er bei einem pn-Übergang unter linearem Dotierungsprofil auftritt.

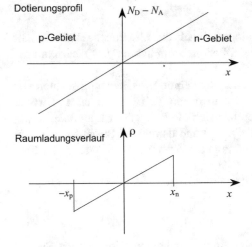

Abb. 3.14 Raumladungsverlauf bei linearem Dotierungsprofil (zu Aufgabe 3.1)

Skizzieren Sie qualitativ
a) den Verlauf der elektrischen Feldstärke $\mathscr{E}(x)$,
b) den Verlauf des elektrischen Potentials $U(x)$.

Aufgabe 3.2 Aussagen aus der Energiebandstruktur (zu Abschn. 3.2) **

Abb. 3.15 zeigt die Bandstruktur in der Umgebung eines *pn*-Übergangs ohne äußere Spannung.

    a) Geben Sie an, wo das p-dotierte Gebiet und wo das n-dotierte Gebiet liegt.

    b) Zeichnen Sie qualitativ den Verlauf des elektrischen Potentials $U(x)$,

    c) den Verlauf des elektrischen Feldstärke $\mathscr{E}(x)$,

    d) den Verlauf der Elektronen- und Löcherkonzentration $n(x)$ und $p(x)$.

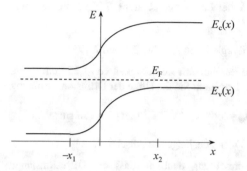

Abb. 3.15 Bandverlauf zu Aufgabe 3.2

Aufgabe 3.3 Diffusionsspannung und Sperrschichtbreite (zu Abschn. 3.2) **

Berechnen Sie die Diffusionsspannung und die Sperrschichtbreite für eine unsymmetrische Siliziumdiode ($N_A = 10^{17}$ cm^{-3}, $N_D = 10^{14}$ cm^{-3}).

Aufgabe 3.4 Nochmals: Diffusionsspannung und Sperrschichtbreite sowie Raumladungen (zu Abschn. 3.2) ***

Aluminium wird einer Probe aus n-Si ($N_D = 10^{16}$ cm^{-3}) zulegiert, dadurch wird ein abrupter pn-Übergang von kreisförmigem Querschnitt (Durchmesser 500 µm) erzeugt. Die Akzeptorkonzentration im Legierungsgebiet beträgt $N_A = 4 \cdot 10^{18}$ cm^{-3}.

    a) Berechnen Sie die Diffusionsspannung bei 300 K sowie die Breite des positiven und negativen Raumladungsgebiets.

    b) Wie groß sind die Raumladungen Q_+ und $Q-$ am pn-Übergang?

Aufgabe 3.5 Diffusionsspannung aus der Fermi-Energie (zu Abschn. 3.2) *****

Leiten Sie Gleichung (3.21) aus der Bedingung ab, dass die Fermi-Energie im Gleichgewicht, also ohne von außen angelegte Spannung, überall an einem pn-Übergang auf dem gleichen Niveau liegt.

Aufgabe 3.6 Spezifischer Widerstand am pn-Übergang (zu Abschn. 3.2 und 2.4) **

Berechnen Sie für die Siliziumprobe aus Aufgabe 3.4 den spezifischen Widerstand des n- und des p-leitenden Bereichs außerhalb der Raumladungsgebiete. Die Beweglichkeiten der Ladungsträger bei den entsprechenden Dotierungen sind aus Abb. 2.12 zu entnehmen.

Aufgabe 3.7 Diffusionsspannung in verschiedenen Materialien (zu Abschn. 3.2) ****

Eine Silizium- und eine Germaniumdiode seien gleich hoch dotiert. Sind die Diffusionsspannungen in den beiden Dioden gleich groß? Wenn nicht, dann geben Sie bitte an, um welchen Wert sich beide unterscheiden.

Aufgabe 3.8 Diffusionsspannung und Dotierung (zu Abschn. 3.2) *

Bei einer Halbleiterdiode aus GaAs sind das p-Gebiet und das n-Gebiet gleich hoch dotiert. Es wird eine Diffusionsspannung von 1,15 V bei Zimmertemperatur (27 °C) gemessen. Wie hoch ist die Dotierung der beiden Bereiche?

Aufgabe 3.9 Diffusionsspannung und Leitfähigkeit (zu Abschn. 3.2 und 2.4) **

In einer Germaniumdiode hat der n-dotierte Bereich eine Leitfähigkeit von $1{,}25\,\mathrm{S\,cm^{-1}}$ und der p-dotierte Bereich $12\,\mathrm{S\,cm^{-1}}$ bei 300 K. Ermitteln Sie die Höhe der Diffusionsspannung bei dieser Temperatur.
Verwenden Sie folgende Zahlenwerte: $\mu_e = 3900\ \mathrm{cm^2\,V^{-1}\,s^{-1}}$ und $\mu_h = 750\ \mathrm{cm^2\,V^{-1}\,s^{-1}}$.

Aufgabe 3.10 Dimensionsbetrachtung zur Diffusionslänge (zu Abschn. 3.3) *

Machen Sie sich durch eine Einheitenbetrachtung deutlich, dass die Diffusionslänge $L_e = \sqrt{D_e \tau_e}$ tatsächlich die Dimension einer Länge hat.

Aufgabe 3.11 Breite der Raumladungszone (zu Abschn. 3.2 und 3.3) ***

Durch Diffusion von Gallium in phosphordotiertes Silizium-Grundmaterial (Dotierungskonzentration $10^{15}\ \mathrm{cm^{-3}}$) entsteht ein pn-Übergang. Bei einer Messung wird ermittelt, dass das Raumladungsgebiet auf der n-Seite 100-mal so breit ist wie auf der p-Seite.

a) Wie hoch muss demnach die Störstellenkonzentration im galliumdotierten Bereich sein?

b) Wie groß ist die Diffusionsspannung?

c) Eine äußere Spannung von 0,5 V wird entsprechend Abb. 3.16 angelegt. Um wieviel Prozent ändert sich die Breite der Raumladungszone? Wird sie kleiner oder größer?

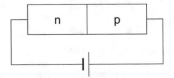

Abb. 3.16 pn-Übergang aus Aufgabe 3.11

Aufgabe 3.12 Sperrschichtbreite in Abhängigkeit von äußerer Spannung (zu Abschn. 3.3)**

Die Diffusionsspannung eines pn-Übergangs betrage 0,65 V. Welche äußere Spannung muss man anlegen, damit das Raumladungsgebiet doppelt beziehungsweise halb so breit ist wie ohne äußere Spannung?

Aufgabe 3.13 Sperrstrom (zu Abschn. 3.3) **

Anders als in 3.3.4 schätzen wir jetzt die Größe des Sperrstromes für eine unsymmetrische pn$^+$-Siliziumdiode von 1 mm^2 Querschnittsfläche ab ($N_D = 10^{19}\ \mathrm{cm^{-3}}$, $N_A = 10^{14}\ \mathrm{cm^{-3}}$).

Entnehmen Sie die Beweglichkeiten aus Abb. 2.12; hieraus sind die Diffusionskoeffizienten und die Diffusionslängen zu bestimmen. Für die Lebensdauern τ_n und τ_p sind jeweils 10^{-6} s anzunehmen.

Aufgabe 3.14 Leitwert, Sperrschichtbreite und Kapazität (Abschn. 3.2, 3.4 und 3.5) *******

Wie groß sind für die Diode aus der vorangehenden Aufgabe
   a) der differentielle Leitwert,
   b) die Breite der Sperrschicht,
   c) die differentielle Kapazität (als Summe von Sperrschichtkapazität und Diffusionskapazität),
wenn eine Spannung von 0,4 V in Durchlassrichtung anliegt?

Aufgabe 3.15 Strom-Spannungs-Kennlinie und Sättigungsstrom (zu Abschn. 3.3)**

Zwei ideale p^+n-Dioden werden bei Zimmertemperatur miteinander verglichen. Sie sind identisch bis auf ihre Donatordotierungen: $N_{D1} = 1 \cdot 10^{15}\,\text{cm}^{-3}$, $N_{D2} = 1 \cdot 10^{16}\,\text{cm}^{-3}$.
   a) Zeichnen Sie qualitativ die Strom-Spannungs-Kennlinien beider Dioden in ein- und demselben Achsensystem.
   b) Um welchen Faktor ändert sich der Sättigungsstrom?
   Beachten Sie hierbei wieder, dass sich die Dotierungskonzentrationen sehr stark unterscheiden ($N_D \ll N_A$, p^+n-Diode); somit kann man bei der Berechnung der Ströme den Ausdruck, der n_i^2/N_A enthält, gegenüber dem mit n_i^2/N_D vernachlässigen. Weiterhin können wir hier mit gutem Gewissen die Abhängigkeit der Diffusionskoeffizienten und der Diffusionslängen von der Dotierung vernachlässigen.

Aufgabe 3.16 Nochmals: Strom-Spannungs-Kennlinie und Sättigungsstrom (zu Abschn. 3.2)

* a) Der Sperrstrom in einer Halbleiterdiode betrage 10^{-14} A. Welcher Strom ist bei einer Vorwärtsspannung von 0,4 V zu erwarten? (Annahme: ideale Diode, Zimmertemperatur)
*** b) Erklären Sie anhand der Formel für die Strom-Spannungs-Kennlinie, warum bei einem stark unsymmetrisch dotierten pn-Übergang (zum Beispiel p^+n) der Sperrstrom allein durch die Eigenschaften der *schwächer* dotierten Seite bestimmt wird.

Aufgabe 3.17 Vergleich von Durchlass- und Sperrstrom (zu Abschn. 3.2) *

Welche Spannung muss an einer Halbleiterdiode anliegen, damit der Strom 10 000-mal so groß wie der Sperrstrom ist (Das Vorzeichen des Stroms soll unbeachtet bleiben)?

Aufgabe 3.18 Folgerungen aus der Sperrschichtkapazität (zu Abschn. 3.4) ********

In Abb. 3.17 sind die Messwerte der Sperrschichtkapazität C_s quadratisch über der Sperrspannung an einer p^+n-Si-Diode aufgetragen.
   a) Wie groß ist die Sperrschichtkapazität ohne äußere Spannung?
   b) Berechnen Sie aus dem Ergebnis von a) die Breite der Sperrschicht, wenn keine äußere Spannung vorhanden ist. Wie verändert sich die Sperrschichtbreite in Abhängigkeit von der äußeren Spannung (qualitativ)? Die wirksame Querschnittsfläche des pn-Übergangs beträgt 0,1 mm^2.
   c) An welcher Stelle der graphischen Darstellung können Sie die Größe der Diffusionsspannung dieser Diode ablesen? Wie groß ist diese?
   d) Berechnen Sie aus der Sperrschichtbreite und der Diffusionsspannung die Donatorkonzentration des Substrats. Berücksichtigen Sie dabei, dass $N_D \ll N_A$ ist; daher muss man N_A nicht kennen, um N_D auszurechnen.

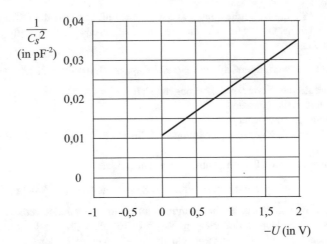

$\dfrac{1}{C_s{}^2}$
(in pF^{-2})

Abb. 3.17 Sperrschichtkapazität über $-U$ (zu Aufgabe 3.18)

Aufgabe 3.19 Breite des Raumladungsgebiets in Abhängigkeit von der Dotierung (zu Abschn. 3.3, als Ergänzung zu Beispiel 3.2) ****

Wir stellen uns vor, wir dotierten p- und n-Gebiet eines pn-Übergangs gleich hoch, es liege also ein symmetrischer pn-Übergang vor. In Gedanken erhöhen wir die Dotierung auf beiden Seiten. Wird dann das Raumladungsgebiet breiter oder schmaler? Wie breit ist es bei einer Dotierung von $N_A = N_D = 10^{17}$ cm^{-3}?

Aufgabe 3.20 Arbeitspunkt einer Diode (zu Abschn. 3.3) **

Der Arbeitspunkt einer Diode in der folgenden einfachen Schaltung (Abb. 3.18) ist graphisch zu bestimmen.
Die Arbeitsgerade ergibt sich aus der Gleichung

$$U_{DC} = RI_D + U_D,$$

der Diodenstrom aus der Kennliniengleichung

$$I = I_s\left[\exp\left(\frac{eU_D}{kT}\right) - 1\right].$$

(Die Eins nach dem Exponenten in der eckigen Klammer müssen wir dabei allerdings vernachlässigen.)

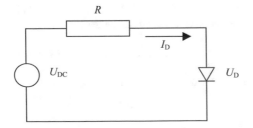

Abb. 3.18 Schaltung zu Aufgabe 3.20

Zahlenwerte: Klemmenspannung $U_{DC} = 1.5$ V; Ohmscher Widerstand $R = 1$ kΩ; Sättigungsstrom der Diode $I_S = 2 \cdot 10^{-10}$ A.

Numerisch mit Hilfe von MATLAB werden wir den Arbeitspunkt in Aufgabe 3.25 bestimmen.

Aufgabe 3.21 Temperatursensor (zu Abschn. 3.3) ****

Mit Hilfe von zwei vollkommen identischen Halbleiterdioden soll ein Temperatursensor realisiert werden.[8] Die Messung geschieht gleichzeitig an den beiden pn-Übergängen; die durch sie fließenden Ströme sollen auf einem Verhältnis von 1:10 festgehalten werden.

a) Zeigen Sie, dass sich unter diesen Messbedingungen die Spannungen U_1 und U_2 an den beiden pn-Übergängen um einen Wert unterscheiden, der direkt der absoluten Temperatur proportional ist.

b) Wie groß ist die Differenz $U_1 - U_2$ bei 300 K und bei 280 K?

Aufgabe 3.22 Elektronendichte und Diffusionsstrom der Elektronen am pn-Übergang (zu Abschn. 3.3.3) ****

Geben Sie eine Gleichung für die Elektronendichte $n(x) - n_0$ am pn-Übergang analog zu Gl. (3.31) an. Formulieren Sie daraus einen Ausdruck, der (3.40) entspricht. Leiten Sie daraus die Diffussionsstromdichte der Elektronen ab, die in Gl. (3.46) angegeben ist. Lassen Sie sich bei Ihren Überlegungen von der analogen Herleitung für die Löcher in Abschn. 3.3.3 leiten.

MATLAB-Aufgaben

Aufgabe 3.23 Diffusionsspannung über Dotierungskonzentration (zu Abschn. 3.3)

Die Diffusionsspannung für einen stark unsymmetrischen pn-Übergang mit (also p$^+$n oder pn$^+$) ist über einen Bereich der Dotierungskonzentrationen von 10^{14} bis 10^{19} cm^{-3} aufzutragen:

a)** für Silizium allein

b)**** für die vier Substanzen Silizium, Germanium, GaAs und GaP.

Aufgabe 3.24 Berechnung und Darstellung einer Diodenkennlinie (zu Abschn. 3.3) **

Ermitteln Sie die Strom-Spannungs-Kennlinie einer unsymmetrischen Silizium-Halbleiterdiode.

Eingangsdaten: $N_D = 10^{14}$ cm^{-3}, $N_A = 10^{19}$ cm^{-3}, Lebensdauern $\tau_e = \tau_h = 10^{-6}$ s. Zur Berechnung der Beweglichkeiten können Sie die Funktionen mye.m und myh.m verwenden.

Aufgabe 3.25 Numerische Bestimmung des Arbeitspunkts (zu Abschn. 3.3) ****

Bestimmen Sie den Arbeitspunkt der Diode entsprechend Aufgabe 3.20 diesmal numerisch mittels MATLAB. Dazu ist ein geeigneter Startwert für U zu wählen, mit dem dann aus der Arbeitsgerade der Strom I bestimmt wird. Mit diesem Wert kann man aus der Gleichung

---

[8] In der Praxis verwendet man die Emitter-Basis-Übergänge zweier Transistoren auf demselben Chip; dadurch sind vollkommen identische Materialeigenschaften garantiert [Heywang 1988].

$$U_\mathrm{D} = \frac{kT}{e}\ln\left(\frac{I(i+1)}{I(i)}\right)$$

den nächsten Wert für U_D gewinnen und so fort (vgl. Abb. 3.19).

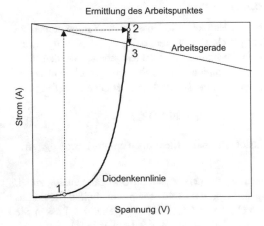

Abb. 3.19 Iterationsreihenfolge (zu Aufgabe 3.25)

Als Startwert für die Iteration können Sie zum Beispiel $U_\mathrm{D} = 0{,}3$ V wählen, als Abbruchbedingung der Iteration eine Toleranz der Spannungen von $1{,}0 \cdot 10^{-6}$ V. Dass die Approximation konvergiert, soll hier ohne Beweis vorausgesetzt werden.

Aufgabe 3.26 Anpassung einer Diodenkennlinie (zu Abschn. 3.3) ********

An einer Halbleiterdiode werden die Spannungen und Ströme in Durchlassrichtung gemessen (Tabelle 3.2.).

Tabelle 3.2. Messwerte zu Aufgabe 3.26

U/V	I/A	U/V	I/A
0.1	$0.1 \cdot 10^{-12}$	0,5	$4.1 \cdot 10^{-9}$
0,2	$2.0 \cdot 10^{-12}$	0,6	$5.6 \cdot 10^{-8}$
0,3	$3.41 \cdot 10^{-11}$	0,7	$8.86 \cdot 10^{-7}$
0,4	$3.21 \cdot 10^{-10}$		

Ermitteln Sie aus diesen Werten durch bestmögliche Anpassung die Parameter n und I_s der Strom-Spannungs-Kennlinie

$$I = I_\mathrm{s}\left[\exp\left(\frac{eU}{nkT}\right) - 1\right].$$

(Die Eins nach dem Exponenten in der eckigen Klammer müssen wir dabei wieder wie schon in Aufgabe 3.20 vernachlässigen.) Der Koeffizient n ist ein Anpassfaktor, der die Abweichungen von der SHOCKLEY-Gleichung angibt. Experimentell zeigt sich, dass er in der Praxis zwischen 1 und 2 liegt. Es gibt hier zwei Lösungsmöglichkeiten:

a) graphisch (zum Beispiel auf Millimeterpapier) oder

b) mittels MATLAB unter Verwendung von `polyfit`. Stellen Sie die mit MATLAB gewonnenen Ergebnisse ebenfalls graphisch dar.

Testfragen

3.27   Was verstehen Sie unter einem pn-Übergang? Was ist speziell mit einem p^+n-Übergang gemeint?

3.28   Erklären Sie die Begriffe Raumladungszone, Sperrschicht, Diffusionsspannung, Sperrspannung und Durchlassspannung.

3.29   Bei einem pn-Übergang ist die Akzeptordotierung zwei Größenordnungen höher als die Donatordotierung. Können die Raumladungszonen im p-Bereich und im n-Bereich gleich breit sein?

3.30   In einer Halbleiterdiode, an der keine Spannung anliegt, ist die Störstellenkonzentration im p-Gebiet 100-mal so groß wie die im n-Gebiet. Die gesamte Breite der Sperrschicht beträgt 2 μm. Wie breit ist der Teil der Sperrschicht, der im p-Gebiet und der Teil, der im n-Gebiet liegt?

3.31   Wie verändert sich die Breite der Raumladungszone beim Anlegen einer Spannung in Sperrrichtung und in Durchlassrichtung?

3.32   In Abb. 3.20 ist der Verlauf der Ladungsträgerkonzentrationen an einem pn-Übergang dargestellt, wenn keine äußere Spannung anliegt. Skizzieren Sie, wie sich die Situation ändert, wenn eine äußere Spannung in Flussrichtung angelegt wird.

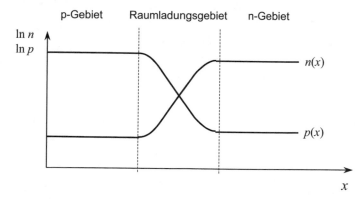

Abb. 3.20 Ladungsträgerdichten am pn-Übergang (zu Testfrage 3.32)

3.33   Beschreiben Sie qualitativ:
       Wie verändert sich die Diffusionsspannung U_D an einem pn-Übergang in Abhängig-
       keit von

	wird kleiner	bleibt gleich	wird größer
der Temperatur			
der Breite der verbotenen Zone E_g			
der Dotierungskonzentration N_A bzw. N_D			

       Kreuzen Sie bitte die richtige Antwort an.

3.34   Zeichnen Sie qualitativ die Kennlinie einer Halbleiterdiode. Durch welche Formel
       wird der Zusammenhang zwischen Strom und Spannung beschrieben?

3.35   Warum wird die Strom-Spannungs-Kennlinie einer Diode durch die Dichten der
       *Minoritäts*ladungsträger bestimmt?

3.36   Wodurch nimmt die Dichte der Minoritätsladungsträger mit wachsender Entfernung
       vom pn-Übergang ab?

3.37   Erklären Sie, wodurch die Sperrschichtkapazität und die Diffusionskapazität entste-
       hen. Wann überwiegt die eine, wann die andere?

3.38   Skizzieren Sie die Kennlinie einer Zenerdiode. Welche beiden physikalischen
       Effekte können für ihre typische Arbeitsweise verantwortlich sein?

4 Optoelektronische Bauelemente

Optoelektronische Anwendungen von Halbleitern stellen neben den rein elektrischen Anwendungen einen wichtigen Schwerpunkt der Halbleiterelektronik dar. In Lumineszenzdioden werden die lichtemittierenden Eigenschaften von pn-Übergängen für optische Anzeigeelemente ausgenutzt. Für die effiziente Datenübertragung sind leistungsfähige Halbleiterlaser in Verbindung mit Lichtwellenleitern unverzichtbar, dort benötigt man auf der anderen Seite auch empfindliche Halbleiter-Photodetektoren als Nachweiselemente. Laserdioden finden aber auch in vielen anderen technischen Systemen, wie beispielsweise als Abtastsysteme in CD-Playern, Verwendung. Die Anwendung von optoelektronischen Halbleiterbauelementen reicht bis zur Umwandlung von Sonnenlicht in elektrische Energie in der Solarzelle.

4.1 Lumineszenz-Bauelemente

4.1.1 Lichtemission an pn-Übergängen

Lumineszenzdioden (*englisch: light emitting diode − LED*) sind die einfachsten lichtemittierenden Halbleiterbauelemente, ihr Schaltzeichen zeigt Abb. 4.1. Damit Licht in einem Halbleiter entstehen kann, müssen Elektronen mit Löchern strahlend rekombinieren. Dabei geht ein Energiebetrag in der Größenordnung der Gapenergie E_g an das Photon über. Der elementare Rekombinationsprozess ist allerdings genau so wahrscheinlich wie der umgekehrte Prozess, die Absorption. Soll die Rekombination überwiegen, so müssen im Leitungsband deutlich mehr Elektronen und im Valenzband deutlich mehr Löcher vorhanden sein als im Gleichgewicht. Solche Überschussladungsträger stehen zum Beispiel an einem pn-Übergang zur Verfügung. Sie werden dort durch den elektrischen Strom nachgeliefert. In einer Lumineszenzdiode soll durch geeignete Wahl der Materialien eine

Abb. 4.1 Schaltzeichen einer Lumineszenzdiode

© Springer-Verlag GmbH Deutschland, ein Teil von Springer Nature 2018
F. Thuselt, *Physik der Halbleiterbauelemente*,
https://doi.org/10.1007/978-3-662-57638-0_4

möglichst große Lichtausbeute garantiert und die geeignete Lichtwellenlänge eingestellt werden. Die richtige Geometrie der Anordnung sorgt dafür, dass die Lichtstrahlung möglichst vollständig nach außen gelangt. Den gesamten Mechanismus,
der zur Lichtemission in LEDs führt, bezeichnet man auch als *Injektions-Elektrolu-
mineszenz*.

4.1.2 Lumineszenzmaterialien

Stellen wir uns vor, wir sollten eine LED entwickeln, die Licht einer gewünschten
Farbe emittiert. Damit die Wellenlänge der emittierten Strahlung im geforderten
Wellenlängenbereich liegt – sichtbares Licht zwischen etwa 390 und 770 nm,
Infrarotlicht darüber (Abb. 4.2) –, muss der Halbleiter die erforderliche Energie

$$E = \frac{hc}{\lambda} = \frac{1240 \text{ eV nm}}{\lambda} \tag{4.1}$$

(vgl. (1.2)) zur Verfügung stellen. Sie geht bei der Rekombination auf das Photon
über. Ohne Beteiligung von Störstellen oder Gitterschwingungen liegt diese Energie in der Größenordnung der Gapenergie.[1] Um sichtbares Licht zu erzeugen, muss
ein Halbleiter also zum Beispiel Gapenergien zwischen 1,77 und 3,10 eV aufweisen. Schauen wir deshalb auf die Eigenschaften der in Frage kommenden Materialien, so sehen wir, dass Silizium für die Emission von sichtbarem Licht nicht
geeignet ist. Seine Emissionswellenlänge liegt wegen $E_g = 1,12$ eV bei
$\lambda = 1,107$ µm, also im Infraroten. Viel besser für diesen Zweck eignen sich statt-

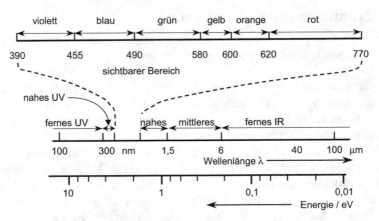

Abb. 4.2 Elektromagnetisches Spektrum

---

[1] Genau genommen liegt sie noch etwas darüber, da die Elektronen- und Löcherverteilun-
gen im Mittel je um einen Betrag $k_B T/2$ von der jeweiligen Bandkante entfernt ihr Maximum haben. In direkten Halbleitern liegt der maximale Intensitätswert zum Beispiel bei
$k_B T/2$ (vgl. Aufgabe 4.14).

dessen die Verbindungshalbleiter aus der III. und V. Hauptgruppe des Periodensystems (III-V-Halbleiter). In Tabelle 4.1. werden einige typische Materialien aufgeführt.

Tabelle 4.1. Typische Lumineszenzmaterialien (IR = infrarot)

Material	Gapenergie (eV)	Theoretische Wellenlänge für Band-Band-Übergänge / nm	In Bauelementen auftretender optischer Übergang (Beispiel)
GaP	2,26	549	GaP:N (567 nm, grün)
			GaP:Zn-O (700 nm, rot)
SiC	2,86	434	466 nm (blau)
GaN	3,39	366	450 nm (blau)
GaAs	1,424	871	GaAs:Si (950 nm, IR)
GaAsP-Mischreihe	1,42 ... 2,26	zwischen 549 nm (orange) und 871 nm (IR)	$GaAs_{0,6}P_{0,4}$ (1,91 eV/ 650 nm, rot) $GaAs_{0,35}P_{0,65}$:N (1,97 eV/ 630 nm, orangerot) $GaAs_{0,14}P_{0,86}$:N (2,12 eV/ 585 nm, gelb)
GaAlAs-Mischreihe	1,42 ... 2,03	zwischen 612 nm (orange) und 871 nm (IR)	
InGaAs-Mischreihe	0,35 ... 1,42		$In_{0,53}Ga_{0,47}As$ (0,75 eV/ 1,65 µm, IR)
InGaAsP-Mischreihe		zwischen 590 nm (gelb) und 623 nm (rot)	590 nm (gelb), 611 nm (orange)
InGaN			570 nm (grün)
			465 nm (blau)

Voraussetzung für ein effizientes lichtemittierendes Bauelement ist eine hohe Wahrscheinlichkeit strahlender Übergänge. Hierfür kommen (vergleichen Sie die Überlegungen zu Beginn von Kap. 2) vor allem Halbleiter mit „direkter Bandstruktur" in Frage, zum Beispiel Galliumarsenid. Seine typische Wellenlänge liegt bei 950 nm. Bei direkten Halbleitern sind optische Übergänge vom Leitungs- in das Valenzband unter Berücksichtigung des Energieerhaltungssatzes leichter möglich. Die frei werdende Energie wird vom Photon abgeführt.

Neben der Energiebilanz muss auch noch die Impulsbilanz berücksichtigt werden – um es exakter zu sagen, die Bilanz des Quasi-Impulses oder Wellenvektors. Ein Photon besitzt nur einen verschwindend kleinen Impuls, so dass in direkten

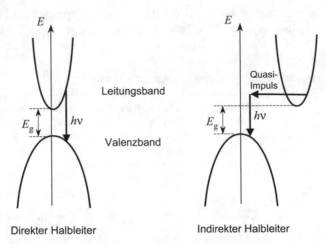

Abb. 4.3 Optische Übergänge in direkten und indirekten Halbleitern

Halbleitern die Übergänge vom Leitungs- ins Valenzband nahezu senkrecht verlaufen, wie in Abb. 4.3 links gezeichnet.

In indirekten Halbleitern spielt dagegen der Übertrag des Quasi-Impulses eine große Rolle. Dieser kann von einem Lichtquant allein nicht aufgenommen werden – ein weiterer Partner ist nötig, in der Regel sind das Gitterschwingungen. Dadurch verringert sich die Übergangswahrscheinlichkeit jedoch beträchtlich (Abb. 4.3 rechts). Dies favorisiert die indirekten Halbleiter wie Silizium nicht gerade für optische Anwendungen. Eine Ausnahme stellt Galliumphosphid dar, dort können *isoelektronische Störstellen* (in der Regel Stickstoff) den benötigten Quasiimpuls-Übertrag liefern. Allerdings verringert sich dadurch auch die Energie der Lumineszenzstrahlung um den Energiebetrag, um den das Störstellenniveau unter dem Bandrand sitzt. Eine ähnliche Rolle spielen im GaP auch Paare aus Donatoren und Akzeptoren (Zink-Sauerstoff-Paare). Solche Störstellen dienen sozusagen als „Lumineszenzkatalysatoren", erniedrigen jedoch ebenfalls die Energie der entstehenden Strahlung gegenüber E_g. Galliumphosphid, obwohl indirekter Halbleiter, ist also trotzdem eine geeignete Substanz für Lumineszenzdioden in einem weiten Wellenlängenbereich vom Grünen bis hin zum Roten.

Darüber hinaus werden Mischkristalle aus unterschiedlichen III-V-Substanzen benutzt. Mit ihnen lassen sich praktisch alle Energiewerte und demzufolge auch alle Wellenlängen im Bereich zwischen den beiden Endkomponenten einstellen (Abb. 4.5). Allerdings sind nicht alle Mischungsverhältnisse beliebig gut geeignet – der Grund liegt im Kristallwachstum. Um gute Kristalle zu erhalten, müssen die Lumineszenzmaterialien auf einer möglichst fehlerfreien Unterlage (Substrat) aus einem zweikomponentigen Halbleiter aufwachsen, in Frage kommen vor allem Galliumarsenid und Indiumarsenid, aber auch Galliumphosphid. Die Kristallgitter der aufwachsenden Mischkristallschichten dürfen sich vom Gitter des Substrats nicht allzu sehr unterscheiden, damit beim Aufwachsen keine Verspannungen auftreten. In Abb. 4.4 ist dargestellt, wie groß die Gitterkonstanten und Gapenergien in den einzelnen Halbleitern und Halbleiter-Mischreihen sind. Demnach sind vor allem solche Substrat-Schicht-Kombinationen günstig, bei denen die Gitterkonstanten übereinstimmen, also beispielsweise GaAlAs auf GaAs oder $In_{0,53}Ga_{0,47}As$ auf InP. Ist das nicht möglich, so muss, um die Differenz der Gitterkonstanten nicht zu groß werden zu lassen, mit mehreren Zwischenschichten gearbeitet werden. So werden beispielsweise zwischen einem GaAs-Substrat und einer gewünschten $GaAs_{0,6}P_{0,4}$-Schicht mehrere $GaAs_{1-x}P_x$-Zwischenschichten eingebracht, man spricht von einem *graded layer*.

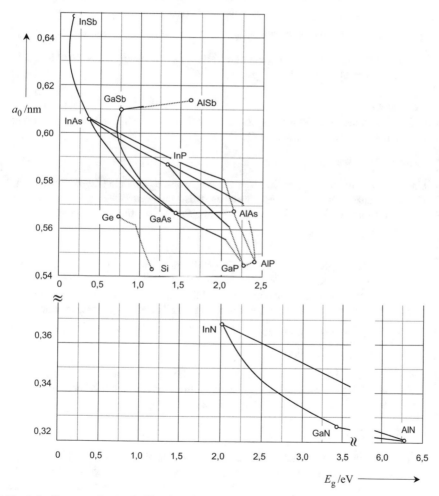

Abb. 4.4 Gapenergien und Gitterkonstanten von Halbleiter-Mischreihen. Durchgezogene Linien bezeichnen die direkten und gestrichelte Linien die indirekten Halbleiter. Nach [Madelung 1996] und [Razeghi 2000]

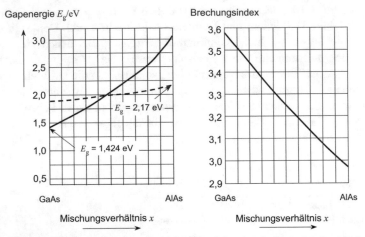

Abb. 4.5 Größe der Gapenergie (links) und Verlauf des Brechungsindex in Abhängigkeit vom Mischungsanteil (rechts) in $Ga_{1-x}Al_xAs$

Beispiel 4.1

a) Die Gitterkonstanten der meisten Halbleiter-Mischreihen mit dem Mischungsverhältnis x können nach einer Formel der Gestalt

$$a_x = xa_1 + (1-x)a_2 \tag{4.2}$$

einfach linear interpoliert werden, a_1 beziehungsweise a_2 sind die Gitterkonstanten der Grenzsubstanzen. Wir berechnen, welches Mischungsverhältnis von Gallium und Indium erforderlich ist, um das Gitter von $In_{1-x}Ga_xAs$ auf InP verspannungsfrei aufwachsen zu lassen.

Lösung:

Dazu muss die Gitterkonstante des Mischkristalls gleich der von InP ($a_0 = 0{,}5869$ nm) sein. Die Grenzkomponenten der Mischreihe sind InAs und GaAs mit den Gitterkonstanten $a_0 = 0{,}6058$ nm für InAs und $a_0 = 0{,}5653$ nm für GaAs. Die Umstellung von (4.2) nach x liefert den erforderlichen Mischungsanteil der Gallium-Komponente

$$x = \frac{a_x - a_2}{a_1 - a_2} = \frac{0{,}5869 - 0{,}6058}{0{,}5653 - 0{,}6058} = 0{,}47 \, ,$$

das ist genau der Wert, der schon weiter oben im Text angegeben wurde.

Die Gap-Energie der $In_{1-x}Ga_xAs$-Mischkristallreihe ergibt sich nach der empirischen Formel [Madelung 1996] (vgl. MATLAB-Programm GaAlAs.m)

$$E_g(x) = (0{,}324 + 0{,}7x + 0{,}4x^2) \, eV \, .$$

Durch Einsetzen von x erhalten wir jetzt als Gap-Energie dieses Mischkristalls $E_g = 0{,}74$ eV. Diesen Wert hätten wir auch (nur etwas ungenauer) aus Abb. 4.4 ablesen können, wenn wir den zur Gitterkonstante 0,5869 nm gehörenden Wert von E_g auf der InAs-GaAs-Verbindungslinie aufgesucht hätten.

Die Wellenlänge, die unserem gefundenen E_g entspricht, erhalten wir nun mittels Gl. (4.1) zu 1,67 µm. Experimentell ergibt sich übrigens eine nur geringfügig größere Gap-Energie von 0,75 eV, das entspricht einer Wellenlänge von 1,65 µm.

Die erste Lumineszenzdiode, die im sichtbaren Bereich leuchtete, wurde Anfang der sechziger Jahre von HOLONYAK[2] entwickelt. HOLONYAK verwendete erstmals Mischkristalle aus GaAsP und konnte so anstelle der infraroten Emission des GaAs jetzt sichtbares rotes Licht erzeugen.

4.1.3 Spektralabhängigkeit der Lumineszenz bei Band-Band-Übergängen

Da Elektronen und Löcher im Halbleiter in ihren Bändern jeweils über einen ganzen Energiebereich verteilt sein können, entsteht bei der Rekombination von Elektronen im Leitungsband mit Löchern im Valenzband keine Strahlung mit scharf definierter Wellenlänge, sondern mit breiter Spektralverteilung. Diese Verteilung soll jetzt für direkte Halbleiter berechnet werden. Dazu berücksichtigen wir zunächst den Energiesatz: Die Energie des ausgesandten Photons hängt mit den kinetischen Energien des rekombinierenden Elektrons und Lochs wie folgt zusammen:

$$h\nu = E_e - E_h = E_g + \underbrace{(E_e - E_c)}_{=E_e} - \underbrace{(E_h - E_v)}_{=-E_h} = \frac{\hbar^2 k^2}{2m_e} + \frac{\hbar^2 k^2}{2m_h}. \tag{4.3}$$

Wir haben hier wieder, wie schon einmal im Abschn. 2.1.1, die auf die jeweiligen Bandränder bezogenen Energien E_e und E_h verwendet. Beachten Sie, dass die kinetische Energie der Löcher im Valenzband nach unten zählt!

Da optische Übergänge zwischen Leitungsband und Valenzband in direkten Halbleitern nur senkrecht im k-Raum verlaufen, muss der Wellenzahlvektor von Elektronen und Löchern hierbei gleich sein, der (Quasi-)Impuls darf sich nicht ändern. Die kinetische Energie der Elektronen und die der Löcher muss also *bei gleichem k-Wert* genommen werden.

Die Anzahl der Elektronen und Löcher, die für optische Übergänge mit der Energie $h\nu$ zur Verfügung stehen, hängt von mehreren Faktoren ab: von der optischen Übergangswahrscheinlichkeit w_{eh}, von der kombinierten Zustandsdichte $g_{eh}(E_e - E_h)$ (sie gibt die gemeinsame Zahl der Zustände energetisch übereinander liegender Niveaus von Elektronen und Löchern pro Energieintervall an) und von den Fermi-Verteilungsfunktionen $f_e(E_e)$ und $f_h(E_h)$. Die Überlegungen sind dabei dieselben wie früher in Abschn. 2.2, nur dass statt $f_e(E_e)$ allein jetzt das Produkt $f_e(E_e) f_h(E_h)$ genommen werden muss. Darüber hinaus steht in der Zustandsdichte $g(E)$ jetzt die Energiedifferenz $h\nu = E_e - E_h$ zwischen Elektronen- und Lochener-

---

[2] NICK HOLONYAK (geb. 1928), am. Physiker. Studium an der University of Illinois. Schüler von BARDEEN, Forschungsarbeiten bei General Electric und in den Bell Labs. 1963 Ruf an die University of Illinois. Einer der führenden Wissenschaftler auf dem Gebiet der Optoelektronik.

gie. Damit erhalten wir für die Intensität der spontanen Übergange bei einer bestimmten Frequenz $h\nu$

$$I_{sp}(h\nu) = w_{eh}\, g_{eh}(E_e - E_h)\, f_e(E_e)\, f_h(E_h)\ . \tag{4.4}$$

Der Vorfaktor w_{eh}, die optische Übergangswahrscheinlichkeit, hängt praktisch nicht von der Energie ab; wir interessieren uns hier für seinen genauen Zahlenwert nicht, da es nur auf die spektrale Verteilung, aber nicht auf absolute Intensitäten ankommen soll. Die Zustandsdichte $g_{eh}(E_e - E_h)$ kann ganz analog zu (2.6) berechnet werden[3] und führt zu einer Wurzelfunktion, die bei $h\nu - E_g$ einsetzt, damit entsteht

$$I_{sp}(h\nu) = \text{const} \cdot \sqrt{h\nu - E_g}\ f_e(E_e)\, f_h(E_h). \tag{4.5}$$

Die Differenz $h\nu - E_g$ unter der Wurzel drückt aus, dass die niedrigste Energie, mit der ein Photon ausgesandt werden kann, bei E_g liegt.

Wenn wir jetzt $f_e(E_e)$ und $f_h(E_h)$ durch die BOLTZMANN-Verteilung (2.87) für die Elektronen und den analogen Ausdruck für die Löcher (2.88) approximieren, erhalten wir

$$I_{sp}(h\nu) = \text{const} \cdot \sqrt{h\nu - E_g}\ f_e(E_e)\, f_h(E_h) =$$
$$= \text{const} \cdot \frac{np}{N_c N_v} \sqrt{h\nu - E_g}\ \exp\!\left(-\frac{E_e}{k_B T}\right) \exp\!\left(-\frac{E_h}{k_B T}\right). \tag{4.6}$$

Den Ausdruck vor der Wurzel fassen wir zu einer neuen Konstanten zusammen. Wir schreiben jetzt die Elektronen- und Lochenergien E_e und E_h in den Verteilungsfunktionen noch ausführlich hin und fassen auch diese in geeigneter Weise zusammen,

$$I_{sp}(h\nu) = \text{const}' \cdot \sqrt{h\nu - E_g}\ \exp\!\left(-\frac{(E_e - E_c) + (E_v - E_h)}{k_B T}\right) =$$
$$= \text{const}' \cdot \sqrt{h\nu - E_g}\ \exp\!\left(-\frac{(E_e - E_h) - (E_c - E_v)}{k_B T}\right)$$
$$= \text{const}' \cdot \sqrt{h\nu - E_g}\ \exp\!\left(-\frac{h\nu - E_g}{k_B T}\right). \tag{4.7}$$

Jetzt steht überall die Frequenz, damit können wir die spektrale Verteilung der Intensität erkennen, also die Linienform des emittierten Lichts. Sie ist in Abb. 4.6 dargestellt. Ihr Maximum liegt bei $k_B T/2$ oberhalb der Gapenergie. Den Beweis führen wir in Aufgabe 4.1. Ein MATLAB-Programm zur Darstellung dieses Kurvenverlaufs soll im Übungsteil zusammengestellt werden (Aufgabe 4.14).

---

[3] Für die genaue quantenmechanische Ableitung wird auf [Singh 1994], Abschn. 4.6 oder [Singh 1995], Abschn. 4.4 verwiesen.

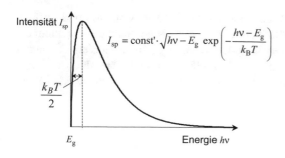

Abb. 4.6 Kurvenverlauf der spektralen Intensität von Band-Band-Übergängen in direkten Halbleitern

Für optische Übergänge in indirekten Halbleitern müssen die Überlegungen modifiziert werden, dies zeigen wir in Aufgabe 4.2.

4.1.4 Aufbau und Technologie von Lumineszenzdioden

Nachdem wir bis jetzt die für die Lumineszenz wichtigen Substanzeigenschaften diskutiert haben, wenden wir uns nun dem Aufbau der optischen Bauelemente zu.

Wesentlich für eine LED ist ein vorwärts gepolter pn-Übergang, in dessen Umgebung möglichst viele Rekombinationen stattfinden können. Wie wir von der Diskussion des pn-Übergangs im Kap. 3 wissen, ist die Rekombination innerhalb der Raumladungszone meist vernachlässigbar, sie findet vorwiegend in den benachbarten Diffusionsgebieten statt. In einer Schicht, deren Breite etwa durch die Diffusionslängen L_e und L_h gegeben ist, rekombinieren dort die Minoritätsträger, wenn ein Strom durch die Diode fließt. Allerdings wird nur bei einem Teil dieser Prozesse Licht erzeugt, in vielen Fällen rekombinieren die Ladungsträger strahlungslos und geben ihre Energie in Form von Wärme ab.

Damit die entstehenden Photonen nicht erneut absorbiert werden, muss das Bauelement so aufgebaut werden, dass der emittierende Bereich nahe an der Oberfläche liegt. Bei pn-Strukturen wird man deshalb möglichst nur einen der beiden Minoritätsträgerbereiche für die optischen Übergänge nutzen. Nehmen wir zum Beispiel an, nahe der Oberfläche befinde sich der p-Bereich. Dort sind die rekombinierenden Minoritätsladungsträger die Elektronen. Damit möglichst viele Photonen entstehen, muss der dominierende Stromanteil also der Elektronenstrom sein. Dieser ist gegeben durch

$$j_e = \frac{eD_e n_0}{L_e}\left(e^{\frac{eU}{k_B T}} - 1\right), \tag{4.8}$$

analog lässt sich der Löcheranteil zum Diodenstrom schreiben als

$$j_h = \frac{eD_h p_0}{L_h}\left(e^{\frac{eU}{k_B T}} - 1\right). \tag{4.9}$$

In den beiden Anteilen unterscheiden sich die Diffusionskonstanten und Diffusionslängen nur unwesentlich. Einfluss auf die Ströme haben demnach vor allem die Minoritätsträgerkonzentrationen n_0 im p-Gebiet und p_0 im n-Gebiet. Ein hoher Elektronenstrom beispielsweise verlangt ein großes n_0 im p-Gebiet. Nun sind aber die Minoritätsträgerkonzentrationen durch die Akzeptor- beziehungsweise Donatorkonzentration bestimmt,

$$n_0 = \frac{n_i^2}{N_A} \quad \text{und} \quad p_0 = \frac{n_i^2}{N_D}. \tag{4.10}$$

Wenn wir

$$\frac{j_e}{j_h} \gg 1 \tag{4.11}$$

erreichen wollen, müssen wir demnach für ein großes Verhältnis N_D/N_A sorgen, das heißt, wir benötigen in diesem Fall einen n^+p-Halbleiter.

Nehmen wir an, dass aus dem oberflächennahen p-Gebiet *alle* Photonen aus dem Kristall herauskommen und aus dem dahinter liegenden n-Gebiet fast keine, so können wir eine *innere Injektionseffizienz* (oder inneren Wirkungsgrad) definieren durch

$$\gamma_i = \frac{j_e}{j_e + j_h}. \tag{4.12}$$

Falls der Elektronenstrom viel größer als der Löcherstrom ist, wird dieser Ausdruck nahezu eins. Der Wirkungsgrad wird allerdings noch reduziert durch einen weiteren Faktor η_r, der den Anteil der strahlenden Rekombination ($1/\tau_r$) an der Gesamtrekombination ($1/\tau_r + 1/\tau_{nr}$) angibt:

$$\eta_r = \frac{\dfrac{1}{\tau_r}}{\dfrac{1}{\tau_r} + \dfrac{1}{\tau_{nr}}} = \frac{1}{1 + \dfrac{\tau_r}{\tau_{nr}}}. \tag{4.13}$$

Das Produkt $\eta_{int} = \eta_r \gamma_i$ ist der *totale innere Quantenwirkungsgrad*. Bei einem Halbleiter hoher Qualität kann η_{int} fast 1 werden, in indirekten Materialien wird dagegen nur $\eta_{int} \approx 10^{-2} \dots 10^{-3}$ erreicht. Der *äußere Quantenwirkungsgrad* η_{ext}

$$\eta_{ext} = \eta_{int} C_{ex} \tag{4.14}$$

ist das Verhältnis von insgesamt emittiertem Photonenstrom zu eingespeistem elektrischen Strom,

$$\eta_{ext} = \frac{j_{ph}}{j_{eh}/e}. \tag{4.15}$$

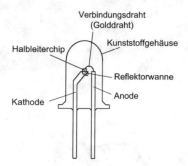

Verbindungsdraht (Golddraht)

Halbleiterchip

Kunststoffgehäuse

Reflektorwanne

Kathode

Anode

Abb. 4.7 Aufbau einer LED

Er wird außer von η_{int} noch von den Abstrahlungseigenschaften der Lumineszenz-diode bestimmt. Diese Eigenschaften werden durch den Faktor C_{ex}, die *Austritts-effizienz*, beschrieben. Damit ihr Wert möglichst groß wird, packt man den Halbleiter zum Beispiel in eine reflektierende Wanne und versieht die Anordnung mit einer Linse aus Epoxidharz (Abb. 4.7), um möglichst die gesamte Strahlung nach außen zu lenken. Halbleiter haben einen hohen Brechungsindex, so dass die Strahlung von innen fast senkrecht auf die Halbleiteroberfläche treffen muss, um heraus zu gelangen. Alle Strahlung, die flacher auf die Oberfläche trifft, wird total reflektiert und bleibt im Innern. Um das zu vermeiden, muss der Brechungsindex der Epoxidharzlinse etwa in der Mitte zwischen dem des Halbleiters und der Luft liegen.

Beispiel 4.2
Der Brechungsindex von GaP beträgt 3,4, der von Luft ist 1. Unter welchem Winkel wird das austretende Licht total reflektiert?

Lösung:
Totalreflexion (Übergang vom dichteren ins dünnere Medium!) tritt auf bei

$$\sin\theta = \frac{n_L}{n_{GaP}} = \frac{1}{3,4} = 0,29, \tag{4.16}$$

also bereits unter einem Winkel $\theta = 17°$ gegen die Oberflächennormale!

Typische Bauformen von LEDs sind in Abb. 4.8 gezeigt. In den meisten Anwendungen werden Flächenemitter verwendet, sie garantieren eine möglichst hohe Ausbeute. Kantenemitter finden gelegentlich Verwendung, wenn Lichtleitkabel angekoppelt werden sollen.

Voraussetzung für den Einsatz von pn-Strukturen als LEDs ist natürlich, dass sich pn-Übergänge metallurgisch formieren lassen. Dies ist jedoch gerade bei den für blaue Lumineszenz benötigten Substanzen ein großes Problem. In Frage kommen prinzipiell Siliziumcarbid (SiC) oder Galliumnitrid (GaN). Siliziumcarbid ist ein sprödes und nur schwer zu bearbeitendes Material – unter dem Namen Korund ist es als Schleifmittel bekannt! – und außerdem ein indirekter Halbleiter; die optische Ausbeute ist demnach sehr gering. Darüber hinaus sind extrem hohe Züchtungstemperaturen notwendig. Galliumnitrid ist zwar ein direkter Halbleiter, konnte aber lange Zeit nicht p-dotiert werden.

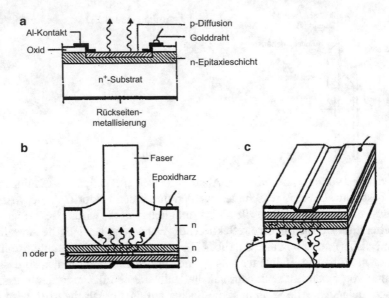

Abb. 4.8 Verschiedene Bauformen von Lumineszenzdioden. (a) Flächenemitter, (b) mit Faserankopplung („Burrus-Diode"), (c) Kantenemitter, aus [Heywang (1988)]

Heutige superhelle Lumineszenzdioden bestehen aus der quaternären Substanz $Al_xIn_yGa_{1-x-y}N$ beziehungsweise wechselnden Schichten von GaN, InGaN und AlGaN. Die Al InGaN-Leuchtdioden decken den kurzwelligen sichtbaren Bereich von Grün über Blau bis hin zum nahem Ultraviolett ab, während für den langwelligen Bereich von Grün über Orange, Gelb zu Rot hin AlInGaP-Dioden eingesetzt werden.

Schichtfolgen aus zwei Materialien werden als *Doppelheterostrukturen* bezeichnet. Mit ihnen lassen sich besonders hohe Lichtausbeuten erzielen. Abwechselnd folgen zum Beispiel jeweils eine sehr dünne Schicht und eine dickere Schicht wie in Abb. 4.9 aufeinander. Die dünneren Schichten aus InGaN haben eine kleinere Bandlücke als das umgebende Material. Sehr anschaulich spricht man von energetischen *Potentialtöpfen*. Die umgebenden dickeren Schichten aus GaN wirken als Barriere für die Elektronen und Löcher, welche in den Potentialtöpfen eingeschlossen bleiben. Da die Breite der Potentialtöpfe sehr gering ist (nur etwa 1 nm) und sich in diesen Dimensionen bereits die Eigenschaften der Quantenphysik bemerkbar machen, spricht man von *Quantenfilmen*.

Die Lichtausbeute von LED-Bauelementen wird durch die ausgesandte Strahlung gekennzeichnet. Die *Leistungseffizienz* ist definiert als Verhältnis von der pro Flächeneinheit insgesamt abgestrahlten Lichtleistung $h\nu j_{ph}$ zu aufgenommener elektrischer Leistung Uj_{eh}. Sie kann demnach geschrieben werden als

$$P_E = \frac{h\nu \, j_{ph}}{U \, j_{eh}} = \frac{h\nu}{eU}\eta_{ext} \, . \tag{4.17}$$

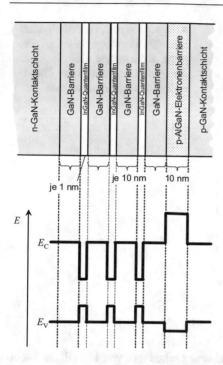

Abb. 4.9 Beispiel für den Aufbau einer Lumineszenzdiode aus InGaN-Quantenfilmen und GaN-Barrieren. *Unten* ist der Verlauf der Bandränder in Abhängigkeit vom Ort dargestellt (nach [Laubsch (2010)])

Sie ergibt sich aus dem externen Quantenwirkungsgrad durch Multiplikation mit der Energie $h\nu$ eines Photons und Division durch die angelegte Spannung U. Achtung: j_{ph} ist ein Teilchenstrom, j_{eh} dagegen ein elektrischer Strom, also Teilchenstrom mal Ladung!

Als Maß für die Lichtmenge kann die gesamte Strahlungsenergie oder die Strahlungsenergie pro Raumwinkel, die *Strahlstärke* I_e, dienen. Bei Bauelementen, deren Licht im sichtbaren Bereich liegt und vom Menschen wahrgenommen werden soll, ist diese Größe aber nicht allein zur Charakterisierung geeignet, da das menschliche Auge für unterschiedliche Wellenlängen unterschiedlich empfindlich ist. Beispielsweise erscheint rote Strahlung dunkler als grüne Strahlung von gleicher Intensität. Das Maximum der Augenempfindlichkeit liegt bei 555 nm.

Die spektrale Empfindlichkeit $V_{abs}(\lambda)$ des Auges (man muss sich dabei einen „Normmenschen" vorstellen) dient als Bewertungsfunktion. Wenn man die Strahlstärke mit der Empfindlichkeit multipliziert, erhält man eine Größe, die den subjektiven Helligkeitseindruck widergibt. Diese Größe heißt *Lichtstärke*,

$$I_v(\lambda) = I_e(\lambda) \cdot V_{abs}(\lambda). \tag{4.18}$$

Während die Strahlstärke I_e [4] in Watt (genauer Watt/Steradiant, W/sr) angegeben wird, existiert für die Lichtstärke eine eigene Einheit, die Candela (= Lumen pro Steradiant),

---

[4] Der Index „e" soll auf energiebezogene Größen hinweisen, der Index „v" auf visuelle Größen.

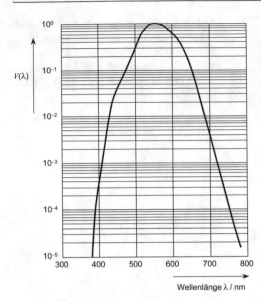

Abb. 4.10 Spektrale Empfindlichkeit $V(\lambda)$ des Auges bei Tag. Einzelne Zahlenwerte sind auch mit der MATLAB-Funktion `hellempf(lambda)` zu bekommen

$$[I_e] = W/sr \; ; \quad [I_v] = lm/sr = cd \; . \tag{4.19}$$

Eine 100-Watt-Glühlampe hat zum Beispiel eine Lichtstärke von 110 cd, die Lichtstärke normaler LEDs liegt im Millicandela-Bereich (ca. 10 … 50 mcd), sehr helle LEDs, so genannte Superstrahler, erreichen bis zu etwa 60 cd. Die Lichtleistung von Infrarotstrahlern kann natürlich nicht in Candela angegeben werden, die Lichtstärke würde ja zu null. Hier muss die Strahlstärke zur Charakterisierung herhalten. Ein Halbleiterlaser, der bei 880 nm strahlt, kann bei 2 mW Anregung eine Strahlstärke von 2 … 55 mW/sr erreichen. Oft wird die spektrale Empfindlichkeit $V(\lambda)$ übrigens als normierte Größe angegeben, dann schreibt man Gleichung (4.18) als

$$I_v(\lambda) = I_e(\lambda) \cdot V(\lambda) \cdot V_{max} = I_e(\lambda) \cdot V(\lambda) \cdot 683 \, lm/W \; . \tag{4.20}$$

Demnach wird die Leistungseffizienz[5] von Bauelementen, die im sichtbaren Bereich strahlen, ebenfalls mit der spektralen Empfindlichkeit gewichtet und in Lumen pro Watt angegeben. Praktisch werden einige 100 lm/W erreicht.

Eine weiteres Maß zur Charakterisierung von LEDs ist auch die durchschnittliche Lebensdauer. Während diese bei herkömmlichen Glühlampen etwa 500 bis 1000 Betriebsstunden beträgt, liegt sie bei LEDs bei ca. 100 000 h. Aus diesem Grund und wegen ihrer geringen Frühausfallrate sind sie zum Beispiel für Kraftfahrzeuge (zur Instrumentenbeleuchtung, als Rücklichter oder als Tagfahrlicht) oder für Verkehrsampeln, in letzter Zeit aber auch immer mehr für die Raumbeleuchtung, von großem Interesse.

---

[5] engl. *luminous efficacy*

Weißes Licht wird aus der Mischung dreier geeigneter Spektralfarben zusammengesetzt. Für weißleuchtende LEDs kann man auf zwei Prinzipien zurückgreifen: Entweder werden drei einfarbige LEDs, die als Mischfarbe Weiß ergeben, in einem Gehäuse untergebracht. Eine Ausführungsform verwendet zum Beispiel GaAsP (rot bei 635 nm), GaP (grün bei 565 nm) und GaN (blau bei 430 nm). Beim zweiten Prinzip wird eine blaue LED (SiC oder GaN) mit einer Kappe versehen. Die Kappe kann aus einem organischen Material bestehen und wirkt als Konversionsschicht (Beispiel: *LUCOLED, Luminescence Conversion LED*). Diese Schichten absorbieren einen Teil des blauen Lichts und wandeln es in Licht um, welches den Spektralbereich von Grün über Gelb zu Rot hin abdeckt. Auch anorganische Konversionsschichten (zum Beispiel Yttrium-Aluminium-Granat, abgekürzt YAG) sind verbreitet.

4.1.5 Entwicklungstendenzen bei Lumineszenzdioden

Auf allen Gebieten der Optoelektronik geht gegenwärtig die Entwicklung sehr intensiv weiter. Unter den lichtemittierenden Bauelementen hat in den letzten Jahren die Technologie blauer LEDs große Fortschritte gemacht. Sie sind vor allem durch die Entwicklung von GaN-Dioden möglich geworden. Zuvor war es lediglich möglich gewesen, den Wellenlängenbereich zwischen 549 nm (entsprechend $E_g = 1{,}42$ eV bei GaAs) und 871 nm (entsprechend $E_g = 2{,}26$ eV bei GaP) abzudecken. Dies entspricht dem Farbspektrum von infrarot nach gelbgrün und wird durch unterschiedliche Mischungsanteile der ternären Verbindung $GaAs_xP_{1-x}$ erreicht (vgl. auch Tabelle 4.1.). Ein Ziel der LED-Entwicklung besteht jedoch darin, möglichst helle weiß leuchtende Lichtquellen auf den Markt zu bringen. Um weißes Licht aus drei Spektralanteilen zu mischen, wird jedoch noch eine blaue Komponente benötigt.

Hierzu eignen sich alle Mischkristalle der Nitridverbindungen. Laut Tabelle 4.1. liegt die theoretische Wellenlänge eines Band-Band-Übergangs im Galliumnitrid ($E_g = 3{,}39$ eV) bei 366 nm, also schon im Ultravioletten. Bis Anfang der 90er Jahre war es jedoch nicht gelungen, dieses Material p-dotiert herzustellen. Erst seitdem ist es dank intensiver Untersuchungen einer japanischen Gruppe möglich geworden, pn-Übergänge und damit LEDs herzustellen. Diese Entwicklung hat die Technologie von LEDs und Lasern ziemlich revolutioniert. Heute werden grüne und sehr helle LEDs (so genannte Superstrahler) auf GaN-Basis hergestellt, im Gegensatz zu den früheren eher gelblichgrünen GaP-LEDs. Durch die Entwicklung blauer Dioden werden nun zum Beispiel auch helle weiße Lichtemitter auf der Basis der Farbmischung produziert. Dank wesentlich größerer Ausbeute können in Zukunft Lumineszenzdioden nicht nur als Anzeigeelemente, sondern auch immer mehr für Beleuchtungszwecke eingesetzt werden. Ihr Vorteil gegenüber konventionellen Glühlampen sind die längere Lebensdauer (ca. 100 000 Betriebsstunden gegenüber nur 500 bis 1 000 Betriebsstunden bei üblichen Glühlampen) sowie die viel geringere Wärmeproduktion. Der Spektralbereich vom Blauen bis zum Grünen wird heute durch quaternäre (d. h. vier Komponenten enthaltende) Mischkristalle aus der Reihe AlGaInN abgedeckt.

Über Silizium-Nanokristalle (ca. 1 … 2 nm Durchmesser) als Material für LEDs wird ebenfalls lebhaft diskutiert.

4.2 Einiges über Halbleiterlaser

4.2.1 Übersicht

Laser[6] sind leistungsfähige optoelektronische Lichtquellen zur Erzeugung von sehr monochromatischem und extrem kohärentem Licht. Laserlicht kann kontinuierlich oder aber in Form von kurzen, energiereichen Impulsen ausgesandt werden. Im Vergleich mit einem Laser ist die Technologie von LEDs zwar nicht so aufwändig und ihre optische Ausbeute ist wesentlich geringer, aber sie sind relativ kostengünstig.

Die ersten Laser wurden 1962 aus GaAs für den Infrarot-Bereich von BASOV[7] und Mitarbeitern in der UdSSR entwickelt. Kurze Zeit später wurden schon Laser im sichtbaren Bereich aus Mischkristallen von GaAsP hergestellt. Im Gegensatz zu Gaslasern (z. B. Helium-Neon) oder anderen Festkörperlasern (z. B. Rubin) sind Halbleiterlaser sehr klein (ca. 0,1 mm lang) und eignen sich hervorragend für die Hochfrequenzmodulation. Daher stellen sie eine ideale Lichtquelle zum Ankoppeln an Lichtwellenleiter dar, sie lassen sich unmittelbar an die Glasfasern anschließen – allerdings ist ihre Leistung nicht so groß wie die einiger anderer Laser.

Anwendung finden Halbleiterlaser außer bei der optischen Nachrichtenübertragung auch in Laserdruckern, beim Auslesen von Daten aus optischen Disks oder Musik-CDs und DVDs sowie in der Grundlagenforschung.

Effiziente Halbleiterlaser müssen, wie auch Lumineszenzdioden, möglichst aus direkten Materialien hergestellt werden, insbesondere kommen GaAs und andere III-V-Verbindungen wie GaAlAsSb oder GaInAsP in Frage. Der Wellenlängenbereich liegt zwischen 0,3 und 30 μm.

Die Entwicklung blauer Laserdioden auf der Grundlage der schon früher beschriebenen Verbindungen AlGaInN eröffnet zahlreiche neue Anwendungsmöglichkeiten, etwa beim Auslesen von optischen Speichermedien (so genannte *blue-ray disks*). Die optische Auflösung ist durch die Wellenlänge des verwendeten Lichts begrenzt. Da die Wellenlänge einer blauen Laserdiode nur etwa halb so groß ist wie die einer roten, ist die kleinste auflösbare Flächenstruktur nur etwa 0,5 · 0,5

---

[6] LASER – Light Amplification by Stimulated Emission of Radiation
[7] NICOLAJ G. BASOV (1922–2001), russ. Physiker, erhielt gemeinsam mit seinem Landsmann PROCHOROV (1916–2002) und dem Amerikaner TOWNES (geb. 1915) im Jahr 1964 den Nobelpreis „for fundamental work in the field of quantum electronics, which has led to the construction of oscillators and amplifiers based on the maser-laser principle". Basov promovierte am Moskauer Lebedev-Institut und war später dessen Direktor. Vielfältige Arbeiten zur Quanten-Elektronik.

mal so groß. Es lassen sich auf einer gleich großen Fläche also ca. 4-mal so viel Informationen unterbringen. Die verbesserte Auflösung ist darüber hinaus auch für die Belichtung von Photolack bei der Halbleiterherstellung von großem Interesse (siehe später, Kap. 7), dort können viel kleinere Strukturen erzeugt werden. Derzeit besonders weit entwickelt sind GaN-Laser auf Saphir-Substrat. In Entwicklung sind auch schon mittels MOCVD[8] auf SiC-Substraten aufgebrachte Schichten.

Der Mischkristall SiC hat den Vorteil einer größeren Wärmeleitfähigkeit, daraus resultiert eine längere Lebensdauer. Um existierende Patente zu umgehen, arbeiten einige Firmen auch an der Entwicklung von Mischkristall-Lasern aus InGaN oder AlInGaP. Weitere Informationen zu blauen Laserdioden finden Sie insbesondere bei [Nakamura, Pearton und Fasol (2000)].

4.2.2 Grundsätzliches zur Funktionsweise

Der Wirkungsweise des Halbleiterlasers liegt wie bei der Lumineszenzdiode ein pn-Übergang zugrunde (Abb. 4.11). Während dort jedoch Photonen durch spontane Emission erzeugt werden, ist für die Arbeitsweise eines Lasers stimulierte Emission die Voraussetzung. Nur durch stimulierte Emission kann kohärente Strahlung erzeugt werden. Wie schafft man es in einem Halbleiter, in dem einen Falle, wie bei der LED, spontane, im anderen aber, wie beim Laser, stimulierte Emission zu erzeugen?

Grundsätzlich kann ein durch Rekombination eines Elektron-Loch-Paares spontan entstandenes Photon, statt den Kristall zu verlassen, auch auf seinem weiteren Weg durch Reabsorption verloren gehen. Es kann aber auch über einen Prozess der stimulierten Emission ein weiteres Elektron-Loch-Paar zur Rekombination bringen. Die Reabsorption soll natürlich bei jedem optischen Emitter so gering wie möglich sein. Bei einer Lumineszenzdiode ist man daher bestrebt, die spontan erzeugten Photonen möglichst sofort aus dem Kristall nach außen zu bringen. Dies ist bei einem Laser aber nicht sinnvoll, da sollen ja die Photonen möglichst lange im Innern verbleiben, um weitere stimulierte Emissionsprozesse anzuregen. Die

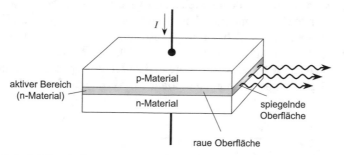

Abb. 4.11 Prinzipieller Aufbau einer Laserdiode. Laserdioden sind Kantenemitter

---

[8] Erklärung später, vgl. Abschn. 7.4.4

stimulierte Emission muss daher gegenüber der Absorption dominieren. Wir fragen uns jetzt, wann dies erfüllt ist.

4.2.3 Optischer Einschluss (Confinement)

Photonen können am Verlassen das Halbleiters am besten dadurch gehindert werden, dass man sie zwischen parallelen polierten, spiegelnden Wänden einschließt. Dadurch wird gleichzeitig ein optischer Resonator geschaffen. Licht, dessen Wellenlänge gerade passt, kann in diesem Resonator stehende Wellen ausbilden. Dafür muss die Resonatorlänge L ein ganzzahliges Vielfaches der halben Wellenlänge $\lambda/2$ sein (Fabry-Pérot-Resonator, Abb. 4.12):

$$L = \frac{m\lambda}{2}. \tag{4.21}$$

---

1. Laserbedingung: Damit sich das Licht im Halbleiter nicht durch destruktive Interferenz teilweise auslöscht, müssen sich in einem geeigneten optischen Resonator stehende Wellen ausbilden können, die sich gegenseitig verstärken.

Auch wenn die Grenzflächen sehr gut poliert sind, kann der austretende Lichtanteil nicht beliebig klein gehalten werden. Das liegt am Reflexionskoeffizienten, er hat bei GaAs wegen dessen Brechungsindex von 3,66 den Wert

$$R = \frac{(n-1)^2}{(n+1)^2} = \frac{(3,66-1)^2}{(3,66+1)^2} = 0,33. \tag{4.22}$$

Nur dieser Teil wird reflektiert, der Rest geht durch die Grenzfläche hindurch nach außen.

Photonen mit einer Wellenlänge entsprechend (4.21) können sich so weit verstärken, dass sich stimulierte Emission herausbildet. Diese Schwingungsformen heißen *Lasermoden*. Man möchte erreichen, dass die gesamte bei der Rekombination frei werdende Energie möglichst nur in eine einzige Mode gelangt. Dafür wäre es günstig, dass die aktive Schicht möglichst kurz ist und die gewünschte Mode schon mit der Bedingung $m = 1$ zulässt. Die nächste mögliche Mode mit $m = 2$ würde dann bereits die halbe Wellenlänge und damit die doppelte Photonenenergie erfordern. Diese steht aber schon nicht mehr zur Verfügung. Leider kann in solch

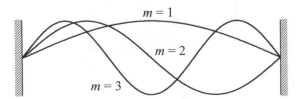

Abb. 4.12   Stehende Wellen im Fabry-Pérot-Resonator

kurzen Resonatorstrukturen nicht genügend Gewinn erzielt werden, ganz abgesehen von fertigungstechnischen Problemen. Deshalb muss man doch in Kauf nehmen, dass sich in der Regel gleichzeitig mehrere aktive Moden herausbilden. Tatsächlich liegt die Länge des aktiven Gebiets der heutigen Halbleiterlaser bei etwa 500 μm.

Die Elektronen und Löcher dürfen nicht aus der aktiven Laserschicht herauslaufen. Die für den Laserbetrieb erforderlichen Ladungsträgerdichten liegen in der Praxis bei etwa 10^{18} cm^{-3}. Bei diesen Dichten verringert sich das Gap des Halbleiters bereits erheblich (Gapschrumpfung, Abschn. 2.6.2). Dies kommt der Forderung nach einem Teilcheneinschluss sehr entgegen, reicht aber trotzdem meist nicht aus. Nach einer Idee von KROEMER[9] wird deshalb oft eine Struktur angewendet, bei der die aktive Schicht von Materialien umgeben wird, die schon von vornherein ein größeres Gap haben. Die Ladungsträger sind dann in der Laserschicht eingeschlossen. Derartige Strukturen bilden die so genannten *Doppelheterostruktur-Laser* (DH-Laser) (Abb. 4.13). Möglich ist zum Beispiel eine Laserschicht aus GaAs, die zwischen Al$_{0,3}$Ga$_{0,7}$As eingebettet ist. Eine solche Schichtenfolge bietet gleich noch einen weiteren Vorteil: Da der Brechungsindex der Randgebiete kleiner ist als derjenige der aktiven Schicht, werden die Lichtstrahlen geführt und teilweise tritt sogar Totalreflexion ein. Die Photonen werden dadurch in der Schicht „festgehalten". Im Gegensatz zur normalen Halbleiterdiode wird der aktive Bereich des Lasers hier durch die Sperrschicht gebildet.

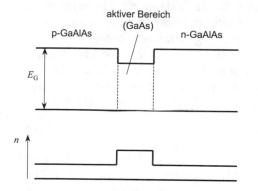

Abb. 4.13 Bandrand (*oben*) und Brechungsindex (*unten*) in einem GaAs-GaAlAs-DH-Laser

---

[9] HERBERT KROEMER (geb. 1928), dt.-amerik. Physiker, geb. in Weimar, Studium in Jena, später aus politischen Gründen in Göttingen fortgesetzt. Promotion 1952, machte bei anschließender Tätigkeit im Fernmeldetechnischen Zentralamt der Deutschen Post in Darmstadt durch seine Ideen zur Verbesserung des Transistors die Fachwelt auf sich aufmerksam. Wegen geringer Chancen auf dem Arbeitsmarkt seit 1954 in den USA, dort Arbeiten in den RCA Labs, bei Varian und an der University of Colorado. Arbeiten u. a. zu HBTs, zu Heterostruktur-Lasern und zum GUNN-Effekt. Bezeichnet sich selbst als „angewandten Theoretiker". Nobelpreis 2000 „for developing semiconductor heterostructures used in high-speed- and opto-electronics".

4.2.4 Besetzungsinversion und Gewinn

Um Laserlicht zu erzeugen, muss zunächst einmal mindestens ein Photon durch Rekombination eines Elektrons mit einem Loch „geboren" werden. Das geschieht über spontane Emission. Wenn dieses Photon den Laser verlässt, ist es für uns verloren. Wir haben aber gerade gesehen, dass dies durch die geometrische Konstruktion in Grenzen zu halten ist. Wenn das Photon im Lasergebiet bleibt, kann es jedoch weitere Wechselwirkungen eingehen: Zum einen besteht die Möglichkeit, dass es absorbiert wird, dann ist lediglich der gleiche Zustand wie vorher wieder hergestellt. Es kann aber auch stimulierte Emission bewirken. Hierzu muss es auf ein weiteres, rekombinationsfähiges Elektron-Loch-Paar treffen. Stimulierte Emission ist der erwünschte Prozess zur Erzeugung kohärenten Lichts.

Wenn wir wissen wollen, ob nun die stimulierte Emission oder die Absorption wahrscheinlicher ist, dann müssen wir nach der Besetzung der Zustände im Leitungs- und Valenzband fragen. Stehen dort jeweils viele freie Plätze zur Verfügung, dann kann das Photon Elektronen und Löcher erzeugen (Absorption). Sind dagegen die vorhandenen Zustände schon weitgehend mit Elektronen (und im Valenzband mit Löchern) besetzt, dann wird die stimulierte Emission wahrscheinlicher sein. Daher ist die Differenz zwischen spontaner und stimulierter Emission eine aussagekräftige Größe. Sie wird als Gewinn (engl. *gain*) bezeichnet. Ein großer Gewinn stellt eine wichtige Voraussetzung für den Laserbetrieb dar.

Photonen, die im Halbleiter wieder absorbiert werden und dadurch lediglich neue Elektron-Loch-Paare erzeugen, sind für die Funktion eines Lasers unbrauchbar. Daher ist die Differenz zwischen Photonen-Emission und -Absorption eine aussagekräftige Größe. Sie wird als Gewinn (engl. *gain*) bezeichnet.

Gemäß (4.4) ist die *Emissionsrate* proportional zur Wahrscheinlichkeit, dass im Leitungsband Elektronen- und direkt darunter im Valenzband (bei demselben Wert des Quasiimpulses) Lochzustände besetzt sind. Der Grad der Besetzung ist durch die Fermi-Verteilungsfunktion gekennzeichnet, daher können wir schreiben

$$I_{st} = I_{sp} = w_{eh}\, g_{eh}(h\nu)\, f_e(E_e)\, f_h(E_h)\,. \tag{4.23}$$

Dabei spielt es für den Einzelprozess keine Rolle, ob es sich um spontane oder stimulierte Emission handelt, denn für beide sind besetzte Elektronen- und Lochzustände erforderlich. Analog ist die *Absorptionsrate* proportional zur Wahrscheinlichkeit, dass Zustände *unbesetzt* sind:

$$I_{abs} = w_{eh}\, g_{eh}(h\nu)\,[1 - f_e(E_e)][1 - f_h(E_h)]\,. \tag{4.24}$$

Diese Situation wird gerade durch die Komplemente der Fermi-Funktion $[1-f]$ beschrieben. Der *Gewinn* ist jetzt die Differenz

$$
\begin{aligned}
g &= I_{sp} - I_{abs} \\
&= w_{eh}\, g_{eh}(h\nu)\left\{ f_e\, f_h - (1 - f_e)(1 - f_h) \right\} \\
&= w_{eh}\, g_{eh}(h\nu)\left\{ f_e + f_h - 1 \right\} \\
&= w_{eh}\, g_{eh}(h\nu)\left\{ f_e - (1 - f_h) \right\}.
\end{aligned}
\tag{4.25}
$$

Es ist einleuchtend, dass die Absorption dann kleiner ist als die Emission, wenn der Gewinn g größer als null ist. Diese Forderung kann man entsprechend (4.25) in zweierlei Weise interpretieren:

Die erste Interpretationsmöglichkeit besagt, dass die Zahl der Elektronen in einem bestimmten Leitungsbandzustand f_e größer als die Zahl der Elektronen ($1 - f_h$) im unmittelbar darunterliegenden Valenzbandzustand sein muss (letzte Zeile von (4.25)).

Bei der anderen Interpretation, die auch sehr aufschlussreich ist, gehen wir von der vorletzten Zeile von (4.25) aus. Sie besagt, dass die Summe von Elektronen- und Loch-Besetzungswahrscheinlichkeit $f_e + f_h$ größer als eins sein muss. Das ist zum Beispiel dann der Fall, wenn beide korrespondierenden Zustände von Elektronen und Löchern mindestens je zur Hälfte besetzt sind. Den größten Gewinn erreicht man natürlich für $f_e = f_h = 1$.

Solch eine Bedingung kann zum Beispiel an einem pn-Übergang annähernd herbeigeführt werden. Man spricht dann von *Besetzungsinversion* (Abb. 4.14). Es ist dies die zweite Voraussetzung, die für das Arbeiten eines Lasers notwendig ist.

---

2. Laserbedingung: Damit die Emission gegenüber der Absorption überwiegt, ist Besetzungsinversion notwendig. Dadurch wird eine ausreichende Zahl von Elektron-Loch-Paaren im aktiven Bereich garantiert.

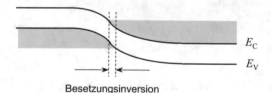

Besetzungsinversion

Abb. 4.14 Besetzungsinversion am pn-Übergang

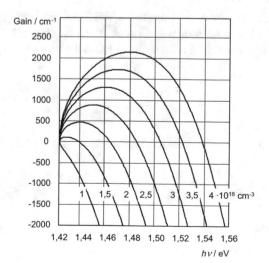

Abb. 4.15 Gain in GaAs. Kurvenparameter ist die Konzentration der Elektronen und Löcher $n = p$

Während der Gewinn als Überschuss der spontanen Emission über die Absorption die Voraussetzung für das *Einsetzen* des Laserbetriebs darstellt, ist zum *Aufrechterhalten* die stimulierte Emission wichtig. Die beiden Laserbedingungen garantieren die stimulierte Emission: Durch Besetzungsinversion wird eine ausreichende Zahl verfügbarer Elektronen und Löcher geschaffen, durch die Resonatorbedingung eine hohe Photonendichte garantiert.

Genau wie den spektralen Intensitätsverlauf der spontanen Emission kann man den Gewinn relativ leicht berechnen (vgl. Aufgabenteil, Aufgabe 4.15). Ergebnisse für verschiedene Dichten von Elektronen und Löchern (wohl aber mit $n = p$) sind in Abb. 4.15 dargestellt.

4.2.5 Bilanzgleichungen für Elektronen und Photonen

Um einen Halbleiterlaser zur Emission von kohärenter Strahlung zu bringen, ist erst einmal eine Schwellanregung erforderlich. Dies sieht man anhand von Bilanzgleichungen der Elektronen und Photonen. Wir wollen uns diese in einer vereinfachten Form anschauen.

Wir betrachten die zeitliche Veränderung der Elektronenkonzentration n im Leitungsband (analog könnte man auch die Löcher im Valenzband nehmen). Bei der Wechselwirkung mit Photonen (Dichte n_{ph}) lässt sich ihre Bilanz entsprechend der Kontinuitätsgleichung (2.76) eindimensional wie folgt schreiben:

$$\frac{\partial n}{\partial t} = \frac{1}{e}\frac{\partial}{\partial x}\, j + (G - R)_e\,, \qquad (4.26)$$

das heißt:

Zeitliche Änderung der Elektronendichte an einem bestimmten Ort des Halbleiters = Zufluss durch elektrischen Strom plus Generation minus Rekombination.

Wir setzen die Generations- und Rekombinationsrate sowie die Teilchenkonzentration am pn-Übergang – also in dem Bereich, in dem der Laser arbeiten soll – als ortsunabhängig an. Dann ist es erlaubt, über die Breite b dieses Bereichs von $x = 0$ bis b zu integrieren,

$$\frac{dn}{dt} b = \frac{1}{e}\, j + (G - R)_e\, b\,. \qquad (4.27)$$

Wir konkretisieren jetzt die Generations-/Rekombinationsprozesse und schreiben, wobei wir auch gleich durch b dividieren,

$$\frac{dn}{dt} = \underbrace{\frac{1}{eb}\, j}_{\substack{\text{Zufuhr} \\ \text{durch el. Strom}}} - \underbrace{B n_{ph}\, n}_{\substack{\text{stimulierte} \\ \text{Emission}}} - \underbrace{\frac{n}{\tau_e}}_{\substack{\text{strahlende und} \\ \text{strahlungslose} \\ \text{Emission}}} \qquad (4.28)$$

Der erste Term beschreibt die Zufuhr von Elektronen durch elektrischen Strom, der zweite die stimulierte Emission, die proportional der Photonenkonzentration n_{ph} ist, der dritte die nichtstrahlende und strahlende spontane Emission mit einer Rekombinationszeitkonstanten τ_{e}. B ist eine hier nicht näher zu spezifizierende Konstante, in die im Wesentlichen (4.25) eingeht.

Die entsprechende Gleichung für die Photonen lautet

$$\frac{\mathrm{d}n_{\text{ph}}}{\mathrm{d}t} = \underbrace{Bnn_{\text{ph}}}_{\substack{\text{stimulierte} \\ \text{Emission}}} + \underbrace{\frac{n}{\tau_{\text{r}}}}_{\substack{\text{spontane} \\ \text{Emission}}} - \underbrace{\frac{n_{\text{ph}}}{\tau_{\text{ph}}}}_{\text{Verluste}} . \tag{4.29}$$

Hier beschreibt der erste Term die Erzeugung von Photonen durch stimulierte Emission, der zweite die Erzeugung durch spontane Emission, der dritte die Verluste (τ_{ph} ist die Aufenthaltszeit der Photonen im betrachteten Volumen). Da Elektronen und Löcher im Allgemeinen auch strahlungslos rekombinieren, ist $1/\tau_{\text{r}} < 1/\tau_{\text{e}}$.[10]

Gleichungen wie (4.28) und (4.29) treffen wir sehr häufig in der Physik an, sie werden als *Ratengleichungen* bezeichnet. In unserem Fall führen sie zu zwei gekoppelten Differentialgleichungen, die im Allgemeinen nur numerisch gelöst werden können. Wir beschränken uns hier aber nur auf den stationären Fall, wenn die linken Seiten null sind. Dann kann man sie auch analytisch lösen. Wir vereinfachen die Überlegungen noch weiter, indem wir nur zwei Grenzfälle betrachten. Die allgemeine Lösung verlagern wir auf den Aufgabenteil.

1. Bei *niedrigen* Elektronen- und Photonendichten spielt die stimulierte Emission (der zweite Term, der B in (4.28) enthält) noch keine Rolle, und wir erhalten einen Zusammenhang zwischen stationärer Elektronenkonzentration und Stromdichte:

$$n = \frac{1}{eb} j\tau_{\text{e}} . \tag{4.30}$$

Durch Einsetzen in (4.29) ergibt sich, ebenfalls mit $Bnn_{\text{ph}} = 0$,

$$n_{\text{ph}} = \frac{n\tau_{\text{ph}}}{\tau_{\text{r}}} = \frac{1}{eb} j \frac{\tau_{\text{e}}\tau_{\text{ph}}}{\tau_{\text{r}}} . \tag{4.31}$$

Sowohl Elektronen- als auch Photonendichte sind dem Strom proportional, aber die Photonendichte ist noch sehr klein.

2. Im Falle *hoher* Elektronen- und Photonendichten dagegen liefert die stimulierte Emission den Hauptbeitrag, während die spontane Emission vernachlässigt werden kann (das Glied n/τ_{r} ist jetzt fast null). In diesem Falle kann (4.29) benutzt

---

[10] Die beiden Bilanzgleichungen (4.28) und (4.29) stellen nur ein vereinfachtes Modell dar. In dem Term Bnn_{ph} steckt genau genommen nicht die stimulierte Emission allein, sondern ihr Überschuss gegenüber der Absorption, also der Gewinn gemäß (4.25).

werden, um die stationäre Elektronenkonzentration n zu berechnen:

$$0 = \left(Bn - \frac{1}{\tau_{ph}} \right) n_{ph} \,. \tag{4.32}$$

Da n_{ph} nicht null werden soll, muss der Klammerausdruck verschwinden:

$$n = 1 / B\tau_{ph} \,. \tag{4.33}$$

Einsetzen in (4.28) und Umstellen nach n_{ph} ergibt

$$n_{ph} = \frac{1}{eb} j\tau_{ph} - \frac{1}{B\tau_e} \,. \tag{4.34}$$

Auch jetzt hängt n_{ph} wieder linear vom Strom ab. Im Vergleich zu (4.31) ist der Anstieg allerdings viel größer – der Unterschied ist durch den Faktor $\tau_e/\tau_r < 1$ bedingt, also durch das Verhältnis von gesamter zu strahlender Emissionsrate der Elektronen. Die Grenze zwischen den beiden Bereichen hoher und niedriger Photonendichte ist die *Laserschwelle*. Sie ergibt sich durch Gleichsetzen von (4.30) und (4.33) und liegt bei einer Elektronenkonzentration von

$$\boxed{n_s = \frac{1}{eb} j\tau_e = \frac{1}{B\tau_{ph}} \,.} \tag{4.35}$$

Die Gleichungen (4.30) und (4.31) liefern somit näherungsweise den Verlauf der Elektronen- beziehungsweise Photonenkonzentration (mit anderen Worten der Lichtintensität) bei niedrigen Anregungsstromdichten. Die gesamte durch den Strom eingespeiste Leistung schlägt sich dort in einer Erhöhung der Elektronenkonzentration nieder, während die Lichtausbeute fast nicht wächst. In diesem Bereich arbeitet das Bauelement als normale LED. Bei höheren Anregungsstromdichten, oberhalb der Laserschwelle, bleibt dagegen die Elektronenkonzentration trotz wachsenden Stroms entsprechend (4.33) konstant – eine Erhöhung der zugeführten Energie bewirkt unmittelbar eine stärkere stimulierte Emissionsrate und wird somit vollständig für die Erhöhung der Photonendichte gemäß (4.34) aufgebraucht. Dies ist der eigentliche Laserbereich. Diese Verhältnisse sind in Abb. 4.16 dargestellt.

Der exakte Verlauf der Elektronen- und Photonenkonzentration ergibt sich, indem (4.28) und (4.29) null gesetzt und nach n sowie n_{ph} umgestellt werden. Die genaue Rechnung soll hier nicht wiedergegeben werden, sie wird in Aufgabe 4.16 durchgeführt und dort als Basis eines MATLAB-Rechenprogramms benutzt. Damit ergeben sich die in Abb. 4.16 ausgezogenen Kurven.

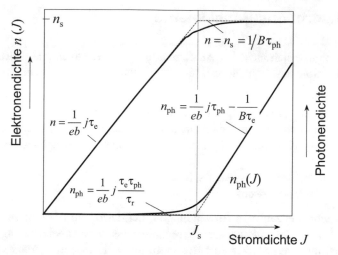

Abb. 4.16 Verlauf der Elektronen- und Photonendichte in Abhängigkeit von der Anregungsstromdichte. *Gestrichelte Kurven*: Approximationen gemäß (4.30) und (4.31) sowie (4.33) und (4.34). *Ausgezogene Kurven*: exakte Werte für $n(J)$ und $n_{ph}(J)$

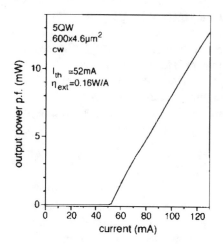

Abb. 4.17 Ausgangsleistung eines GaInAsN-Lasers (hier: eines „Quantum-Well-Lasers") in Abhängigkeit vom Injektionsstrom (aus [Gollub, Moses und Forchel 2004])

Ein Beispiel für experimentelle Abhängigkeiten der Photonenintensität von der Stärke des Injektionsstroms ist in Abb. 4.17 gezeigt. Deutlich ist die Laserschwelle zu erkennen.

4.3 Absorptions-Bauelemente

Halbleiter eignen sich nicht nur zur Erzeugung, sondern auch zum Nachweis von Licht. Ein Halbleiter-Photodetektor muss drei Bedingungen erfüllen:

1. Er soll Ladungsträger (Elektron-Loch-Paare) mit hoher Ausbeute erzeugen.
2. Die erzeugten Ladungsträger müssen schnell voneinander getrennt und weg-transportiert werden, damit sie nicht sofort wieder rekombinieren. Günstig ist es auch, wenn sich durch Multiplikationseffekte noch weitere Ladungsträger bil-den.
3. Der erzeugte Strom muss sich schließlich in angeschlossenen Geräten ausrei-chend nachweisen lassen.

Es gibt eine Vielzahl von Anwendungen, bei denen die Absorption des Lichts ausgenutzt wird. Das automatische Einschalten der Straßenbeleuchtung bei Dun-kelheit (Dämmerungsschalter), die Bestimmung der Beleuchtungsstärke in Belich-tungsmessern von Fotoapparaten und der Nachweis beweglicher Objekte in einem Bewegungsmelder durch Detektion eines Infrarotlichtstrahls sind nur einige Bei-spiele dafür. Eine besonders wichtige Anwendung sind Empfänger für Licht aus Lichtwellenleitern.

4.3.1 Physikalische Grundlagen der Absorption

Bei der Absorption handelt es sich um den zur Lumineszenz entgegengesetzten Prozess. Während jedoch zur Erzeugung einer effizienten Lumineszenzstrahlung pn-Strukturen notwendig sind, ist die Absorption an solche Strukturen nicht gebun-den. Hierfür reicht im Prinzip schon ein Stück homogenes Halbleitermaterial.

Der elementare Absorptionsprozess wird in direkten Halbleitern durch die bereits früher benutzte Formel (4.24) auf Seite 180 beschrieben:

$$I_{\text{abs}} = w_{\text{eh}} \; g_{\text{eh}}(h\nu) \left[1 - f_{\text{e}}(E_{\text{e}})\right]\left[1 - f_{\text{h}}(E_{\text{h}})\right]. \tag{4.24}$$

Unter üblichen Bedingungen im Halbleiter sind die Besetzungswahrscheinlichkei-ten f_{e} und f_{h} sehr klein gegen eins (im Gegensatz zur Situation beim Laserbetrieb). Dann ist die Frequenzabhängigkeit der Absorption nur noch durch den Vorfaktor $g_{\text{eh}}(h\nu)$ bestimmt, also durch einen Wurzelverlauf oberhalb von E_{g} und null darun-ter,

$$I_{\text{abs}} = w_{\text{eh}} \; g_{\text{eh}}(h\nu) \sim \sqrt{h\nu - E_{\text{g}}} \; . \tag{4.36}$$

In Abb. 4.18 ist die gemessene Absorptionsintensität, oder der Absorptionskoef-fizient, in Abhängigkeit von der Energie dargestellt, In den direkten Halbleitern GaAs und CdTe spiegelt er diese Wurzel-Abhängigkeit wider.

Sucht man nach möglichst gut absorbierenden Materialien, so kann man sich zunächst an den Lumineszenzeigenschaften orientieren. So sind Halbleiter beson-

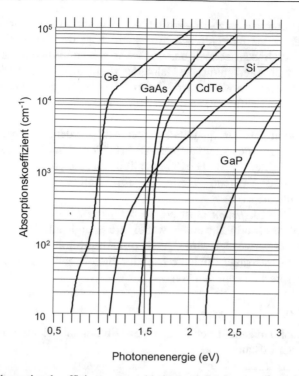

Abb. 4.18 Absorptionskoeffizienten verschiedener Halbleiter in Abhängigkeit von der Energie (nach [Singh 1995]). Es ist gut zu erkennen, dass der Absorptionskoeffizient in den direkten Halbleitern GaAs und CdTe sehr steil ansteigt (nämlich mit der Wurzel aus der Energie). In den indirekten Halbleitern Ge, Si und GaP ist die Absorption durchweg schwächer als in den direkten. Das starke Ansteigen im Germanium oberhalb einer Energie von 1,0 eV beruht darauf, dass an dieser Stelle bereits die Absorption in dessen höherliegendes direktes Leitungsbandminimum einsetzt.

ders empfindlich gegenüber Photonen mit einer Lichtenergie geringfügig oberhalb von E_g. Unterhalb dieser Energie sind passende Zustände im Leitungs- und Valenzband, die die Bildung von Elektron-Loch-Paaren ermöglichen würden, nicht vorhanden – zumindest nicht im reinen Halbleiter. In diesem Bereich wird deshalb kein Licht absorbiert. Beispielsweise sehen Galliumphosphidkristalle im durchscheinenden Tageslicht rötlich aus, eine Folge der Durchlässigkeit für das rote Licht ($h\nu < E_g$) bei gleichzeitiger Absorption des grünen Lichtanteils ($h\nu > E_g$). Siliziumcarbid und Galliumnitrid sind dagegen durchsichtig, sie absorbieren fast kein sichtbares Licht. Silizium auf der anderen Seite lässt nur infrarotes Licht durch, es absorbiert das gesamte sichtbare Licht und ist infolgedessen für unser Auge undurchsichtig. Andererseits lassen sich aber auch solche Photonen, deren Energien weit oberhalb der Gapenergie liegt, nicht mehr gut nachweisen. Sie werden bereits nahe der Kristalloberfläche schon so stark absorbiert, dass sie keine Chance mehr haben, weit ins Kristallinnere zu gelangen, wo der Nachweis möglich wäre.

Wie bei der Lumineszenz gilt auch bei der Absorption, dass direkte Halbleiter viel empfindlicher als indirekte sind. In ihnen steigt der Absorptionskoeffizient nahe der Bandkante sehr schnell an, und zwar mit der Wurzel aus der Energie. Trotzdem lassen sich auch indirekte Halbleiter zum Nachweis von Licht benutzen. Nicht in allen Halbleitern werden jedoch Band-Band-Übergänge ausgelöst, es können auch Übergänge auftreten, an denen Störstellenniveaus innerhalb der Bandlücke beteiligt sind.

Die Absorption soll nun quantitativ untersucht werden. Wir betrachten einen Strom von ankommenden Lichtquanten. Die Halbleiteroberfläche legen wir sinnvollerweise an die Stelle $x = 0$. Die Zahl der Teilchen, die pro Flächen- und Zeiteinheit eine herausgegriffene Stelle x im Halbleiter passieren, ist die Photonenstromdichte $j_{ph}(x)$.

Der *Absorptionskoeffizient* α ist ein Maß für die Zahl der Photonen, die zwischen x und $x + dx$ absorbiert werden, wobei ihre Energie zur Erzeugung von Elektron-Loch-Paaren verwendet wird. Durch die Absorption beim Durchlaufen der dünnen Schicht dx verringert sich die Zahl der Photonen; die Photonenstromdichte ändert sich entsprechend um den Wert

$$d\,j_{ph} = -\alpha\,j_{ph}(x)dx \tag{4.37}$$

(4.37) führt nach Division durch dx zu einer Differentialgleichung für den Photonenstrom mit der Lösung

$$\boxed{j_{ph}(x) = j_{ph}(0)e^{-\alpha x}} \tag{4.38}$$

Der Photonenstrom nimmt also exponentiell mit der Eindringtiefe ab.

Die *Energieflussdichte* (*Leistungsdichte*) des Lichtstrahls bezeichnen wir mit P_{opt}. Sie ergibt sich aus der Photonenstromdichte, indem mit der Energie eines einzelnen Photons $h\nu$ multipliziert wird:

$$P_{opt}(x) = j_{ph}(x)h\nu. \tag{4.39}$$

Wenn aus jedem absorbierten Photon genau ein Elektron-Loch-Paar entsteht, liefert (4.37) auch die optische Generationsrate (Erzeugungsrate) pro Volumeneinheit von Elektronen und Löchern an der Stelle x:

$$G(x) = \alpha\,j_{ph}(x). \tag{4.40}$$

Die Generation führt zu Überschusskonzentrationen Δn und Δp der jeweiligen Ladungsträgersorten. Sie ergeben sich im stationären Falle aus der Bilanz zwischen Erzeugung G und Zerfall durch strahlende Übergänge $\Delta n/\tau_e$ zu

$$\frac{\Delta n}{\tau_e} = G. \tag{4.41}$$

(τ_e ist die Rekombinations-Lebensdauer der Elektronen; eine analoge Beziehung gilt für die Löcher.)

Beispiel 4.3

Ein Lichtstrahl mit einer Wellenlänge von 730 nm fällt auf einen GaAs-Empfänger. Die Energieflussdichte des Lichts betrage 5 W/cm². Wie groß ist die (mittlere) Generationsrate für die Erzeugung von Elektronen-Loch-Paaren? Der Absorptionskoeffizient soll aus Abb. 4.18 entnommen werden.

Lösung:

Als Photonenenergie berechnen wir $h\nu = 1{,}70$ eV. Aus der Abbildung liest man an dieser Energie den Wert $\alpha = 10^4$ cm^{-1} ab.

Die Photonenstromdichte ergibt sich aus der Energiestromdichte P_{opt}, indem durch die Energie eines einzelnen Photons $h\nu$ dividiert wird. Daraus folgt als Generationsrate

$$G = \alpha\, j_{ph} = \alpha \frac{P_{opt}}{h\nu} = 10^4 \text{cm}^{-1} \cdot \frac{5\,\text{Wcm}^{-2}}{1{,}70\,\text{eV}} \,.$$

Nach Umrechnung von Elektronenvolt in Joule erhalten wir das Ergebnis $G = 1.8 \cdot 10^{23}$ cm^{-3}s^{-1}. Da die Intensität des Lichtstrahls und somit die Generationsrate zum Innern hin sinkt, gilt unsere so erhaltene Beziehung streng genommen nur an der Oberfläche. Um die Größenordnung abzuschätzen, ist der gefundene Wert aber in jedem Fall brauchbar.

Beispiel 4.4

Wie groß ist die optisch erzeugte Konzentration der Überschussladungsträger aus Beispiel 4.3, wenn wir eine Rekombinationslebensdauer von 10^{-8} s annehmen?

Lösung:

$$\Delta n = \Delta p = G\tau = 1{,}8 \cdot 10^{23} \text{ cm}^{-3}\text{s}^{-1} \cdot 10^{-8}\text{s} = 1{,}8 \cdot 10^{15} \text{cm}^{-3} \,.$$

Ein Teil der durch das Licht erzeugten Elektron-Loch-Paare kann aber auch wieder rekombinieren, wenn sie nicht rechtzeitig abgeführt werden. Sie tragen dann zum elektrischen Strom nichts bei. Daher ist das Verhältnis der resultierenden elektrischen Stromdichte j_{eh} zur Energieflussdichte des einfallenden Lichtstrahls,

$$R_{ph} = \frac{j_{eh}}{P_{opt}} \tag{4.42}$$

eine wichtige Kenngröße eines Strahlungsempfängers. Sie wird als *Empfindlichkeit (responsivity, sensitivity, detectivity)* bezeichnet.

Oftmals aussagekräftiger ist der *Quantenwirkungsgrad (quantum efficiency)*. Er ist einfach als das Verhältnis von zwei Teilchenströmen (beziehungsweise Flussdichten) definiert, nämlich der Trägerflussdichte der erzeugten Elektron-Loch-Paare zur Photonenstromdichte, die an der Halbleiteroberfläche auftrifft. Somit ist er als Umkehrung von (4.15) definiert:

$$\eta_Q = \frac{\text{Teilchenstrom der Elektronen bzw. Löcher}}{\text{Photonenstrom}} = \frac{j_{\text{eh}}/e}{j_{\text{ph}}} =$$

$$\underset{\substack{\text{(4.39) einsetzen}}}{\equiv} \quad \frac{j_{\text{eh}}}{P_{\text{opt}}} \frac{h\nu}{e} = R_{\text{ph}} \frac{h\nu}{e}. \tag{4.43}$$

Der Quantenwirkungsgrad ist eine dimensionslose Größe (Wir haben den Photonenstrom j_{ph} als Teilchenstrom, den Elektronenstrom j_e aber als Ladungsstrom bezeichnet, daher die Ladung e im Nenner!) Die Empfindlichkeit lässt sich damit umgekehrt wie folgt ausdrücken:

$$R_{\text{ph}} = \eta_Q \frac{e}{h\nu} \sim \lambda. \tag{4.44}$$

Sie ist also proportional zur Wellenlänge. Diese Beziehung gilt nicht für Licht, dessen Energie kleiner als die Gapenergie ist, da solche Photonen gar nicht erst absorbiert werden. In diesem Falle ist die Empfindlichkeit eigentlich null.[11] Sie ist nach (4.44) maximal, wenn die Photonenenergie gleich der Gapenergie E_g ist, und für noch größere Energien sinkt sie wieder. Das liegt daran, dass aus einem Photon

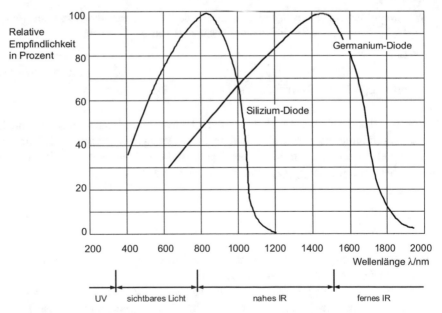

Abb. 4.19 Spektralabhängigkeit der Empfindlichkeit, nach [Infineon Technologies 2004]

---

[11] Das stimmt nicht ganz, denn unterhalb von E_g gibt es noch so genannte Excitonen-Niveaus und bei Dotierung auch Störstellenzustände, die ebenfalls absorbieren können.

immer nur *ein* Elektron-Loch-Paar gebildet werden kann, die darüber hinausgehende Energie wird als thermische Energie vom Halbleiter aufgenommen (d. h. in Wärme umgesetzt). Über der Wellenlänge aufgetragen ergibt das die Proportionalität $R_{ph} \sim \lambda$. Um eine möglichst vollständige Umsetzung der eingestrahlten Energie in elektrische Energie zu erreichen, wäre ein Halbleiter wünschenswert, dessen Gapenergie geringfügig kleiner als die Lichtenergie ist. Die Empfindlichkeit (gemessene Werte siehe Abb. 4.19) liefert hierfür das geeignete Maß.

4.3.2 Photoleiter

Die Beeinflussung der elektrischen Leitfähigkeit in einem Halbleiter durch Licht wird als *Photoleitung* bezeichnet. Infolge der Absorption entsteht dabei ein Elektron-Loch-Paar. Die Photoleitung wird üblicherweise mit einem Photowiderstand nachgewiesen (Abb. 4.20).

Die Photoleitfähigkeit liefert infolge der stationären Erhöhung der Trägerkonzentrationen $\Delta n = \Delta p$ einen Zusatzbeitrag zur Leitfähigkeit eines Halbleiters:

$$\Delta\sigma = e\Delta n(\mu_e + \mu_h) = eG(\tau_e\mu_e + \tau_h\mu_h). \tag{4.45}$$

Den Zusammenhang von Δn mit G haben wir aus (4.41) geholt.

Wie wir sehen, ist neben einer (wenn möglich) intensiven optischen Anregung auch eine hohe Rekombinations-Lebensdauer sehr günstig für die Photoleitung. Die Beweglichkeit selbst hängt von der Bestrahlung meist nicht ab. Aus (4.45) folgt für die Photostromdichte (das ist der optisch erzeugte Stromdichteanteil) im Leiter

$$j_{opt} = eG(\tau_e\mu_e + \tau_h\mu_h)\mathscr{E}. \tag{4.46}$$

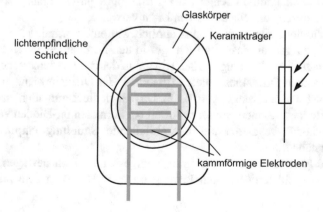

lichtempfindliche Schicht   Glaskörper   Keramikträger   kammförmige Elektroden

Abb. 4.20 Bauform und Schaltzeichen eines Photowiderstands, nach [Tholl 1978]. Die Entfernung zwischen den Elektroden ist kurz, die Ausdehnung längs der Elektroden dagegen groß

Das Produkt aus Beweglichkeit μ_e, μ_h und Feldstärke $\mathscr{E}$ ist laut (2.48) die Driftgeschwindigkeit $v_d{}^h = \mu_h\,\mathscr{E}$. Diese lässt sich auch darstellen als Probenlänge L dividiert durch die Flugzeit t_F über diese Strecke. Nehmen wir der Einfachheit halber gleiche Beweglichkeiten und gleiche Rekombinationszeiten für Elektronen und Löcher an, so können wir schreiben:

$$j_{opt} = 2eG\tau\mu\,\mathscr{E} = 2eGL\frac{\tau}{t_F}. \tag{4.47}$$

Das Verhältnis der beiden Zeiten τ/t_F – man bezeichnet es auch als *Gewinn* (*gain*) des Photoleiters[12] – kann in günstigen Fällen sehr groß werden. Wir lesen daraus ab, dass der Gewinn und damit der Photostrom um so größer wird, je länger die Lebensdauer der Ladungsträger ist (Das ist selbstverständlich!) und je kürzer die Flugzeit durch den wegen der Rekombinationsmöglichkeit „gefährlichen" Halbleiter ist. Sobald ein Ladungsträger den Halbleiter verlassen hat, hat er sich ja der Rekombination entzogen. Ein Photoleiter muss also in Stromrichtung möglichst kleine Ausdehnung haben. Um trotzdem eine große Fläche zu ermöglichen, werden zum Beispiel kammförmige Anschlüsse wie in Abb. 4.20 realisiert.

In Silizium werden Gewinne bis zu 1000 und mehr erreicht. Eine sehr hohe Photoleitfähigkeit erreicht man prinzipiell auch in polykristallinen Halbleitern.

4.3.3 Photodioden und weitere Photodetektoren

Die durch Licht erzeugten Ladungsträger müssen mit Hilfe eines elektrischen Feldes eingesammelt werden, bevor sie nachzuweisen sind. In einem Photowiderstand ist dieses Feld einfach das Feld der angelegten äußeren Spannung. In einem pn-Übergang kann man das durch die Raumladung verursachte Feld nutzen; wie wir wissen, ist es in Sperrrichtung besonders hoch. Deshalb werden neben homogenen Photoleitern auch Photodioden auf der Basis eines pn-Übergangs sowie andere Hableiterstrukturen zum Nachweis von Licht verwendet.

Eine Photodiode funktioniert ganz ähnlich wie eine normale pn-Diode, sie ist allerdings so aufgebaut, dass das Licht gut in den Bereich des pn-Übergangs eindringen kann. Bei Bestrahlung werden sowohl in der Raumladungszone als auch in den angrenzenden Diffusionsgebieten (innerhalb der Diffusionslängen L_e und L_h) Elektron-Loch-Paare erzeugt (Abb. 4.21). Da jedoch die Raumladungszone im Allgemeinen klein ist, können wir deren Anteil bei normalen pn-Dioden vernachlässigen. Photodioden reagieren auf die einfallende Strahlung empfindlicher als Photowiderstände.

Wird die Photodiode in Sperrrichtung vorgespannt, dann bewegen sich die in den Diffusionsgebieten erzeugten Ladungsträger in Richtung zum pn-Übergang,

---

[12] Nicht zu verwechseln mit dem Gewinn eines Lasers – beides sind grundverschiedene Größen!

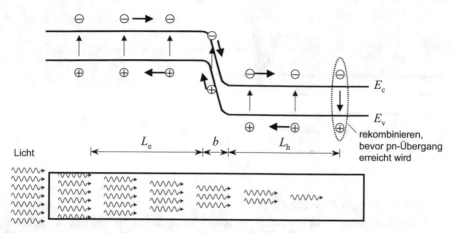

Abb. 4.21 Optische Erzeugung von Elektron-Loch-Paaren am pn-Übergang

wo sie durch das starke elektrische Feld sofort abgesaugt werden. Sie gelangen auf dessen andere Seite und erhöhen auf diese Weise den Sperrstrom durch die Diode. Der „normale" Sperrstrom j_0, der „Dunkelstrom", wird also um einen Zusatz j_{opt} erhöht:

$$j_s = j_0 + j_{opt} \cdot \tag{4.48}$$

Wenn wir der Einfachheit halber homogene Anregung voraussetzen, können wir den optischen Stromanteil durch die Generationsrate der Elektronen-Loch-Paare G ausdrücken. Da G auf das Volumen bezogen ist, j_{opt} aber auf die Flächeneinheit, ergibt sich einfach

$$j_{opt} = e(b + L_e + L_h)G \approx e(L_e + L_h)G. \tag{4.49}$$

Die Breite b der Raumladungszone ist üblicherweise klein gegen die Diffusionslängen L_e und L_h und kann daher vernachlässigt werden. Der erzeugte Strom ist nach (4.49) der optischen Generationsrate proportional. Wir können demnach in Erweiterung von (3.47) die folgende Kennliniengleichung aufschreiben:

$$j = -j_{opt} + j_0\left(e^{\frac{eU}{k_B T}} - 1\right) = -e(L_e + L_h)G + j_0\left(e^{\frac{eU}{k_B T}} - 1\right). \tag{4.50}$$

Damit ergibt sich eine Kennlinienschar analog zur normalen Diodenkennlinie, allerdings um den Betrag des optisch erzeugten Stromanteils parallel nach unten verschoben (Abb. 4.22); die optische Anregungsrate G ist dabei ein Parameter.

Aus der Kennliniengleichung kann man folgende Spezialfälle des Diodenbetriebs ableiten:

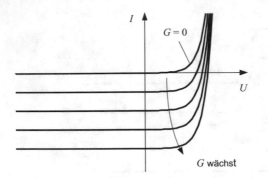

Abb. 4.22 Kennlinienschar einer Photodiode

– *Arbeitsweise als Photodiode*

Eine Photodiode wird mit einer negativen Vorspannung betrieben, so dass der pn-Übergang gesperrt ist. In diesem Bereich ist die erzielte Stromänderung und damit die Empfindlichkeit am größten (Abb. 4.22). Die Photodiode ist ein passiver Detektor.

– *Arbeitsweise als Photoelement*

Photoelemente arbeiten ohne äußere Vorspannung. Der pn-Übergang selbst dient dann als Spannungsquelle, ist also aktiv. Der Kurzschlussstrom (das ist der Strom bei $U = 0$) wächst linear mit der Generationsrate der Träger. Dies ist unmittelbar aus (4.50) für $U = 0$ zu erkennen, es wird jedoch auch aus den jeweils gleichen Abständen der einzelnen Photostromkurven in Abb. 4.22 deutlich. Es ist $j_K = -j_{opt} - j_0 \approx -j_K$. Eine weitere wichtige Kenngröße ist die Leerlaufspannung U_L. Das ist die Spannung, die die Diode liefert, wenn kein Strom fließt ($j = 0$). Diese Spannung hängt logarithmisch vom Photostrom ab,

$$U_L = \frac{k_B T}{e} \ln\left(\frac{j_{opt}}{j_0} + 1 \right), \tag{4.51}$$

wie wir in Aufgabe 4.10 nachweisen werden. Sie nähert sich asymptotisch der Diffusionsspannung der Diode (Abb. 4.23)

Die optisch erzeugten Ladungsträger werden im elektrischen Feld der Raumladung getrennt. Bei Leerlauf können sie nicht nach außen abfließen, da der Stromkreis nicht geschlossen ist. Deshalb wird die Breite der Raumladungszone und damit auch die Höhe der Potentialschwelle am pn-Übergang vermindert. (Abb. 4.24).

Auch die Solarzelle arbeitet als Photoelement, allerdings liegt hier das Gewicht auf einer hohen Energieausbeute, während Sensorelemente ein großes Signal, also zum Beispiel einen hohen Strom, erzeugen sollen.

Die Spannungserzeugung in einem Photoelement wird als *photovoltaischer Effekt* bezeichnet. Wir erkennen, dass die erzeugte Photospannung im Innern bestenfalls so hoch wie die Diffusionsspannung am pn-Übergang sein kann, also weniger als 1 Volt.

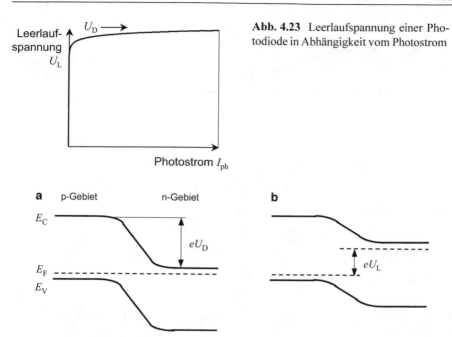

Abb. 4.23 Leerlaufspannung einer Photodiode in Abhängigkeit vom Photostrom

Abb. 4.24 Energieschema eines pn-Übergangs. (a) ohne optische Generation von Trägern, (b) mit optischer Generation im Leerlauffall

Bei einer Photodiode stört noch, dass die Ladungsträger nur relativ langsam bis zur Raumladungszone diffundieren, anschließend im Feldbereich des pn-Übergangs werden sie ja schnell abgesaugt. Die langsame Diffusion verringert die Reaktionszeit und erhöht die Wahrscheinlichkeit der Rekombination. Für eine schnelle Reaktion auf die optische Strahlung wäre daher ein Bauelement mit einer breiten Raumladungszone vorteilhafter. Genau dies ist bei *pin-Photodioden* erfüllt. Sie werden deshalb ebenfalls gern als Strahlungsempfänger eingesetzt.

Die pin-Diode wurde bereits in Abschn. 3.7 erwähnt. Sie gehört zu den gebräuchlichsten Photodetektoren. Wie eine normale Diode besteht sie aus einer p- und einer n-dotierten Schicht, dazwischen befindet sich aber jetzt eine undotierte Halbleiterschicht, das i-Gebiet (Abb. 4.25). Dadurch wird das elektrische Feld der Raumladungsgebiete auseinander gezogen, und zwar über die komplette i-Schicht. Im Sperrbereich von pn-Übergängen spielt, wie wir bereits wissen, häufig die Generation im Raumladungsgebiet eine Rolle. Bei Photodioden kann sie sogar der dominierende Mechanismus sein. Bei pin-Dioden ist die Generation nun vollends auf das Raumladungsgebiet übergegangen. Man kann den i-Bereich so zurechtschneiden, dass in ihm fast der gesamte Teil der Photonen absorbiert wird. Die entstehenden Elektron-Loch-Paare werden im elektrischen Feld getrennt und haben jetzt weniger Möglichkeiten zur Rekombination. Die großen elektrischen Feldstärken erlauben eine hohe Geschwindigkeit der Ladungsträger, daher haben pin-Photodioden viel kleinere Zeitkonstanten als einfache pn-Dioden.

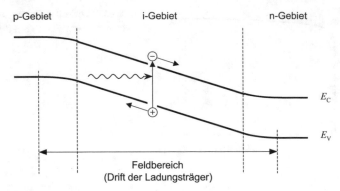

p-Gebiet   i-Gebiet   n-Gebiet

Feldbereich
(Drift der Ladungsträger)

Abb. 4.25 pin-Diode mit optischer Anregung

Beispiel 4.5

Wir berechnen den Quantenwirkungsgrad einer pin-Diode.

Lösung:

An jeder Stelle x des i-Gebiets ist die Absorptionsrate durch (4.40) gegeben, das heißt

$$G(x) = \alpha\, j_{\mathrm{ph}}(x)\,.$$

Die insgesamt im i-Gebiet erzeugten Elektron-Loch-Paare ergeben sich durch Integration über die gesamte Länge L dieses Gebiets. Die Integration zwischen 0 und L liefert

$$G_{\mathrm{L}} = \int_0^L G(x)\mathrm{d}x = \int_0^L \alpha\, j_{\mathrm{ph}}(0)\mathrm{e}^{-\alpha x}\mathrm{d}x = \alpha\, j_{\mathrm{ph}}(0)\frac{\left[\mathrm{e}^{-\alpha L}-1\right]}{-\alpha} =$$

$$= j_{\mathrm{ph}}(0)\left[1 - \mathrm{e}^{-\alpha L}\right].$$

Die so erzeugten Elektronen und Löcher tragen zum elektrischen Strom bei. Die Stromdichte finden wir durch Multiplikation mit der Elementarladung:

$$j_{\mathrm{L}} = eG_{\mathrm{L}} = e j_{\mathrm{ph}}(0)\left[1 - \mathrm{e}^{-\alpha L}\right].$$

Gemäß (4.43) finden wir nun den bereits dort definierten Quantenwirkungsgrad für unseren Fall der pin-Diode zu

$$\eta_{\mathrm{Q}} = \frac{j_{\mathrm{L}}/e}{j_{\mathrm{ph}}} = \frac{G_{\mathrm{L}}}{j_{\mathrm{ph}}} = 1 - e^{-\alpha L}$$

Eine weitere Detektorvariante ist die *SCHOTTKY-Photodiode*. Bei ihr handelt es sich, anders als beim pn-Übergang um einen Kontakt zwischen Metall und Halbleiter, also zwischen zwei verschiedenen Materialien. SCHOTTKY-Dioden arbeiten jedoch ähnlich wie pn-Übergangsdioden und haben ähnliche Kennlinien. Infolgedessen kann man sie ebenfalls als optischen Detektor einsetzen. Genauer werden SCHOTTKY-Dioden in Kap. 6 behandelt.

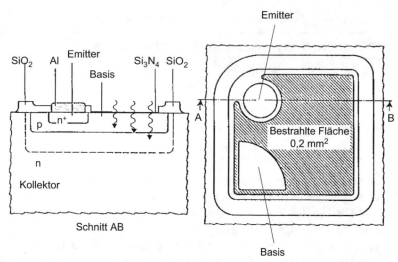

Abb. 4.26 Aufbau eines Phototransistors (Quelle: [Heywang 1988])

Die *Lawinen-(Avalanche-)Photodiode*, ein weiterer Typ von Photoempfängern, nutzt den gleichen Effekt aus, der auch bei der Zenerdiode eine Rolle spielt. Durch eine lawinenartige Vervielfachung der optisch erzeugten Elektron-Loch-Paare wird eine sehr hohe Empfindlichkeit erreicht, die allerdings mit einem deutlichen Rauschen erkauft werden muss.

Bei einem *Phototransistor* (Abb. 4.26) wird durch Licht ein Basisstrom (Erläuterung später in Kap. 5) erzeugt, wie er normalerweise durch einen elektrischen Kontakt an der Basis injiziert wird. Wie bei einem normalen Transistor wird dieser Basisstrom verstärkt und kann dadurch gut nachgewiesen werden.

4.3.4 Materialien für optische Empfänger

Für optische Empfänger müssen grundsätzlich Materialien bereitstehen, die die Strahlung der gewünschten Wellenlänge detektieren können. Die Kriterien sind dabei ähnlich wie für die Lumineszenz. So soll die Energielücke des Materials zur Photonenenergie passen. Darüber hinaus spielt eine Rolle, dass die Kristallgitterstruktur defektfrei auf dem Gitter von geeigneten (das heißt vor allem preiswert herstellbaren) Substraten aufwachsen kann. Dies ist nur bei etwa gleichen Gitterkonstanten beider Materialien der Fall, wie in Abschnitt 4.1.2 bereits begründet. Preiswert herstellbar sind vor allem die Halbleitersubstanzen Silizium, Germanium, GaAs und InP.

Nicht in allen Halbleitermaterialien lassen sich pn-Übergänge fertigen. Da man aber – zumindest für die Photoleitung – auch keine pn-Strukturen benötigt, ist man in der Wahl der Materialien viel unabhängiger. So lassen sich vorteilhaft einige II-VI-Verbindungen einsetzen, wie Cadmiumsulfid (CdS) und Cadmiumselenid (CdSe). Zur Illustration sind die Gapenergien einiger geeigneter Substanzen zusammen mit den zugehörigen Wellenlängen in Tabelle 4.2. zusammengestellt.

Tabelle 4.2. Typische Absorptionsmaterialien für Photowiderstände

Material	Gapenergie (eV)	Zugehörige Grenzwellenlänge (Farbe)
ZnS	3,6	344 nm (UV)
CdS	2,42	512 nm (blaugrün)
CdSe	1.74	713 nm (rot)
Ge	0,66	1879 nm (IR)
InSb	0,18	6889 nm (fernes IR)

Welche Wellenlängen sind nun für den Nachweis besonders interessant?

Ein wichtiger Anwendungsfall sind optische Detektoren am Ende von Glasfaserstrecken. Direkte Halbleiter wie GaAs erlauben einen sehr schnellen Nachweis und sind deshalb prinzipiell gut geeignet. Gegen GaAs als Empfängermaterial spricht jedo eine typische Eigenschaft der Fasern: Ihr Dämpfgsminimum liegt bei 1,55 μm, daneben gibt es ein weiteres Minimum bei 1,3 μm (Abb. 4.27). Diesen Bereich will man natürlich für die Lichtleitung möglichst ausnutzen. Dafür eignet sich GaAs nun leider nicht. Seine Gapenergie beträgt 1,42 eV, dies entspricht einer Wellenlänge von nur 873 nm. Dort ist die Dämpfung der Glasfasern noch zu hoch. In Frage kommen stattdessen Mischkristalle, insbesondere $In_{0,53}Ga_{0,47}As$ auf InP-Substrat sowie InGaAsP, GaAlSb und HgCdTe. Da diese Detektoren aber relativ teuer sind, begnügt man sich bei Empfängern für mittlere Übertragungsentfernungen, bei denen die Dämpfung unter Umständen größer sein darf, trotzdem mit GaAs-Bauelementen.

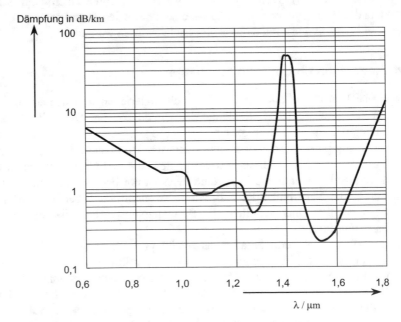

Abb. 4.27 Dämpfung in einem Glasfaserkabel (nach: [Singh 1995])

Bei anderen Anwendungen kann infrarotes Licht aber auch noch mit preiswerten Silizium-Detektoren hinreichend nachgewiesen werden.

Sehr lange Wellenlängen bis zu etwa 20 µm (gebräuchlich zum Beispiel in Infrarot-Nachtsichtgeräten) werden durch Halbleiter mit schmalem Gap (HgCdTe, PbTe, PbSe, InSb) nachgewiesen. Eine weitere Möglichkeit bietet Silizium oder Germanium, wenn man optische Übergänge zwischen Störstellenniveaus und dem Leitungsband benutzt.

Für Hochgeschwindigkeits-Detektoren findet GaAs Verwendung, das speziell bei relativ niedrigen Temperaturen eigens so gezüchtet wird, dass es mit vielen Defekten wächst. Diese Defekte sind besonders günstig für eine hohe optische Generationsrate – es werden Zeiten von 1 ps gegenüber sonst üblichen Zeiten von 1 ns erreicht. Hier haben wir also einen der seltenen Fälle vor uns, wo defektreiches Material benötigt wird!

4.3.5 Entwicklungstendenzen bei Photodetektoren

Die Technologie der Photodetektoren wird durch drei Forderungen bestimmt:

a) Durchstimmbarkeit,
b) Geschwindigkeit,
c) die Möglichkeit zur Integration.

Die Integrationsfähigkeit von Photodioden ist generell äußerst beschränkt. Als Substrat bei integrierten Schaltungen ist man heute noch auf Silizium angewiesen, doch leider passen optische Materialien in ihrer Gitterstruktur in der Regel nicht dazu. Hohe Schaltgeschwindigkeiten werden mit sehr kleinen Abmessungen von InGaAs-Detektoren oder mit Schottky-Dioden erreicht.

Die Durchstimmbarkeit stößt oft an Grenzen. So muss man sich damit begnügen, Materialien zu finden, die optimal auf bestimmte Wellenlängenbereiche abgestimmt sind. Zum Beispiel müssen in Nachtsichtgeräten, bei medizinischen Anwendungen und bei Nebeldetektoren Wellenlängen im Mikrometerbereich (10…14 µm) nachgewiesen werden. Materialien mit so kleinen Gapenergien sind z. B. HgCdTe oder InAsSb, ebenso „Multi-Quantengitter-Strukturen". Ein Problem darin sind die Defekte, die häufig bei der Züchtung entstehen, da das Material weich ist. Damit zeigt sich, dass auf dem Gebiet der Photovoltaik noch genügend Raum für weitere Forschungen vorhanden ist.

4.4 Solarzellen – Photovoltaik

Solarzellen sind nichts anderes als Photoelemente, die hinsichtlich ihrer Leistungsabgabe optimiert sind. Das Produkt aus Strom und Spannung (im 4. Quadranten des Kennlinienfeldes der Photodiode, also rechts unten in Abb. 4.22) muss bei gegebener Erzeugungsrate von Elektron-Loch-Paaren maximal sein. Gute Solarzellen liefern Kurzschlussströme von ca. 20 mA pro Quadratzentimeter Diodenfläche bei Photospannungen von unter einem Volt. Um brauchbare Spannungen zu erzielen, muss man also mehrere Zellen in Reihe schalten, und um vernünftige Leistungen zu erreichen, sind zahlreiche Zellen parallel zu betreiben. Praktisch werden die Zellen bereits auf einem größerem Bauelement (einem Wafer) gemeinsam gefertigt.

Nützliche Kenngrößen von Solarzellen sind die *Konversionseffizienz*

$$\eta_{\mathrm{Konv}} = \frac{P_{\mathrm{optim}}}{P_{\mathrm{in}}} = \frac{I_{\mathrm{optim}}U_{\mathrm{optim}}}{P_{\mathrm{in}}}, \tag{4.52}$$

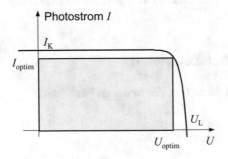

Abb. 4.28 Beziehungen zwischen Strom und Spannung an der Solarzelle

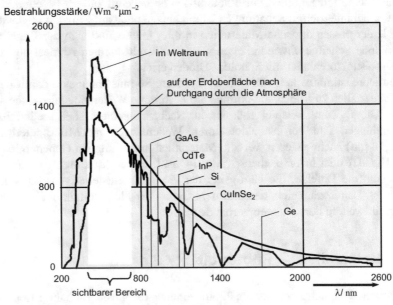

Abb. 4.29 Spektrale Intensitätsverteilung des Sonnenlichts. Die *obere Kurve* zeigt die spektrale Intensität im Weltraum, die *untere* diejenige an der Erdoberfläche. Die den Bandkanten entsprechenden Wellenlängen verschiedener Halbleiter sind gekennzeichnet. Nach [Shur 1990]

also das Verhältnis von elektrischer Ausgangsleistung zur einfallenden optischen Leistung unter den Bedingungen maximaler Leistungsabgabe, und der *Füllfaktor*

$$F = \frac{I_{\text{optim}} U_{\text{optim}}}{I_K U_L}.$$
(4.53)

I_K ist dabei der Kurzschlussstrom, I_{optim} der optimale Strom, U_{optim} die optimale Spannung und U_L die Leerlaufspannung (Abb. 4.28). In dieser Darstellung wird die Kurve gegenüber Abb. 4.22 üblicherweise an der U-Achse gespiegelt.

Solarzellen sollen Sonnenlicht möglichst gut ausnutzen. Aus Abb. 4.29 erkennt man, dass Silizium eigentlich nicht das günstigste Material für Solarzellen ist. Die Gapenergie von GaAs wäre dem Spektrum des auf der Erdoberfläche einfallenden Lichts viel besser angepasst. Seine Technologie ist jedoch wesentlich teurer, es bleibt deshalb speziellen Anwendungen in der Raumfahrt vorbehalten. Für Standardanwendungen wird stattdessen das kostengünstigere Silizium, insbesondere polykristallines oder amorphes Silizium benutzt. Um das einfallende Sonnenlicht möglichst gut auszunutzen, werden besondere Oberflächenstrukturen eingesetzt (Abb. 4.30).

Amorphes Silizium (Bezeichnung a-Si) bildet kein Kristallgitter aus und besitzt eine glasartige Struktur. Manche Si-Bindungen bleiben deshalb frei, an ihnen können sich Wasserstoffatome festsetzen. Beim amorphen Silizium haben – anders als im kristallinen Material – die Energiebänder keine scharfen Bandkanten. Es gibt selbst innerhalb des Gaps noch erlaubte Zustände. Dadurch wird optische Absorp-

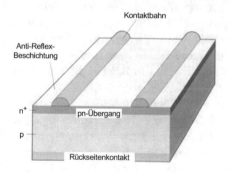

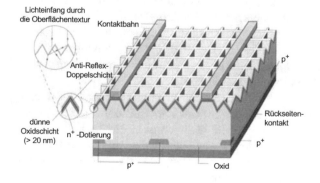

Abb. 4.30 Oberflächenstruktur von Solarzellen, aus [Benner und Kazmersky 1999]

tion auch bei kleineren Energien möglich. Außerdem weist amorphes Material nicht mehr die typischen Eigenschaften der ungünstigen „indirekten" Bandstruktur auf. Die Wahrscheinlichkeit für optische Übergänge ist dadurch viel größer als in kristallinen Substanzen, der Absorptionskoeffizient wird sehr hoch (ca. 100-fach höher als bei kristallinem Silizium).

Die maximal erzielbare Effizienz bei normalen Solarzellen beträgt derzeit ca. 25 %. Warum erzielt man keine größeren Ausbeuten? Das liegt zum einen daran, dass trotz optimierter Oberflächenstrukturen nur etwa die Hälfte des Sonnenlichts absorbiert wird, ein anderer Teil wird zum Beispiel reflektiert. Zum anderen haben die meisten der absorbierten Photonen Energien, die höher sind als E_g. Davon wird aber der über die Gapenergie hinaus gehende Anteil durch Thermalisation der Ladungsträger in Wärme umgewandelt, das heißt, die Elektronen fallen unter Abgabe von Wärmeenergie auf den „Boden" des Leitungsbandes und werden erst dann als elektrischer Strom fortgeleitet, Ähnliches gilt für die Löcher. Die Empfindlichkeitskurve in Abb. 4.19 gibt diesen Sachverhalt wieder.

Leider treten aber darüber hinaus noch weitere Verluste auf: Die erzeugten Elektron-Loch-Paare können zum Beispiel erneut rekombinieren. Dazu tragen insbesondere im Low-cost-Silizium zahlreiche Punktdefekte bei,. Diese wirken als Rekombinationszentren. Weitere Verluste gibt es durch Anpassungsfehler bei der Zusammenschaltung von Solarzellen zu Batterien, darüber hinaus reduzieren Rahmen und Kontakte die Oberfläche.

Höhere Effizienzen werden heute durch *Kaskaden-Übergänge* (auch *Tandem-Übergänge* oder *multiple-junction devices* genannt) erreicht: Bei dieser Technik werden mehrere Zellen von Halbleitern mit geringer werdender Gapenergie übereinander angeordnet, so dass Licht unterschiedlicher Wellenlänge optimal absorbiert werden kann. Auf diese Weise erreicht man Effizienzen von mehr als 30 %.

Durch kostengünstigere Herstellungsverfahren kann man den Einsatz von Solartechnik zur Energiegewinnung voranbringen. Ein Beispiel für eine großtechnische Anwendung von Solarzellen zeigt Abb. 4.31.

Halbleiter werden normalerweise auf dünnen Scheiben, so genannten Wafern, produziert. Wafer aus kristallinem Silizium sind für Solarzellen eigentlich zu teuer, die Materialkosten können durch Dünnschichttechniken erheblich reduziert werden. Für die Energieumwandlung reichen nämlich bereits Siliziumschichten von etwa 10 µm Dicke, während konventionelle Wafer ca. 200 bis 500 µm dick sind. Daher ist man schon dazu übergegangen, dünne Polysiliziumschichten durch Walzen auf Bändern zu erzeugen. Das polykristalline Silizium (Polysilizium) hat eine Effizienz von ca. 19 % und kommt damit fast an die Ausbeute von Einkristallen heran. Als Substratmaterialien dienen dabei Glas, Edelstahl oder Polymere mit leitfähiger Zwischenschicht. Etwa 80 % des für die Elektronik vorgesehenen Siliziums wird heute für Solarzellen produziert.

Amorphes Silizium als weitere Möglichkeit wurde bereits erwähnt. Es wächst bei etwa 250 °C oder noch darunter sehr gut auf fast allen Substraten auf und kann zum Beispiel auf Bändern aufgewalzt werden. Dadurch ist es ein besonders preiswert zu produzierendes Material und ideal für Massenanwendungen. Ein Problem ist allerdings gegenwärtig noch dessen Degradation, also die Veränderung des Materials durch Bestrahlung im Laufe der Zeit.

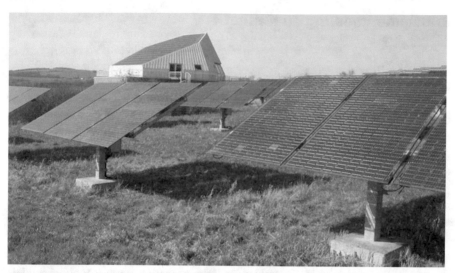

Abb. 4.31 Photovoltaik-Anlage in Kobern-Gondorf an der Mosel. Die 1988 von der RWE gebaute Anlage war mit 344 kW auf einer Fläche von 5,5 ha damals Europas größte Solaranlage. Sie enthält 7500 Solarmodule. Im Vordergrund sind die Tische eines der drei Hauptfelder zu erkennen, im Hintergrund befindet sich das Informationsgebäude mit einer 12-kW-Dachanlage. An der Anlage sollte die Praxistauglichkeit der auf dem Markt befindlichen Serienmodule erprobt werden. Viele der in Kobern-Gondorf gemachten Erfahrungen schlugen sich in Produktverbesserungen bei den Modulherstellern nieder. Foto: Harpen AG, Bereich Regenerative Energie (Wiedergabe mit Genehmigung der Harpen AG, Dortmund)

Als Alternative zum Silizium als Empfängermaterial haben wir bereits auf GaAs hingewiesen. Diese Verbindung wie auch andere III-V-Materialien (z. B. GaAlAs und GaInAsP) in Kombination mit „multiple junctions" ergeben sehr hohe Effizienzen, sind allerdings für terrestrische Anwendungen viel zu teuer. In Satellitenanwendungen werden sie jedoch eingesetzt, weil dort in erster Linie die hohe Leistung, unabhängig von den jeweiligen Kosten, wichtig ist. Damit werden 30 bis 40 % Effizienz erreicht. Weiterhin werden auch Halbleiterverbindungen aus Kupfer-Indium-Diselenid ($CuInSe_2$, CIS) (höhere Absorption) oder CdTe für spezielle Anwendungen verwendet. Das Gap von $CuInSe_2$ liegt bei 1,04 eV, das von CdTe bei 1,44 eV. Das entspricht Wellenlängen von 1192 nm beziehungsweise 828 nm. Beide Materialien sind demnach für die Absorption von Sonnenlicht geeignet.

Obwohl CIS prinzipiell teurer ist als Silizium und die Ausgangsmaterialien Selen, Kupfer und vor allem Indium knapper sind, konnten dennoch in den letzten Jahren Solarzellen aus diesem Material kostengünstig hergestellt werden. Von Vorteil gegenüber Silizium ist die direkte Bandlücke. Dadurch ist von vornherein ein höherer Wirkungsgrad möglich. Darüber hinaus können die Halbleiterschichten sehr viel dünner sein. Ein weiterer Punkt ist vor allem wirtschaftlicher Natur: Die Produktionskapazitäten von Silizium kamen in gewissen Zeiten an die Grenzen. Dadurch erwies sich CIS als günstige Alternative.

Weitere Informationen zu diesem Thema sind vor allem bei [Benner und Kazmerski 1999] zu finden.

Zusammenfassung zu Kapitel 4

Lichtemitter

- Zu den *lichtemittierenden Bauelementen* gehören *Lumineszenzdioden* (LEDs) und *Laserdioden*. Die Wirkung von LEDs basiert auf der spontanen Emission, die der Laserdioden vor allem auf der stimulierten Emission. Bei beiden Bauelementen entsteht das Licht infolge der Rekombination von Elektronen mit Löchern am pn-Übergang.

Lumineszenzbauelemente

- **Geeignete Substanzen** für die Lumineszenz sind, abgesehen vom GaP und seinen Mischkristallen, direkte III-V-Halbleiter. In indirekten Halbleitern ist die Wahrscheinlichkeit strahlender Rekombination um ein Vielfaches kleiner.
- Die für bestimmte Halbleiter **typische Photonenenergie** der Strahlung liegt im Bereich der Gapenergie. Durch geeignete Wahl des Halbleitermaterials kann die gewünsche Wellenlänge vom blauen bis in den infraroten Bereich gewählt werden. Der Zusammenhang von Wellenlänge und Energie (hier: Gapenergie) ist durch folgende Formel gegeben:

$$E = \frac{hc}{\lambda} = \frac{1240 \text{ eV nm}}{\lambda}$$

- Ganz grob kann man etwa folgende **Zuordnung der Spektralfarben zum emittierenden Halbleitermaterial** treffen:
  blau: GaN,
  (gelbliches) grün: GaP,
  orange, gelb und rot: GaAsP,
  infrarot: GaAs
  Häufig werden auch Mischkristalle anderer III-V-Verbindungen eingesetzt.
- **Lumineszenzdioden** sind in der Regel *Flächenemitter*. Um möglichst hohe Injektionseffizienz zu erreichen, wird zwischen LED und Umgebung ein Kunststoff mit mittlerem Brechungsindex von geeigneter Linsenform zwischengeschaltet.

Laser

- **Laserdioden** sind *Kantenemitter*. In der Praxis haben sich *Doppelheterostruktur-Laser* (*DH-Laser*) durchgesetzt.

- Laserdioden müssen zwei **Laserbedingungen** erfüllen:
  1. Der Halbleiter muss einen *optischen Resonator* bilden (hält die Photonen in hoher Zahl im Kristall fest).
  2. Am pn-Übergang muss *Besetzungsinversion* herrschen (dadurch hohe Zahl von Elektronen und Löchern). Voraussetzung hierfür ist, dass im gewünschten Spektralbereich der Gewinn (gain) > 0 ist.
- Der Laserbetrieb setzt erst ein, wenn der Injektionsstrom die **Laserschwelle** überschreitet.

Absorptionsbauelemente

- Für Absorptionsbauelemente kommen prinzipiell die gleichen **Substanzen** wie für LEDs in Frage, darüber hinaus aber auch Silizium. Ideal wäre ein Halbleiter, dessen Gapenergie geringfügig kleiner ist als die Energie der einfallenden Photonen.
- Als **Maß für die Zahl der absorbierten Photonen** dient der *Absorptions-koeffizient* α. Die Intensität des in den Halbleiter eindringenden Lichts (der Photonenstrom) nimmt exponentiell mit dem Abstand von der Oberfläche ab:

$$j_{ph}(x) = j_{ph}(0)e^{-\alpha x}$$

- Definition von **charakteristischen Absorptionsgrößen**:
  - *Empfindlichkeit (responsivity, sensitivity, detectivity)*

$$R_{ph} = \frac{\text{elektrische Stromdichte}}{\text{Energieflussdichte des einfallenden Lichtstrahls}} = \frac{j_{eh}}{P_{opt}}$$

  - *Quantenwirkungsgrad (quantum efficiency)*.

$$\eta_Q = \frac{\text{Teilchenstrom der Elektronen bzw. Löcher}}{\text{Photonenstrom}} = R_{ph}\frac{h\nu}{e}.$$

- Folgende **Absorptionsbauelemente** sind gebräuchlich:
  - Photowiderstand,
  - Photodiode (als pn-, pin-, Schottky- oder Lawinen-Photodiode),
  - Phototransistor.

Ohne äußere Vorspannung arbeitet eine Photodiode als *Photoelement*.

Solarzellen

- **Solarzellen sind Photoelemente**, die hinsichtlich ihrer Leistungsabgabe optimiert sind, das Produkt aus Strom und Spannung sollte maximal sein. In der Regel werden mehrere Zellen in Reihe und parallel geschaltet.
- Als **Material für Solarzellen** wird in der Regel kostengünstiges *Polysilizium* oder *amorphes Silizium* verwendet. Auch Kupfer-Indium-Selenid wurde erfolgreich eingesetzt.

Aufgaben zu Kapitel 4

Aufgabe 4.1 Maximum der Lumineszenz in direkten Halbleitern (zu Abschn. 4.1)**

An welcher Stelle über der Gapenergie liegt das Maximum der Lumineszenzstrahlung in direkten Halbleitern? Gehen Sie dazu von (4.6) aus. Für ein Zahlenbeispiel können Sie GaAs nehmen.

Aufgabe 4.2 Maximum der Lumineszenz in indirekten Halbleitern (zu Abschn. 4.1)**

Im Gegensatz zu direkten Halbleitern gehorcht die Spektralverteilung der Lumineszenz in indirekten Halbleitern einem Gesetz, bei dem die Energie quadratisch eingeht, und zwar in der Form

$$I(E) = \left(h\nu - E_g\right)^2 \exp\left(-\frac{h\nu - E_g}{k_B T}\right)$$

Das ist zum Beispiel im GaP der Fall. Bei welcher Energie oberhalb der Bandkante liegt bei indirekten Halbleitern das Intensitätsmaximum? Welcher Zahlenwert ergibt sich insbesondere für GaP bei 300 K?

Aufgabe 4.3 Mischkristall-Tuning (zu Abschn. 4.1)**

Das Gap der Mischreihe $Al_x In_{1-x}P$ gehorcht für Aluminiumanteile kleiner als 44 % der Formel [Madelung 1996]

$$E_g = (1,34 + 2,23x) \text{ eV} \quad \text{(gilt für Mischungsverhältnisse } x \leq 0,44\text{)}.$$

Welches Mischungsverhältnis müsste $Al_x In_{1-x}P$ theoretisch haben, um bei einer LED eine Emissionswellenlänge von 620 nm zu ergeben?

Aufgabe 4.4 DH-Laser aus $Ga_{1-x}Al_x As$ (zu Abschn. 4.2)*

Gegeben sei ein Doppelheterostruktur-Laser aus $Ga_{1-x}Al_x As$ ($x = 0,3$).
  a) Wie groß ist die Stufe des Gaps an der Grenzfläche $GaAs - Ga_{1-x}Al_x As$ in Elektronenvolt? Vergleichen Sie mit $k_B T$ bei Zimmertemperatur.
  b) Berechnen Sie das Verhältnis der Brechungsindizes an dieser Stufe. Ab welchem Winkel gegenüber der Austrittsnormalen wird Licht total reflektiert?
  Verwenden Sie Abb. 4.5 oder die MATLAB-Funktion GaAlAs(x).

Aufgabe 4.5 Lasermoden (zu Abschn. 4.2)****

a) In einem GaAs-Laser ist das aktive Gebiet 100 μm lang. Es wird kohärentes Licht mit einer Wellenlänge von 862 nm emittiert. Wie viele Halbschwingungen passen in dieses Gebiet? Berechnen Sie die Energie des Laserstrahls und entnehmen Sie aus Abb. 4.15 die zugehörige Höhe des Gewinns. Die Ladungsträgerkonzentration sei bekannt, sie betrage $2 \cdot 10^{18}$ cm^{-3}.

b) Stellen Sie in einer Tabelle zusammen, welche Wellenlängen und Photonenenergien sich für Schwingungsmoden zwischen $m = 230$ und $m = 238$ ergeben. Vergleichen Sie die Photonenenergien mit Abb. 4.15 und stellen Sie fest, für welche Moden der Gewinn größer als null ist.

Aufgabe 4.6 Lichtstärken und Strahlstärken (zu Abschn. 4.1) ***

Eine blaue Lumineszenzdiode ($\lambda = 430$ nm) strahlt laut Datenblatt mit einer Lichtstärke von 8,1 mcd, eine rote ($\lambda = 635$ nm) mit einer Lichtstärke von 16 mcd. Berechnen Sie die jeweiligen Strahlstärken. Bei welcher LED ist die Strahlstärke größer? Welche LED sendet mehr Photonen pro Raumwinkel aus?

Aufgabe 4.7 Noch einmal Lichtstärken und Strahlstärken (zu Abschn. 4.1) *

Eine rote LED aus AlGaInP ($\lambda = 646$ nm) soll für das menschliche Auge ebenso hell leuchten wie eine gelbe ($\lambda = 590$ nm) aus dem gleichen Material (aber mit anderem Mischungsverhältnis). Wie viel größer muss dann die physikalische Strahlstärke I_e der roten LED sein?

Aufgabe 4.8 Leitfähigkeitsänderung durch Absorption (zu Abschn. 4.3)**

Eine Siliziumprobe (donatordotiert, $N_D = 10^{13}$ cm^{-3}) von 1 mm Länge und 0,01 mm^2 Querschnitt wird mit einem Lichtimpuls von 1 mW Leistung bestrahlt. Die Lichtquelle ist ein He-Ne-Laser (Wellenlänge 632,8 μm, Dauer des Impulses 10 μs).

a) Wie groß ist der Ohmsche Widerstand der nicht belichteten Probe?

b) Wir nehmen an, dass die Photonen in der Probe überall gleichmäßig absorbiert werden und dass jedes Photon genau ein Elektron-Loch-Paar erzeugt. Um welchen Faktor ändert sich die Leitfähigkeit infolge der Bestrahlung? (Modell eines Photowiderstands).

Aufgabe 4.9 Absorption eines Laserstrahls (zu Abschn. 4.3)***

Ein von einem GaAs-Laser ausgesandter Laserstrahl trifft mit einer Energie $h\nu = 1,43$ eV auf einen Germanium-Empfänger. In welcher Entfernung von der Oberfläche sind 90 % des Lichts bereits absorbiert? Den Absorptionskoeffizienten von Germanium beziehen wir dabei aus Abb. 4.18.

Aufgabe 4.10 Photodiode (zu Abschn. 4.3) **

a) Leiten Sie die Gleichung (4.51) für die Leerlaufspannung einer Photodiode her.

b) Berechnen Sie die Leerlaufspannung bei 300 K für folgende Zahlenwerte: Sättigungssperrstrom pro Fläche: $j_0 = 2,49 \cdot 10^{-11}$ Acm^{-2}, Photostrom pro Fläche: $j_{opt} = 20$ mAcm^{-2}, Fläche: $A = 0,1$ mm^2.

Aufgabe 4.11 pin-Photodiode (zu Abschn. 4.3) **

Das i-Gebiet einer Silizium-pin-Photodiode sei 20 μm lang. Auf diese Photodiode trifft Licht eines GaAs-Lasers, dessen Energie $h\nu = 1,43$ eV beträgt. Die auftreffende Lichtleistung ist 1 W/cm². Wie groß ist die dadurch in dieser Diode erzeugte Photostromdichte? Entnehmen Sie den Absorptionskoeffizienten der Abb. 4.18.

Aufgabe 4.12 Solarzelle (zu Abschn. 4.4) **

a) Berechnen Sie den Füllfaktor einer Solarzelle, die bei einer optimalen Spannung U_{optim} = 0,455 V eine Leistung I_{optim} = 18,9 mA liefert. Die Leerlaufspannung sei U_L = 0,455 V und der Kurzschlossstrom I_K = 20,0 mA. *Hinweis*: Die Zahlenwerte sind die gleichen wie in Aufgabe 4.10, die Optimalwerte werden in Aufgabe 4.18 mit MATLAB ermittelt.

b) Wie viele Solarzellen müssen Sie in Reihe schalten, um eine Spannung von mindestens 12 V zu erhalten?

c) Wie viele solcher Reihen müssen parallel angeordnet werden, wenn 100 W erzeugt werden sollen?

Aufgabe 4.13 Alternative Materialien für Solarzellen (zu Abschn. 4.4) **

Das Gap von CuInSe$_2$ liegt bei 1,04 eV, das von CdTe bei 1,44 eV. Zeichnen Sie in Abbildung Abb. 4.29 ein, wo die zugehörigen Wellenlängen liegen und zeigen Sie damit, dass beide Materialien demnach für die Absorption von Sonnenlicht geeignet sind.

MATLAB-Aufgaben

Aufgabe 4.14 Intensität der Lumineszenz in direkten Halbleitern (zu Abschn. 4.1)

Schreiben Sie ein MATLAB-Programm, das die spektrale Verteilung der Lumineszenzintensität über der Energie einer GaAs-Lumineszenzdiode darstellt.

a)* Einfachere Variante: Wir setzen Boltzmann-Verteilungsfunktionen für Elektronen und Löcher voraus (entsprechend Gl. (4.6)).

b)**** Erweiterung: Verwendung der kompletten Fermi-Verteilung. Die Fermi-Energien der Elektronen und Löcher sind dann numerisch über die Umkehrung des Fermi-Integrals zu ermitteln.

Aufgabe 4.15 Gewinn in direkten Halbleitern (zu Abschn. 4.2) *****

Schreiben Sie analog zu Aufgabe 4.14 b) ein Programm für die spektrale Verteilung des Gewinns (gain) mit GaAs als Beispielsubstanz. Konzentrationen: $n_e = n_h = 10^{18}$ cm^{-3}

Aufgabe 4.16 Photonen- und Elektronendichte sowie Laserschwelle (zu Abschn. 4.2) ****

Formen Sie die stationären Bilanzgleichungen für Elektronen (4.28) und Photonen (4.29) (mit d/dt = 0) so um, dass Sie die Abhängigkeit von $n(j)$ und $n_{ph}(j)$ explizit erkennen und schreiben Sie ein MATLAB-Programm, das diese Abhängigkeiten graphisch darstellt.

Folgende *Zahlenwerte* sind zu benutzen: Breite des pn-Übergangs b = 3 · 10^{-6} cm, Elektronenlebensdauer τ_e = 1 · 10^{-9} s, Photonenlebensdauer τ_p = 2,56 · 10^{-12} s, Rate der stimulierten Emission B = 3 · 10^{-7} cm^{3}s^{-1}, Rate der spontanen Emission $1/\tau_e$ = 2,65 · 10^6 s^{-1}. Das Lasermaterial sei GaAs.

Aufgabe 4.17 Spannungsverlauf an einer Photodiode (zu Abschn. 4.3) **

Schreiben Sie ein MATLAB-Programm zur Berechnung des Verlaufs der Leerlaufspannung an einer Photodiode. Benutzen Sie für den Sperrstrom den Wert aus Aufgabe 4.10.

Aufgabe 4.18 Optimierung der Solarzelle mittels MATLAB (zu Abschn. 4.4) ***

Für welche Spannung ist die Ausbeute einer Solarzelle (das Produkt aus Strom und Spannung jU im 4. Quadranten des Kennlinienfeldes) bei gegebener Generationsrate von Elektron-Loch-Paaren maximal? Berechnen Sie unter diesen Bedingungen die abgegebene Leistung. Benutzen Sie die Zahlenwerte aus Aufgabe 4.17 und nehmen Sie eine Fläche von $1 \, cm^2$ an.

Testfragen

4.19 Warum liefern LEDs aus „direkten" Halbleitermaterialien prinzipiell viel größere Lichtausbeuten als solche aus „indirekten" Halbleitermaterialien?

4.20 Nennen Sie Beispiele für Halbleitermaterialien, die die folgenden Spektralfarben emittieren:
a) blau, b) grün, c) orange, d) rot.

4.21 Erklären Sie den besonderen Rekombinationsmechanismus, der zur hohen Lumineszenzausbeute des indirekten Halbleiters Galliumphosphid führt.

4.22 Warum werden als Substrat für optische Bauelemente nicht ternäre, sondern in der Regel binäre Halbleiterverbindungen eingesetzt? Warum kann man auf diesen Substraten nicht beliebige ternäre Halbleiterschichten aufwachsen lassen?

4.23 Erklären Sie, warum die Mischreihe $Al_xGa_{1-x}As$ bei jedem Mischungsverhältnis annähernd gleich gut auf GaAs aufwächst.

4.24 Wie können weiß leuchtende LEDs aufgebaut sein?

4.25 Welche beiden Bedingungen sind die wichtigsten Voraussetzungen für den Betrieb eines Halbleiterlasers?

4.26 Welchen Zusammenhang gibt es bei der Absorption zwischen Photonenstromdichte und optischer Erzeugungsrate von Elektron-Loch-Paaren?

4.27 Skizzieren Sie die Abhängigkeit der Absorptionsempfindlichkeit (Responsivity) von der Wellenlänge.

4.28 Nennen Sie mindestens vier Bauelemente, die als Photodetektoren in Frage kommen.

4.29 Was ist der Unterschied zwischen aktiven und passiven Photodetektoren?

4.30 Welches ist der Unterschied zwischen einer Photodiode und einem Photoelement?

4.31   Skizzieren Sie die Kennlinienschar einer Photodiode. Welche Größe muss als Parameter an die Kennlinien geschrieben werden?

4.32   a) Skizzieren Sie das Energiebänderschema eines direkten und eines indirekten Halbleiters.
        b) Kreuzen Sie an, wofür die Halbleitertypen jeweils geeignet sind:

	Lichtemitter	Detektor
direkter Halbleiter ist geeignet als		
indirekter Halbleiter ist geeignet als		

c) Welche Ausnahme stellt GaP dar und warum?

4.33   Erklären Sie die folgenden Begriffe für eine Solarzelle:
        a) Kurzschlussstrom, b) Leerlaufspannung, c) optimaler Strom und optimale Spannung.

4.34   Welche zwei Bedingungen müssen erfüllt sein, damit ein Halbleiterlaser arbeiten kann?

4.35   Warum werden Photodioden mit negativer Vorspannung betrieben?

5 Bipolartransistoren und Thyristoren

Nachdem wir inzwischen die Arbeitsweise einer Halbleiterdiode verstanden haben, können wir uns jetzt dem Bipolartransistor widmen. Ein Bipolartransistor ist ein Bauelement, das Ströme verstärken kann. Wir beginnen mit einem einfachen Transistormodell, mit dem wir die prinzipielle Arbeitsweise erklären und verstehen können und gehen danach zu einer detaillierteren Beschreibung über. Weiterhin lernen wir die unterschiedlichen Kennlinienfelder eines Transistors kennen.

Das Modell des Bipolartransistors liegt auch zwei anderen Bauelementen zugrunde, dem Thyristor und dem Triac. Sie sind heute in der Leistungselektronik unentbehrlich, um hohe elektrische Ströme zu schalten, zu steuern und umzuformen.

5.1 Einfaches Transistormodell

Ein Transistor (hier genauer: Bipolartransistor) ist in der Lage, Ströme zu steuern. Ein solches Bauelement muss mindestens drei Kontakte besitzen, über die der steuernde und der gesteuerte Strom zugeführt werden können (Abb. 5.1). Beim Transistor heißen sie *Emitter*, *Basis* und *Kollektor*. Mittels einer kleinen Veränderung

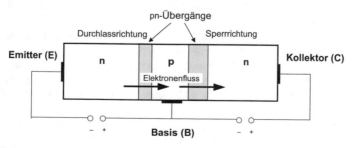

Abb. 5.1 Prinzip eines Bipolartransistors. Die Pfeile kennzeichnen die Bewegungsrichtung der Elektronen

© Springer-Verlag GmbH Deutschland, ein Teil von Springer Nature 2018
F. Thuselt, *Physik der Halbleiterbauelemente*,
https://doi.org/10.1007/978-3-662-57638-0_5

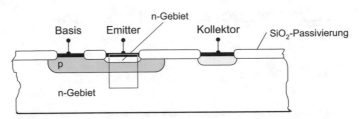

Abb. 5.2 Technologischer Aufbau eines Bipolartransistors. Das *Kästchen* soll den Bereich andeuten, der dem Modell von Abb. 5.1 entspricht (um $90°$ gekippt)

des Stromes, der über einen der Kontakte, zum Beispiel die Basis, fließt, kann beispielsweise eine große Veränderung eines zweiten Stroms hervorgerufen werden. Unsere Aufgabe wird sein, dies zu verstehen und danach auch quantitativ zu erfassen

Der Transistor wurde Ende der 40er Jahre von BARDEEN und BRATTAIN in den Bell Labs entwickelt und 1948 erstmals vorgestellt. Die theoretische Beschreibung wurde 1949 von SHOCKLEY geliefert.[1]

Wir betrachten eine Halbleiterstruktur, die aus zwei eng benachbarten pn-Übergängen besteht. Um erst einmal das Prinzip zu verstehen, kann man sich auf ein lineares Modell wie in Abb. 5.1 beschränken, technologisch allerdings wird eine Transistorstruktur eher entsprechend Abb. 5.2 realisiert. Die häufigste Ausführung besteht in aufeinanderfolgenden Schichten von n- p- und wieder n-Material (*npn-Transistor*) für Emitter, Basis und Kollektor, als Substrat kommt in der Regel Silizium in Frage. Jede der drei Schichten hat Kontakte nach außen. pnp-Strukturen sind ebenfalls möglich, jedoch weniger gebräuchlich. Die Richtung der Ströme an

---

[1] SHOCKLEY, BARDEEN und BRATTAIN, erhielten den Nobelpreis 1956 „for their researches on semiconductors and their discovery of the transistor effect".

WILLIAM BRADFORD SHOCKLEY (1910–1989), geboren in London, siedelte mit seinen Eltern 1913 nach Kalifornien aus. Studium der Physik am California Institute of Technology, Ph.D. 1936 am Massachusetts Institute of Technology. Später Leiter eines industriellen Halbleiterlabors und Professor für Ingenieurwissenschaften an der Stanford University. Arbeitete auf vielen Gebieten der Festkörperphysik (u. a. zu Elektronen und Löchern sowie Störstellen in Halbleitern), der Theorie der Elektronenröhren, aber auch der Organisationswissenschaften; er untersuchte unter anderem auch die Produktivität der Forschungsarbeit!

JOHN BARDEEN (1908–1991), geboren in Wisconsin, USA. Studium der Elektrotechnik, Mathematik und Physik an der University of Wisconsin, zeitweilige Industrietätigkeit bei Western Electric. Arbeiten zur Geophysik (Erkundung von Erdöllagerstätten), zur Festkörperphysik (Leitung in Halbleitern und Metallen) sowie zur Theorie der Supraleitung, wofür er 1972 gemeinsam mit COOPER und SCHRIEFFER ein weiteres Mal den Nobelpreis erhielt.

WALTER HOUSER BRATTAIN (1902–1987), geboren in Amoy, China. Physikstudium an der University of Oregon, Ph.D. 1929 an der University of Minnesota. Seit 1929 Mitarbeiter der Bell Labs. Zahlreiche Arbeiten zur Festkörperphysik, insbesondere zu Halbleiteroberflächen.

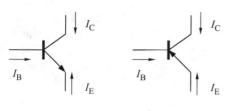

Abb. 5.3 Schaltzeichen des Transistors und Richtungsvereinbarungen für die Ströme:

I_B - Basisstrom,

I_E - Emitterstrom,

I_C - Kollektorstrom

npn-Transistor   pnp-Transistor

einem Transistor wählt man häufig entsprechend Abb. 5.3, so dass sie zum Transistor hin positiv gezählt werden.

Schaltungstechnisch wird ein Transistor so in zwei Stromkreise eingebunden, dass jeweils einer der Kontakte gemeinsam vom Ein- und Ausgangsstromkreis genutzt wird. Wir betrachten zunächst nur die so genannte Basisschaltung. Dabei liegt zwischen Emitter und Basis ein pn-Übergang und ein weiterer zwischen Basis und Kollektor. Die Basis ist dann der beiden Stromkreisen gemeinsame Kontakt.

Um die Funktion des Transistors zu verstehen, kann man sich erst einmal an die Tatsachen erinnern, die man vom pn-Übergang schon kennt. Der linke pn-Übergang des Transistors – das ist der zwischen Emitter und Basis – ist in Durchlassrichtung gepolt und besitzt deshalb ein schmales Raumladungsgebiet. Am rechten pn-Übergang dagegen liegt eine Sperrspannung an, er besitzt deshalb ein sehr breites Raumladungsgebiet. Wie auch schon bei der Halbleiterdiode sind die Bereiche außerhalb der Raumladungsgebiete feldfrei. Dies gilt insbesondere auch für den mittleren Bereich zwischen den beiden pn-Übergängen, die Basis. Diese Polung wird als *aktiv-normale Betriebsart* des Transistors bezeichnet. Die Energiebänder unter diesen Bedingungen sind in Abb. 5.4 dargestellt.

Über den linken pn-Übergang werden Elektronen vom Emitter in die Basis geschickt. In einer Halbleiterdiode würden die Elektronen, aus dem linken Bereich kommend (hier ist es das n-Gebiet), im rechten p-Bereich rekombinieren. Diese Möglichkeit haben sie in einem Transistor kaum, denn seine Basiszone ist sehr schmal, in jedem Fall viel kleiner als die Diffusionslänge. Die Elektronen gelangen deshalb nahezu vollständig bis zum Basis-Kollektor-Übergang. Dort herrscht wegen der Sperrpolung ein sehr starkes elektrisches Feld, in dem die ankommenden Elektronen vom positiven Potential am Kollektorkontakt abgesaugt werden

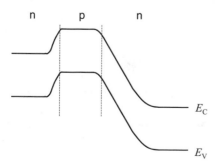

Abb. 5.4 Verlauf der Energiebänder in einem npn-Transistor

und so einen großen Strom in Sperrrichtung ergeben. Es müssen also vom Emitter ständig Elektronen nachgeliefert werden und der Elektronenstrom kann dadurch sehr groß werden.

In die Basis wird vom Basiskontakt her ebenfalls ein Strom injiziert, in unserem Modell des npn-Transistors ist es ein Löcherstrom. Er besteht aus drei Anteilen:

1. dem Sperrstrom des Basis-Kollektor-Übergangs; er kann klein gehalten werden durch eine hohe Sperrspannung;
2. einem Anteil, der durch eine (allerdings nur unbedeutende) Rekombination von Elektronen im Basisgebiet entsteht; er kann zumindest in erster Näherung vernachlässigt werden;
3. dem Basis-Emitter-Strom; er wird im Emittergebiet als Diffusionsstrom der Minoritätsträger weitergeführt und bildet den größten Anteil zum Basisstrom.

Im Emittergebiet klingt der Überschuss der Minoritätsladungsträger, der Löcher, mit der Diffusionslänge L_h ab.

Obwohl fast alle Elektronen vom Emitter zum Kollektor gelangen, wird doch ein (allerdings sehr kleiner) Teil für die Rekombination mit den aus der Basis einströmenden Löchern benötigt. Dieser Teil ist für die Funktion des Transistors aber gerade wesentlich. Je mehr Elektronen zur Verfügung stehen, um so größer ist die Wahrscheinlichkeit, dass ein Loch auf ein Elektron trifft und rekombiniert. Um so größer wird damit auch der Löcherstrom. Der (große) Elektronenstrom im Emitter ist also proportional dem (kleinen) Löcherstrom in der Basis (Abb. 5.5).

Transistoren werden in drei möglichen Grundschaltungen eingesetzt, (Abb. 5.6), in Abhängigkeit von dem Kontakt, der von Eingangs- und Ausgangskreis gemeinsam genutzt wird. Zwar haben wir bisher den Transistor in seiner Basisschaltung betrachtet, aber die Überlegungen bleiben natürlich auch gültig, wenn man als gemeinsame Elektrode einen anderen Kontakt wählt, zum Beispiel

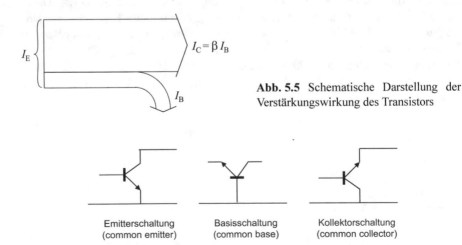

Abb. 5.5 Schematische Darstellung der Verstärkungswirkung des Transistors

Emitterschaltung (common emitter) Basisschaltung (common base) Kollektorschaltung (common collector)

Abb. 5.6 Grundschaltungen des Bipolartransistors

den Emitter. Wenn jetzt der Löcherstrom an der Basis geringfügig verändert wird, so muss sich der vom Emitter kommende Elektronenstrom um ein Vielfaches β verändern, da das Verhältnis der rekombinierenden zu den durch die Basis „durchgeschleusten" Elektronen immer etwa konstant ist (Abb. 5.5). Anders gesagt: Verstärkt eingespeiste Löcher fordern einen höheren Strom an Elektronen an, wovon die meisten aber nicht zur Rekombination kommen. Sie schießen stattdessen größtenteils über ihr Ziel hinaus und gelangen zum Kollektor. Ein kleiner Basisstrom steuert demnach einen großen Emitter-Kollektor-Strom. Wenn der Basisstrom moduliert wird, entsteht dadurch ein verstärkter modulierter Kollektorstrom.

Wie wir schon gesagt haben, stellt der linke pn-Übergang eines Transistors einen sehr geringen Widerstand dar und lässt den Strom durch („transfer"), während der rechte einen großen Widerstand („resistor") bildet. Aus diesen beiden Bestandteilen ist das Wort „Transistor" („transfer resistor") zusammengesetzt.

Warum dient nun gerade Silizium als Material für Transistoren? Abgesehen davon, dass es technologisch am besten beherrscht wird, besitzt es auch wesentliche Design-Vorteile. Diese sind einerseits in seinen relativ großen Diffusionskoeffizienten begründet, die hohe Operationsgeschwindigkeiten erlauben, sowie andererseits in seinem stabilen Temperaturverhalten.

5.2 Abschätzung der Verstärkungswirkung

5.2.1 Definition verschiedener Verstärkungsfaktoren

Anschaulich dürfte jetzt klar sein, wie die Verstärkungswirkung eines Transistors zustande kommt. Diese Vorstellungen quantitativ zu untermauern, sollte damit auch möglich sein.

Zunächst müssen allerdings noch einige übliche Bezeichnungen eingeführt werden, die besonders in der schaltungstechnischen Literatur gebräuchlich sind. Je nach seinem Einsatz in einer Schaltung sind bei einem Transistor eine Reihe verschiedener Verstärkungsfaktoren von Interesse, die wir im Folgenden definieren wollen. Alle Aussagen beziehen sich dabei auf Gleichströme oder auf Wechselströme mit kleiner Amplitude und kleiner Frequenz (so genanntes Kleinsignalverhalten).

(a) Gleichstromverstärkung in Basisschaltung

$$\alpha = \frac{\text{Kollektorstrom}}{\text{Emitterstrom}} = \frac{-I_C}{I_E}. \tag{5.1}$$

α ist nach den Überlegungen von Abschn. 5.1 ein positiver Wert, der bestenfalls knapp unter eins liegt – eine echte Verstärkung ist damit also nicht verbunden. Da bei unserer Konvention der Kollektorstrom negativ ist, mussten wir in (5.1) ein Minuszeichen einfügen.

Die Bezeichnung von α als „Gleichstromverstärkung in Basisschaltung" resultiert aus der Bedeutung dieser Größe in der Schaltungstechnik. In die Definition geht nur das Verhältnis von Kollektor- zu Emitterstrom ein, also eine rein innere Größe des Transistors, unabhängig von der äußeren Schaltung. α ist deshalb selbstverständlich auch dann noch dasselbe, wenn der Transistor nicht in Basisschaltung betrieben wird.

(b) Stromverstärkung in Emitterschaltung

$$\beta = \frac{\text{Kollektorstrom}}{\text{Basisstrom}} = \frac{I_C}{I_B}. \tag{5.2}$$

Auch hier gilt, was schon für α gesagt wurde: Die Stromverstärkung β ist allein durch das Verhältnis zweier Ströme definiert, unabhängig von der äußeren Schaltung.

(c) Emitterergiebigkeit und Basis-Transportfaktor

Für die Technologie eines Transistors ist es wichtig zu bestimmen, wie der am Emitter eingespeiste Strom in den Minoritätsträgerstrom umgesetzt wird, der über den Kollektor abfließt. Dieser Strom wird auf seinem Weg zweimal reduziert: zunächst auf dem Weg vom Emitter zur Basis und dann noch einmal auf dem zwischen Basis und Kollektor. Dies wird durch zwei charakteristische Parameter ausgedrückt. Das Verhältnis des in die Basis einfließenden Elektronenstroms zum gesamten Emitterstrom heißt *Emitterergiebigkeit* oder *Emitterwirkungsgrad*. Es ist definiert durch den folgenden Ausdruck:

$$\gamma = \frac{\text{in die Basis injizierter Elektronenstrom}}{\text{gesamter Emitterstrom}} = \frac{I_e^E}{I_e^E + I_h^E} = \frac{I_e^E}{I_E}. \tag{5.3}$$

Dieses Verhältnis soll möglichst nahe bei eins liegen.

Der *Basis-Transportfaktor* gibt den Anteil von I_e^E an, der den Kollektor noch erreicht, also nicht in der Basisschicht verloren geht:

$$B = \frac{\text{Kollektorstrom}}{\text{in die Basis injizierter Elektronenstrom}} = \frac{I_C}{I_e^E}. \tag{5.4}$$

Die Gleichstromverstärkung α lässt sich dann als Produkt aus Basis-Transportfaktor und Emitterergiebigkeit ausdrücken:

$$B\gamma = \frac{I_C}{I_e^E} \cdot \frac{I_e^E}{I_E} = \frac{I_C}{I_E} = \alpha. \tag{5.5}$$

(d) Verknüpfung zwischen α und β

Auf Grund der Kirchhoffschen Regeln ist $I_E + I_B + I_C = 0$ und somit

$$\frac{I_E}{I_C} + \frac{I_B}{I_C} + 1 = 0 \tag{5.6}$$

oder $-\dfrac{1}{\alpha} + \dfrac{1}{\beta} + 1 = 0$,

daraus erhält man als Zusammenhang zwischen α und β die Beziehung

$$\beta = \frac{\alpha}{1-\alpha}. \tag{5.7}$$

Wenn α nahezu eins ist, wird demnach der Stromverstärkungsfaktor β sehr groß werden.

5.2.2 Diffusionsstrom in der Basis

Die quantitative Behandlung des Bipolartransistors wird kein leichtes Unterfangen werden, und wir wollen uns diesem Ziel schrittweise nähern. Das Werkzeug haben wir bereits in der Hand, da wir schon im Kap. 3 die Ströme an einem pn-Übergang berechnet haben. Beim Transistor gibt es nicht nur einen, sondern zwei pn-Übergänge, und eine Besonderheit ist die schmale Basisschicht. All das gilt es zu berücksichtigen.

Als Erstes soll zunächst einmal abgeschätzt werden, wie groß typischerweise der Elektronenstrom in der Basis überhaupt werden kann. Dieser Elektronenstrom ist ein reiner Diffusionsstrom, er wird vom Emitter-Basis-Übergang geliefert und durch die Diffusionsgleichung (2.59) beschrieben:

$$j_e^B = eD_B \frac{d}{dx} \Delta n(x), \tag{5.8}$$

mit $\Delta n = n(x) - n(x_0)$ als der Überschuss-Elektronendichte in der Basis. D_B ist der Diffusionskoeffizient der Minoritätsträger (Elektronen) in der Basisschicht.[2]
Eigentlich müssten wir zur Lösung von (5.8) wie in Abschn. 3.3.3 bei der Behandlung des pn-Übergangs verfahren und die Diffusionsgleichung unter Berücksichtigung der Rekombination lösen. In sehr schmalen Basisgebieten (die Basisbreite bezeichnen wir mit w) haben die Elektronen aber kaum Gelegenheit zu rekombinieren, so dass die Stromdichte über die gesamte Breite von w praktisch konstant ist.

---

[2] Da hier klar ist, dass sich bei unserem Modell eines npn-Transistors der Diffusionskoeffizient in der Basis auf die Elektronen bezieht, lassen wir den Index „e" weg und schreiben kurz D_B statt D_B^e. Ähnlich wird es im Folgenden mit anderen Größen gehandhabt.

Die Überschussladungsträgerkonzentration der Minoritätsträger wird an der rechten Seite fast zu null, da die Elektronen dort durch das starke elektrische Feld des Basis-Kollektor-Übergangs ständig abgesaugt werden.[3]

Der Überschuss der Elektronen als Minoritätsträger im p-leitenden Basisgebiet muss sich demnach bereits innerhalb der Basisbreite w abbauen. (w ist die tatsächliche Basisbreite abzüglich der Raumladungsgebiete.) Wäre nämlich am rechten Ende der Basis noch ein Elektronenüberschuss vorhanden, so würde er über den in Sperrrichtung gepolten Basis-Kollektor-Übergang sofort in das Kollektorgebiet hineingezogen und zunichte gemacht. Das bedeutet, dass auch $\mathrm{d}\Delta n/\mathrm{d}x$ konstant ist und folglich n linear abfällt (Abb. 5.7). Als einfachste Abschätzung können wir eine lineare Beziehung annehmen und schreiben

$$\left| j_e^{\mathrm{B}} \right| = \left| e D_{\mathrm{B}} \frac{\mathrm{d}}{\mathrm{d}x} \Delta n(x) \right| = e D_{\mathrm{B}} \frac{\Delta n(0)}{w}. \tag{5.9}$$

Aus der Behandlung des pn-Übergangs wissen wir, dass sich die Größe Δn am Rand der Raumladungszone zu

$$\Delta n(0) = n_0 \left(e^{\frac{e U_{\mathrm{EB}}}{k_{\mathrm{B}} T}} - 1 \right) \tag{5.10}$$

ergibt (vgl. (3.29) – hier nur etwas anders geschrieben). N_{E} ist die Elektronenkonzentration im Emittergebiet.

Somit ist beim Elektronenstrom einfach die Diffusionslänge durch die Basisbreite zu ersetzen:

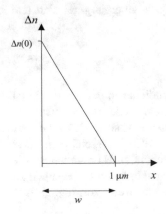

Abb. 5.7 Linearer Abfall der Elektronenkonzentration in der Basis

---

[3] Genau genommen wird die Konzentration der *Überschussladungsträger* sogar geringfügig negativ, wie es sich für einen in Sperrrichtung gepolten pn-Übergang gehört.

$$j_e^B = \frac{eD_B}{w} n_0^B \left(e^{\frac{eU_{EB}}{k_B T}} - 1 \right), \tag{5.11}$$

Dieser Ausdruck entspricht der so genannten „kurzen Diode" (3.50), bei der die Breite des p-Gebiets kürzer als die Diffusionslänge ist.

Das lineare Abfallen der Elektronendichte im Basisgebiet ist natürlich nur eine erste Approximation. Später werden wir sehen, dass eine leicht durchgebogene Kurve (exponentieller Abfall) realistischer ist. Demzufolge müsste dann auch der Ausdruck (5.11) für den Elektronenstrom in der Basis korrekterweise durch

$$j_e^B = \frac{eD_B}{L_B} n_0^B \coth \frac{L_B}{w} \left(e^{\frac{eU_{EB}}{k_B T}} - 1 \right) \tag{5.12}$$

ersetzt werden. Diese Feinheiten heben wir uns jedoch für Abschn. 5.3.3 auf.

Wenn wir den Basisstrom abschätzen wollen, reicht es, für $\Delta n(0)$ am linken Rand des Basisgebiets den Wert N_E anzunehmen; dies ist sicher etwas zu hoch, reicht aber für die Größenordnung. Zahlenwerte gewinnen wir durch die folgende Überlegung:

Beispiel 5.1

Bestimmung der Diffusionsstromdichte für einen linearen Verlauf der Überschussladungsträgerkonzentration mit folgenden Ausgangsdaten: Breite der Basisschicht: $w = 1\,\mu m$, Basisdotierung $N_B = 10^{15}\,cm^{-3}$, Überschusskonzentration an der Grenze zum linken pn-Übergang: $\Delta n(0) = N_E = 10^{15}\,cm^{-3}$ (mit der Emitterdotierung gleich gesetzt).

Lösung:

Den Diffusionskoeffizienten berechnen wir nach Gl. (2.65):

$$D_B = \frac{\mu_B k_B T}{e}$$

Aus Abb. 2.12 sieht man, dass unterhalb einer Störstellenkonzentration von $10^{-15}\,cm^{-3}$ die Beweglichkeit der Elektronen generell bei $1350\,cm^2\,V^{-1}s^{-1}$ liegt, so dass wir mit $(k_B T/e) = 25{,}9\,mV$ (Zimmertemperatur!) für den Diffusionskoeffizienten den Wert $D_B = 35{,}2\,cm^2/s$ erhalten. Nach (5.8) ergibt sich damit für die Diffusionsstromdichte (wir interessieren uns jetzt nur für den Betrag)

$$\left| j_e^B \right| = \left| eD_B \frac{d}{dx} \Delta n(x) \right| = eD_B \frac{\Delta n}{w}$$

$$= 1{,}60 \cdot 10^{-19}\,As \cdot 35{,}2\,cm^2 s^{-1} \cdot \frac{10^{15}\,cm^{-3}}{1\mu m} = 56{,}3\,A/cm^2.$$

Bei einer Fläche von $0{,}1\,mm^2$ würde in diesem Bauelement ein Strom von $56{,}3\,mA$ über die Basis fließen.

5.2.3 Größenordnung der Stromverstärkung

Wir schreiben die Formel (5.2) für die Stromdichten in Basisschaltung auf, wobei wir wie schon früher annehmen, dass der über den Emitter-Basis-Übergang fließende Strom, ein Elektronenstrom, unverändert auch über den Basis-Kollektor-Übergang fließt: Der Kollektorstrom ist dabei im Wesentlichen gleich dem Elektronenstrom am Basis-Emitter-Übergang, der Basisstrom kann durch den Löcherstrom am Basis-Emitter-Übergang beschrieben werden. Damit erhalten wir für den Stromverstärkungsfaktor β den Ausdruck

$$\beta = \frac{I_C}{I_B} = \frac{j_e^B}{j_h^E}. \tag{5.13}$$

Hier setzen wir jetzt die von der Diode her bekannten Ausdrücke ein. Für den Löcherstrom im Emittergebiet können wir schreiben

$$j_h^E = \frac{eD_E}{L_E} p_0^E \left(e^{\frac{eU_{EB}}{k_B T}} - 1 \right). \tag{5.14}$$

Wir erinnern uns, dass beim pn-Übergang im Nenner die Diffusionslänge steht, das ist hier die Diffusionslänge der Löcher im Emittergebiet. Es ist die Strecke, auf der im Wesentlichen der Überschuss der Minoritätsträger nach links hin abklingt. Der Überschuss der Elektronen als Minoritätsträger im p-Gebiet baut sich im Gegensatz hierzu bereits innerhalb der sehr viel kleineren Basisbreite w ab, wie im Fall der kurzen Diode. Deshalb haben wir in (5.11) für den Elektronenstrom statt der Diffusionslänge die Basisbreite w verwendet:

$$j_e^B = \frac{eD_B}{w} n_0^B \left(e^{\frac{eU_{EB}}{k_B T}} - 1 \right),$$

Setzen wir beide Ströme ins Verhältnis und dividieren (5.11) durch (5.14), so erhalten wir

$$\beta = \frac{D_B n_0^B L_E}{D_E p_0^E w} \equiv \frac{1}{r_{EB} \cdot a}. \tag{5.15}$$

Diese Relation kann man interpretieren mittels des Verhältnisses r_{EB} von Emitter- zu Basismaterialgrößen,

$$r_{EB} = \frac{D_E p_0^E L_B}{D_B n_0^B L_E}, \tag{5.16}$$

multipliziert mit einem Faktor

$$a = \frac{w}{L_B},$$ (5.17)

welcher die Verkürzung des Diffusionsbereichs in der Basis von L_B auf w angibt.

Das Verhältnis der Diffusionskoeffizienten können wir wegen $D_B = \mu_B k_B T/e$ und $D_E = \mu_E k_B T/e$ auch durch das Verhältnis der Minoritätsträger-Beweglichkeiten ausdrücken. Weiterhin lassen sich die Minoritätsträgerkonzentrationen n_0^B und p_0^E mittels $n_0^B = n_i^2/N_B$ und $p_0^E = n_i^2/N_E$ durch die Akzeptorkonzentration in der Basis beziehungsweise die Donatorkonzentration im Emitter ersetzen. Somit ergibt sich

$$\beta = \frac{1}{r_{EB} \cdot a} = \frac{D_B N_E L_E}{D_E N_B w} = \frac{\mu_B N_E L_E}{\mu_E N_B w}.$$ (5.18)

Die Stromverstärkung wächst mit dem Verhältnis der Dotierungskonzentrationen, also mit N_E/N_B. Aus diesem Grund benutzt man gewöhnlich eine n$^+$p-Struktur für den Emitter-Basis-Übergang, dotiert demnach den Emitter relativ hoch und die Basis nur gering.[4] β ist außerdem um so größer, je kleiner die Basisbreite w ist. Weiterhin taucht noch das Verhältnis der Beweglichkeiten auf. Das kann man bei gegebener Störstellenkonzentration nicht verändern. Allerdings sehen wir, dass eine npn-Struktur prinzipiell ein größeres Beweglichkeitsverhältnis ergibt als eine pnp-Struktur (vgl. hierzu Aufgabe 5.2). Wenn das Emittergebiet kürzer als die Diffusionslänge der Löcher ist, kann sich die Diffusion nicht ungehindert ausbreiten und die Diffusionslänge ist näherungsweise durch die Breite des Emittergebiets zu ersetzen, genau wie im Falle einer kurzen Diode, vgl. 3.3.4, Gl. (3.50).

Das Produkt $Q_G = N_B w$ im Nenner heißt *Gummel-Zahl*. Sie ist gleich der Zahl der Akzeptoren im Basisgebiet, dividiert durch die Fläche.

Die zugehörige Stromverstärkung in Basisschaltung α berechnen wir nach

$$\alpha = \frac{1}{1 + \dfrac{1}{\beta}} = \frac{1}{1 + r_{EB}\,a} = \frac{\dfrac{D_B n_0^B}{w}}{\dfrac{D_E p_0^E}{L_E} + \dfrac{D_B n_0^B}{w}}.$$ (5.19)

(vgl. (5.7))

---

[4] Dies stößt natürlich an Grenzen, denn sonst werden die Ohmschen Widerstände in der Basis sehr hoch.

Beispiel 5.2

Berechnung des Verstärkungsfaktors β eines npn-Transistors mit den Ausgangsdaten $N_E = 10^{18}$ cm^{-3} und $N_B = 10^{16}$ cm^{-3}, Diffusionslänge $L_E = 6$ μm, Als Breite der Basisschicht wählen wir $w = 1$ μm.

Lösung:

Bei einer Dotierungskonzentration von 10^{18} cm^{-3} lesen wir aus Abb. 2.12 für die Löcher im Emittergebiet den Wert $\mu_E = 140$ cm^2/Vs. ab (Wir suchen ja die Beweglichkeit der Minoritätsträger!), bei $N_B = 10^{16}$ cm^{-3} ergibt sich analog $\mu_B = 1260$ cm^2/Vs.

Diese Zahlenwerte, in Gl. (5.18) eingesetzt, lassen eine beträchtliche Verstärkung β erwarten,

$$\beta = \frac{1260\,\text{cm}^2\text{V}^{-1}\text{s}^{-1} \cdot 10^{18}\,\text{cm}^3 \cdot 6\mu\text{m}}{140\,\text{cm}^2\text{V}^{-1}\text{s}^{-1} \cdot 10^{16}\,\text{cm}^3 \cdot 1\mu\text{m}} = 5400.$$

Der zugehörige Wert für α liegt entsprechend (5.19) bei 99,98 %. Solch hohe Verstärkungen werden allerdings in der Praxis nicht erreicht. Realistische Werte liegen um mehr als eine Größenordnung darunter. Eine Ursache für die Diskrepanz ist unsere Annahme eines linearen Ladungsträger-Gradienten in der Basis, die meist nicht völlig gerechtfertigt ist. Weitere Modifikationen können im Zusammenhang mit hoher Dotierung im Emitter auftreten. Unter diesen Bedingungen verringert sich die Bandlücke, wodurch $p_0{}^E$ größer wird. Dann wird aber das Verhältnis der Minoritätsträgerdichten $n_0{}^B/p_0{}^E$ kleiner als der von uns angenommene Ausdruck N_E/N_B.

Ebenso ist die Annahme eines langen Emitters nicht immer gerechtfertigt. Bei kurzen Emittergebieten ist dann, ähnlich wie bereits bei der Basis, L_E durch die unter Umständen viel kleinere Emitterlänge w_E zu ersetzen. Hierzu wird in Aufgabe 5.6 ein Beispiel gerechnet.

5.3 EBERS-MOLL-Gleichungen

5.3.1 Relativ einfache Herleitung

Obwohl wir mit den Überlegungen im vorigen Abschnitt bereits ein Verständnis und erste qualitative Abschätzungen für die Verstärkungswirkung des Transistors entwickelt haben, kann man die Betrachtungen doch noch weiter verfeinern. Wir nehmen wieder einen npn-Transistor und berücksichtigen jetzt konsequent alle Teilströme, nämlich Löcher- und Elektronenströme an beiden pn-Übergängen (Abb. 5.8).

Einen Zusammenhang zwischen diesen Teilströmen stellen die EBERS-MOLL-Gleichungen her. Wir werden sie unter etwas vereinfachten Bedingungen herleiten und den allgemeinen Fall in einem späteren Abschnitt (optional!) nachholen.

Wieder betrachten wir einen Transistor mit schmaler Basis. Der Emitterstrom (hier mit Index „V" für „Vorwärtsstrom", da wir später noch einen zweiten Anteil berücksichtigen werden) ergäbe sich nach den üblichen Beziehungen für den pn-Übergang (Shockley-Gleichung, (3.47)) zu

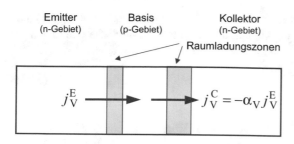

Abb. 5.8 Emitter- und Kollektorstrom $j_V{}^E$ und $j_V{}^C$

$$j_V^E = -\left(\frac{eD_B n_0^B}{w} + \frac{eD_E p_0^E}{L_E}\right)\left(e^{\frac{eU_{EB}}{k_B T}} - 1\right).\tag{5.20}$$

Hier steht ein Minuszeichen, da n- und p-Gebiet gegenüber (3.47) gerade vertauscht sind. Dass wir an Stelle der Diffusionslänge in der Basis die Basisbreite w benutzen müssen, hatten wir bereits oben in Abschn. 5.2.3 begründet.

Der Kollektorstrom ist nach (5.1) um den Stromverstärkungsfaktor α_V kleiner[5], also folgt mit (5.19)

$$j_V^C = -\alpha_V j_V^E = \frac{\dfrac{D_B n_0^B}{w}}{\dfrac{D_E p_0^E}{L_E} + \dfrac{D_B n_0^B}{w}}\left(\frac{eD_B n_0^B}{w} + \frac{eD_E p_0^E}{L_E}\right)\left(e^{\frac{eU_{EB}}{k_B T}} - 1\right)$$

$$= \frac{eD_B n_0^B}{w}\left(e^{\frac{eU_{EB}}{k_B T}} - 1\right).\tag{5.21}$$

Dabei sind wir bisher stets davon ausgegangen, dass sich der Emitter am linken pn-Übergang befindet. In unserem bisherigen Modell sind aber Emitter und Kollektor symmetrisch und daher prinzipiell gleichberechtigt, abgesehen von einer eventuell unterschiedlich starken Dotierung. Demnach muss es auch möglich sein, den rechten Kontakt als Emitter und den linken Kontakt als Kollektor anzusehen. In diesem Falle müssen in den obigen Gleichungen die entsprechenden Bezeichnungen für Emitter und Kollektor vertauscht werden. Wir kennzeichnen die „vertauschte" Situation durch den Index „R" (für Rückwärtsstrom) gegenüber der vorherigen Situation, die den Index (V) trug. Aus (5.20) erhalten wir dann für den neuen „Emitterstrom", der nun vom rechten Kontakt ausgeht,

$$j_R^C = -\left(\frac{eD_B n_0^B}{w} + \frac{eD_C p_0^C}{L_C}\right)\left(e^{\frac{eU_{CB}}{k_B T}} - 1\right).\tag{5.22}$$

---

[5] Wir schreiben hier nicht wie früher α, sondern α_V, da später noch ein weiterer solcher Stromverstärkungsfaktor benötigt wird.

Der neue „Kollektorstrom" (der über den linken Kontakt abfließt) ist nach (5.1) um einen Stromverstärkungsfaktor α_R kleiner, also erhalten wir an Stelle von (5.21)

$$j_R^E = \frac{e D_B n_0^B}{w}\left(e^{\frac{e U_{CB}}{k_B T}} - 1\right). \tag{5.23}$$

Die „verkehrte" Betriebsart heißt Invers- oder Rückwärtsbetrieb. Praktisch hat sie jedoch für den Einsatz als Verstärker-Bauelement keine Bedeutung, da Design und Dotierung eines Transistors nicht symmetrisch sind und die Verstärkung im Vorwärtsbetrieb deshalb besser ist. Wenn Bipolartransistoren in logischen Schaltungen eingesetzt werden (NAND-Gatter, wie es später in Abschn. 6.4.6 noch kurz besprochen wird), kommt jedoch die inverse Betriebsart ins Spiel.

Der gesamte Emitter- sowie Kollektorstrom muss nun für den allgemeinen Fall aus dem Vorwärtsstrom (V) und dem Rückwärtsstrom (R) zusammengesetzt werden:

$$j^E = j_V^E + j_R^E = [(5.20)+(5.23)] =$$
$$= -\left(\frac{e D_B n_0^B}{w} + \frac{e D_E p_0^E}{L_E}\right)\left(e^{\frac{e U_{EB}}{k_B T}} - 1\right) + \frac{e D_B n_0^B}{w}\left(e^{\frac{e U_{CB}}{k_B T}} - 1\right), \tag{5.24}$$

$$j^C = j_V^C + j_R^C = [(5.21)+(5.22)] =$$
$$= \frac{e D_B n_0^B}{w}\left(e^{\frac{e U_{EB}}{k_B T}} - 1\right) - \left(\frac{e D_B n_0^B}{w} + \frac{e D_C p_0^C}{L_C}\right)\left(e^{\frac{e U_{CB}}{k_B T}} - 1\right). \tag{5.25}$$

Diese beiden Gleichungen heißen *EBERS-MOLL-Gleichungen*. Sie lassen sich unter Verwendung der üblichen Abkürzungen für die Sperrströme

$$j_{Es} = \frac{e D_B}{w} n_0^B + \frac{e D_E}{L_E} p_0^E \quad \text{und} \quad j_{Cs} = \frac{e D_B}{w} n_0^B + \frac{e D_C}{L_C} p_0^C \tag{5.26}$$

(vgl. (3.48)) kürzer wie folgt schreiben:

$$j^E = -j_{Es}\left(e^{\frac{e U_{EB}}{k_B T}} - 1\right) + \alpha_R\, j_{Cs}\left(e^{\frac{e U_{CB}}{k_B T}} - 1\right), \tag{5.27}$$

$$j^C = \alpha_V\, j_{Es}\left(e^{\frac{e U_{EB}}{k_B T}} - 1\right) - j_{Cs}\left(e^{\frac{e U_{CB}}{k_B T}} - 1\right). \tag{5.28}$$

Die Größen

$$\alpha_V = \frac{\dfrac{D_B n_0^B}{w}}{\dfrac{D_B n_0^B}{w} + \dfrac{D_E p_0^E}{L_E}} = \frac{1}{1 + \dfrac{D_E p_0^E w}{D_B n_0^B L_E}} = \frac{1}{1 + r_{EB}\, a}. \tag{5.29}$$

und

$$\alpha_R = \frac{\dfrac{D_B n_0^B}{w}}{\dfrac{D_B n_0^B}{w} + \dfrac{D_C p_0^C}{L_C}} = \frac{1}{1 + \dfrac{D_E p_0^C w}{D_B n_0^B L_E}} = \frac{1}{1 + r_{CB}\, a}. \tag{5.30}$$

haben dabei folgende Bedeutung: α_R ist die *Rückwärts-Gleichstromverstärkung in Basisschaltung* und α_V ist die *Vorwärts-Gleichstromverstärkung in Basisschaltung*. Beide Parameter hängen wie folgt miteinander zusammen:

$$\alpha_V j_{Es} = \alpha_R j_{Cs} = \frac{e D_B\, n_0^B}{w}, \tag{5.31}$$

wie man durch Einsetzen nachweisen kann. Das Verhältnis von Kollektor- zu Basisparametern $r_{CB} = (D_E p_0^C L_B)/(D_E n_0^E L_E)$ ist ähnlich definiert wie r_{EB} in Gl.(5.16).

Die EBERS-MOLL-Gleichungen gestatten es, das Ersatzschaltbild eines Bipolartransistors in Form von zwei entgegengesetzt gerichteten Dioden und dazu parallelen Stromquellen darzustellen (Abb. 5.9). Diese „Stromquellen" liefern die Ströme

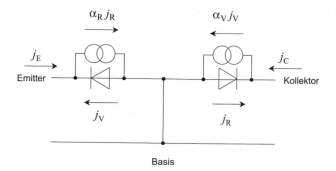

Abb. 5.9 Transistor-Ersatzschaltbild nach EBERS und MOLL. Beachten Sie, dass die äußeren Ströme am Emitter- und Basisanschluss definitionsgemäß zum Transistor hin zeigen; an den pn-Übergängen selbst weisen sie in die technische Stromrichtung für die jeweilige Durchlassrichtung des pn-Übergangs

$$\alpha_V j_V = \alpha_V j_{Es} \left(e^{\frac{eU_{EB}}{k_B T}} - 1 \right) \qquad \text{(„Vorwärtsstrom")} \qquad (5.32)$$

und

$$\alpha_R j_R = \alpha_R j_{Cs} \left(e^{\frac{eU_{CB}}{k_B T}} - 1 \right) \qquad \text{(„Rückwärtsstrom")} \qquad (5.33)$$

Damit erhalten die EBERS-MOLL-Gleichungen eine besonders anschauliche Form:

$$j^E = -j_V + \alpha_R j_R \, ,$$
$$j^C = \alpha_V j_V - j_R \, . \qquad\qquad (5.34)$$

5.3.2 Zusammenfassung der Herleitung

Die EBERS-MOLL-Gleichungen sehen bereits in ihrer vereinfachten Form (5.27) und (5.28) recht kompliziert aus. Bevor wir uns die noch kompliziertere allgemeine Darstellung ansehen, soll deshalb die bisherige Herleitung noch einmal kurz zusammengefasst werden.

Wir beschreiben die Ströme am Transistor durch Überlagerung von zwei Grenzfällen. Im ersten Fall (1) ist der Emitter-Basis-Übergang in Durchlassrichtung und der Kollektor-Basis-Übergang in Sperrrichtung gepolt – dies ist die „normale" Betriebsweise, der „Vorwärtsbetrieb". Um jede beliebige Situation zu erfassen, betrachten wir zusätzlich (2) auch die umgekehrte Polung: Kollektor-Basis-Übergang in Durchlassrichtung und Emitter-Basis-Übergang in Sperrrichtung („Rückwärtsbetrieb").

Vorwärtsbetrieb: *Emitter-Basis-Übergang leitend, Kollektor-Basis-Übergang gesperrt*

- Löcher sind Minoritätsträger im unendlich weit ausgedehnten Emittergebiet. Sie können innerhalb der Diffusionslänge L_E auf ihre Gleichgewichtsdichte p_0^E abfallen. Deshalb hat der Löcheranteil zum Emitter-Basis-Strom die gleiche Form wie an einem isolierten pn-Übergang.
- Die Diffusion der Elektronen ist dagegen auf die kurze Basisbreite w begrenzt. Folglich muss ihre Konzentration innerhalb w abfallen. Im Elektronenanteil zum Emitter-Basis-Strom wird deshalb in erster Näherung der vom pn-Übergang her bekannte Wert L_B einfach durch w ersetzt:

$$j_V^E = j_V^{E,e} + j_V^{E,h} = -\left(\underbrace{\frac{eD_B n_0^B}{w}}_{\text{Elektronenanteil}} + \underbrace{\frac{eD_E p_0^E}{L_E}}_{\text{Löcheranteil}} \right) \left(e^{\frac{eU_{EB}}{k_B T}} - 1 \right)$$

- Aus dem Elektronenanteil und dem Löcheranteil des Emitterstroms erhalten wir die Vorwärtsstromverstärkung

$$\beta_V = \frac{\text{Elektronenstrom am Emitter-Basis-Übergang}}{\text{Löcherstrom am Emitter-Basis-Übergang}} = \frac{\mu_B N_E L_E}{\mu_E N_B w}$$

entsprechend (5.18).
- Aus β_V ergibt sich α_V über die Beziehung

$$\alpha_V = \frac{1}{1 + \dfrac{1}{\beta_V}}$$

gemäß (5.19). Es ist also immer $\alpha_V < 1$.
- Der Vorwärtsstrom am Kollektor-Basis-Übergang ist das α_V-fache des Emitter-Basis-Stroms, also

$$j_V^C = -\alpha_V j_V^E.$$

Rückwärtsbetrieb: *Kollektor-Basis-Übergang leitend, Emitter-Basis-Übergang gesperrt*

- Diese Situation ist genau spiegelbildlich zum Vorwärtsbetrieb. Wir können die Überlagungen alle noch einmal wiederholen und lediglich den Index „V" („vorwärts") durch „R" („rückwärts") ersetzen.

Zusammenfassung: *Summe beider Anteile*

- Wir addieren jetzt die Vorwärts- und Rückwärtsstromanteile

$$j^E = j_V^E + j_R^E,$$

$$j^C = j_V^C + j_R^C$$

und erhalten damit die EBERS-MOLL-Gleichungen (5.27) und (5.28).

5.3.3 Allgemeine Form der EBERS-MOLL-Gleichungen

Wenn das Basisgebiet eines Transistors schmal ist, können in diesem Bereich kaum Ladungsträger rekombinieren. Dies haben wir bisher vorausgesetzt und daraus Ausdrücke für die Sperrströme j_{Es} und j_{Cs} sowie die Koeffizienten α_V und α_R der EBERS-MOLL-Gleichungen gewonnen. Diese Gleichungen in der oben abgeleiteten Form (5.27) und (5.28) sind jedoch auch unter allgemeineren Voraussetzungen gültig. Ihre allgemeine Form lässt sich mittels der Diffusionsgleichungen für Elektronen und Löcher einschließlich der jeweiligen Randbedingungen an den Bereichsgrenzen ableiten. Hier sollen nur die Ergebnisse vorgestellt werden. Es ist zwar sehr nützlich, auch die Herleitung zu verfolgen, aber diese soll auf den Abschn. 5.4 verschoben werden.

An Stelle von (5.27) bis (5.30) erhalten wir die allgemeinen Beziehungen

$$
\begin{aligned}
j^E &= -j_{Es}\left(e^{\frac{eU_{EB}}{k_B T}} - 1\right) + \alpha_R\, j_{Cs}\left(e^{\frac{eU_{CB}}{k_B T}} - 1\right) \\[2mm]
&= -\left(\frac{eD_B}{L_B} n_0^B \coth a + \frac{eD_E}{L_E} p_0^E\right)\left(e^{\frac{eU_{EB}}{k_B T}} - 1\right) + \frac{eD_B}{L_B \sinh a} n_0^B \left(e^{\frac{eU_{CB}}{k_B T}} - 1\right),
\end{aligned}
$$

$$\tag{5.35}$$

$$
\begin{aligned}
j^C &= \alpha_V\, j_{Es}\left(e^{\frac{eU_{EB}}{k_B T}} - 1\right) - j_{Cs}\left(e^{\frac{eU_{CB}}{k_B T}} - 1\right) \\[2mm]
&= \frac{eD_B}{L_B \sinh a} n_0^B \left(e^{\frac{eU_{EB}}{k_B T}} - 1\right) - \left(\frac{eD_B}{L_B} n_0^B \coth a + \frac{eD_C}{L_C} p_0^C\right)\left(e^{\frac{eU_{CB}}{k_B T}} - 1\right)
\end{aligned}
$$

$$\tag{5.36}$$

mit $a = w/L_B$. In (5.36) sind gegenüber (5.35) nur die Indizes E und C vertauscht. (5.36) und (5.35) haben zwar die *gleiche Form* wie (5.27) und (5.28), jedoch mit anderen Koeffizienten. In ihnen tauchen jetzt hyperbolische Funktionen auf;

$$
\alpha_V = \frac{1}{\cosh a + r_{EB} \sinh a},
\tag{5.37}
$$

$$
\alpha_R = \frac{1}{\cosh a + r_{CB} \sinh a}.
\tag{5.38}
$$

Zur Erinnerung: r_{EB} war definiert durch (vgl. (5.16))

$$r_{EB} = \frac{D_E p_0^E L_B}{D_B n_0^B L_E},$$

analog entsteht r_{CB}, wenn überall einfach der Index E durch C ersetzt wird.

Aus (5.37) folgt wegen $\beta = \alpha_V/(1 - \alpha_V)$

$$\beta = \frac{1}{\cosh a + r_{EB} \sinh a - 1}. \tag{5.39}$$

Wir haben hier die EBERS-MOLL-Gleichungen aus prinzipiellen Überlegungen abgeleitet. Sie werden aber oft auch als empirische Gleichungen benutzt, in denen die in ihnen enthaltenen vier Parameter α_R, α_V, j_{Es} und j_{Cs} an experimentelle Daten angepasst werden. Bei pnp-Transistoren sind übrigens die Stromrichtungen im Ersatzschaltbild (Abb. 5.9) umzukehren.

5.3.4 Verschiedene Näherungen für die EBERS-MOLL-Gleichungen

Für die EBERS-MOLL-Gleichungen (5.35) und (5.36) lassen sich eine ganze Reihe von Approximationen angeben. Sie beruhen auf zum Teil unterschiedlichen Annahmen und werden in verschiedenen Lehrbüchern unterschiedlich verwendet, was den Vergleich nicht gerade einfach macht.

(1) Näherung kleiner Basisbreite

Eine solche Näherung hatten wir bereits in Abschn. 5.3.1 benutzt, indem wir eine nur sehr geringe Basisbreite angenommen hatten. Genauer bedeutet dies $w \ll L_B$. Nähern wir unter dieser Voraussetzung die Hyperbelfunktionen in (5.37) und (5.38), so erhalten wir mit den Potenzreihenentwicklungen

$$\sinh a \approx a \quad \text{und} \quad \cosh a \approx 1 + \frac{a^2}{2}$$

den Ausdruck

$$\alpha_V = \frac{1}{1 + \dfrac{a^2}{2} + r_{EB} a} \tag{5.40}$$

für die Vorwärtsstromverstärkung und

$$\beta = \frac{1}{1 + \dfrac{a^2}{2} + r_{EB} a - 1} = \frac{1}{\dfrac{a^2}{2} + r_{EB} a}. \tag{5.41}$$

Nur falls der erste Ausdruck im Nenner sehr klein ist $a \ll r_{EB}$, also für eine extrem kurze Basisstrecke, kann der a^2-Term vernachlässigt werden, und wir landen bei unserem früheren Ausdruck (5.15), der sich aus unserer ersten groben Abschätzung ergab.

Beispiel 5.3

Berechnen Sie α_V und β mit den Ausgangsdaten von Beispiel 5.2
   a) exakt gemäß (5.37) und (5.39),
   b) mit den Näherungsformeln (5.40) und (5.41)
und vergleichen Sie mit den Ergebnissen von Beispiel 5.2. Die Diffusionslänge im Basisgebiet sei $L_B = 57\ \mu\text{m}$.

Lösung:

Wir berechnen zunächst r_{EB} und a:

$$r_{EB} = \frac{D_E p_0^E L_B}{D_B n_0^B L_E} = \frac{\mu_E N_B L_B}{\mu_B N_E L_E} = \frac{140\,\text{cm}^2\text{s}^{-1} \cdot 10^{16}\,\text{cm}^3 \cdot 57\,\mu\text{m}}{1260\,\text{cm}^2\text{s}^{-1} \cdot 10^{18}\,\text{cm}^3 \cdot 6\,\mu\text{m}} = 1{,}055 \cdot 10^{-2};$$

$$a = \frac{w}{L_B} = \frac{1\,\mu\text{m}}{57\,\mu\text{m}} = 0{,}0175.$$

a) (5.37) und (5.39) liefern mit diesen Zahlenwerten

$$\alpha_V = \frac{1}{\cosh(0{,}0175) + 1{,}055 \cdot 10^{-2} \cdot \sinh(0{,}0175)} = 0{,}9996,$$

$$\beta = \frac{1}{\cosh(0.0175) + 1{,}055 \cdot 10^{-2} \cdot \sinh(0.0175) - 1} = 2950.$$

Dieser Wert von β ist nur etwa halb so groß wie der in der Überschlagsrechnung von Beispiel 5.2 berechnete, die dortige Annahme eines linearen Konzentrationsgradienten in der Basis war also nicht gerechtfertigt.

b) Wir berechnen jetzt dieselben Größen mit den Näherungen (5.40) und (5.41):

$$\alpha_V = \frac{1}{1 + \dfrac{a^2}{2} + r_{EB}a} = \frac{1}{1 + \dfrac{0{,}0175^2}{2} + 1{,}055 \cdot 10^{-2} \cdot 0{,}0175} = 0{,}9996.$$

Wie man erkennt, stimmen diese Werte mit den exakten Werten aus Teil a) sehr gut überein, es ist aber deutlich zu erkennen, dass beide Glieder im Nenner einen etwa gleich großen Beitrag zu β liefern. Damit ist β jetzt gegenüber dem bereits früher in Beispiel 5.2 berechneten Wert nur noch etwa halb so groß.

$$\beta = \frac{1}{\dfrac{a^2}{2} + r_{EB}a} = \frac{1}{\dfrac{0{,}0175^2}{2} + 1{,}055 \cdot 10^{-2} \cdot 0{,}0175} = 2950.$$

(2) Näherung Vorwärtsbetrieb

Eine andere Näherung berücksichtigt, dass üblicherweise der Kollektor-Basis-Übergang in Sperrrichtung vorgespannt ist; dadurch kann der Exponentialterm, in dem U_{CB} steht, vernachlässigbar klein werden. Umgekehrt ist es beim Emitter-Basis-Übergang, hier dominiert die Exponentialfunktion mit U_{EB} gegenüber der Eins in der Klammer. Es fallen also in (5.35) und (5.36) jeweils in der oberen Zeile die Terme weg, die -1 enthalten und in der unteren Zeile die Terme mit $\exp(eU_{CB}/k_B T)$. Damit bekommen wir die beiden Gleichungen

$$j^E = -j_{Es}\mathrm{e}^{\frac{eU_{EB}}{k_B T}} - \alpha_R j_{Cs}, \tag{5.42}$$

$$j^C = \alpha_V j_{Es}\mathrm{e}^{\frac{eU_{EB}}{k_B T}} + j_{Cs}. \tag{5.43}$$

Wenn wir nun auch noch den Kollektor-Sperrstrom als klein ansehen, j_{Cs} weglassen und die beiden Gleichungen ins Verhältnis setzen, so ergibt sich

$$\frac{j^C}{j^E} = -\alpha_V. \tag{5.44}$$

Nun kann man die obige Approximation (1) mit einer sehr kurzen Basisstrecke verwenden und erhält den gleichen Ausdruck wie (5.1). Wir sehen auf diese Weise, mit welchen Näherungen man aus den EBERS-MOLL-Gleichungen wieder unser einfaches Modell vom Anfang enthält.

(3) Hohe Emitterergiebigkeit

Zu einer anderen Vereinfachung kann es bei einer hohen Emitterergiebigkeit kommen. Sie bedeutet, dass von der Basis zum Emitter und zum Kollektor kaum Löcher injiziert werden; deshalb findet im Emitter- und Kollektorgebiet keine Rekombination statt. In diesem Falle ist auch der Minoritätsträgeranteil der Löcher zum Emitter-Basis-Strom beziehungsweise zum Kollektor-Basis-Strom sehr klein gegen den Anteil der Elektronen. Damit fallen in (5.35) und (5.36) die Terme fort, die p_0^E oder p_0^C enthalten. Diese Näherung kann allerdings nicht noch dahin weitergeführt werden, dass man die Hyperbelfunktionen linearisiert, weil dann Kollektor- und Emitterstrom vollkommen gleich würden.

Arbeitshinweis:
Sie sollten, um die Auswirkungen der obigen Näherungen einschätzen zu können, unbedingt mit Textmarkern die Glieder in den Formeln (5.24) bis (5.39) markieren, die von den einzelnen Approximationen (1) bis (3) jeweils betroffen sind.

5.4 Herleitung der EBERS-MOLL-Gleichungen aus den Diffusionsgleichungen

5.4.1 Ansätze für die Diffusionsströme

Für die Beschreibung der pn-Übergänge brauchen wir nur die Diffusionsströme der Minoritätsträger zu betrachten, wie wir es im Zusammenhang mit der Halbleiterdiode in Abschn. 3.3 getan haben. In Abb. 5.10 sind die Teilchenströme gezeigt, wie sie unter unseren Annahmen (linker pn-Übergang in Durchlassrichtung, rechter in Sperrrichtung vorgespannt), auftreten. Beachten Sie dabei, dass die *elektrischen* Ströme der Elektronen alle jeweils in die entgegengesetzte Richtung zur Bewegungsrichtung der Teilchen zeigen müssen (technische Stromrichtung!) Den Nullpunkt der x-Koordinate haben wir hier willkürlich auf den Wert x_2 gelegt; das wird später vorteilhaft sein.

Die Gleichungen für die Stromdichten der Teilströme an den pn-Übergängen haben wir bereits in Kap. 3 aufgeschrieben. Wie dort gibt es auch hier außerhalb der Raumladungsgebiete nur Diffusionsströme, keine Feldströme. Am *Emitter-Basis-Übergang* sind der Löcherstrom und der Elektronenstrom gegeben durch

$$j_{\mathrm{h}}^{\mathrm{E}} = j_{\mathrm{h}}^{\mathrm{B}}\Big|_{x_1} = -eD_{\mathrm{E}} \frac{\mathrm{d}\Delta p_{\mathrm{E}}(x)}{\mathrm{d}x}\Big|_{x_1} , \tag{5.45}$$

$$j_{\mathrm{e}}^{\mathrm{E}} = j_{\mathrm{e}}^{\mathrm{B}}\Big|_{x_2} = eD_{\mathrm{B}} \frac{\mathrm{d}\Delta n_{\mathrm{B}}(x)}{\mathrm{d}x}\Big|_{x_2} . \tag{5.46}$$

((5.46) ist nichts anderes als früher (5.9)). Dabei haben wir zu berücksichtigen, dass man die Größe der jeweiligen Teilströme nur dort angeben kann, wo sie aus der Raumladungszone

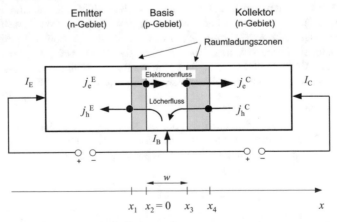

Abb. 5.10 Teilchenströme an den Übergängen des npn-Transistors. *Punkte* kennzeichnen die x-Werte, an denen wir die Randbedingungen benötigen. Beachten Sie, dass bei den Löchern technische Stromrichtung und Richtung der Teilchenbewegung übereinstimmen; bei den Elektronen ist es gerade umgekehrt

austreten und zu Minoritätsträgerströmen werden. Diese Stellen sind in Abb. 5.10 durch Punkte gekennzeichnet.

Wir haben hier die *Abweichungen* der Teilchenkonzentration von Gleichgewichtswert im Minoritätsgebiet verwendet,

$$d\Delta p_E(x) = p_E(x) - p_E^0 ; \tag{5.47}$$

analog für die Elektronen. Die Diffusionskoeffizienten sind natürlich für jedes der Raumgebiete und für jede Trägersorte unterschiedlich.

Analog schreiben wir die Gleichungen des *Basis-Kollektor-Übergangs* auf, ebenfalls wieder für den Löcherstrom und für den Elektronenstrom:

$$j_h^C = -eD_C \left. \frac{d\Delta p_C(x)}{dx} \right|_{x_4} , \tag{5.48}$$

$$j_e^C = j_e^B \Big|_{x_3} = eD_B \left. \frac{d\Delta n_B(x)}{dx} \right|_{x_3} . \tag{5.49}$$

5.4.2 Lösungen der Diffusionsgleichungen

In obigen Gleichungen benötigen wir noch Ausdrücke für $\Delta n(x)$. Wir erhalten sie aus den Diffusionsgleichungen mit den bekannten Randbedingungen für die Ladungsträgerkonzentrationen an der Grenze zum Raumladungsgebiet. In Analogie zu Abschn. 3.3.3, Gl. (3.36), schreiben wir für die Minoritätsträger (Löcher) im *Emittergebiet*

$$D_E \frac{d^2\Delta p_E}{dx^2} = \frac{\Delta p_E}{\tau_E} , \tag{5.50}$$

Wie früher ergibt sich die Lösung an der Stelle $x = 0$ zu

$$\Delta p_E(x_1) = p_E^0 \left(e^{\frac{eU_{EB}}{k_B T}} - 1 \right). \tag{5.51}$$

τ_E ist die Rekombinationslebensdauer der Löcher im Emittergebiet. Der Löcherstrom im Emittergebiet ist dabei

$$j_h^E = -\frac{eD_E}{L_E} p_E^0 \left(e^{\frac{eU_{EB}}{k_B T}} - 1 \right) \tag{5.52}$$

Für das *Kollektorgebiet* schreiben wir analog

$$D_C \frac{d^2\Delta p_C}{dx^2} = \frac{\Delta p_C}{\tau_C} , \tag{5.53}$$

mit

$$\Delta p_C(x_4) = p_C^0 \left(e^{\frac{eU_{CB}}{k_BT}} - 1 \right) \tag{5.54}$$

und

$$j_h^C = \frac{eD_C}{L_C} p_C^0 \left(e^{\frac{eU_{CB}}{k_BT}} - 1 \right) \tag{5.55}$$

Die Diffusionsgleichung für das *Basisgebiet* lautet

$$D_B \frac{d^2\Delta n_B}{dx^2} = \frac{\Delta n_B}{\tau_B}, \tag{5.56}$$

mit

$$\Delta n_B(x_2) = n_B^0 \left(e^{\frac{eU_{EB}}{k_BT}} - 1 \right), \tag{5.57}$$

$$\Delta n_B(x_3) = n_B^0 \left(e^{\frac{eU_{CB}}{k_BT}} - 1 \right), \tag{5.58}$$

Die Lösung der Gleichungen für das Emitter- und Kollektorgebiet war nicht neu; wir konnten sie direkt von den entsprechenden Gleichungen des pn-Übergangs übernehmen. Im Basisgebiet wird die Lösung aber anders lauten, da wir ja hier sowohl an seiner linken als auch der rechten Grenze Randbedingungen beachten müssen. Wir machen daher wie üblich einen Ansatz der Form[6]

$$\Delta n_B(x) = A_1 e^{-\frac{x}{L_B}} + A_2 e^{\frac{x}{L_B}}. \tag{5.59}$$

(L_B ist dabei die Diffusionslänge der Elektronen in der Basis.) Die Koeffizienten A_1 und A_2 bestimmen wir aus den Randbedingungen (5.57) und (5.58):

$$n_B^0 \left(e^{\frac{eU_{EB}}{k_BT}} - 1 \right) \overset{!}{=} A_1 + A_2, \tag{5.60}$$

$$n_B^0 \left(e^{\frac{eU_{CB}}{k_BT}} - 1 \right) \overset{!}{=} A_1 e^{-\frac{w}{L_B}} + A_2 e^{\frac{w}{L_B}}. \tag{5.61}$$

---

[6] Der Nullpunkt der x-Koordinate liegt entsprechend Abb. 5.10 an der Stelle $x_2 = 0$.

Aus diesen beiden Gleichungen lassen sich A_1 und A_2 bestimmen. Wir sparen uns hier den Rechengang und wollen nur das Ergebnis für Δn_B angeben:

$$\Delta n_B(x) = \frac{n_B^0}{\sinh\left(\dfrac{w}{L_B}\right)} \left\{ \sinh\left(\frac{w-x}{L_B}\right)\left(e^{\frac{eU_{EB}}{k_BT}} - 1\right) - \sinh\left(\frac{x}{L_B}\right)\left(e^{\frac{eU_{CB}}{k_BT}} - 1\right)\right\}. \tag{5.62}$$

Hätten wir auch hier wieder angenommen, dass im schmalen Basisgebiet keine nennenswerte Rekombination stattfindet, so würde die Trägerbilanz wegen

$$\frac{\Delta n_B}{\tau_B} = \frac{d^2 \Delta n_B}{dx^2} = 0$$

zu null, und daraus ergäbe sich $d\Delta n_B/dx = \text{const} = C_1$. Durch Integration erhielten wir dann

$$\Delta n_B(x) = C_1(x - x_2) + C_2, \tag{5.63}$$

damit sind wir wieder bei dem bereits weiter oben verwendeten linearen Fall angekommen, nämlich

$$\Delta n_B(x) = n_B^0 \left\{ \left(1 - \frac{x}{w}\right)\left(e^{\frac{eU_{EB}}{k_BT}} - 1\right) - \frac{x}{w}\left(e^{\frac{eU_{CB}}{k_BT}} - 1\right)\right\}. \tag{5.64}$$

Den Elektronenstrom in der Basis und damit auch im Emitter erhält man aus (5.62) über die Ableitung von Δn_B nach dx,

$$j_e^E = j_e^B = eD_B \frac{d\Delta n_B(x)}{dx}, \tag{5.65}$$

Der gesamte im Emitter fließende Strom ist nun

$$j^E = j_e^B + j_h^E ; \tag{5.66}$$

damit bekommen wir nach einer längeren Rechnung schließlich Gleichung (5.35). Eine analoge Überlegung liefert für den Kollektorstrom die Beziehung (5.36).

5.5 Kennlinienfelder

5.5.1 Kennlinienfelder in Basisschaltung

Für schaltungstechnische Anwendungen eines Transistors werden wie bei anderen Bauelementen *Kennlinienfelder* benötigt, die den Zusammenhang der jeweiligen Ströme und Spannungen graphisch wiedergeben. Während bei einer Diode lediglich der Zusammenhang zwischen Strom und Spannung dargestellt werden muss, sind bei einem Transistor mehrere Größen in ihrer gegenseitigen Abhängigkeit dar-

zustellen. Für die Praxis muss man sich die jeweils passenden Größen heraussu-
chen. Üblicherweise verwendet man Transistoren entweder in Basisschaltung oder
in Emitterschaltung. In Basisschaltung ist der Emitterstrom die steuernde Größe,
und das Verhalten von Strom und Spannung im Eingangs- und im Ausgangskreis in
Abhängigkeit vom Emitterstrom sind von Interesse. Die Darstellung des Emitterstroms über der Emitterspannung in der üblichen aktiven Betriebsart des Transistors ist dabei nichts anderes als die Durchlasskennlinie eines pn-Übergangs – hier
des Emitter-Basis-Übergangs. Wir erhalten eine Darstellung entsprechend
Abb. 5.11a, dort ist dieser Zusammenhang halblogarithmisch aufgetragen.

In Abb. 5.11b ist der Ausgangskreis in der Basisschaltung dargestellt, das heißt
der Kollektorstrom über der Kollektor-Basis-Spannung. Das Zustandekommen
dieser Kennlinienschar können wir uns leicht überlegen: Der Basis-Kollektor-
Übergang ist im Normalfall ein in Sperrrichtung gepolter pn-Übergang. Wäre die
Basis-Emitter-Spannung null, so würde die Darstellung von I_C über U_{CB} einfach
die Kennlinie einer in Sperrrichtung gepolten Diode sein, allerdings auf den Kopf
gestellt. Wird jetzt eine Spannung U_{BE} angelegt, die einen Emitterstrom I_E zur
Folge hat, so führt dies einfach dazu, dass die Sperrkennlinie parallel nach oben
verschoben wird – der Emitterstrom addiert sich zum Kollektorsperrstrom.

Die in Abb. 5.11 dargestellten Zusammenhänge ergeben sich unmittelbar aus den Ebers-
Moll-Gleichungen. Die linke Kennlinie (Abb. 5.11a) entspricht Gleichung (5.35), wobei
der Exponentialausdruck mit U_{CB} klein ist und sich nicht auswirkt. Daher ergibt sich in der
halblogarithmischen Darstellung eine einzelne Gerade.

Auch die Kennlinienschar von Abb. 5.11b wird durch die Ebers-Moll-Gleichung (5.36)
für den Kollektorstrom gut beschrieben. Wir bringen dazu (5.35) in die Form

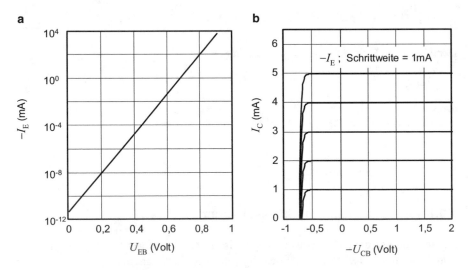

Abb. 5.11 Kennlinienfelder eines Transistors in Basisschaltung, schematisch: (a) Spannung und Strom am Emitter (Eingangskennlinienfeld), (b) am Kollektor (Ausgangskennlinienfeld) – Parameter ist darin der Emitterstrom

$$j_{\mathrm{Es}}\left(\mathrm{e}^{\frac{eU_{\mathrm{EB}}}{k_{\mathrm{B}}T}}-1\right)=-j^{\mathrm{E}}+\alpha_{\mathrm{R}}\,j_{\mathrm{Cs}}\left(\mathrm{e}^{\frac{eU_{\mathrm{CB}}}{k_{\mathrm{B}}T}}-1\right) \tag{5.67}$$

und setzen dies in (5.36) ein. Dann erhalten wir

$$j^{\mathrm{C}}=-\alpha_{\mathrm{V}}\,j^{\mathrm{E}}-(1-\alpha_{\mathrm{V}}\alpha_{\mathrm{R}})\,j_{\mathrm{Cs}}\left(\mathrm{e}^{\frac{eU_{\mathrm{CB}}}{k_{\mathrm{B}}T}}-1\right). \tag{5.68}$$

Hier ist der zweite Term (bis auf die Modifikation durch den Vorfaktor $(1-\alpha_{\mathrm{V}}\,\alpha_{\mathrm{R}})$) die Sperrkennlinie des Kollektor-Basis-Übergangs, der erste Term liefert eine Parallelverschiebung dieser Kennlinie nach oben. Mit dem MATLAB-Programm `npn_basis.m` können diese Beziehungen zur Kennlinienberechnung benutzt werden.

5.5.2 Kennlinienfelder in Emitterschaltung

In den Datenblättern der Hersteller werden üblicherweise die Kennlinien in Emitterschaltung dargestellt. In dieser Schaltungsart liefert ein Transistor sowohl eine Strom- als auch eine Spannungsverstärkung und somit die maximale Leistungsverstärkung. Auch hier interessieren die Strom-Spannungs-Kennlinie des Eingangskreises – das ist jetzt der Basis-Emitter-Kreis – und die Kennlinien des Ausgangskreises – das ist der Kollektor-Emitter-Kreis. Häufig werden zusätzlich noch weitere Kennlinien angegeben, so dass man ein Vierquadranten-Kennlinien-

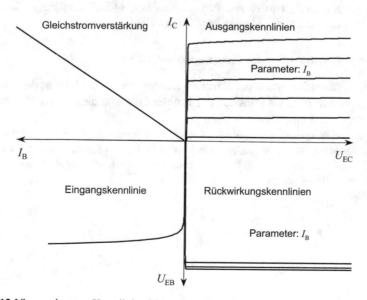

Abb. 5.12 Vierquadranten-Kennlinienfelder eines Transistors in Emitterschaltung

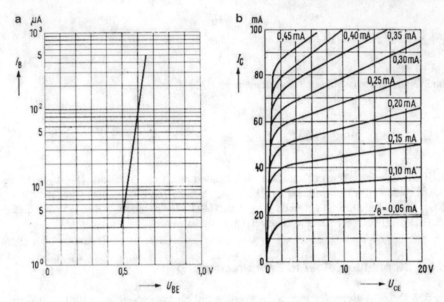

Abb. 5.13 Kennlinien eines typischen npn-Transistors in Emitterschaltung (Siemens BCY 59). *Links*: Eingangskennlinie; *rechts*: Ausgangskennlinien, Parameter ist I_B. Entnommen aus: [Siemens Bauelemente 1984]. Wiedergabe mit Genehmigung der Infineon Technologies AG, München

feld erhält. Abb. 5.12 zeigt eine prinzipielle Darstellung. In Abb. 5.13 sind die Kennlinien eines marktüblichen Transistors zum Vergleich gezeigt.

Diese Kennlinien lassen sich ebenfalls aus den EBERS-MOLL-Gleichungen berechnen. Hierzu sind jedoch erst einige Umformungen notwendig.

a) Eingangskennlinienfeld der Emitterschaltung, $I^B = f(U_{EB}, U_{EC})$

Das *Eingangskennlinienfeld* der Emitterschaltung im 3. Quadranten der Abb. 5.13 zeigt den Basistrom I_B als Funktion der Emitter-Basisspannung U_{EB}. Parameter ist die Emitter-Kollektor-Spannung U_{EC}.

Für die Ableitung der Zusammenhänge greifen wir wieder auf die Stromdichten zurück. Die EBERS-MOLL-Gleichungen liefern nur Ausdrücke für den Emitter- und den Kollektorstrom. Um auf den Basistrom zu kommen, müssen wir die Knotenregel für die Ströme am Transistor zu Hilfe nehmen:

$$j^B = -j^E - j^C \qquad (5.69)$$

Durch Einsetzen der Werte für Emitter- und Kollektorstrom (5.35) und (5.36) erhalten wir

$$j^B = j_{ES}\left(e^{\frac{eU_{EB}}{k_BT}} - 1\right) - \alpha_R j_{CS}\left(e^{\frac{eU_{CB}}{k_BT}} - 1\right)$$

$$+ j_{CS}\left(e^{\frac{eU_{CB}}{k_BT}} - 1\right) - \alpha_V j_{ES}\left(e^{\frac{eU_{EB}}{k_BT}} - 1\right),\tag{5.70}$$

Nun ist es erforderlich, die Kollektor-Basisspannung U_{CB} durch U_{EB} und U_{EC} auszudrücken (Maschenregel!):

$$U_{CB} = U_{EB} - U_{EC}\tag{5.71}$$

Jetzt müssen wir noch geeignet ordnen und zusammenfassen. Die Umformungen sind nicht mehr schwer, aber man muss aufpassen, dass man nichts vergisst. Wir erhalten schließlich

$$j^B = j_1^B e^{\frac{eU_{EB}}{k_BT}} - j_0^B\tag{5.72}$$

mit

$$j_0^B = (1 - \alpha_V) j_{ES} + (1 - \alpha_R) j_{CS}\tag{5.73}$$

und

$$j_1^B = (1 - \alpha_V) j_{ES} + (1 - \alpha_R) j_{CS} e^{\frac{-eU_{EC}}{k_BT}}.\tag{5.74}$$

Die Abhängigkeit von U_{EC} ist in der Praxis weitgehend vernachlässigbar, so dass alle Kurven zusammenfallen, es wird dann I_B allein eine Funktion von U_{EB}. Im Wesentlichen wird hier wieder – wie auch im Eingangskennlinienfeld der Basisschaltung – der Verlauf der Diodenkennlinie wiedergegeben.

b) Ausgangskennlinienfeld der Emitterschaltung, $I^C = f(U_{EC}, I^B)$

Das *Ausgangskennlinienfeld* im 1. Quadranten zeigt die Abhängigkeit des Kollektorstroms I_C von der Emitter-Kollektor-Spannung U_{EC} für unterschiedliche Basisströme I_B. Es stellt das wichtigste Kennlinienfeld dar.

Auch hier starten wir wieder bei der EBERS-MOLL-Gleichung für den Kollektorstrom (5.36). Zunächst stört die Kollektor-Basis-Spannung im Exponenten, und wir ersetzen sie nach der Maschenregel (5.71). Damit kommt man auf den Ausdruck

$$
j^{\mathrm{C}} = \left[-j_{\mathrm{CS}} \mathrm{e}^{\frac{-eU_{\mathrm{EC}}}{k_{\mathrm{B}}T}} + \alpha_{\mathrm{V}} j_{\mathrm{ES}} \right] \mathrm{e}^{\frac{eU_{\mathrm{EB}}}{k_{\mathrm{B}}T}} + j_{\mathrm{CS}} - \alpha_{\mathrm{V}} j_{\mathrm{ES}}.
$$

Der Exponentialfaktor mit U_{EB} nach der eckigen Klammer stört noch. Wir ersetzen ihn gemäß (5.72) und erhalten

$$
j^{\mathrm{C}} = \left[\alpha_{\mathrm{V}} j_{\mathrm{ES}} - j_{\mathrm{CS}} \mathrm{e}^{\frac{-eU_{\mathrm{EC}}}{k_{\mathrm{B}}T}} \right] \frac{j^{\mathrm{B}} + j_0^{\mathrm{B}}}{j_1^{\mathrm{B}}} + j_{\mathrm{CS}} - \alpha_{\mathrm{V}} j_{\mathrm{ES}}. \tag{5.75}
$$

Aus dem Kennlinienfeld Abb. 5.12 ist zu erkennen, dass der Kollektorstrom nahezu linear ansteigt und weitgehend unabhängig von der Emitter-Kollektor-Spannung U_{EC} ist, also $I_{\mathrm{C}} \approx f(I_{\mathrm{B}})$.

c) Gleichstromverstärkung der Emitterschaltung, $I^{\mathrm{C}} = f(I^{\mathrm{B}}, U_{\mathrm{EC}})$

Die *Gleichstromverstärkung* zeigt die Abhängigkeit des Kollektorstroms I_{C} vom Basisstrom I_{B} und liegt im 2. Quadranten. Bis auf kleine Korrekturen wird die Stromverstärkung $\beta = I_{\mathrm{C}} / I_{\mathrm{B}}$ gezeigt, wie wir sie bereits in Gl. (5.13) kennengelernt haben.

Für die Berechnung der Gleichstromverstärkung können wir auf die gleiche Formel zurück greifen, die wir auch für die Darstellung des Ausgangskennlinienfeldes verwenden, nämlich (5.75), da in beiden Kennlinienfeldern j^{C} als Funktion von j^{B} und U_{EC} benötigt wird. Allerdings ist für das Ausgangskennlinienfeld jetzt U_{EC} als Abszisse zu verwenden und j^{B} als Parameter der Kurvenschar, während für die Gleichstromverstärkung U_{EC} der Kurvenparameter ist.

Abgesehen von einem anfänglich ziemlich steil ansteigenden Kurvenverlauf bei kleinem U_{EC} (in Abb. 5.12 nicht zu erkennen) steigt die Kurve dann nahezu linear an. Auch dabei zeigt sich, dass der Kollektorstrom nur vom Basisstrom beeinflusst wird.

d) Rückwirkungskennlinienfeld der Emitterschaltung, $U_{\mathrm{EB}} = f(U_{\mathrm{CE}}, I^{\mathrm{B}})$

Im 4. Quadranten werden schließlich noch die so genannten *Rückwirkungskennlinien* gezeigt. Die Rückwirkung der Ausgangsspannung U_{CE} auf die Eingangsspannung U_{EB} darf nur klein sein, was sich in einem sehr flachen Kurvenverhalten zeigen sollte. Es wird also gewünscht, dass $U_{\mathrm{EB}} = f(U_{\mathrm{CE}}, I_{\mathrm{B}}) \approx f(I_{\mathrm{B}})$ ist.
Startpunkt kann hier die Eingangskennlinie der Emitterschaltung gemäß (5.72) sein. Wir lösen nach dem Exponentialfaktor auf und erhalten

$$
\mathrm{e}^{\frac{eU_{\mathrm{EB}}}{k_{\mathrm{B}}T}} = \frac{j^{\mathrm{B}} - j_0^{\mathrm{B}}}{j_1^{\mathrm{B}}}.
$$

Jetzt muss nur noch der Logarithmus gebildet werden, und das Ergebnis steht schon da:

$$U_{EB} = k_B T \ln\left(\frac{j^B - j_0^B}{j_1^B} \right). \tag{5.76}$$

Dabei sind noch j_0^B und j_0^B aus (5.73) und (5.74) einzusetzen. Im Beispiel-Kennlinienfeld der Abb. 5.12 ist die Abhängigkeit vom Basisstrom I_B nur angedeutet.

Die Umsetzung von a) bis d) als MATLAB-Programm überlassen wir dem Aufgabenteil, Aufgabe 5.13. Zur Berechnung steht das MATLAB-Programm `npn_emit.m` zur Verfügung.[7]

5.5.3 EARLY-Effekt

Auch in der Emitterschaltung würden wir parallel verschobene Sperrstromkennlinien für den Kollektor-Basis-Übergang erwarten, denn $U_{EC} = U_{EB} - U_{CB}$ ist ja nichts anderes als die um die (festgehaltene) Emitter-Basis-Spannung U_{EB} verschobene Kollektor-Basis-Spannung U_{CB}. Wie wir jedoch im Ausgangskennlinienfeld von Abb. 5.12 sehen, sind die Kennlinien jetzt leicht geneigt. Die Ursache liegt darin, dass mit wachsendem U_{CB} der Raumladungsbereich zwischen Basis und Kollektor breiter und demnach die Basiszone schmaler wird (EARLY-Effekt[8]). Dadurch erhöht sich der Kollektorstrom. Um das quantitativ nachzuprüfen, brauchen wir uns nur an die Gleichung (5.15) zu erinnern, dort steht die Basisbreite im Nenner, demnach steigt β mit kleiner werdendem w. Der Anstieg der Kennlinien infolge des EARLY-Effekts erfolgt nahezu linear. Verlängert man die Geraden bis zur x-Achse, so schneiden sie diese alle in einem Punkt, der EARLY-*Spannung*. In den Übungsaufgaben (Aufgabe 5.14) werden wir diesen Effekt etwas genauer unter die Lupe nehmen.

Man kann jetzt fragen, was passiert, wenn durch den EARLY-Effekt die Basisbreite auf null zusammenschrumpft. In diesem Fall wird der Gradient der Ladungsträgerkonzentration und damit der Elektronenstrom in der Basis (Gl. (5.11)) sehr groß; er geht sogar gegen unendlich: Alle Elektronen werden sofort vom Kollektor abgesaugt. Man bezeichnet dies als EARLY-*Durchbruch*. Unter solchen Bedingungen kann man den Transistor natürlich nicht mehr arbeiten lassen.

Wie bei einer in Sperrrichtung gepolten Halbleiterdiode kann es noch eine weitere Ursache für ein Durchbruchsverhalten geben, das ist der Lawineneffekt. Er tritt sogar in der Regel bei niedrigeren Sperrspannungen als der EARLY-Durch-

---

[7] vgl. auch die MATLAB-Programme `npn_basis.m` und `npn_emit.m`.

[8] JAMES M. EARLY (1922–2004), Studium der Papiertechnologie am New York State College of Forestry, später der Elektrotechnik an der Ohio State University. Technischer Mitarbeiter bei Bell: Arbeiten zur Halbleitertechnologie und zu Solarzellen (u. a. für den Telstar-Satelliten), später bei Fairchild Arbeiten zur Halbleitertechnologie und zur CCD-Entwicklung. Diese und andere interessante historische Details kann man bei EARLY selbst nachlesen [Early 2001].

bruch auf und bildet demzufolge die eigentliche Begrenzung für den Arbeitsbereich des Transistors.

5.6 Ergänzungen zu Bipolartransistoren. Tendenzen

Eine Schwäche des Bipolartransistors besteht in Folgendem: In Gl. (5.15) für die Stromverstärkung β

$$\beta = \frac{D_B n_0^B L_E}{D_E p_0^E w}$$

steht die Emitter-Minoritätsträgerkonzentration p_E im Nenner und die Basis-Minoritätsträgerkonzentration n_B im Zähler. Deshalb sollte p_E möglichst klein sein. Normalerweise wird dies wegen $p_E = n_i^2/N_E$ auf Grund des Massenwirkungsgesetzes durch hohe Majoritätsträgerkonzentrationen (also hohe Emitterdotierung) erreicht. Im Emitter setzt aber unter diesen Bedingungen schon Gapschrumpfung ein, das heißt, E_g wird kleiner. Damit verkleinert sich dann auch die Massenwirkungskonstante n_i^2,

$$n_i^2 = N_c N_v e^{-\frac{E_g}{k_B T}},$$

so dass die Löcherkonzentration p_E nicht mehr so klein ist wie im Falle eines ungestörten Gaps (vgl. hierzu Aufgabe 5.3).

Ein Ausweg wurde bereits 1957 durch HERBERT KROEMER gewiesen (vgl. 4.2.3): Er schlug einen *Heterojunction Bipolar Transistor* (HBT) vor. Bei ihm wird der Emitter aus einem anderen Material hergestellt als die Basis. Dadurch kann man Gaps unabhängig einstellen. In Frage kommen zum Beispiel die Kombinationen Silizium mit Germanium. Auf diese Weise kann man sich von den Komplikationen der Gapschrumpfung unabhängig machen. Der Gedanke, Heteroübergänge zu verwenden, hat auch bei anderen Fällen, zum Beispiel bei der Entwicklung des Heterostrukturlasers, Pate gestanden.

5.7 Thyristoren und Triacs

5.7.1 Modell eines Thyristors. Thyristorkennlinie

Thyristoren[9] sind Bauelemente, die weite Verbreitung in der Starkstromtechnik gefunden haben. Sie werden als steuerbare Gleichrichter eingesetzt und können Stromstärken bis zu 5 kA und Spannungen bis zu 10 kV verarbeiten. Im englischen Sprachraum werden sie meist als *semiconducing controlled rectifier* (SCR) bezeichnet. Das Schaltsymbol ist in Abb. 5.14 dargestellt.

---

[9] Das Wort Thyristor ist eine Zusammensetzung aus griech. *thyros* – Tor und *Transistor*.

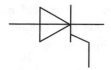

Abb. 5.14 Schaltsymbol eines Thyristors

Ein Thyristor besteht aus einem Silizium-Halbleiter mit drei hintereinander geschalteten pn-Übergängen (Abb. 5.15 oben). Das entspricht der Materialfolge p^+npn^+.[10] Das mittlere n-Gebiet (in der Abbildung durch „2" gekennzeichnet) ist sehr schwach dotiert, die Dotierung liegt nur geringfügig über der Eigenleitungskonzentration (Abb. 5.15 unten). Dagegen sind die Dotierungskonzentrationen der

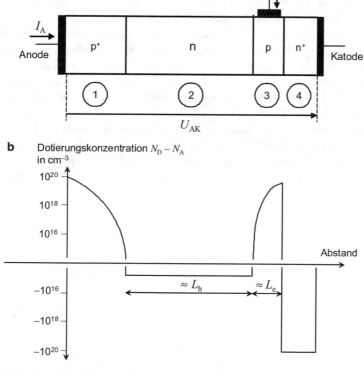

Abb. 5.15 Aufbau eines Thyristors (schematisch, (a)) und Dotierungsprofil (b). Die Breiten der mittleren Gebiete entsprechen ungefähr der Diffusionslänge der jeweiligen Minoritätsträger

---

[10] Wir erinnern uns, dass das hochgestellte Pluszeichen auf eine besonders starke Dotierung hinweist, jedoch keinesfalls auf elektrische Ladungen.

übrigen Gebiete deutlich höher. Zur Steuerung dienen drei Kontakte. Sie werden als *Anode*, *Katode* und *Gate* (oder *Steuerelektrode*) bezeichnet. Für die Funktion der Steuerelektrode interessieren wir uns im Moment noch nicht, dort soll noch keine Spannung anliegen.

Um die Wirkungsweise des Thyristors zu verstehen, betrachten wir der Reihe nach verschiedene Situationen. Zu Beginn soll links an der Anode der negative, rechts an der Katode dagegen der positive Pol einer Spannungsquelle anliegen, U_{AK} ist negativ. In diesem Fall ist der mittlere pn-Übergang (2-3) in Flussrichtung gepolt, der linke (1-2) und der rechte pn-Übergang (3-4) sind dagegen in Sperrrichtung gepolt.

Durch die beiden gesperrten pn-Übergänge ergibt sich eine Sperrkennlinie wie bei einer negativ gepolten Diode. Deren Kennlinie ist durch einen sehr kleinen negativen Sperrstrom I_A gekennzeichnet. Wenn die *Durchbruchsspannung* (bei der Diode ist es die Zener-Spannung) U_R erreicht ist, gibt es einen steilen Abfall (Abb. 5.16). Der Index R weist auf die Rückwärtspolung hin.

Wenden wir uns jetzt dem Fall zu, dass an der Anode des Thyristors der positive und an der Katode der negative Pol der Spannungsquelle anliegt, U_{AK} ist positiv. Jetzt sind der linke (1-2) und rechte (3-4) pn-Übergang in Durchlassrichtung gepolt, aber der mittlere Übergang (2-3) gesperrt. Auch im Vorwärtsbereich ergibt sich deshalb zunächst wieder eine Sperrkennlinie, es ist die untere Kennlinie im Vorwärtsbereich von Abb. 5.16.

Mit wachsender positiver Spannung U_{AK} und damit wachsendem Stromfluss I_A kann allerdings das Modell dreier unabhängiger Dioden die Verhältnisse nicht mehr angemessen beschreiben. Thyristoren sind nämlich so aufgebaut, dass der n-dotierte Bereich 2 gerade etwa so breit ist wie die Diffusionslänge L_h der Minori-

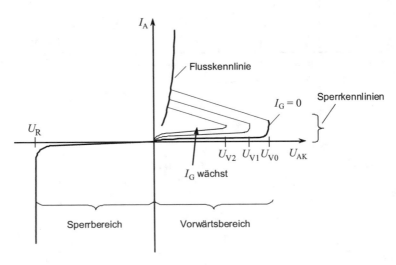

Abb. 5.16 Thyristorkennlinie in Abhängigkeit von verschiedenen Gate-Strömen I_G. Die jeweiligen Zündspannungen U_{V0} bis U_{V2} sind eingezeichnet

tätsträger-Löcher. Diese strömen aus dem pn-Übergang 1-2 hinein. Solange die Sperrspannung an dem pn-Übergang 2-3 nur klein ist, rekombinieren die Minoritätsträger hinreichend schnell und beeinflussen den Übergang 2-3 nicht. Dies ändert sich jedoch mit wachsender Vorwärtsspannung. Wir erinnern uns dazu, dass die Raumladungszone eines gesperrten pn-Übergangs mit wachsender Sperrspannung stetig breiter wird (Abschn. 3.3.2, Gl. (3.28)). Dadurch rutscht deren Grenze immer weiter nach links, und die Ladungsträger können im Gebiet 2 nicht mehr alle rekombinieren, sie gelangen größtenteils weiter über den gesperrten pn-Übergang ins Gebiet 3. Wir haben dann eine ähnliche Situation vor uns wie in der Basis eines pnp-Transistors.

Ähnlich verhält es sich mit den Elektronen, die aus dem leitenden pn-Übergang 4-3 über die „Basis" 3 und den pn-Übergang 3-2 hinweg ins Gebiet 2 geschwemmt werden. Der mittlere pn-Übergang 2-3 wird nun also, obwohl sperrgepolt, von beiden Seiten mit Ladungsträgern überschwemmt und leitet deshalb. Mit steigender Vorwärtsspannung wird praktisch aus einem Bauelement mit drei unabhängigen pn-Übergängen ein „Doppeltransistor". Statt des Modells dreier Dioden ist nun ein Modell angemessener, in dem zwei Bipolartransistoren parallel geschaltet sind. Dies ist in Abb. 5.17 dargestellt. Oben finden wir einen pnp-Transistor, der die Bereiche 1 bis 3 umfasst, der untere Transistor ist ein npn-Transistor und umfasst die Bereiche 2 bis 4. Die scheinbar große Breite der „Basis" 2 darf uns nicht beeindrucken, denn sie ist nur schwach dotiert. Dadurch liefert sie nur wenig Gelegenheit zur Rekombination.

Der normale Bipolartransistor zeigt das für ihn typische Verhalten bei beliebiger Vorwärtsspannung. Beim Thyristor dagegen sind die Basisbereiche etwas breiter, so dass die „Überschwemmung" erst bei höherer Vorspannung einsetzt.

Mit Erreichen der Durchbruchsspannung U_{V0} wird der Thyristor plötzlich stark leitend, so dass der Strom lawinenartig ansteigt. Dadurch bricht auch die Spannung zusammen, die bisher vor allem durch das Raumladungsgebiet am Übergang 2-3 aufrechterhalten wurde. Die Kennlinie schwappt vom rechten Punkt in Abb. 5.16 in den linken Zweig über, der das Flussverhalten wiedergibt. Die Spannung an diesem Punkt heißt *Zündspannung*.

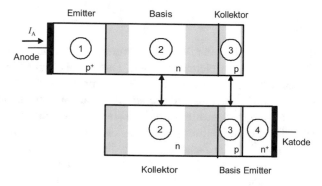

Abb. 5.17 Zwei-Transistor-Modell eines Thyristors. Die Raumladungsgebiete sind *schraffiert*

5.7.2 Gleichungen für den Vorwärtsstrom

Das Verhalten des Thyristors im stationären Fall lässt sich prinzipiell mit einfachen Formeln erklären. Im Vorwärtsbetrieb greifen wir dazu auf das soeben eingeführte Modell zweier Transistoren (Abb. 5.17) zurück. Diese können wir durch die EBERS-MOLL-Gleichungen (5.34) beschreiben. Beide Transistoren sollen sich bereits im aktiven Bereich befinden, folglich können wir die Rückwärtsanteile der Ströme in (5.34) vernachlässigen. Für den „Kollektorstrom" j^{C3} des oberen Transistors 123 gilt der Zusammenhang mit dem „Emitterstrom" j_{E1}

$$j^{C3} = \alpha_V j_V - j_R \rightarrow \alpha_{123} j_{E1} - j_R .$$

Eine ähnliche Gleichung können wir für den unteren Transistor 432 aufschreiben. Dessen „Emitter" ist das Gebiet 4 und sein „Kollektor" das Gebiet 2.

$$j^{C2} \approx \alpha_{432} j_{E4} - j_R .$$

Zum Gesamtstrom beziehungsweise dessen Stromdichte j_A tragen nun beide Anteile bei. Hinzu kommt der Rückwärtsstrom j_R, den wir hier als Sperrstrom j_{Sperr} mit einem negativen Vorzeichen versehen wollen. Damit finden wir

$$j_A = \alpha_{123} j_{E1} + \alpha_{432} j_{E4} + j_{Sperr} .$$

Die an den beiden Emittern fließenden Ströme j_{E1} und j_{E4} sind natürlich gleich und auch gleich dem über die Kontakte fließenden Strom j_A, so dass wir

$$j_A = \alpha_{123} j_A + \alpha_{432} j_A + j_{Sperr} \tag{5.77}$$

erhalten. Wir lösen nach j_A auf und bekommen

$$j_A = \frac{j_{Sperr}}{1 - (\alpha_{123} + \alpha_{432})}. \tag{5.78}$$

Nun erinnern wir uns, dass der Vorwärts-Stromverstärkungsfaktor α_V gemäß (5.37) die Größe $a = w/L_B$ im Nenner enthielt. Das ist das Verhältnis der Basisbreite zur Diffusionslänge im Basisgebiet. Bei Thyristoren sind die Basisbreiten so gewählt, dass im Vorwärts-Sperrzustand a eher groß und damit α_V klein wird. Mit wachsendem Raumladungsgebiet nimmt die verbleibende Breite der Basis jedoch ab – ein Beispiel für diese Situation im Transistor konnten wir in Aufgabe 5.10 rechnen. Von einem bestimmten Zustand an kann die Summe der beiden Stromverstärkungsfaktoren im Nenner von (5.78) jedoch gegen eins gehen, dadurch wächst j_A gewaltig an. Eine ähnliche Situation hatten wir im Falle des Transistors als EARLY-Durchbruch kennengelernt. Zusätzlich kann Stoßionisation wie beim ZENER-Effekt dazu beitragen, dass α_{123} und α_{432} noch weiter wachsen. In der

Folge dieses Stromflusses bricht, wie schon erwähnt, die Spannung am Übergang 2-3 zusammen, und der Thyristor geht in den leitenden Zustand über.

Der beschriebene Effekt ist nicht umkehrbar. Befindet sich der Thyristor einmal im Bereich der Flusskennlinie, so kann der Flussbereich erst dann verlassen werden, wenn die angelegte Anodenspannung U_{AK} wieder null ist.

Der bisher beschriebene Effekt ist zwar interessant, bietet jedoch noch keine Möglichkeit zum Steuern. Hier kommt nun die Steuerelektrode, das Gate, ins Spiel. Über sie kann ein zusätzlicher Strom j_G eingespeist werden, der am rechten pn-Übergang zum Anoden-Katoden-Strom j_A addiert werden muss. Dann sind die Gleichungen (5.77) und (5.78) wie folgt abzuändern:

$$j_A = \alpha_{123} j_A + \left(\alpha_{432} j_A + j_G\right) + j_{Sperr} \tag{5.79}$$

und

$$j_A = \frac{j_{Sperr} + \alpha_{432} j_G}{1 - \left(\alpha_{123} + \alpha_{432}\right)}. \tag{5.80}$$

Der neue Term im Zähler wirkt zunächst wie ein zusätzlicher Vorwärts-Sperrstrom. Er beeinflusst darüber hinaus jedoch das Schaltverhalten so, dass es bereits bei kleineren Zündspannungen einsetzt. In Abb. 5.16 ist dies durch U_{V1} und U_{V2} symbolisiert. Das entspricht dem Verhalten eines Transistors. Auch bei diesem beeinflusst ein kleiner Basisstrom den Emitter-Kollektor-Strom stark. Wenn der Steuerstrom nach dem Zünden wieder verschwindet, bleibt der Thyristor dennoch im leitenden Zustand, es genügen also kurze Impulse.

Statt durch einen Steuerstrom j_G lassen sich zusätzliche Ladungsträger auch mittels Licht erzeugen. Dies führt zum gleichen Verhalten, bietet aber den großen Vorteil der galvanischen Trennung.

Die Strom-Spannungs-Kennlinien eines Thyristors mathematisch abzuleiten, ist ziemlich kompliziert und für uns nicht erforderlich. Deshalb sollen die halbquantitativen Überlegungen an dieser Stelle genügen.

Die Möglichkeit, durch Steuerstromimpulse das Schalten des Thyristors zu beeinflussen, hat große praktische Bedeutung. Auf diese Weise kann er als steuerbarer Gleichrichter (Abb. 5.18) oder Wechselrichter arbeiten, indem ein Teil der Halbwelle eines sinusförmigen Wechselstroms herausgefiltert wird. Thyristoren sind in der Starkstromtechnik weit verbreitet. Obwohl die meisten Hochspannungsnetze in Europa heute mit Wechselstromleitungen betrieben werden, würden Gleichstromleitungen wegen der geringeren Verluste große Vorteile bieten. Wechselrichter auf Halbleiterbasis ermöglichen die kostengünstige Umwandlung von Wechselstrom in Gleichstrom und umgekehrt.

Der technische Aufbau eines Thyristors ist in Abb. 5.19 gezeigt. Wegen der großen umgesetzten Leistungen muss auf eine ausreichende Wärmeableitung geachtet werden.

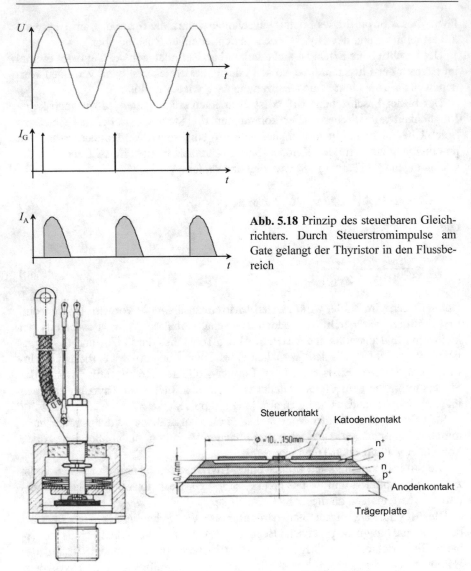

Abb. 5.18 Prinzip des steuerbaren Gleich-
richters. Durch Steuerstromimpulse am
Gate gelangt der Thyristor in den Flussbereich

Abb. 5.19 Konstruktion eines Thyristor-Bauelements, aus [Müller 1991]

5.7.3 Triacs

Triacs[11] sind Bauelemente, die man sich aus zwei antiparallel geschalteten Thyristoren vorstellen kann. Durch diesen Aufbau ist es im Gegensatz zum Thyristor
möglich, beide Stromrichtungen zu steuern. Die Kennlinie zeigt deshalb etwa

---

[11] Das Wort ist zusammengesetzt aus *triode AC switch*.

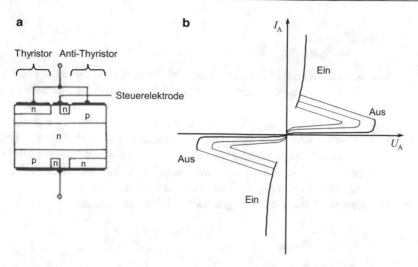

Abb. 5.20 Aufbau eines Triacs ((a) nach [Müller 1991]) mit Kennlinie (b)

einen Verlauf, wie er in Abb. 5.20 rechts dargestellt ist. Die Schaltleistung kann allerdings, bedingt durch den ziemlich komplizierten Aufbau, nicht so große Werte annehmen wie beim Thyristor. Typischerweise sind bis zu 800 V und 40 A erreichbar. Triacs werden deshalb als Wechselstromregler für mittlere Leistungen eingesetzt.

Zusammenfassung zu Kapitel 5

- **Bipolartransistoren** sind Bauelemente, mit denen sich Ströme steuern und verstärken lassen. Sie bestehen aus den drei Gebieten *Emitter*, *Basis* und *Kollektor*, zwischen denen sich pn-Übergänge ausbilden. Der pn-Übergang zwischen Emitter und Basis ist in der üblichen („aktiv-normalen") Betriebsart in Durchlassrichtung, der zwischen Kollektor und Basis in Sperrrichtung vorgespannt.

- Die **Verstärkungswirkung** des Transistors kann man sich wie folgt erklären: Weil seine Basis sehr schmal ist, können in diesem Bereich die vom Emitter kommenden Elektronen kaum rekombinieren und wandern fast vollständig bis zum Kollektor weiter. Der Emitter-Kollektor-Strom ist dadurch sehr groß gegenüber dem Emitter-Basis-Strom, beide stehen in einem festen Verhältnis β (*Stromverstärkungsfaktor in Emitterschaltung*). Wird der Basisstrom verändert, verändert sich der Kollektorstrom um das β-fache.

- In erster, nur recht grober Näherung ist die **Stromverstärkung** β eines Transistors durch das Verhältnis vom Löcherstrom im Emitter zum Elektronenstrom in der Basis bestimmt. Sie ergibt sich dadurch zu

$$\beta = \frac{D_B N_E L_E}{D_E N_B w}.$$

β hängt also in erster Näherung vom Verhältnis der Dotierungen von Basis und Emitter und darüber hinaus von zwei Längen ab: der Diffusionslänge im Emitter und der Basisbreite w. Bei kurzem Emittergebiet (Breite $w_E <$ L_E) ist die Diffusionslänge der Löcher im Emitter L_E durch w_E zu ersetzen.

- Das gesamte elektrische Verhalten des Transistors bei beliebigen Vorspannungen der beiden pn-Übergänge wird durch die **EBERS-MOLL-Gleichungen** bestimmt. Sie liefern ein Ersatzschaltbild, das für viele praktische Zwecke der Schaltungssimulation ausreichend ist.
- **Die EBERS-MOLL-Gleichungen haben folgende Gestalt**:

$$j^E = -j_V + \alpha_R j_R,$$
$$j^C = \alpha_V j_V - j_R.$$

- Die EBERS-MOLL-Gleichungen gestatten die **Berechnung der Kennlinien.** Der Kollektorstrom über der Kollektorspannung entspricht dabei weitgehend einer um einen konstanten Betrag verschobenen Sperrkennlinie des pn-Übergangs am Kollektor. Der Emitterstrom über der Emitterspannung ist die Durchlasskennlinie des Emitter-Basis-pn-Übergangs.
- **Thyristoren** haben Bedeutung als steuerbare Gleichrichter in der Starkstromtechnik. Ihre Wirkungsweise lässt sich mit einem Zwei-Transistor-Modell erklären. Die Thyristorkennlinie ähnelt im Sperrbereich einer Diodenkennlinie. Im Vorwärtsbereich existiert für niedrige Katodenspannungen ebenfalls eine Sperrkennlinie. Bei höheren Spannungen wird der Thyristor jedoch stark leitend, und die Kennlinie geht bei der Zündspannung in die Flusskennlinie über. Mittels des Gate-Stroms lässt sich die Zündspannung beeinflussen und der Thyristor steuern.

Aufgaben zu Kapitel 5

Aufgabe 5.1 Stromverstärkung aus Substanzdaten (zu Abschn. 5.2) **

Seien Sie Designer eines Silizium-npn-Transistors. Das Bauelement soll eine Stromverstärkung in Basisschaltung α von 99,9 % liefern.

Wir nehmen an, dass die Basisbreite 1/10 der Diffusionslänge der Löcher im Emittergebiet ist. Setzen Sie der Einfachheit halber alle Beweglichkeiten beziehungsweise alle Diffusionskoeffizienten als etwa gleich an. In welchem Verhältnis müssen die Dotierungskonzentrationen von Emitter und Basis gewählt werden?

Aufgabe 5.2 Beweglichkeitsverhältnis bei npn- und pnp-Transistoren (zu Abschn. 5.2) *

Vergleichen Sie einen npn-Transistor mit einem pnp-Transistor. Wie groß ist jeweils das Verhältnis der Beweglichkeiten μ_B/μ_E von Emitter- und Basisgebiet? Die Emitterdotierung sei $N_E = 10^{18}$ cm^{-3}, die Basisdotierung $N_B = 10^{16}$ cm^{-3}.

Aufgabe 5.3 Korrektur der Stromverstärkung bei hohen Dotierungen (zu Abschn. 5.2) *

a)* Berechnen Sie wie in Beispiel 5.2 den Stromverstärkungsfaktor β eines npn-Transistors, dessen Emitterdotierung $N_E = 10^{19}$ cm^{-3}, Basisdotierung $N_B = 10^{16}$ cm^{-3} und Basisbreite 2 µm beträgt. Die Diffusionslänge der Löcher unter den Bedingungen des Emittergebiets sei $L_E = 5$ µm.

b)*** Bei hohen Dotierungen verringert sich die Energiedifferenz zwischen Leitungs- und Valenzband eines Halbleiters, also die Gap-Energie E_g. Diese Tatsache ist durch verschiedene Messungen, insbesondere bei tiefen Temperaturen, gut gesichert (vgl. Abschn. 2.6.2). Ursache sind Korrelationseffekte zwischen den einzelnen Ladungsträgern, die einen Energiegewinn bringen. Bei einer Donatordotierung $N_D = 10^{19}$ cm^{-3} beträgt diese Absenkung, die so genannte Gapschrumpfung, zum Beispiel 74,3 meV (Nach Gl. (2.110) wäre die Gapschrumpfung größer, bei so hohen Dotierungen gilt diese Beziehung aber schon nicht mehr.)
Um welchen Faktor ändert sich dadurch die Minoritätsträgerkonzentration der Löcher gegenüber dem üblicherweise berechneten Wert p_0?

c)*** Berechnen Sie analog zu a) den Stromverstärkungsfaktor β, diesmal jedoch mit Berücksichtigung der Gapschrumpfung. In der Basis muss bei der angenommenen Konzentration von $N_B = 10^{16}$ cm^{-3} noch keine Gapschrumpfung berücksichtigt werden.

Aufgabe 5.4 Emitterwiderstand eines Transistors (zu Abschn. 5.2) **

Bestimmen Sie den differentiellen Leitwert und daraus den Widerstand im Emitterbereich eines npn-Transistors bei Vorwärtspolung des Emitter-Basis-Kontakts. Dabei können Sie sich an den Herleitungen für den Fall des p$^+$n-Übergangs in Abschn. 3.5 orientieren. Der Kollektorstrom soll 1 mA betragen.

Aufgabe 5.5 Kapazität eines Transistors (zu Abschn. 5.2) ***

Analog zu Aufgabe 5.4 sollen die Sperrschichtkapazität und die Diffusionskapazität des Emitter-Basis-Übergangs bestimmt werden. Der Kollektorstrom soll 1 mA betragen, die Raumladungszone des Übergangs sei 0,1 µm breit, und die Querschnittsfläche betrage 200 µm^2.
Beachten Sie, dass nur derjenige Anteil der Elektronen in der Basis eine Rolle spielt, der infolge Diffusion/Rekombination verschwindet, der also durch den Basisstrom, nicht durch den Kollektorstrom charakterisiert ist.

Aufgabe 5.6 Verstärkung eines Transistors (zu Abschn. 5.2) **

a) Ein npn-Bipolartransistor hat eine Basisbreite von 2 µm und eine Emitterbreite von 3 µm. Zur Bestimmung der Diffusionslänge müssen Sie die Lebensdauer heranziehen – diejenige der Löcher im Emittergebiet wird zu 10 ns angenommen. Wie groß ist die Stromverstärkung β in einfacher Näherung gemäß (5.18)? Dotierungskonzentrationen: Emitter 10^{18} cm^{-3}, Basis 10^{16} cm^{-3}.

b) Wie groß wird β, wenn es gelingt, die Lebensdauer auf 1 µs zu erhöhen? Beachten Sie, dass dann die Breite des Emittergebiets eine Rolle spielt.

Aufgabe 5.7 EBERS-MOLL-Gleichungen (zu Abschn. 5.3) ***

Berechnen Sie aus den EBERS-MOLL-Gleichungen (5.35) und (5.36) den Emitterstrom und den Kollektorstrom für eine Emitter-Basis-Spannung von 0,6 V und eine Kollektor-Basis-Spannung (Sperrspannung) von −3 V in einem npn-Silizium-Transistor. Die Designparameter sind:

Dotierungen $N_E = 3 \cdot 10^{18}$ cm^{-3}, $N_B = 2 \cdot 10^{17}$ cm^{-3}, $N_C = 1 \cdot 10^{16}$ cm^{-3}; Diffusionslängen L_E = 40 µm, L_B = 50 µm, L_C = 50 µm; Basisbreite 1 µm; Querschnittsfläche 0,001 cm^{-3}. Die Diffusionskonstanten sind mit Hilfe von Abb. 2.12 über die Beweglichkeiten auszurechnen.

Benutzen Sie von vornherein nur die Terme in den EBERS-MOLL-Gleichungen, die einen merklichen Beitrag liefern werden.

Aufgabe 5.8 Basisbreite aus geforderter Stromverstärkung (zu Abschn. 5.3) ***

Berechnen Sie die Basisbreite, die erforderlich ist, um in einem pnp-Silizium-Transistor eine Stromverstärkung β = 400 zu erzielen.

Dotierungen $N_E = 5 \cdot 10^{17}$ cm^{-3}, $N_B = 1 \cdot 10^{17}$ cm^{-3}; Diffusionslängen L_E = 40 µm, L_B = 50 µm.

Aufgabe 5.9 Stromverstärkung aus Kennlinienfeld (zu Abschn. 5.5) **

Ermitteln Sie aus dem (idealisierten) Kennlinienfeld der Abb. 5.21 die Stromverstärkungsfaktoren α und β.

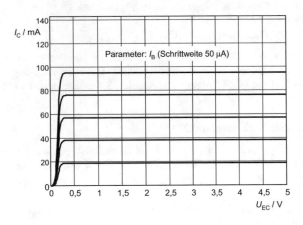

Abb. 5.21 Kennlinienfeld zu Aufgabe 5.9

Aufgabe 5.10 Verringerung der Basisbreite (zu Abschn. 5.5) ***

Für Basis und Kollektor eines npn-Silizium-Transistors gelten folgende Substanzdaten: Basisdotierung $3 \cdot 10^{16}$ cm^{-3}; Kollektordotierung $2 \cdot 10^{15}$ cm^{-3}, Basisbreite ohne äußere Spannung 1 µm.

a) Berechnen Sie die Diffusionsspannung des Basis-Kollektor-Übergangs.

b) Um welchen Betrag wird die Basisschicht schmaler, wenn sich die Kollektor-Basis-Spannung von 0 auf 5 V ändert?

Aufgabe 5.11 Verschwinden der Basisbreite (zu Abschn. 5.5) ***

Ein npn-Transistor sei wie folgt dotiert: Emitter $10^{19}\,\mathrm{cm}^{-3}$, Basis $10^{17}\,\mathrm{cm}^{-3}$, Kollektor $10^{14}\,\mathrm{cm}^{-3}$. Die Basisbreite sei 5 µm.

Berechnen Sie die Kollektor-Basis-Spannung, bei der die Raumladungszone des Kollektors bis an die Raumladungszone des Emitters heranreicht. Die Emitter-Basis-Spannung betrage 0,9 V.

Aufgabe 5.12 Behandlung der EBERS-MOLL-Gleichungen (zu Abschn. 5.5) **

Entwickeln Sie die hyperbolischen Funktionen in den EBERS-MOLL-Gleichungen (5.35) und (5.36) so, dass wieder die linearen Näherungen entstehen.

MATLAB-Aufgaben

Aufgabe 5.13 Kennlinienfelder in Emitterschaltung (zu Abschn. 5.5) *****

Berechnen Sie die Kennlinien eines Bipolartransistors in Emitterschaltung.

a) das Eingangskennlinienfeld der Emitterschaltung, j^{B} als Funktion von U_{EB} mit U_{EC} als Parameter nach 5.5.2 a),

b) das Ausgangskennlinienfeld der Emitterschaltung, j^{C} als Funktion von U_{EC} mit j^{B} als Parameter nach 5.5.2 b),

c) die Gleichstromverstärkung der Emitterschaltung, j^{C} als Funktion von j^{B} mit U_{EC} als Parameter nach 5.5.2 c),

d) das Rückwirkungskennlinienfeld der Emitterschaltung, U_{EB} als Funktion von U_{EC} mit j^{B} als Parameter nach 5.5.2 d).

Aufgabe 5.14 Überlegungen zum EARLY-Effekt (zu Abschn. 5.5) *****

Der EARLY-Effekt bei einem Transistor beruht auf der Verkleinerung der Basisbreite durch Ausdehnung der Raumladungsgebiete, vor allem des Basis-Emitter-Übergangs, mit wachsender Sperrspannung. Wir wollen diesen Effekt zahlenmäßig nachweisen. Diese Aufgabe ist etwas anspruchsvoller, und deshalb soll hier wenigstens eine kleine Hilfestellung gegeben werden.

Die einseitige Ausdehnung der Sperrschicht eines pn-Übergangs ist in Abschn. 3 abgeleitet und in Aufgabe 5.10 angewendet worden. Wir wenden das in der Lösung zu dieser Aufgabe erhaltene Ergebnis auf die Veränderung der Basisbreite w wie folgt an:

$$w = w_0 - \Delta w = w_0 - \sqrt{\frac{2\varepsilon\varepsilon_0}{e}\,\frac{N_C}{N_B(N_C + N_B)}}\sqrt{(U_D - U)}.$$

w_0 ist die ursprüngliche Basisbreite ohne äußere Spannung.

Bei einer ausreichend hohen negativen (!) Spannung als Sperrspannung können wir U_D vernachlässigen und erhalten

$$w = w_0 - \sqrt{\frac{2\varepsilon\varepsilon_0}{e}\,\frac{N_C}{N_B(N_C + N_B)}|U|} \equiv w_0\left(1 - \sqrt{\frac{z}{w_0^2}|U|}\right),$$

wobei

$$z = \frac{2\varepsilon\varepsilon_0}{e} \cdot \frac{N_C}{N_B(N_C + N_B)}$$

alle Vorfaktoren unter der Wurzel enthält.

Die Stromverstärkung in Emitterschaltung ist demnach gegeben durch

$$\beta = \frac{D_B n_0^B L_E}{D_E n_0^E w} \equiv \beta_0 \frac{w_0}{w} = \beta_0 \cdot \frac{1}{1 - \sqrt{\dfrac{z}{w_0^2}|U|}} \equiv \beta_0 \cdot f(U).$$

a) Tragen Sie die Korrekturfunktion

$$f(U) = \frac{1}{1 - \sqrt{\dfrac{z}{w_0^2}|U|}} \cdot .$$

graphisch auf. Als Zahlenwerte können Sie verwenden:

$$w_0 = 2{,}23 \cdot 10^{-4} \text{ cm}, \quad z = 7{,}6 \cdot 10^{-4} \text{ cm}^2 .$$

b) Bei welcher Spannung wird die Verstärkung unendlich (Polstelle der Funktion $f(U)$)? Dieser Effekt ist unerwünscht, da dann der Transistor „durchbricht". Stellen Sie sich vor, Sie wären für das Design des Bauelements verantwortlich. Durch welche Maßnahmen könnten Sie die Spannung, bei der die Polstelle auftritt, erhöhen?

c) Die Korrekturfunktion hat einen Wendepunkt. In der Nähe des Wendepunktes lässt sie sich näherungsweise durch eine Gerade beschreiben. Bestimmen Sie diese Gleichung der Wendetangente und deren Schnittpunkt mit der x-Achse. Er gibt die *EARLY*-Spannung an.

Hinweis: Für die Lösung dieser Aufgabe können Sie vorteilhaft die „Symbolic Math Toolbox" von MATLAB verwenden.[12] Definieren Sie zu Beginn symbolische Variablen mit dem Befehl `syms`. Die Funktion $f(U)$ können Sie graphisch mittels `ezplot` zeichnen lassen. Mittels `diff`, `taylor` und `solve` lassen sich Ableitungen, Wendetangente und Schnittpunkt mit der x-Achse ermitteln.

Selbstverständlich kann man den Wendepunkt und den Schnittpunkt auch mit Bleistift und Papier ohne MATLAB bestimmen!

Aufgabe 5.15 Filterfunktion eines Thyristors (zu Abschn. 5.7.2) ****

An einem Thyristor liegt eine Wechselspannung an, der Thyristor arbeitet als Gleichrichter und lässt nur alle positiven Halbwellen durch. Nun soll ein Steuerspannungsimpuls so angelegt werden, dass nur noch 20 % der Leistung übertragen werden. In Abb. 5.22 ist die Situation erläutert. Wie groß ist der Phasenwinkel α, um den der Zündimpuls vor dem Ende der

---

[12] Diese Toolbox gehört jedoch nicht zum Grundumfang des MATLAB-Pakets. – Die symbolischen Berechnungen, die in MATLAB möglich sind, stammen übrigens aus dem Programmpaket MAPLE. In den neueren MATLAB-Versionen wird eine andere symbolische Toolbox angeboten.

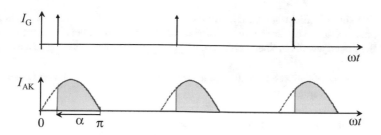

Abb. 5.22 zu Aufgabe 5.15

Halbwelle einsetzen muss? Benutzen Sie die MATLAB-Funktion `fzero` zur Lösung der sich ergebenden transzendenten Gleichung.

Testfragen

5.16 Erklären Sie qualitativ, wie die Stromverstärkung bei einem Transistor zustande kommt.

5.17 Skizzieren Sie den ortsabhängigen Verlauf der Energie des Leitungs- und Valenzbandes eines npn- bzw. pnp-Transistors.

5.18 Warum eignet sich eine npn-Silizium-Struktur besser als Grundlage eines Bipolartransistors als eine pnp-Struktur?

5.19 Wie können Sie durch Einstellung der folgenden Designparameter die Stromverstärkung eines Transistors beeinflussen: a) Emitterdotierung, b) Basisdotierung, c) Basisbreite.

5.20 Zeichnen Sie das Ersatzschaltbild eines Transistors nach EBERS und MOLL und erklären Sie daran die Gleichungen für den Emitterstrom j^E und den Kollektorstrom j^C.

5.21 Skizzieren Sie das Ausgangskennlinienfeld eines Transistors in Emitterschaltung. Erklären Sie, welcher Zusammenhang zwischen diesen Kennlinien und der Kennlinie einer Diode im Sperrbereich besteht.

5.22 Wodurch kommt der EARLY-Effekt zustande? Skizzieren Sie die Auswirkungen dieses Effekts auf das Ausgangskennlinienfeld der Emitterschaltung.

5.23 Welche Größen werden in den Kennlinienfeldern eines Transistors in Emitterschaltung üblicherweise dargestellt? Skizzieren Sie die Darstellung in allen vier Quadranten.

5.24 Welche Schichtfolge besitzt ein Thyristor?

5.25   Wie sind die Elektroden eines Thyristors innerhalb der folgenden Bereiche gepolt: Sperrbereich, Vorwärtsbereich, Flussbereich? Welche pn-Übergänge sind in diesen Bereichen jeweils in Sperrrichtung und welche in Durchlassrichtung geschaltet?

5.26   Welche physikalische Ursachen sind für die Zündung, welche für das Löschen eines Thyristors verantwortlich?

5.27   Skizzieren Sie die Kennlinie eines Thyristors und eines Triacs.

6 Metall-Halbleiter-Kontakte und Feldeffekt-Transistoren

Metall-Halbleiter-Kontakte sind in vielfacher Hinsicht wichtig: Sie stellen die Stromzuführung zu Bauelementen sicher – dann müssen es rein OHM-sche Kontakte sein. Weiterhin bilden sie die Basis gleichrichtender Bauelemente, der SCHOTTKY-Dioden. Die wichtigste Anwendung finden sie jedoch in den Feldeffekt-Transistoren, die heute die am weitesten verbreiteten steuernden Bauelemente sind. Feldeffekt-Transistoren werden als diskrete Bauelemente vor allem in der Leistungselektronik eingesetzt, und sie stellen die überwiegende Zahl der Bauelemente in integrierten Schaltungen.

6.1 Metall-Halbleiter-Kontakte

6.1.1 SCHOTTKY-Dioden

Gleichrichtende Halbleiterbauelemente lassen sich nicht nur mit pn-Strukturen realisieren, sondern auch mit Metall-Halbleiter-Übergängen. Dieser Wirkungsmechanismus wurde von WALTER SCHOTTKY[1] 1938 erklärt, daher bezeichnet man solche gleichrichtenden Dioden als *SCHOTTKY-Dioden*. Historisch gesehen waren sie sogar die ersten verfügbaren Halbleiterbauelemente überhaupt.

---

[1] WALTER SCHOTTKY (1886–1976) dt. Physiker, Untersuchungen zur Vakuumelektronik und zur Festkörperphysik. Geboren in Zürich, studierte in Berlin bei MAX PLANCK und ALBERT EINSTEIN. Später arbeitete er in Jena und Würzburg und ab 1923 als Professor für Theoretische Physik in Rostock. Mehrere Zeiträume mit Arbeiten in den Siemens-Forschungslaboratorien in Berlin und in Pretzfeld (Oberfranken), insbesondere im Zeitraum von 1927 bis 1958.

© Springer-Verlag GmbH Deutschland, ein Teil von Springer Nature 2018
F. Thuselt, *Physik der Halbleiterbauelemente*,
https://doi.org/10.1007/978-3-662-57638-0_6

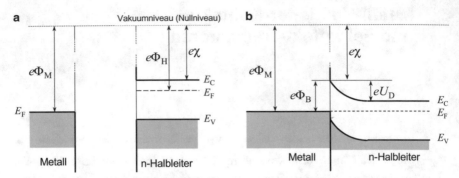

Abb. 6.1   Energiebänderschema für einen Metall-Halbleiter-Übergang. (a) Metall und Halbleiter isoliert, (b) in Kontakt im thermodynamischen Gleichgewicht. Es wurde ein n-Halbleiter gewählt

Die Wirkungsweise eines Metall-Halbleiter-Übergangs lässt sich am besten mit Hilfe des Energiebänderschemas (Abb. 6.1) erklären:

In jedem Festkörper, ob Metall oder Halbleiter, sind Elektronen mit einer ganz bestimmten Energie gebunden. Sie muss beispielsweise aufgewendet werden, wenn man ein Elektron dem Kristallverband entreißen will. Das kann bei der Emission von Elektronen ins Vakuum, zum Beispiel in der Bildröhre eines Computer- oder Fernsehbildschirms, erforderlich sein. Die hierfür (bei $T = 0$ K) mindestens erforderliche Energie bezeichnet man als *Austrittsarbeit*, das Potential der freien Elektronen als Vakuumniveau. Zu jedem Material, ob Metall oder Halbleiter, gehört eine ganz spezifische Austrittsarbeit. Exakt wird sie als Energiedifferenz $e\Phi$ zwischen Vakuumniveau und Fermi-Energie definiert. In einem Metall setzen genau am Fermi-Niveau die besetzten Energiezustände ein. Bei einem Halbleiter gibt es jedoch am Fermi-Niveau in der Regel keine Energiezustände, womit die gedankliche Vorstellung einer Austrittsarbeit hier wenig Sinn hat. Deshalb definiert man noch eine zweite Größe, die so genannte *Elektronenaffinität* $e\chi$, das ist die Differenz zwischen Vakuumniveau und Leitungsbandrand. Diese Größe stellt die Energie dar, die erforderlich ist, um ein Elektron aus dem Leitungsband freizusetzen.

In Tabelle 6.1. werden Beispiele für Austrittsarbeiten und Elektronenaffinitäten verschiedener Materialien aufgeführt. Vergleichen Sie die Größe der Elektronenaffinitäten mit der von E_g: Die Elektronenaffinitäten sind etwa um einen Faktor 3 bis 7 größer.

Im Normalfall sind Metall und Halbleiter getrennt. Dieser Fall wird in Abb. 6.1a dargestellt, die Austrittsarbeiten sind eingezeichnet. Was passiert nun, wenn beide Materialien in engen Kontakt gebracht werden?

Wir nehmen dazu an, es handele sich um einen n-Halbleiter, und die Austrittsarbeit des Metalls sei größer als die des Halbleiters. Da sich die Elektronen im Leitungsband des Halbleiters auf einem höheren Potential befinden, werden sie zunächst zum Metall übertreten, gleichzeitig lassen sie nahe der Trennfläche die positive Raumladung der Donatorrümpfe zurück. Dadurch passiert jetzt dasselbe

Tabelle 6.1. Austrittsarbeiten und Elektronenaffinitäten verschiedener Materialien

Material	Austrittsarbeit/Elektronenaffinität
Gold (Au)	$e\Phi = 5{,}1$ eV
Aluminium (Al)	4,28 eV
Silber (Ag)	4,26 eV
Zum Vergleich: Wasserstoffatom	13,6 eV
Silizium	$e\chi = 4{,}01$ eV
Germanium	4,13 eV
Galliumarsenid	4,07 eV

wie auf der n-Seite eines pn-Übergangs – der Bandrand wird angehoben (Abb. 6.1b). Im Metall dagegen geschieht – nichts. Die wenigen zusätzlichen Elektronen, die zur riesigen Menge der Metallelektronen noch hinzukommen, bewirken fast keine Änderung. Am Ende stellt sich ein Gleichgewicht so ein, dass überall im Metall und im Halbleiter das Fermi-Niveau auf derselben Höhe liegt. Das bedeutet jedoch, dass im gesamten Halbleiter, außer an der Übergangsstelle, alle Energien nach unten gezogen werden. Während vor dem Zusammenbringen der beiden Materialien die Fermi-Energien um $e\Phi_M - e\Phi_H$ auseinander lagen, fallen sie jetzt zusammen, dafür wird am Rand des Halbleiters eine Barriere aufgebaut. Die Bandränder hängen demnach vom Ort x ab, es ist $E_c = E_c(x)$. Die Barrierenhöhe U_D kann deshalb wie bei einem pn-Übergang durch die Diffusionsspannung ausgedrückt werden. Mit Hilfe von Abb. 6.1 kann man nachprüfen, dass $eU_D = e\Phi_M - e\Phi_H$ ist.

Auf der Halbleiterseite hat die Barriere die Höhe eU_D, auf der Metallseite aber die Höhe $e\Phi_B = e\Phi_M - e\chi$. Die Elektronen, die vom Metall zum Halbleiter übertreten, haben eine größere Barriere zu überwinden als diejenigen, die vom Halbleiter zum Metall übertreten.

Für den „halben" Kontakt auf der Halbleiterseite der SCHOTTKY-Diode gilt, was schon für den halben pn-Übergang abgeleitet wurde: Um die Ausdehnung der Raumladungszone zu finden, modellieren wir unseren Metall-Halbleiter-Übergang durch einen p^+n-Übergang. Bei diesem ist die Akzeptorkonzentration des p-Gebiets viel größer als die Donatorkonzentration des n-Gebiets. Diese Annahme passt auch in unserem Fall, und so erhalten wir aus (3.15)

$$b = \sqrt{\frac{2\varepsilon\varepsilon_0}{e}}\,\sqrt{\frac{1}{N_D}}\,\sqrt{U_D - U}\,. \tag{6.1}$$

Wie für den p^+n-Übergang erhalten wir auch eine Beziehung für die Sperrschichtkapazität:

$$C_s = A\,\sqrt{\frac{e\varepsilon\varepsilon_0}{2}\frac{N_D}{(U_D - U)}}\,. \tag{6.2}$$

Die dynamischen Verhältnisse sind jedoch nicht ganz so leicht zu übertragen. Um den über den Übergang fließenden Nettostrom zu berechnen, überlegen wir uns, dass die Elektronenkonzentration des Halbleiters n_{gr} an der Grenzfläche zum Metall kleiner ist als im Halbleiterinnern. Wie üblich ist sie durch den Ausdruck

$$n_{gr} = N_c e^{-\frac{E_{c,\,gr} - E_F}{k_B T}} = N_c e^{-\frac{e\Phi_B}{k_B T}} \tag{6.3}$$

gegeben, wobei sie an der Kontaktstelle infolge des vergrößerten Abstandes des Bandrandes $E_{c,gr}$ von der Fermi-Energie E_F deutlich gegenüber dem Halbleiterinnern gesunken ist.

Bei Anlegen einer Flussspannung wird das Band im Halbleiterinnern angehoben, dadurch verringert sich die Barriere auf der Halbleiterseite um einen Betrag eU, das heißt,

$$n_{gr}(U) = N_c e^{-\frac{e(\Phi_B - U)}{k_B T}} = n_{gr} e^{\frac{eU}{k_B T}}. \tag{6.4}$$

Wir können annehmen, dass der vom Halbleiter zum Metall fließende Elektronenstrom proportional zur Elektronendichte an der Barriere ist:

$$j_{H \to M} = c n_{gr}(U); \tag{6.5}$$

c ist eine Konstante, die wir zunächst nicht genauer kennen.

Über den Strom in der umgekehrten Richtung, vom Metall zum Halbleiter, wissen wir lediglich, dass er immer konstant und unabhängig von U ist, denn die Barrierenhöhe ändert sich vom Metall aus gesehen ja durch die angelegte Spannung nicht. Im Gleichgewicht, also ohne angelegte Spannung, müssen sich beide Ströme die Waage halten. Es fließt kein Nettostrom, daher ist

$$j_{M \to H} = -j_{H \to M}(U = 0) = -c n_{gr}(U = 0). \tag{6.6}$$

Beim Vorhandensein einer äußeren Spannung U liefert die Differenz von (6.5) und (6.6) den Nettostrom

$$j = j_{H \to M} - j_{M \to H} = c\left(n_{gr}(U) - n_{gr}\right) = c N_c e^{-\frac{e\Phi_B}{k_B T}} \left(e^{\frac{eU}{k_B T}} - 1 \right). \tag{6.7}$$

Diese Gleichung hat dieselbe Gestalt wie die entsprechende Diodenkennlinie für pn-Übergänge und kann geschrieben werden als

$$\boxed{j = j_s \left(e^{\frac{eU}{k_B T}} - 1 \right).} \tag{6.8}$$

Der Vorfaktor stellt auch hier wieder die Sättigungsstromdichte dar. Man kann zeigen, dass er pauschal wie folgt geschrieben werden kann – wir wollen die Ableitung hier jedoch im Detail nicht nachvollziehen:

$$j_s = R^* \cdot T^2 e^{-\frac{e\Phi_B}{k_B T}} . \tag{6.9}$$

Die Konstante R^* heißt RICHARDSON-Konstante. Sie tritt auch bei anderen Prozessen auf, bei denen Elektronen eine Barriere überwinden müssen. Ihr Zahlenwert liegt für freie Elektronen bei $R = 120$ A cm^{-2} K^{-2}.

Im Halbleiter muss diese Konstante durch die materialabhängige Größe R^* ersetzt werden (Tabelle 6.2.) Um eine annähernd richtige Größenordnung dafür zu erhalten, muss R mit der effektiven Masse skaliert werden. Außerdem ist zu beachten, dass im Leitungsband mehrere Minima (Täler) existieren[2]. Diese Skalierung trägt der Tatsache Rechnung, dass je nach Tälerzahl und effektiver Masse sich die Elektronen (oder Löcher) mehr oder weniger stark am unteren Bandrand ansammeln und deshalb nicht so gut über die Barriere kommen. Die Skalierungsvorschrift ist

$$R^* = R \cdot \left(\frac{m_{e(h)}}{m_0} \right) v_{e(h)} . \tag{6.10}$$

Tabelle 6.2. Korrekturen zur universellen Richardson-Konstanten für verschiedene Halbleitermaterialien

Material	R^*/R, skaliert nach Gl. (6.10)	*Zum Vergleich: R^*/R unter Berücksichtigung der Anisotropie (nach [Sze 1981])*
n-Si	1,92	2,1 … 2,2
n-Ge	0,88	1,11 … 1,19
n-GaAs	0,066	0,063 … 0,55
p-Si	0,57	0,66
p-Ge	0,36	0,34
p-GaAs	0,54	0,62

---

[2] In den üblichen Halbleiter-Lehrbüchern wird die Tälerzahl v gewöhnlich weggelassen. Die RICHARDSON-Konstante hängt in nicht ganz einfacher Weise von der Zahl der Leitungsbandminima und auch von der Kristallorientierung am Übergang ab, die Tälerzahl geht dort neben anderen Größen mit ein. Obige Beziehung liefert immerhin eine brauchbare Größenordnung zur Abschätzung von R^*.

Es soll abschließend noch erwähnt werden, dass unser Modell die Realität nur qualitativ beschreibt. Die Beziehung $\Phi_B = \Phi_M - \chi$ ist nämlich in den meisten Fällen nicht erfüllt, wenn man von den Differenzen zwischen Austrittsarbeiten und Elektronenaffinitäten ausgeht, wie sie in Tabelle 6.1. dargestellt sind. Das liegt daran, dass an der Grenzfläche in der Regel zahlreiche Oberflächenniveaus vorhanden sind, die viele Elektronen festhalten können. Dadurch wird das Fermi-Niveau auf einem Wert von $(2/3)E_g$ festgehalten, so dass die Höhe der Potentialbarriere auf der Halbleiterseite nahezu unabhängig von der Art des Metalls ist.

Zwei wichtige Unterschiede gegenüber dem pn-Übergang sollen herausgestellt werden:

1. Bei sonst gleichen Substanzdaten (Donatordotierung, Geometrie) ist der Sperrstrom (Sättigungsstrom) einer SCHOTTKY-Diode größer als der an einem normalen pn-Übergang (siehe Übungen).

2. Der Sättigungsstrom besteht im Gegensatz zur Halbleiterdiode aus *Majoritätsträgern*.

Obwohl wir hier stets von n-Halbleitern gesprochen haben, treffen alle Aussagen aber auch sinngemäß für p-Halbleiter zu.

SCHOTTKY-Dioden haben gegenüber pn-Dioden mehrere Vorteile. Unter anderem ist die Diffusionskapazität vernachlässigbar, da der Strom nicht von Minoritätsträgern gebildet wird. Daher können sie schneller schalten, so dass sie für die Mikrowellentechnik interessant sind.

In den letzten Jahren werden SCHOTTKY-Dioden auf Basis von SiC als Leistungshalbleiter angeboten. Dieses Material hat eine höhere Durchbruchfeldstärke, eine höhere SCHOTTKY-Barriere und eine sehr hohe Wärmeleitfähigkeit (Sie ist mit der von Kupfer vergleichbar!). Auf diese Weise sind hohe Stromdichten möglich, die Anwendungen als Schaltnetzteile mit geringeren Schaltverlusten und höheren Schaltfrequenzen erlauben, ohne dass Kühlkörper und Lüfter erforderlich sind. Die maximale Sperrspannung in Bauelementen aus Silizium liegt bei ca. 200 V, in GaAs bei ca. 250 V und in SiC sogar bei 300 bis etwa 3500 V.

6.1.2 OHMsche Kontakte

Bei OHMschen Kontakten möchte man eine Gleichrichtung unbedingt vermeiden, somit ist die bei SCHOTTKY-Dioden vorhandene Potentialbarriere überhaupt nicht erwünscht. Infolgedessen sind die Materialien so auszuwählen, dass an den Kontaktflächen keine Barriere entstehen kann. Falls die Austrittsarbeit des Metalls kleiner ist als die Elektronenaffinität des Halbleiters, sind die Verhältnisse gerade umgekehrt als in Abb. 6.1. Der Leitungsbandrand wird jetzt an der Grenzfläche nach unten verbogen, das Fermi-Niveau liegt dann nahe der Grenzfläche sogar im Leitungsband. Damit tritt an dieser Stelle kein abrupter Übergang mehr auf, und das System leitet im Gegensatz zur SCHOTTKY-Barriere in beiden Richtungen gleich gut.

Leider lässt sich jedoch die soeben beschriebene Situation wegen der auch hier wieder störenden Oberflächenzustände nicht immer verwirklichen, so dass man auf eine andere Lösung zurückgreifen muss. Diese besteht darin, den Halbleiter in einem Bereich nahe der Oberfläche sehr stark zu dotieren. Dadurch wird die Breite der Sperrschicht (sie ist gemäß (6.1) umgekehrt proportional zur Wurzel aus der Dotierungskonzentration!) immer kleiner. Wenn sie hinreichend schmal ist, kann sie von den Elektronen durchtunnelt werden und stellt nun kein Hindernis mehr dar. Dieser Effekt setzt bei einer Dotierung von etwa 10^{18} cm^{-3} ein.

Zusammengefasst gibt es demnach zwei Möglichkeiten, gleichrichtende Kontakte zu vermeiden: Entweder man wählt ein Halbleitermaterial so, dass dessen Leitungsbandrand tiefer liegt als das Fermi-Niveau des Metalls, oder man dotiert den Halbleiter so stark, dass die Potentialbarriere sehr schmal wird und leicht in Sperrrichtung durchtunnelt werden kann.

6.2 Einführung in Feldeffekttransistoren

6.2.1 Die verschiedenen Typen von Feldeffekttransistoren

Feldeffekt-Transistoren sind Halbleiterbauelemente, bei denen der Strom durch ein elektrisches Feld gesteuert wird. Sie arbeiten deshalb im Gegensatz zum Bipolartransistor leistungslos. Es gibt mehrere Typen von Feldeffekt-Transistoren. Das Grundprinzip des wichtigsten, des *Metall-Isolator-Feldeffekt-Transistors* (*metal–isolator–semiconductor field effect transistor*, abgekürzt *MISFET*) wird anhand der folgenden Skizze (Abb. 6.2) deutlich. Die Anordnung Metallelektrode–Halbleiter stellt dabei einen Kondensator dar. Ohne die Isolationsschicht hätten wir es einfach mit einem OHMschen Kontakt beziehungsweise einer SCHOTTKY-Diode zu tun. Bei diesem Typ von Feldeffekt-Transistor kommt noch die isolierende Schicht dazwischen. Die Potentialverhältnisse sind aber in vieler Hinsicht ähnlich, deshalb bietet

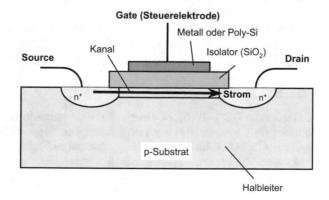

Abb. 6.2 Prinzipieller Aufbau eines MIS-Feldeffekt-Transistors (NMOS)

sich die Behandlung der Feldeffekt-Transistoren jetzt an, nachdem wir gerade den SCHOTTKY-Kontakt kennengelernt haben.

Durch Anlegen einer Steuerspannung an die Steuerelektrode, das so genannte *Gate* („Tor"), sammeln sich auf der gegenüberliegenden Seite der Isolationsschicht im Halbleiter, wie bei einem Kondensator, Ladungen an. Der einzige Unterschied besteht darin, dass die Ladungen im Halbleiter nicht wie im Metall nur an der Oberfläche sitzen, sondern sich ein Stück in das Halbleiterinnere hinein erstrecken. Diese Ladungen bewirken, dass sich in der Halbleiterschicht zwischen den beiden Elektroden (*Source* und *Drain*) die Leitfähigkeit erhöht. Damit kann der Strom, der zwischen Source und Drain fließt, leistungslos gesteuert werden. Die leistungslose Steuerung stellt einen großer Vorteil gegenüber dem Bipolartransistor dar.

Die Gate-Elektrode wurde ursprünglich aus Aluminium gefertigt, in der modernen Halbleitertechnologie wird sie in der Regel aus hoch dotiertem polykristallinem Silizium (*Polysilizium*) hergestellt. Die Isolationsschicht wird durch Siliziumdioxid (SiO_2) realisiert. Daher bezeichnet man diesen Transistortyp auch als MOSFET (engl. *metal–oxid–semiconductor field effect transistor*).

Polysilizium ist ein im Gegensatz zu einkristallinem Silizium sehr gut leitendes Material; Ursache für die Leitfähigkeit sind die zahlreichen Ladungszustände an den Grenzen der Kristallite (den so genannten *Korngrenzen*). Seine Leitfähigkeit wird durch die hohe Dotierung noch verbessert. Im Gegensatz zu Metallen lässt es sich hervorragend in die Siliziumtechnologie integrieren. Die n^+-Gebiete von Source und Drain werden durch Diffusion in das Substrat hergestellt – dieser Prozess wird im Kap. 7 noch genauer erläutert. In Abb. 6.2 ist ein MOSFET auf der Basis eines p-leitendem Substrats dargestellt, der Kanal ist dann n-leitend, wie wir später noch sehen werden. Solche Feldeffekttransistoren heißen deshalb NMOS. In den meisten Fällen benötigt man auch die dazu komplementäre Struktur, bei der sich p^+-Elektroden auf n-Substrat befinden (PMOS). Sie wird erzeugt, indem in das p-Substrat zunächst eine Wanne aus n-Material eingebracht wird, auf der dann die Source-, Drain und Gate-Anschlüsse angefügt werden.

Das Prinzip des Feldeffekt-Transistors wurde bereits 1931 durch LILIENFELD[3] in einem US-Patent vorgeschlagen, also noch vor der Entwicklung des Bipolartransistors. Lange Zeit jedoch scheiterte die Realisierung daran, dass die Technologie nicht ausreichend entwickelt war. Erst im Jahre 1952 gelang auf Grund von Überlegungen von Shockley die Entwicklung eines anderen Typs von Feldeffekttransistor, des „Sperrschicht-Feldeffekt-Transistors" (*junction FET, JFET*) (Abb. 6.3). Er kommt ohne Oxidschicht aus und verwendet stattdessen die Raumladungszone

---

[3] JULIUS EDGAR LILIENFELD (1881–1963), dt.-amerik. Physiker, studierte in Leipzig und wanderte 1920 in die USA aus. Arbeiten zur Verflüssigung von Wasserstoff, u. a. zum Füllen der Zeppeline. Arbeiten zu Elektrolytkondensatoren und zu Festkörpergleichrichtern. Zahlreiche Patente. Von der amerikanischen physikalischen Gesellschaft APS wird seit 1988 der Lilienfeld-Preis verliehen „for outstanding contributions to physics by a single individual who also has exceptional skills in lecturing to diverse audiences". [APS 2002]

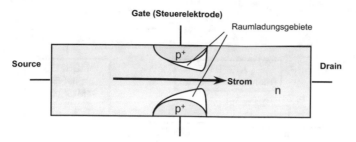

Abb. 6.3 Prinzipieller Aufbau eines Sperrschicht-Feldeffekt-Transistors

zwischen zwei p^+n-Übergängen als steuerndes Element. Wie wir wissen, ist die Raumladungszone an einem pn-Übergang je nach angelegter Spannung unterschiedlich breit. Am unsymmetrischen pn-Übergang liegt sie vorwiegend im Bereich des niedriger dotierten Gebiets, hier also des n-Gebiets. Sie vergrößert sich mit größer werdender Sperrspannung. Je höher die Sperrspannung, desto weiter erstreckt sich die Raumladungszone ins n-Gebiet, desto schmaler wird demnach die Fläche zwischen den beiden Steuerelektroden, die für den Strom zwischen Source und Drain zur Verfügung steht. Die Steuerung ist auch hier rein leistungslos.

Die ersten MOSFETs wurden kommerziell Mitte der 60er Jahre angeboten. Heute beherrscht man im Gegensatz zur Frühzeit der Halbleiterentwicklung die Technologie der Grenzflächen hervorragend, so dass Feldeffekttransistoren sowohl als diskrete Bauelemente als auch als Bestandteil von integrierten Schaltungen viel häufiger als Bipolartransistoren eingesetzt werden. Da mit der MOS-Technik insbesondere sehr kleine Strukturen realisiert werden können, erreicht man damit höchste Integrationsdichten. Derzeit wird mit Integrationsstrukturen deutlich unter 100 nm gearbeitet. Neben der kompakten Bauweise sind die äußerst geringe Leistungsaufnahme und die hohe Arbeitsgeschwindigkeit noch weitere Vorteile.

Aber nicht nur als Transistoren, sondern auch als Widerstände, Kondensatoren, Speicher und Bildaufnahmeelemente (zum Beispiel in CCD-Kameras) finden MOS-Strukturen Verwendung.

Wenn man weiß, dass sich pn-Übergänge für ein steuerndes Bauelement verwenden lassen, so kommt man leicht auf die Idee, in einer ähnlichen Konfiguration auch zwei Metall-Halbleiter-Übergänge, also SCHOTTKY-Kontakte, zu verwenden. Auch diese Idee wurde schließlich realisiert. Die Bauelemente sind als *Metall-Halbleiter-Feldeffekttransistoren* (*metal semiconductor field effect transistor*, *MESFET*) bekannt und werden vor allem auf Galliumarsenid-Basis hergestellt. Ihr Aufbau und ihr physikalisches Verhalten ähnelt dem der MOSFETs sehr, es fehlt lediglich die Oxidschicht am Gate.

JFET, MESFET und MOSFET sind die drei typischen MOS-Technologien (Abb. 6.4). Häufig wird der Name „MOSFET" stellvertretend für alle Bauelemente mit Metall-Halbleiter-Sperrschichten benutzt. In den nächsten Abschnitten werden wir die wichtigsten Vertreter, die MOS-Strukturen, genauer kennenlernen.

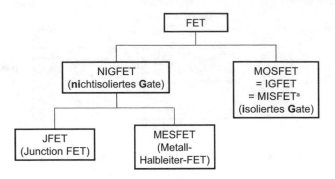

Abb. 6.4   Zusammenstellung der verschiedenen MOS-Technologien.

[a] Die Bezeichnung MISFET ist gebräuchlich, wenn die Isolationsschicht nicht aus SiO_2, sondern aus einem anderen Isolator besteht

6.2.2 Einfaches Modell

Das hier beschriebene einfache Modell, das so genannte *Ladungssteuerungs-modell*, beschreibt die Arbeitsweise der Feldeffekttransistoren in erster Näherung. In dieser Näherung ist es für nahezu alle Typen in ähnlicher Weise gültig. Wir stellen es zunächst in den Grundzügen für den wichtigsten Vertreter, den MOSFET, vor; in den nächsten Abschnitten werden wir es für dieses Bauelement noch detaillieren.

Entscheidend für das Funktionieren eines Feldeffekttransistors ist, dass zwischen Source und Drain längs der Oberfläche ein leitender Kanal vorhanden ist. Er entsteht durch induzierte Ladungen, die durch die am Gate anliegende Spannung U_G auf der gegenüberliegenden Seite der Isolationsschicht im Halbleiter induziert werden Eine zwischen Source und Drain angelegte Spannung führt jetzt zu einem Feldstrom zwischen diesen beiden Kontakten.

Für die weiteren Überlegungen treffen wir nun folgende Annahmen:

1 Der Strom im Kanal ist ein reiner Feldstrom, der komplett von einer Sorte von Ladungsträgern getragen wird, Diffusionsströme sind hier im Gegensatz zu den Bipolartransistoren vernachlässigbar.
2 Das elektrische Feld in Richtung des Kanals (x-Richtung) ändert sich nur sehr schwach im Gegensatz zum elektrischen Feld senkrecht zum Kanal.

Solange die Drain-Source-Spannung U_{DS} klein ist, wird die induzierte Ladung und damit auch die Kanalbreite überall gleich sein. Auch der Widerstand ist dann an jeder Stelle im Kanal der gleiche, und der Strom proportional zu U_{DS}. Mit wachsendem Strom erhöht sich jedoch der Spannungsabfall im Kanal und damit hängt die Potentialdifferenz zwischen Gate und Kanal vom Ort x ab. Die Potentialdifferenz in y-Richtung, also senkrecht zum Kanal, wird um so kleiner, je näher man von der Source- zur Drain-Elektrode kommt, die Kanalbreite verringert sich entsprechend. Der Leitwert wird dadurch an diesen Stellen kleiner. Folglich steigt der Strom jetzt mit wachsender Drain-Source-Spannung langsamer an als am Anfang.

Diese Überlegungen sollen jetzt zu einer Kennliniengleichung führen: Am Ort x des Kanals entsteht innerhalb eines schmalen Streifens der Breite Δx die Ladung ΔQ, die über die Kapazität des „Gate-Kondensators" C_G mit der Spannung wie folgt zusammenhängt (Abb. 6.5):

$$\Delta Q(x) = \Delta C_G(x)\big(U_G - U(x)\big) = C_G \frac{\Delta x}{L}\big(U_G - U(x)\big), \tag{6.11}$$

L ist die Länge der Strecke zwischen Source und Drain.

Die Spannung $U_G - U(x)$ zwischen Gate und Halbleiter ist vom Ort x abhängig, das Potential zwischen Source und Drain steigt von 0 V bei $x = 0$ auf U_{DS} bei $x = L$ an. Der Bezugswert der Gatespannung ist das Source-Potential.

Wenn die induzierte Ladung aus Elektronen besteht – was wir später in Abschn. 6.3 noch zeigen werden –, dann entspricht ihr im Volumenelement $\Delta V = A\Delta x$ (A ist die Querschnittsfläche des Kanals) eine Teilchenkonzentration

$$n(x) = \frac{1}{e}\frac{\Delta Q(x)}{\Delta V} = \frac{1}{e}\frac{\Delta Q}{A\Delta x} = \frac{C_G}{eAL}\big(U_G - U(x)\big). \tag{6.12}$$

Das ist nun genau die Elektronenkonzentration, die für den elektrischen Strom zwischen Source und Drain zur Verfügung steht. Da sie vom Ort abhängt, ist auch die Leitfähigkeit ortsabhängig, und es wird global kein Oнмsches Gesetz mehr gelten. Wir können es nur für differentiell kleine Wegstückchen dx ansetzen,

$$I\,\mathrm{d}R = \mathrm{d}U, \tag{6.13}$$

und den Gesamtwiderstand als „Reihenschaltung" der einzelnen Widerstandselemente dR berechnen. Die linke Seite von (6.13) formen wir um, wir drücken die Leitfähigkeit wie gewohnt durch das Produkt aus Beweglichkeit und Teilchenkonzentration aus und setzen (6.12) ein,

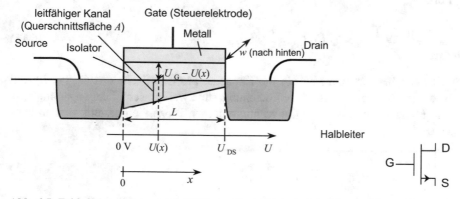

Abb. 6.5 Feldeffekttransistor mit leitfähigem Kanal (Prinzipdarstellung – hier am Beispiel eines n-Kanal-MOSFET). *Rechts*: Schaltsymbol; ein weiterer Anschluss zwischen S und D kann für die Darstellung des Substratanschlusses benutzt werden

$$I\,dR = -I\frac{dx}{\sigma A} = -I\frac{dx}{-e\bar{\mu}_e n(x)A} = I\frac{L\,dx}{\bar{\mu}_e C_G\left(U_G - U(x)\right)}.\tag{6.14}$$

Das Minuszeichen taucht auf, weil der elektrische Strom in negativer x-Richtung fließt. Die Querschittsfläche A, deren Größe auch vom Ort x abhängt, ist zum Glück herausgefallen. Die Beweglichkeit ist an der Grenzfläche des Halbleiters geringer als im Halbleiterinnern, da die Elektronen an dieser Fläche häufig gestreut werden. Sie hängt genau genommen auch vom Abstand y von der Halbleiter-Isolator-Grenzfläche ab, wir setzen jedoch zur Vereinfachung einen mittleren Wert $\bar{\mu}_e$ ein.

Jetzt ist eine Differentialgleichung entstanden, die wir nach dem Sortieren der einzelnen Beiträge durch Trennen der Variablen lösen. Dabei nehmen wir $U(x) = U_x$ als Integrationsvariable:

$$I\int_0^L dx = \frac{\bar{\mu}_e C_G}{L}\int_0^{U_{DS}}\left(U_G - U_x\right)dU_x.\tag{6.15}$$

Wir erhalten schließlich den folgenden Zusammenhang zwischen Strom und Drain- beziehungsweise Gatespannung,

$$I = \frac{\bar{\mu}_e C_G}{L^2}\left(U_G U_{DS} - \frac{1}{2}U_{DS}^2\right),\tag{6.16}$$

also die Strom-Spannungs-Kennlinie des Bauelements. Da zwischen Gate und Substrat kein Strom fließt, ist der Feldeffekt-Transistor ein rein spannungsgesteuertes Bauelement.

Der leitfähige Kanal bildet sich aber tatsächlich erst oberhalb einer gewissen Schwellspannung U_{th} (Index „th" von „threshold"), die zu seiner Bildung überwunden sein muss; dadurch wird die Gleichung noch modifiziert und erhält die Form

$$I = \frac{\bar{\mu}_e C_G}{L^2}\left\{(U_G - U_{th})U_{DS} - \frac{1}{2}U_{DS}^2\right\},\tag{6.17}$$

Häufig benutzt man statt C_G die Kapazität pro Gatefläche $c = C_G/(w\cdot L)$ und bekommt dann eine skalierbare Gleichung, die zwei typische Längenparameter w und L enthält, welche beide im technologischen Prozess eingestellt werden können,

$$\boxed{I = \bar{\mu}_e c\frac{w}{L}\left\{(U_G - U_{th})U_{DS} - \frac{1}{2}U_{DS}^2\right\},}\tag{6.18}$$

w ist die Breite der Gatefläche (in Abb. 6.5 senkrecht zur Papierebene) und L ihre Länge.

> Durch gleichzeitiges Verkleinern von Breite w und Länge L ändern sich die Verstärkungseigenschaften eines MOS-Transistors nicht (Skalierung). Diese Tatsache ist ein großer Vorzug der MOS-Technologie. Sie erlaubt den Übergang zu immer kleineren Abmessungen, ohne dass jedesmal das gesamte Design prinzipiell verändert werden muss.

Die durch (6.18) beschriebene Kennlinienschar hängt quadratisch von U_{DS} ab, sie ist in Abb. 6.6 dargestellt[4] – bei Bipolartransistoren hatten wir dagegen eine exponentielle Abhängigkeit gefunden. Diese Beziehung gilt aber bestenfalls, bis $U_{DS} = U_G$ erreicht ist, oberhalb dieses Wertes ist nämlich die Kondensatorspannung null, und es kann sich auf der Halbleiterseite demzufolge keine Ladung mehr bilden. Die Voraussetzung für die Leitfähigkeit entsprechend dem OHMschen Gesetz, wie oben angenommen, gilt dann nicht mehr. Von diesem Wert an sind die Kennlinien näherungsweise konstant, der Sättigungsstrom ergibt sich aus dem Maximalwert von U_{DS}:

$$I_s = \bar{\mu}_e c \frac{w}{L} \cdot \frac{1}{2} \left(U_G - U_{th} \right)^2. \tag{6.19}$$

Warum erhöht sich denn nun eigentlich der Strom in einem MOS-Transistor bei Erhöhung der Gate- oder der Drain-Spannung? Man sieht das am besten anhand

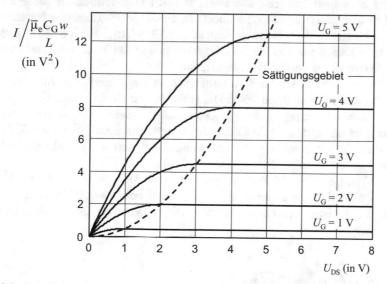

Abb. 6.6 Kennlinienschar eines Feldeffekttransistors in quadratischer Näherung gemäß (6.18) und (6.19). *Gestrichelt*: Grenze des Sättigungsgebiets ($U_{DS} = U_G - U_{th}$); die Schwellenspannung U_{th} wurde hier als Null angenommen.

---

[4] Diese Kurvenschar berechnen wir in Aufgabe 6.8 mit einem MATLAB-Programm.

des differentiellen OHMschen Gesetzes $IdR = dU$ (6.13): Eine Vergrößerung des Potentialgradienten infolge Erhöhung der Drain-Source-Spannung drückt sich als ein größerer Wert von dU aus, demzufolge wird auch der Strom I größer. Wenn andererseits die Gatespannung erhöht wird, so drückt sich das in einer Erhöhung der Elektronenladungsdichte im Kanal aus, wodurch dann die Leitfähigkeit größer und damit der differentielle Widerstand dR kleiner wird. Bei konstant gehaltenem dU kann sich dann der Strom vergrößern.

Das eben beschriebene Ladungssteuerungsmodell (engl. *charge control model*) wird später für den MOSFET noch modifiziert. Der Stromfluss wirkt sich nämlich wiederum auf die Ladungsträgerkonzentration aus, was zu einer Modifikation der Gleichungen führt. Diese Verfeinerungen betrachten wir in einem der folgenden Abschnitte.

6.3 Detailliertere Beschreibung des MOSFET

6.3.1 Ladungszustände eines MOS-Kondensators

Bevor wir zur detaillierten Erklärung der Verstärkungswirkung des MOS-Transistors kommen, wollen wir die Arbeitsweise der Metall-Isolator-Halbleiterstruktur allein betrachten. Diese Schicht stellt einen Kondensator dar (Abb. 6.7). Er findet weniger als eigenständiges Bauelement sondern vornehmlich als Steuerelement (nämlich als die Gate-Substrat-Schicht) in einem MOS-Transistor Verwendung. Darüber hinaus wird er als Steuerelement von MOS-Thyristoren und als Speicherelement in Speicherbausteinen (EPROMs) eingesetzt. MOS-Kondensatoren bilden auch die Grundlage von CCD-Bildsensoren.

Der Metallkontakt wird aus Aluminium oder polykristallinem Silizium gefertigt, das ebenfalls metallisch leitet. Die Isolationsschicht ist gewöhnlich Siliziumdioxid; dieses Material ist ein perfekter Isolator. Seine Schichtdicke liegt bei 0,1 µm oder darunter. In letzter Zeit wird zunehmend auch Siliziumnitrid (Si_3N_4) eingesetzt. Die angrenzende Halbleiterschicht nehmen wir als hinreichend dick und homogen dotiert an.

Das Verhalten eines MOS-Kondensators beim Anlegen einer Spannung hängt zunächst einmal davon ab, ob es sich um einen n- oder einen p-Halbleiter handelt. Wie in den meisten Lehrbüchern üblich, wählen wir auch hier als Beispiel einen

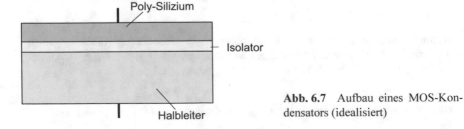

Poly-Silizium

Isolator

Halbleiter

Abb. 6.7 Aufbau eines MOS-Kondensators (idealisiert)

p-Halbleiter. Die Situation lässt sich anschließend ziemlich leicht auf den Fall des n-Halbleiters übertragen. Die möglichen Ladungszustände des MOS-Kondensators sind abhängig vom Vorzeichen und von der Höhe der äußeren Spannung. Danach lassen sich qualitativ drei verschiedene Fälle unterscheiden (Abb. 6.8).[5]

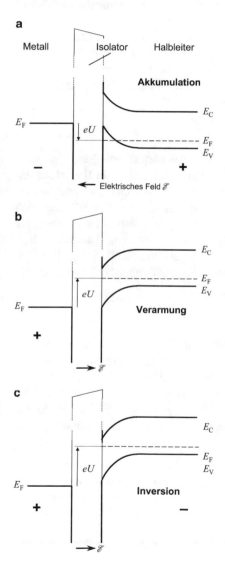

Abb. 6.8 MOS-Kondensator bei negativer Vorspannung (a) und bei positiver Vorspannung (b und c). Anstelle des Metalls wird in der Praxis Poly-Silizium eingesetzt

---

[5] Die Anordnung ist jetzt gegenüber den Überlegungen im vorigen Abschnitt um $90°$ gedreht.

(a) Akkumulation (accumulation)

Wenn das Metall gegenüber dem Halbleiter negativ vorgespannt ist (Abb. 6.8a), sammeln sich an der dem Metall gegenüberliegenden „Kondensatorplatte", also am Rande des Halbleiters, positive Ladungsträger, während die Elektronen ins Halbleiterinnere abgedrängt werden. Der Rand des Halbleiters nahe der Isolationsschicht ist also insgesamt positiv geladen. Diese positive Ladung beziehungsweise das elektrische Feld bewirkt, wie auch am SCHOTTKY-Kontakt oder am pn-Übergang, dass die Bänder und das Ferminiveau im Halbleiterinneren um den Betrag eU absinken. In der Nähe der Isolationsschicht sind die Bänder nach oben verbogen, und ganz unmittelbar an der Grenzfläche behalten sie ihren Wert, den sie auch ohne äußeres elektrisches Feld haben würden.

(b) Verarmung (depletion)

Wir gehen jetzt zum anderen Fall über, bei dem das Metall eine (zunächst nicht sehr hohe) positive Vorspannung erhält (Abb. 6.8b). Am Halbleiter liegt dann das negative Potential. Dadurch werden nun die Löcher aus der Grenzschicht weggesaugt, und die Bänder werden im Halbleiterinnern relativ zur Grenzfläche nach oben gezogen. Das Ferminiveau im Halbleiter liegt jetzt höher als im Metall. Da die Löcher bei einem p-Halbleiter Majoritätsträger sind und von Akzeptoren herrühren, bleiben in der Nähe der Grenzfläche die negativen Rümpfe übrig. Der Beitrag von Leitungsbandelektronen zur negativen Raumladung an der Grenzschicht bleibt zunächst noch vernachlässigbar.

(c) Inversion (inversion)

Bei stärker positiver Vorspannung des Metalls und negativer Vorspannung des Halbleiters (Abb. 6.8c) heben sich die Bänder im Halbleiterinneren noch weiter an, und es können jetzt nicht nur Löcher weg-, sondern auch merklich viele Elektronen zur Grenzschicht hinströmen. In diesem Falle kommt zur negativen Raumladung der Akzeptoren noch die ebenfalls negative Raumladung der Elektronen hinzu. Diese Situation bezeichnet man als *Inversion*. Für den Beginn der Inversion gibt es aber eigentlich keine scharfe Grenze.

Als *Inversionsbedingung* (oder genauer: *Bedingung für starke Inversion*) definiert man die Situation an einem MOS-Kondensator, bei der die Elektronenkonzentration an der Grenze zum Isolator gerade so groß ist wie im Innern des Halbleiters die Konzentration der Löcher.

Die Inversionsbedingung lautet als Formel

$$n_{\mathrm{gr}} = p_\infty \equiv N_{\mathrm{A}} \, . \tag{6.20}$$

Die Löcherkonzentration im Unendlichen p_∞ ist dabei durch die Akzeptorkonzentration N_{A} festgelegt, $p_\infty = N_{\mathrm{A}}$.

6.3.2 Quantitative Betrachtung der Inversionsbedingung

Um welchen Betrag sind Leitungs- und Valenzband an der Grenzfläche zum Isolator verbogen, wenn Inversion einsetzt?

Wir stellen uns vor, dass die Bandverbiegung durch ein ortsabhängiges elektrisches Potential $\Phi(y)$ verursacht ist. (Die y-Achse soll senkrecht zur Oberfläche ins Innere des Halbleiters weisen, während die x-Achse eines Feldeffekttransistors in Richtung von Source zu Drain zeigt.)

Die Fermi-Energie bleibt im Gleichgewicht selbstverständlich über den gesamten Halbleiter konstant. Bereits früher (Abschn. 2.4.8, Gleichungen (2.83) und (2.84)) hatten wir den Abstand der Bandränder von der Fermi-Energie durch die so genannten chemischen Potentiale ausgedrückt. Für eine beliebige Position y gilt

$$\mu_e^*(y) = E_F - E_c(y), \tag{6.21}$$

$$\mu_h^*(y) = E_v(y) - E_F. \tag{6.22}$$

Aus Abb. 6.9 sieht man, dass sich mit ihrer Hilfe jetzt die Größe $e\Phi(y)$ sehr bequem ausdrücken lässt:

$$e\Phi(y) = E_g - \mu_e^*(y) - \mu_h^\infty. \tag{6.23}$$

Für die technologische Charakterisierung sind die chemischen Potentiale allerdings nicht so geeignet, so dass man an ihrer Stelle lieber die entsprechenden Ladungsträger- beziehungsweise Dotierungskonzentrationen benutzt, vgl. auch (2.85) und (2.86),

$$n(y) = N_c\, e^{\frac{E_F - F_c(y)}{k_B T}} = N_c\, e^{\frac{\mu_e^*(y)}{k_B T}}, \tag{6.24}$$

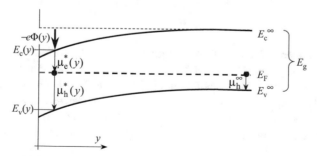

Abb. 6.9 Zur Ableitung der Inversionsbedingung. Dargestellt ist die Richtung von der Grenzfläche zum Halbleiterinnern hin

und

$$p_\infty = N_v\, e^{\frac{E_v^\infty - E_F}{k_B T}} = N_v\, e^{\frac{\mu_h^\infty}{k_B T}}, \tag{6.25}$$

E_g lässt sich gemäß (2.22) durch die intrinsische Ladungsträgerkonzentration n_i^2 ausdrücken. Damit ergibt sich

$$e\Phi(y) = \underbrace{k_B T \ln \frac{N_c N_v}{n_i^2}}_{(2.23)} - \underbrace{k_B T \ln \frac{N_c}{n(y)}}_{(6.24)} - \underbrace{k_B T \ln \frac{N_v}{p_\infty}}_{(6.25)}. \tag{6.26}$$

Das Potential an der Grenzschicht $\Phi(y = 0)$ bezeichnen wir als U_{HL}.

Wenn die Inversion einsetzt, soll nach Definition die Konzentration der Elektronen an der Grenzfläche $n(y = 0)$ gleich der Löcherkonzentration im Unendlichen $p_\infty = N_A$ sein, so dass man in (6.26) $n(y = 0) = N_A$ setzen kann. In diesem Falle wird $U_{HL} = \Phi(y = 0)$ zum *Inversionspotential* Φ_{inv}. Durch Einsetzen und Zusammenfassen der Terme ergibt sich schließlich

$$e\Phi_{inv} = k_B T \ln\left(\frac{N_A}{n_i}\right)^2 = 2 k_B T \ln \frac{N_A}{n_i}. \tag{6.27}$$

Beispiel 6.1

Wie hoch ist das Inversionspotential eines MOS-Kondensators in Silizium mit einer Akzeptorkonzentration von $10^{16}\,\mathrm{cm}^{-3}$?

Lösung:

$$\Phi_{inv} = \frac{2 k_B T}{e} \ln \frac{N_A}{n_i} = 2 \cdot 0{,}0259\,\mathrm{V} \cdot \ln\left(\frac{1 \cdot 10^{16}}{6{,}73 \cdot 10^9}\right) = 0{,}735\,\mathrm{V}.$$

Jetzt interessieren wir uns für den allgemeineren Fall, vor oder nach Einsetzen der Inversion. Die am MOS-Kondensator anliegende Gatespannung U_G muss neben der über dem Halbleiter abfallenden Spannung U_{HL} auch noch die über der Isolationsschicht abfallende Spannung U_{Iso} liefern. Außerdem muss die Differenz der Austrittsarbeiten zwischen Metall und Halbleiter überwunden werden, diesen Beitrag bezeichnet man auch als *Flachbandspannung*[6] $U_{fb} = (\Phi_M - \Phi_{HL})$. Ein

---

[6] weil genau diese Spannung benötigt wird, um die Bänder von Halbleiter und Gate auf gleiches Niveau zu heben

zusätzlicher Beitrag zur Flachbandspannung kann übrigens noch durch ortsfeste Grenzflächenladungen zwischen Halbleiter und Isolator oder durch Störatome im Innern des Isolators hinzukommen.

Somit teilt sich die Gatespannung wie folgt auf:

$$U_G = U_{fb} + U_{Iso} + U_{HL} \, . \tag{6.28}$$

Um Inversion zu erreichen, muss die am Halbleiter anliegende Spannung U_{HL} mindestens so groß wie das Inversionspotential Φ_{inv} sein.

6.3.3 Ladungen, Kapazität und Sperrschichtbreite am MOS-Kondensator

Der Spannungsabfall über der Isolationsschicht (Dicke d_{Iso}, Dielektrizitätskonstante ε_{Iso}) führt wie beim Plattenkondensator zu einer Kapazität

$$C = \frac{dQ}{dU} \, . \tag{6.29}$$

Bei MOS-Oberflächenschichten verwendet man lieber die Ladung und Kapazität pro Flächeneinheit der Halbleiter-Isolator-Grenzfläche, die wir mit kleinen Buchstaben bezeichnen,

$$c = \frac{dq}{dU} \, . \tag{6.30}$$

Wir schauen uns jetzt die drei Bereiche Akkumulation, Verarmung und Inversion genauer an (Abb. 6.10).

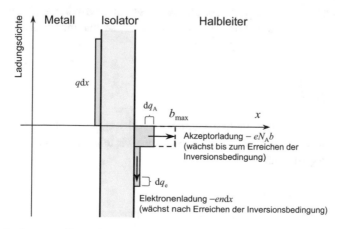

Abb. 6.10 Ladungsanteile an der MOS-Schicht bei Inversion

1. Im Bereich der *Akkumulation*, bei negativem Gatepotential, sammeln sich Löcher unmittelbar an der Grenzfläche zur Isolationsschicht an. Daher spielt allein die Kapazität der Isolationsschicht c_{Iso} eine Rolle. Sie entspricht derjenigen eines Plattenkondensators mit der Dicke d_{Iso},

$$c_{Iso} = \frac{\varepsilon_{Iso}\varepsilon_0}{d_{Iso}} \tag{6.31}$$

2. Wenn die Gatespannung jetzt in den positiven Bereich übergeht, ziehen sich die Löcher von der Grenzfläche zurück, und es entsteht die *Verarmungsschicht*. In diesem Fall ist die Ladung allein durch die Raumladung der Akzeptorionen gegeben, die Löcher haben sich ja aus der Randzone bereits zurückgezogen.

Die Raumladung Q_d der Akzeptorionen ist

$$Q_d = -eN_A \cdot \text{Volumen}, \tag{6.32}$$

– der Index „d" kommt von „depletion" (Verarmung). Bezogen auf die Flächeneinheit kann man schreiben

$$q_d = -eN_A b. \tag{6.33}$$

b ist die Breite der Sperrschicht. Da die Dichte der Akzeptorionen fest ist, muss sich mit wachsendem Feld das Ladungsgebiet immer weiter in den Halbleiter hinein erstrecken. Mit dieser Ladung erhält man für die Spannung über der Isolationsschicht U_{Iso}

$$U_{Iso} = \frac{q_d}{c_{Iso}} = -\frac{eN_A b}{c_{Iso}}. \tag{6.34}$$

Die flächenbezogende Kapazität des Isolators hingegen ist weiterhin durch (6.31) gegeben.

Der Spannungsabfall U_{HL} im Halbleiter hängt nun aber wie U_{Iso} ebenfalls von b ab, der Zusammenhang wird nach derselben Beziehung bestimmt wie in Abschn. 3.2.3, Gl. (3.4) beim pn-Übergang:

$$U_{HL} = -\frac{eN_A}{2\varepsilon_{HL}\varepsilon_0} b^2. \tag{6.35}$$

Um die Breite des Raumladungsgebiets in Abhängigkeit von der Gatespannung zu bestimmen, verwenden wir (6.28), das heißt, wir teilen die Gatespannung in die einzelnen Teilspannungen

$$U_G - U_{fb} = U_{Iso} + U_{HL}$$

auf. Nach Einsetzen von (6.34) und (6.35) entsteht eine quadratische Gleichung für b,

$$U_\text{G} - U_\text{fb} = -\frac{eN_\text{A}}{c_\text{Iso}} b - \frac{eN_\text{A}}{2\varepsilon_\text{HL}\varepsilon_0} b^2 , \qquad (6.36)$$

mit der Lösung

$$b = \frac{\varepsilon_\text{HL}\varepsilon_0}{c_\text{Iso}} \left(-1 + \sqrt{1 + \frac{2c_\text{Iso}^2 (U_\text{G} - U_\text{fb})}{\varepsilon_\text{HL}\varepsilon_0 eN_\text{A}}} \right). \qquad (6.37)$$

Die Ladungserhöhung wird durch eine Verbreiterung der Raumladungszone, also durch wachsendes b erreicht.

Falls die Kapazität der Isolationsschicht und die Gatespannung sehr groß sind, dominiert der zweite Summand unter der Wurzel, und man erhält den bekannten Ausdruck wie beim einseitigen pn-Übergang

$$b = \sqrt{\frac{2\varepsilon_\text{HL}\varepsilon_0 (U_\text{G} - U_\text{fb})}{eN_\text{A}}}. \qquad (6.38)$$

Diesen Ausdruck hätte man in der so vereinfachten Form auch direkt aus (6.36) erhalten können, da bei einer großen Isolatorkapazität die Spannung U_iso in (6.28) vernachlässigbar ist.

Bei Verarmung trägt demnach die Akzeptorladung sowohl zur Kapazität der Isolationsschicht c_Iso als auch zu der des Halbleiters c_HL bei. Die Gesamtkapazität c_MOS der Gate-Substrat-Schicht ergibt sich dann als Reihenschaltung

$$\frac{1}{c_\text{MOS}} = \frac{1}{c_\text{Iso}} + \frac{1}{c_\text{HL}}. \qquad (6.39)$$

Die Kapazität des „Halbleiterkondensators" ist die aus Abschn. 3.4.1 bekannte Sperrschichtkapazität $c_\text{HL} = (\varepsilon\varepsilon_0)/b$ (hier flächenbezogen!). Zu Beginn der Verarmung ist die Sperrschichtbreite b zunächst noch sehr klein, so dass c_HL groß wird und anfangs vorwiegend die Isolationsschicht zur Gesamtkapazität beträgt. Im allgemeinen Fall bei zunehmender Verarmung müssen aber beide Beiträge berücksichtigt werden. Umstellung von (6.39) führt auf

$$c_\text{MOS} = \frac{c_\text{Iso}}{1 + \dfrac{c_\text{Iso}}{c_\text{HL}}} = \frac{c_\text{Iso}}{1 + \dfrac{\varepsilon_\text{Iso} b}{\varepsilon_\text{HL} d_\text{Iso}}}. \qquad (6.40)$$

Setzen wir jetzt (6.37) in (6.40) ein (Die Flachbandspannung nehmen wir der Einfachheit halber als null an.), so erhalten wir einen Ausdruck für die Gesamtkapazität im Akkumulationsbereich, den wir nach einer kleinen Umrechnung in die folgende Form bringen:

$$c_\text{MOS} = \frac{c_\text{Iso}}{\sqrt{1 + \dfrac{2c_\text{Iso}^2 \varepsilon_\text{Iso} U_\text{G}}{\varepsilon_\text{HL}\varepsilon_0 eN_\text{A}}}}. \qquad (6.41)$$

3. Nun treffen wir eine entscheidende Annahme: Bei *Inversion*, also oberhalb des durch das Inversionspotential $\Phi_{inv} = U_G - U_{fb}$ gegebenen Wertes, wächst die Raumladungsschicht nur noch unwesentlich weiter. Von da an sind ja genügend Elektronen in der Inversionsschicht vorhanden, und sie reagieren viel schneller auf eine Änderung der Spannung an der Metallelektrode als die Löcher im Valenzband. Der Akzeptor-Anteil der Raumladung bleibt nun konstant und ist gleich

$$q_{d,max} = -eN_A b_{max} = -\sqrt{2e\varepsilon_{HL}\varepsilon_0 N_A \Phi_{inv}} \, . \tag{6.42}$$

(pro Flächeneinheit). Für die *Breite der Raumladungszone* können wir in diesem Fall schreiben

$$b_{max} = \sqrt{\frac{2\varepsilon_{HL}\varepsilon_0 \Phi_{inv}}{eN_A}} \, . \tag{6.43}$$

Der *Spannungsabfall* an der Halbleiter-Grenzschicht bleibt auch konstant, sein Wert ist

$$U_{HL} = \frac{eN_A}{2\varepsilon_{HL}\varepsilon_0} b_{max}^2 = \Phi_{inv} \, . \tag{6.44}$$

(6.43) gilt nur in den Fällen, in denen sich die Inversionsschicht im Gleichgewicht befindet. Das bedeutet unter anderem, dass Elektronen und Löcher ein gemeinsames Fermi-Niveau haben (vgl. Abschn. 2.4.8). Wenn allerdings längs der Sperrschicht ein Strom fließt wie beim MOSFET, kann man nicht mehr von einem Gleichgewichtszustand sprechen. In diesem Fall werden für Elektronen und Löcher getrennte Fermi-Niveaus existieren, so dass die Verhältnisse jetzt einem pn-Übergang im Nichtgleichgewicht entsprechen. Dann kommt zu Φ_{inv} noch ein Beitrag hinzu, der der Differenz der Quasi-Ferminiveaus entspricht. Deshalb muss man sich nicht wundern, dass die maximale Sperrschichtbreite dann größer wird als im Gleichgewicht.

Oft wird nicht ausdrücklich hingewiesen, woher dieser Beitrag kommt.

Beispiel 6.2

Die maximale Breite der Raumladungsschicht ist mit den Werten von Beispiel 6.1 zu berechnen.

Lösung:

$$b_{max} = \sqrt{\frac{4\varepsilon_{HL}\varepsilon_0 \Phi_{inv}}{eN_A}} = \sqrt{\frac{4 \cdot 11,4 \cdot 8,85 \cdot 10^{-12} \, As\,V^{-1}m^{-1} \cdot 0,735\,V}{1,602 \cdot 10^{-19} \, As \cdot 10^{16} \, cm^{-3}}} = 0,430 \, \mu m.$$

Die *Kapazität* ist unter Inversionsbedingungen wieder fast allein durch die Isolatorkapazität bestimmt.

Trägt man die Kapazität für die drei Bereiche als Funktion der Gatespannung gemäß (6.40) graphisch auf, so ergibt sich die in Abb. 6.11 dargestellte Kurve.

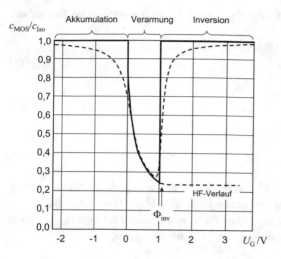

Abb. 6.11 Kapazität eines MOS-Kondensators entsprechend den einfachen Überlegungen im vorliegenden Abschnitt. *Gestrichelt*: Realistischer Verlauf, wie er auch durch verfeinerte Rechnung im Abschn. 6.3.5 bestätigt wird

Natürlich kann sich in der Realität kein Verlauf mit derartigen Ecken und Stufen herausbilden, sondern die Übergänge verlaufen geglätteter, wie in der gestrichelten Kurve dargestellt. Eine genauere Überlegung, bei der auch die beweglichen Ladungsträger mit berücksichtigt werden, spiegelt dieses Verhalten tatsächlich wider. Später in Abschn. 6.3.5 wird dies hergeleitet. Die Verhältnisse bei Inversion treffen allerdings nur zu, wenn die Ladungsträger genügend Zeit bekommen, in die Grenzschicht hineinzufließen. Das ist zum Beispiel beim Anlegen von Wechselspannungen mit niedrigen Frequenzen der Fall – bei hohen Frequenzen bleibt im Inversionsbereich die Kapazität annähernd auf ihrem Wert bei der Inversionsspannung. Die beweglichen Ladungsträger können nämlich unter diesen Umständen der schnellen Feldänderung nicht folgen, so dass für die Kapazität weiterhin nur die Störstellen zur Verfügung stehen. Bei einer wichtigen Anwendung des MOS-Kondensators, dem CCD-Bauelement, ist die leere Inversionsschicht geradezu entscheidend für dessen Funktion, wie später noch erläutert wird.

6.3.4 Verfeinerte Herleitung der Kennliniengleichung

Wir benutzen jetzt die Erkenntnisse, die wir am MOS-Kondensator gewonnen haben, um die bereits früher in 6.2.2 abgeleitete Strom-Spannungs-Kennlinie des MOSFET (6.16) zu korrigieren. Dieses verbesserte Modell bezeichnet man als *gradual channel approximation*. Es gilt, wie auch das vereinfachte Modell, vor allem für so genannte Langkanal-MOSFETs. Damit garantieren wir die schon in Abschn. 6.2.2 geforderten Voraussetzungen.

Um aus dem MOS-Kondensator einen MOSFET zu machen, müssen noch Source und Gate hinzugefügt werden. Das Potential U_{HL} setzt sich beim MOSFET aus zwei Anteilen zusammen, aus dem Anteil $e\Phi(y)$ senkrecht zur Grenzfläche und dem ortsabhängigen Potential $U(x)$, hervorgerufen durch die Source-Gate-Spannung. Der erste, zur Grenzfläche senkrechte Anteil kann im Inversionsbereich überall gleich dem Inversionspotential Φ_{inv} gesetzt werden, wie wir soeben sahen. Es ist also

$$U_{HL} = \Phi_{inv} + U(x). \tag{6.45}$$

Das x-abhängige Potential $U(x)$ steigt von null am Source-Kontakt ($x = 0$) bis zum Wert U_D am Drain-Kontakt. Somit bleibt für das Potential an der Isolationsschicht noch gemäß (6.28)

$$U_{Iso} = U_G - U_{fb} - U_{HL} = U_G - U_{fb} - \Phi_{inv} - U(x). \tag{6.46}$$

übrig. In unserem einfachen Modell von 6.2.2 hatten wir U_{th} als Schwellspannung bereits ohne Begründung benutzt und sehen jetzt, dass $U_{th} = U_{fb} + \Phi_{inv}$ ist.

Die Gesamtladung an der Grenze Gate–Substrat ergibt aus der Spannung (6.46) und der (auch hier wieder flächenbezogenen) Kapazität c_{Iso} zu

$$q_{HL} = -c_{Iso}U_{Iso} = -c_{Iso}\left(U_G - U_{fb} - \Phi_{inv} - U(x)\right). \tag{6.47}$$

Wenn wir den allein durch Elektronen hervorgerufene Ladungsanteil $en(x)$ ermitteln wollen, müssen wir von der Gesamtladung Q_S die Akzeptorladung $Q_{d,max}$ abziehen:

$$en(x)V = |Q_{HL}| - |Q_{d,max}|. \tag{6.48}$$

Die Elektronendichte an der Oberfläche ist nicht konstant, sie nimmt zum Halbleiterinnern hin ab, hängt also genau genommen sowohl von der x-Koordinate als auch von der y-Koordinate ab, $n(x)$ ist deshalb als ein geeigneter Mittelwert in y-Richtung anzusehen. Wir verwenden auch hier wieder flächenbezogene Ladungen und schreiben als Verallgemeinerung von (6.42)

$$q_{d,max}(x) = -eN_A b_{max} = -\sqrt{2e\varepsilon_{HL}\varepsilon_0 N_A \left(\Phi_{inv} + U(x)\right)}. \tag{6.49}$$

(Der Index „d" kam von „depletion".) Hier ist also zum Inversionspotential Φ_{inv} noch das x-abhängige Drain-Source-Potential $U(x)$ hinzugekommen. Da die Fermi-Energien von Elektronen und Löchern jetzt um einen Wert $U(x)$ auseinander liegen, tritt der Fall ein, dass die maximale Sperrschichtbreite b_{max} und somit auch die Größe der Akzeptor-Raumladung gegenüber (6.43) jetzt x-abhängig ist, sich also längs des Kanals ändert.

Damit bekommen wir

$$en_s(x)\frac{V}{\text{Fläche}} = q_{HL} - q_{d,max}(x) =$$
$$= c_{Iso}\left(U_G - U_{fb} - \Phi_{inv} - U(x)\right) - A\sqrt{2e\varepsilon_{HL}\varepsilon_0 N_A \left(U(x) + \Phi_{inv}\right)}. \tag{6.50}$$

Durch Einsetzen von $n_s(x)$ in (6.14) und Integration wie in (6.15) entsteht daraus

$$I \int_0^L dx = \bar{\mu}_e c_{Iso} \frac{w}{L} \int_0^{U_{DS}} \left\{ (U_G - U_{fb} - \Phi_{inv} - U(x)) \right.$$

$$\left. - \frac{1}{c_{Iso}} \sqrt{2\varepsilon_{HL}\varepsilon_0 e N_A \left(U(x) + \Phi_{inv} \right)} \right\} dU \qquad (6.51)$$

und somit

$$I = \bar{\mu}_e c_{Iso} \frac{w}{L} \left\{ \left(\underbrace{U_G - U_{fb} - \Phi_{inv}}_{=-U_{th}} - \frac{U_{DS}}{2} \right) U_{DS} \right.$$

$$\left. - \frac{2}{3} \frac{\sqrt{2\varepsilon_{HL}\varepsilon_0 e N_A}}{c_{Iso}} \left[(U_{DS} + \Phi_{inv})^{3/2} - \Phi_{inv}^{3/2} \right] \right\}. \qquad (6.52)$$

Verglichen mit dem Ergebnis des Ladungssteuerungsmodells (6.18) ist jetzt einmal das Inversionspotential Φ_{inv} im ersten Term und außerdem der gesamte zweite Term hinzugekommen. Beide Beiträge sind negativ. Die Ströme, die sich damit ergeben, sind demnach kleiner und die $I(U_D)$-Kennlinien gegenüber denen von (6.16) leicht nach unten verschoben.

Der Ausdruck (6.52) gilt nur bis zu seinem Maximalwert. Das ist genau der Punkt, an dem sich der Inversionskanal, der ja zum Drainkontakt hin immer schmaler wird, abschnürt. Die zugehörige Drain-Source-Spannung heißt *Abschnürspannung (pinch-off voltage)*, wir bezeichnen sie mit U_p. Bei noch höheren Spannungen wird der Kanal kürzer als der Source-Drain-Abstand, seine Länge lässt sich (der Einfachheit halber im Ladungssteuerungsmodell) berechnen und ergibt sich zu

$$l = L \left(\frac{U_p - U_{th}}{U_p - U_{th}} \right)^2. \qquad (6.53)$$

Unter diesen Umständen könnte theoretisch eigentlich kein Strom mehr fließen. Tatsächlich bleibt der Strom jedoch bei seinem Maximalwert und ist nahezu konstant. Dies ist die gleiche Situation wie bei einem Bipolartransistor, wo ein über die Basis am gesperrten pn-Übergang des Kollektors ankommender Strom von dem dort herrschenden Feld herüber gezogen wird.

Damit im Bereich der Abschnürung in dem sehr engen Kanal überhaupt noch ein Strom fließt, muss dort die Feldstärke sehr groß werden. Man sieht das aus dem lokalen OHMschen Gesetz,

$$I = \frac{U}{R} = \frac{\sigma A(x)}{\Delta x} U = -\sigma A(x) \mathscr{E} = -e n \mu_e A(x) \mathscr{E}. \qquad (6.54)$$

Damit der Strom längs x trotz kleiner werdender Fläche A überall konstant bleibt, muss die Stromdichte und damit die elektrische Feldstärke $\mathscr{E}$ anwachsen, bei verschwindender Fläche sogar gegen unendlich streben. In diesem Fall bleibt jedoch die Beweglichkeit nicht mehr konstant. Wie man aus Messungen der Driftgeschwindigkeit über der Feldstärke ermittelt hat (Es ist $v_d^e = (-\mu_e)\,\mathscr{E}$.), geht diese für hohe Feldstärken gegen einen Grenzwert, man spricht von *Geschwindigkeits-Sättigung* (*velocity saturation*) (Abb. 6.12).

In der Praxis haben wir es darüber hinaus sehr oft mit Feldeffekttransistoren zu tun, bei denen der Abstand zwischen Source und Drain sehr klein wird. Dann treten so genannte Kurzkanaleffekte ein. Sie bringen ebenfalls mit sich, dass die Beweglichkeit nicht mehr konstant bleibt, wie wir es bisher immer angenommen haben. Das spiegelt sich in den Kennliniengleichungen wider, die Sättigung wird früher erreicht. Für die Anpassung verwendet man meist empirische Formeln [Fjeldy, Ytterdal und Shur 1998].

Die Kennlinien eines marktüblichen MOSFETs sind in Abb. 6.13 dargestellt. Bei diesem Transistor fließt bereits bei einer Gatespannung von 0 V ein merklicher Strom − anhand von Gl. (6.52) kann man das als Folge einer endlichen negativen Schwellspannung $U_{th} = U_{fb} + \Phi < 0$ interpretieren. Um den Stromfluss zu unterbinden, muss eine negative Gatespannung angelegt werden. Ein solcher Feldeffekttransistor heißt *selbstleitend* (engl. „normally on"). Im umgekehrten Fall $U_{th} > 0$ sprechen wir von einem *selbstsperrenden* Transistor („normally off"). Mit dem MATLAB-Programm MOS_kenn1.m kann man ein solches Verhalten gut simulieren.

Durch gezielte Behandlung während der Herstellungsphase (z. B. n-Dotierung) ist es übrigens möglich, die Flachbandspannung in gewissem Maße nach Wunsch einzustellen.

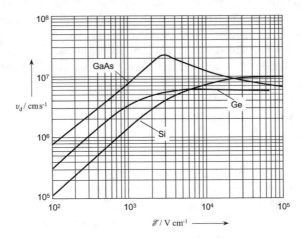

Abb. 6.12 Abweichung der Driftgeschwindigkeiten vom linearen Verlauf bei hohen Feldstärken in einigen Halbleitern, nach [Singh 1994]. Der Abfall bei hohen Feldstärken im GaAs (und einigen anderen direkten Halbleitern) wird übrigens in Gunn-Dioden für Oszillatoren im GHz-Bereich ausgenutzt.

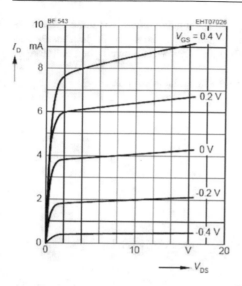

Abb. 6.13 Kennlinienschar eines marktüblichen Feldeffekttransistors (Infineon BF 543). Aus: [Infineon (2004)]. Wiedergabe mit Genehmigung der Infineon Technologies AG, München

6.3.5 MOS-Kondensator mit Berücksichtigung der beweglichen Ladungsträger

Die Kapazität eines MOS-Kondensators ist eine interessante physikalische Größe. C-V-Kurven werden in Labors und Fabriken mit automatischen Messeinrichtungen routinemäßig aufgenommen. Für diese Messungen wird am Gate eine Gleichspannung angelegt, der eine kleine Wechselspannung von ca. 5 bis 10 mV überlagert wird.

Aus den Messergebnissen lassen sich wichtige Kenngrößen von Metall-Isolator-Strukturen und über die Qualität eines Bauelements ableiten. Hierzu gehört zum Beispiel die so genannte „dielektrische Dicke" der Gateschicht, das ist der Quotient $d_{Iso}/\varepsilon_{Iso} = 1/c_{max}$. Eine weitere Größe, die sich ermitteln lässt, ist die Dotierungskonzentration N_A des Halbleitersubstrats. Die Dotierungsbestimmung verlangt allerdings iterative Berechnungen anhand der Messkurven, die nicht ganz trivial sind [Shur 1990].

Als Ergänzung zum Abschn. 6.3.3 soll nun die Kapazität eines MOS-Kondensators ermittelt werden, wenn auch die beweglichen Ladungsträger (Löcher im Verarmungsbereich oder Elektronen im Inversionsbereich) mit betrachtet werden. Diese Herleitungen werden etwas komplizierter sein, und einige Teile sollen auch lediglich angedeutet werden.

Zur Berechnung der Kapazität eines MOS-Kondensators betrachten wir zunächst die elektrische Feldstärke an der Grenzfläche des Halbleiters zur Isolationsschicht. Dazu berücksichtigen wir wie beim pn-Übergang den Zusammenhang der Ladung mit der elektrischen Feldstärke (3.3) und schreiben

$$\mathscr{E}(x) = \frac{1}{\varepsilon\varepsilon_0} \int \rho(x)\mathrm{d}x. \tag{6.55}$$

Die elektrische Ladung ist dabei

$$\rho(x) = e(-N_A + p - n). \tag{6.56}$$

(Das Grundmaterial wird als akzeptordotiert angenommen.) Wenn wir diesen Ausdruck integrieren würden, erhielten wir die x-Abhängigkeit der elektrischen Feldstärke. Dies ist jedoch numerisch sehr aufwändig, und man begnügt sich deshalb damit, die Feldstärke an der Grenzfläche zu kennen.

Wir schreiben den Ausdruck für das elektrische Potential in der Form

$$\frac{\partial \Phi(x)}{\partial x} = -\mathscr{E}(x) \tag{6.57}$$

Die Ableitung der Feldstärke ist

$$\frac{\partial \mathscr{E}}{\partial x} = \frac{\partial \mathscr{E}}{\partial n} \cdot \frac{\partial n}{\partial \Phi} \cdot \underbrace{\frac{\partial \Phi}{\partial x}}_{=-\mathscr{E}} . \tag{6.58}$$

Die linke Seite dieser Gleichung hängt über (3.2) mit der elektrischen Ladung zusammen

$$\frac{\partial \mathscr{E}(x)}{\partial x} = \frac{1}{\varepsilon \varepsilon_0} \rho(x) = \frac{1}{\varepsilon \varepsilon_0} e(-N_A + p - n), \tag{6.59}$$

In Abschn. 2.6.2 haben wir ein ähnliches Problem bereits behandelt. Dort hatten wir allerdings kleine Potentialänderungen $\Phi(x)$ vorausgesetzt, was wir hier nicht mehr tun wollen. Wir betrachten ab jetzt Φ nicht als eine Variable von x, sondern nur noch von n (welches jedoch seinerseits durchaus implizit von x abhängen kann). Das führt uns auf

$$\frac{\partial \mathscr{E}}{\partial n} \cdot \frac{\partial n}{\partial \Phi} \cdot \mathscr{E} = \frac{1}{\varepsilon \varepsilon_0} e(-N_A + p - n), \tag{6.60}$$

diese Gleichung kann man durch Trennen der Variablen – links $\mathscr{E}$, rechts n – integrieren, so dass sich ergibt

$$\int \mathscr{E} \, d\mathscr{E} = \frac{e}{\varepsilon \varepsilon_0} \int \frac{\partial \Phi}{\partial n} (-N_A + p - n) dn. \tag{6.61}$$

Die linke Seite ergibt $\mathscr{E}^2/2$; die rechte Seite lässt sich weiter auswerten, wenn man berücksichtigt, wie der Verlauf von n und p in x-Richtung des Halbleiters aussieht (vgl. Abb. 6.14). Weit im Innern ist $-N_A = p_\infty$, oder, wenn wir es jetzt einmal sehr genau nehmen, $-N_A = p_\infty - n_\infty$.[7] Den Zusammenhang mit $p(x)$ und $n(x)$ schreiben wir

$$n(x) = n_\infty e^{\frac{e\Phi(x)}{k_B T}} \qquad \text{und} \qquad p(x) = p_\infty e^{-\frac{e\Phi(x)}{k_B T}} . \tag{6.62}$$

---

[7] Natürlich ist die Elektronenkonzentration n_∞ im Unendlichen vernachlässigbar klein, wir schreiben sie hier aber trotzdem hin, damit die späteren Gleichungen eine schönere Gestalt bekommen.

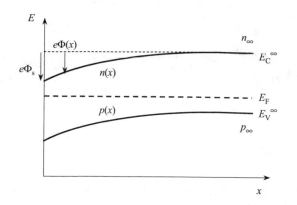

Abb. 6.14 Zusammenhang des Oberflächenpotentials mit der Bandverbiegung

Durch Umkehrung dieser Beziehung und Logarithmieren erhalten wir

$$\Phi(x) = \frac{k_B T}{e} \ln \frac{n(x)}{n_\infty}.$$

(6.63)

Die Differentiation nach n ergibt

$$\frac{d\Phi}{dn} = \frac{k_B T}{e} \frac{1}{n}.$$

(6.64)

Somit wird

$$\frac{\mathscr{E}^2}{2} = \frac{k_B T}{\varepsilon\varepsilon_0} \int_{n_\infty}^{n} \frac{1}{n}(p_\infty - n_\infty + p - n)\,dn = \frac{k_B T}{\varepsilon\varepsilon_0} \int_{n_\infty}^{n} \left(\frac{p_\infty}{n} - \frac{n_\infty}{n} + \frac{p}{n} - 1\right)dn.$$

(6.65)

Da p und n über das Massenwirkungsgesetz miteinander zusammenhängen, müssen wir dies noch berücksichtigen und können dann die n-Integration ausführen:

$$\frac{\mathscr{E}^2}{2} = \frac{k_B T}{\varepsilon\varepsilon_0} \int_{n_\infty}^{n} \left(\frac{p_\infty}{n} - \frac{n_\infty}{n} + \frac{n_i^2}{n^2} - 1\right)dn = \frac{k_B T}{\varepsilon\varepsilon_0}\left\{(p_\infty - n_\infty)\ln\frac{n}{n_\infty} - \frac{n_i^2}{n} - n\right\}.$$

(6.66)

In den meisten Lehrbüchern wird dieses Ergebnis mit Hilfe des Potentials Φ geschrieben, das man entsprechend (6.63) einführen kann. Damit erhält man schließlich

$$\frac{\mathscr{E}^2}{2} = \frac{k_B T}{\varepsilon\varepsilon_0}\left\{p_\infty\left(e^{-\frac{e\Phi}{k_B T}} + \frac{e\Phi}{k_B T} - 1\right) + n_\infty\left(e^{\frac{e\Phi}{k_B T}} - \frac{e\Phi}{k_B T} - 1\right)\right\}$$

(6.67)

Mit der bereits früher in 2.6.2 eingeführten DEBYEschen Abschirmlänge

$$L_D = \sqrt{\frac{\varepsilon\varepsilon_0 k_B T}{e^2 p_\infty}}$$

ergibt sich

$$\mathscr{E} = \frac{\sqrt{2}\,k_{\mathrm B}T}{eL_{\mathrm D}} \sqrt{\left(e^{-\frac{e\Phi}{k_{\mathrm B}T}} + \frac{e\Phi}{k_{\mathrm B}T} - 1\right) + \frac{n_\infty}{p_\infty}\left(e^{\frac{e\Phi}{k_{\mathrm B}T}} - \frac{e\Phi}{k_{\mathrm B}T} - 1\right)}. \tag{6.68}$$

Für das Verhältnis n_∞/p_∞ kann man bei p-Dotierung wegen $n_\infty N_{\mathrm A} = n_{\mathrm i}{}^2$ auch schreiben

$$\frac{n_\infty}{p_\infty} = \frac{n_\infty}{N_{\mathrm A}} = \frac{n_i^2}{N_{\mathrm A}^2}. \tag{6.69}$$

Aus der elektrischen Feldstärke $\mathscr{E}_{\mathrm s}$ ergibt sich über die Maxwellsche Gleichung für die dielektrische Verschiebung $D_{\mathrm s}$

$$q_{\mathrm{HL}}A = \oint D_{\mathrm s}\,\mathrm{d}A = -\varepsilon_{\mathrm{HL}}\varepsilon_0 \oint \vec{\mathscr{E}}_{\mathrm s}\,\mathrm{d}\boldsymbol{A} \tag{6.70}$$

die Ladung an der Grenzfläche pro Flächeneinheit

$$q_{\mathrm{HL}} = -\varepsilon\varepsilon_0 \mathscr{E}_{\mathrm s} \tag{6.71}$$

(Index „s" von „surface"). Somit erhalten wir einen Zusammenhang zwischen dem Grenzflächenpotential $\Phi_{\mathrm s}$ und q_{HL}, der durch die in Abb. 6.15 dargestellte Kurve wiedergegeben wird.

Aus der Ladung pro Flächeneinheit kann man nun die Kapazität pro Flächeneinheit durch Ableitung nach dem Potential $\Phi_{\mathrm s}$ bestimmen,

$$c_{\mathrm{HL}} = \frac{\partial q_{\mathrm{HL}}}{\partial \Phi_{\mathrm s}} = -\varepsilon\varepsilon_0 \frac{\partial \mathscr{E}_{\mathrm s}}{\partial \Phi_{\mathrm s}}. \tag{6.72}$$

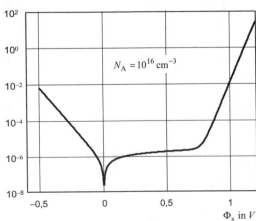

Abb. 6.15 Darstellung der Grenzflächenladung über dem Potential

Die Ausführung gestaltet sich wegen der komplizierten Gestalt von $\mathscr{E}_s$ recht mühevoll, so dass wir uns hier mit dem Ergebnis begnügen wollen:

$$c_{HL} = \frac{\varepsilon\varepsilon_0}{\sqrt{2}L_D} \frac{\left[1 - e^{-\frac{e\Phi}{k_B T}} + \frac{n_\infty}{p_\infty}\left(e^{\frac{e\Phi}{k_B T}} - 1\right)\right]}{\sqrt{\left(e^{-\frac{e\Phi}{k_B T}} + \frac{e\Phi}{k_B T} - 1\right) + \frac{n_\infty}{p_\infty}\left(e^{\frac{e\Phi}{k_B T}} - \frac{e\Phi}{k_B T} - 1\right)}}.$$ (6.73)

Dieser Ausdruck ist nun leider weder einfach noch anschaulich. Wir können ihn aber vielleicht besser verstehen, wenn wir ihn numerisch verarbeiten. Mit dem MATLAB-Programm mos_kap.m ist das möglich; wir erhalten damit zum Beispiel die bereits in Abb. 6.11 gezeigte gestrichelte Kurve.

Für weitergehende Diskussionen zu diesem Thema sollte man spezielle Literatur zur Hand nehmen, zum Beispiel [Sze 1981], [Streetman und Banerjee 2006] oder [Shur 1990].

6.4 MOSFETs in der digitalen Schaltungstechnik

In der heutigen Zeit werden über 90 % der elektronischen Anwendungen, in denen Halbleiter eine Rolle spielen, durch MOSFETs abgedeckt. MOSFETs sind die Grundlage der gesamten digitalen Schaltungstechnik. Ein großer Vorteil der MOS-Technik resultiert aus dem sehr geringen Bedarf an Chipfläche (weniger als 10 % gegenüber der üblichen bipolaren Technik, der TTL-Technik). Dadurch eignen sich MOSFETs besonders für die Herstellung hochintegrierter Schaltungen. Darüber hinaus sind MOS-Schaltkreise einfacher als bipolare Schaltkreise herzustellen, denn es werden weniger Prozessschritte benötigt.

MOS-Schaltkreise sind im Gegensatz zu Bipolartransistoren nahezu leistungslos steuerbar, da über ihren Gate-Kontakt kein Strom fließt. Wenn man an die Vielzahl der Schaltelemente in integrierten Schaltungen und die dabei mögliche Verlustleistung denkt, ist das ein entscheidender Vorteil für die MOS-Technik.

Bipolartransistoren haben allerdings höhere Schaltgeschwindigkeiten. Anwendungen der Bipolartechnik liegen deshalb vor allem im Bereich der Hochgeschwindigkeits-Bauelemente. Dafür sind insbesondere so genannte Heteroübergangs-Bipolartransistoren (HBTs) geeignet.

6.4.1 Binäre Schaltungen

In der digitalen Schaltungstechnik spielen lediglich zwei Schaltzustände ON/OFF entsprechend den binären Signalen 1 und 0 eine Rolle. In der Schaltalgebra oder Booleschen Algebra wird gezeigt, dass beliebige Schaltelemente aus wenigen Grundverknüpfungen gebildet werden können. Sie müssen durch digitale Schaltkreise realisiert werden – es lohnt sich daher, die Funktion eines Transistors in der Schaltung daraufhin genauer zu betrachten.

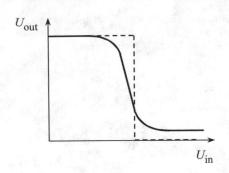

Binäre Schaltelemente müssen folgende Forderungen erfüllen: 1. In den Endzuständen soll möglichst kein Strom fließen, damit so wenig Leistung wie möglich verbraucht wird. 2. Die Schaltzustände müssen eindeutig sein. Die Kurve, die die Ausgangsspannung über der Eingangsspannung darstellt, sollte deshalb möglichst steil ausfallen (Abb. 6.16). Dadurch bekommen die nachfolgenden Bauelemente eindeutige Signale, der Unterschied zwischen „LOW" und „HIGH" ist gut zu trennen. Eine steil ansteigende Kurve (idealerweise eine Stufe) bedeutet außerdem, dass durch geringe Schwankungen im Eingangssignal U_{in} das Ausgangssignal U_{out} nicht beeinflusst wird.

6.4.2 MOSFET als Inverter

Wir betrachten das Schaltverhalten eines MOSFETs (mit der Drain-Source-Spannung U_{DS}), der in Reihe mit einem Lastwiderstand R_L entsprechend Abb. 6.17 geschaltet ist. Die angelegte Versorgungsspannung sei U_{DD}. Der Strom I_D im Ausgangskreis gehorcht der Gleichung

$$U_{DS} + I_D R_L = U_{DD}. \tag{6.74}$$

Wenn die Gatespannung U_G null (oder sogar negativ) ist, bleibt der Ausgangskreis gesperrt. Es fließt dann kein Strom und folglich besitzt die Drain-Source-Spannung U_{DS} ihren maximalen Wert: $U_{DS} = U_{DD}$. Bei hoher Gatespannung dagegen wird der Transistor leitend und der größte Teil der angelegten Spannung fällt über R_L ab, so dass die Ausgangsspannung auf „Low" liegt. Der Transistor invertiert in seinem Ausgangskreis den am Gate liegenden Spannungspegel. Er arbeitet folglich als Inverter und realisiert die logische Funktion NOT. Das wird anhand der Widerstandsgeraden in Abb. 6.17 deutlich.

Einen Inverter als einzelnes Bauelement wird man allerdings kaum finden, er ist in der Regel als Komponente im Verbund mit weiteren Schaltgliedern vorhanden. In der Booleschen Algebra wird gezeigt, dass man seine logische Funktion wie auch die aller anderen logischen Funktionen durch geeignete Kombination aus der Grundfunktion NAND (verneintes UND bzw. AND) oder NOR (verneintes ODER bzw. OR) konstruieren kann. Das sieht zwar zunächst komplizierter aus, verringert aber auf der anderen Seite die Zahl der logischen Grundfunktionen.

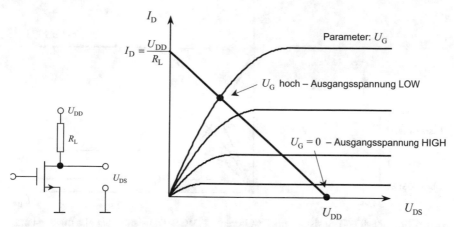

Abb. 6.17 MOSFET (NMOS-Transistor) mit OHMschem Lastwiderstand. Daneben die Kennlinienschar mit der Widerstandgeraden

6.4.3 MOSFET als Lastwiderstand

In der soeben besprochenen Schaltung wird der Lastwiderstand R_L durch einen OHMschen Widerstand realisiert. In integrierten Schaltkreisen würden OHMsche Widerstände allerdings eine viel zu große Fläche einnehmen und stehen einer Miniaturisierung erheblich im Weg. Daher muss man nach einer Alternative suchen. Sie besteht darin, MOSFETs selbst als Lastwiderstand zu benutzen. Um aus einem MOSFET einen Widerstand zu machen, können entweder Drain und Gate oder Source und Gate kurzgeschlossen werden. Ein Beispiel für den Kurzschluss von Drain und Gate ist in Abb. 6.18 gezeigt. In diesem Falle liegt das Gate

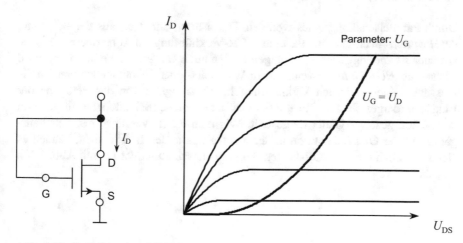

Abb. 6.18 Funktion eines NMOS-Transistors als Lastwiderstand durch Kurzschluss von Gate und Drain

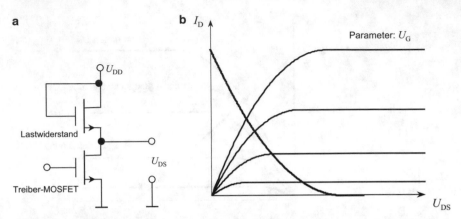

Abb. 6.19   NMOS-Transistor mit weiterem NMOS-Transistor als Lastwiderstand, (b) daneben die Kennlinienschar mit der Arbeitskennlinie

auf Drain-Potential und die Strom-Spannungs-Zusammenhänge ergeben sich aus denjenigen Punkten der Transistorkennlinien, für die die Gate-Source-Spannung gleich der Drain-Source-Spannung ist, also $U_G = U_{DS}$. Wird dieser nichtlineare Widerstand als Arbeitswiderstand in Reihe mit einem als Verstärker arbeitenden MOSFET entsprechend Abb. 6.19a geschaltet, so wird die Arbeitskennlinie jetzt ebenfalls nichtlinear (Abb. 6.19b).

In der Praxis verwendet man häufig den Kurzschluss von Gate und Source. Das Gate liegt hier auf Nullpotential und die Widerstandskurve fällt dann mit der Kennlinie für den Fall $U_G = 0$ zusammen.

6.4.4 MOSFET als Logikgatter

Durch Parallelschaltung eines weiteren Transistors gelingt es, aus der Schaltung des Inverters nach Abb. 6.19a eine NOR-Verknüpfung zu konstruieren. Solche Grundbausteine logischer Schaltungen heißen auch *Gatter*, die Verknüpfung wird deshalb als *NOR-Gatter* bezeichnet. In Wahrheits- oder Schalttabellen werden die Ausgänge einer logischen Verknüpfung in Abhängigkeit von der Belegung der Eingänge dargestellt. In Tabelle 6.3. ist eine solche Schalttabelle für das in Abb. 6.20a gezeigte Gatter dargestellt. Wie man durch Vergleich der Schaltausgänge mit der ODER-Funktion in der rechten Spalte der Tabelle sieht, handelt es sich tatsächlich um ein NOR-Gatter. Seine Ersatzschaltung wird durch Abb. 6.20b charakterisiert.

Tabelle 6.3. Wahrheitstabelle zum NMOS-NOR-Gatter entsprechend Abb. 6.20

Transistor A (Gate A)	Transistor B (Gate B)	Ausgang C mit $C = \overline{A \vee B}$	Zum Vergleich: ODER-Funktion $A \vee B$
0 (U_A niedrig)	0 (U_B niedrig)	1 (weder A und B leiten)	0
0 (U_A niedrig)	1 (U_B hoch)	0 (B leitet)	1
1 (U_A hoch)	0 (U_B niedrig)	0 (A leitet)	1
1 (U_A hoch)	1 (U_B hoch)	0 (A und B leiten)	1

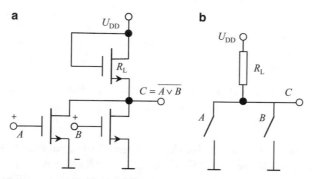

Abb. 6.20a,b NMOS-NOR-Gatter (a) und die zugehörige Ersatzschaltung (b)

6.4.5 CMOS-Inverter und CMOS-Logikgatter

Bisher haben wir Schaltungen aus NMOS-Transistoren allein betrachtet. Bei ihnen fließt in einem der beiden Zustände (Eingangsspannung null) ein recht großer Strom. Betrachten wir noch einmal den Inverter: Durch Einsatz eines komplementären PMOS-Transistors als Last kann ein Stromfluss im Ruhezustand vermieden werden (Abb. 6.21). Die Drains sind miteinander verbunden. Da beide komplementär funktionieren, schaltet entweder der NMOS- oder der PMOS-Schaltkreis durch, während der jeweils andere geöffnet ist. Die Funktion des Lastwiderstands wird vom zweiten (komplementären) Transistor übernommen. Schalttransistor und Last ergänzen sich, je nachdem, aus welcher Perspektive man es betrachtet.

Das Ergebnis ist, dass in den jeweiligen Ruhezuständen (ON oder OFF) kein Strom fließt (außer evtl. sehr kleinen Leckströmen), es wird also fast keine Leistung verbraucht. Diese Technologie aus zwei jeweils komplementären MOS-Transistoren heißt CMOS-Technologie (*complementary MOS*). Sie ist wegen des äußerst geringen Stromverbrauchs unumgänglich für alle modernen Geräte. Durch die heutige Vielzahl der Transistoren pro Schaltkreis würde eine starke Erwärmung sonst zur Zerstörung des Bauelements führen. Selbst CMOS-Bausteine (z. B. Prozessoren in PCs) bedürfen ja schon heute einer aufwändigen Kühlung. Allerdings sind CMOS-Schaltungen nicht so schnell wie NMOS-Schaltungen. In den wenigen

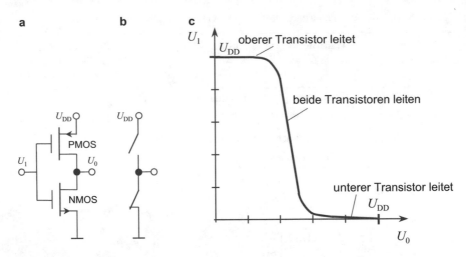

Abb. 6.21a–c CMOS-Inverter. (a) Schaltung, (b) Ersatzschaltung, (c) Übertragungsverhalten der Ausgangs- zur Eingangsspannung

Fällen, in denen es auf höchste Schaltgeschwindigkeiten ankommt, muss deshalb der Leistungsverbrauch von NMOS-Schaltkreisen in Kauf genommen werden.

Ein großer Vorteil von CMOS-Schaltungen ist auch, dass sie mit nur sehr wenigen Prozessschritten auf dem gleichen Substrat hergestellt werden können (Abb. 6.22).

Aus CMOS-Bausteinen kann man NAND- oder NOR-Schaltungen aufbauen, beispielsweise NOR-Gatter als notwendige Grundbausteine. Ein CMOS-NOR-Gatter besteht aus zwei PMOS- und zwei NMOS-Transistoren. Details hierzu findet man in den meisten Lehrbüchern der Mikroelektronik (zum Beispiel [Möschwitzer 1992]) oder der Schaltungstechnik (zum Beispiel [Seifart und Beikirch 1998]).

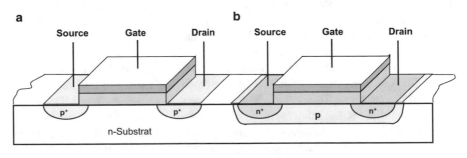

Abb. 6.22 Integrierte MOS-Transistoren: (a) PMOS, (b) NMOS

6.4.6 Bipolartransistoren in integrierten Schaltungen

MOS-Transistoren decken heute den größten Teil der Anwendungen in integrierten Schaltkreisen ab. Es gibt jedoch auch Integrationstechnologien mit bipolaren Transistoren. Sie gehören zwar eigentlich nicht in dieses Kapitel über Feldeffekttransistoren, sollen jedoch wenigstens zum Vergleich kurz mit erwähnt werden.

Die drei wichtigsten bipolaren Schaltungsfamilien sind: TTL (transistor transistor logic), I^2L (integrated injection logic) und ECL (emitter coupled logic).

Ein einzelner Bipolartransistor arbeitet wie ein einzelner MOSFET als Inverter. Das einfachste logische Gatter mit zwei Eingängen ist das AND-Glied. Es wird in TTL-Technik durch eine spezielle Bauform eines bipolaren Transistors mit zwei oder mehr Emittern gebildet (Abb. 6.23). Liegt einer der Emitter des Transistors T1 auf niedrigem Potential (d. h. auf hohem Potential gegenüber der Basis), dann fließt durch T1 ein Strom, und die Spannung des Transistors T2 gegenüber dessen Emitter ist klein. Folglich sperrt auch der Ausgangskreis von T2 und dessen Kollektor liegt bei U_C auf hohem Potential. Liegen dagegen alle Emitter von T1 auf hoher Spannung, so wird dieser Transistor invers betrieben (vgl. 5.3.1). Die Emitter werden jetzt zum Kollektor und der Kollektor zum Emitter. Es fließt ein großer Strom über T1 und damit über die Basis von T2. Dadurch wird auch der Strom im Ausgangskreis von T2 sehr groß und der Spannungsabfall an R_C wird sehr groß – der Potentialwert U_a wird klein. Da diese Situation nur eintritt, wenn beide Emitter von T1 auf HIGH liegen und T2 invertiert, ist die Funktion als NAND-Glied ersichtlich. T1 ist sozusagen für das AND verantwortlich und T2 für das NOT.

Die Technologien weiterer Bipolar-Schaltungen (I^2L und ECL) sollen hier nicht erläutert werden. Hierzu ist in großem Umfang spezielle Literatur vorhanden (vgl. z. B. [Seifart 1990], [Möschwitzer 1992], [Köstner und Möschwitzer 1993] oder [Borucki 1989])

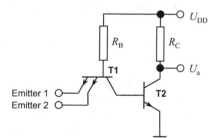

Abb. 6.23 Prinzip der TTL-NAND-Schaltung

6.5 Speicherschaltkreise

6.5.1 RAM-Speicher

Speziell gestaltete MOS-Bauelemente werden als Datenspeicher verwendet. Einige wichtige Anwendungen sollen hier beispielhaft vorgestellt werden, eine systematische Darstellung würde leider zu umfangreich. Ein RAM (random-access memory) ist ein Schreib-Lese-Speicher, also ein Speicher, aus dem Informationen ausgelesen und auch wieder eingeschrieben werden können. Statische Halbleiterspeicher (SRAMs) verwenden als Speicherzellen Flipflops, die aus NMOS-Transistoren bestehen. Dynamische RAMs (DRAM) benutzen einen Kondensator zur Informationsspeicherung, der von einem MOS-Transistor angesteuert wird. Sie müssen in bestimmten Zeitabständen aufgefrischt werden, damit sich der Speicherkondensator nicht entlädt.

6.5.2 ROMs

Unter einem ROM (*read-only memory*) versteht man ein Bauelement, in dem einmal eingebrachte Information in Form von Bits (als Ladungszustände 1 oder 0) über längere Zeit gespeichert bleibt. Solche Speicher können auf der Basis von MOS-Transistoren, aber auch schon unter Verwendung einfacher Dioden realisiert werden. Bei der Transistor-Lösung wird die Ladung gewöhnlich in einer Gate-Struktur gespeichert. Diese Ladung beeinflusst die Schwellspannung des MOS-Transistors, und damit können zwei stabile Zustände elektrisch dargestellt werden. Reine ROMs bekommen die in ihnen gespeicherte Information bereits während ihres Herstellungsprozesses, OTP-ROMs (*one-time programmable ROM*) können einmalig programmiert, aber danach nicht wieder verändert werden. Dabei werden dünne Verbindungsleitungen, so genannte *fuses*, im Material durchgebrannt.

6.5.3 EPROMs und EEPROMs

EPROMS sind spezielle ROMs, die vom Anwender elektrisch programmiert werden (*electrical programmable ROM*) können. Mittels UV-Bestrahlung kann die gesamte gespeicherte Information auf einmal wieder gelöscht werden. Ein solches Bauelement lässt sich mittels einer MNOS-Struktur (*metal–nitride–oxid–silicon*) aufbauen.

Bei MNOS-Transistoren handelt es sich um MOSFETs, deren Isolationsschicht aus einer Doppellage von Siliziumnitrid (Si_3N_4) und Siliziumdioxid (SiO_2) besteht (Abb. 6.24a). Siliziumnitrid ist wie Siliziumoxid ebenfalls ein hervorragender Isolator. An der Grenzfläche zwischen Oxid- und Nitridschicht bilden sich Haftstellen für geladene Ladungsträger. Beim Anlegen einer ausreichend hohen positiven Spannung am Gate können Elektronen vom Silizium durch die Siliziumoxid-Schicht, die sehr dünn ist, hindurchtunneln und sich an diesen Haftstellen festset-

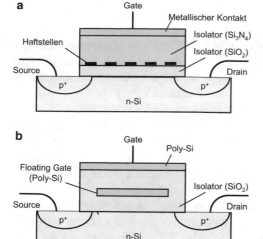

Abb. 6.24 Zwei Beispiele von MOS-Strukturen für EPROMs: (a) MNOS, (b) FLOTOX, nach [Müller 1991]

zen. Dadurch wird der Potentialunterschied zwischen der Oxid-Nitrid-Grenzfläche und dem Substrat verringert. Der Spannungsabfall zwischen Gate und Substrat, der sich normalerweise in zwei Anteile aufteilt, in einen Spannungsabfall über der Isolationsschicht und einen über dem Nitrid, reduziert sich dann weitgehend zu einem Spannungsabfall über der Nitridschicht allein.

Das EPROM wird dadurch geladen (programmiert), dass eine hohe Rückwärtsspannung zwischen Source und Drain angelegt wird. In dem elektrischen Feld werden die Ladungsträger sehr stark beschleunigt, bis es zur Stoßionisation kommt. Dabei entstehen so genannte heiße Elektronen, von denen auch einige vom Substrat ins Oxid und dadurch zu den Haftstellen der Grenzschicht gelangen. Dort bleiben sie dann hängen und kommen auch nach Verschwinden der Programmierspannung nicht heraus – dies ist erst durch Bestrahlung mit UV-Licht möglich.

Eine andere Struktur zur Ladungsspeicherung ist die Floating-Gate-Struktur (FLOTOX, *floating-gate tunnel-oxide*), sie enthält ein „schwimmendes", nicht mit einem äußeren Kontakt verbundenes zweites Gate (Abb. 6.24b). Dabei handelt es sich um eine polykristalline, metallisch leitende Schicht im Innern des Isolators. Hier kann eine Ladung wie an der Grenzfläche der MNOS-Struktur ebenfalls gespeichert werden. Elektronen gelangen in das Floating-Gate durch den quantenmechanischen Tunneleffekt, sie können es auf dieselbe Weise in umgekehrter Richtung verlassen.

Ein negativ geladenes Floating-Gate wirkt wie eine verringerte Gateladung des MOS-Transistors, die Schwellspannung wird dadurch nach oben verschoben. Bei einem ungeladenen Floating-Gate hat dagegen die Ladung der eigentlichen äußeren Gate-Elektrode ungehinderten Durchgriff auf die Source-Drain-Strecke. Somit wird der Stromfluss vom Speicherzustand der Floating-Gate-Schicht maßgeblich beeinflusst und kann ausgelesen werden. Die Floating-Gate-Struktur stellt die Basis des EEPROMs dar. Ein EEPROM (electrically erasable PROM) ist ein Speicherbaustein, der im Gegensatz zu einem normalen EPROM nicht durch UV-Licht, sondern elektrisch gelöscht wird.

6.6 CCD-Bauelemente

Die Abkürzung CCD steht für „charge-coupled device", also „ladungsgekoppeltes Bauelement". CCDs wurden 1970 in den Bell Labs entwickelt. Es handelt sich dabei um digitale Zeilen- oder Flächensensoren, die zu komplexen integrierten Schaltkreisen zusammengestellt werden. Ihre Funktion kann aber nicht lediglich durch Zusammenschalten von diskreten Bauelementen erklärt werden.

Ein CCD besteht aus einer Kette von dicht benachbarten MOS-Kondensatoren (Abb. 6.25). Als Detektor dient eine pn-Photodiode oder eine Photo-MOS-Struktur. In letzterer wird durch Bestrahlung einer Inversionsschicht mit Licht der leitfähige Kanal geschaffen, der in einer normalen MOS-Struktur durch Anlegen einer Gatespannung entsteht.

Die in einer solchen Potentialmulde erzeugten Minoritätsträger werden anschließend schrittweise durch das Bauelement transportiert. Dazu wird die jeweils benachbarte Potentialmulde wie in Abb. 6.25b abgesenkt, so dass die Ladungsträger dort hinein fließen. Es muss allerdings verhindert werden, dass auch aus dem Halbleiterinnern Minoritätsträger in die tiefe Potentialmulde nachfließen, aus der Verarmungsschicht darf keine Inversionsschicht werden. Innerhalb sehr kurzer Zeiten (ca. 1 µs) ist das auch gewährleistet, denn die Zeiten für das Nachfließen der Minoritätsträger liegen im Bereich von 100 µs bis zu 1 s. Man bezeichnet die Situation, bevor sich die Inversionsschicht bildet, als *tiefe Verarmung*.

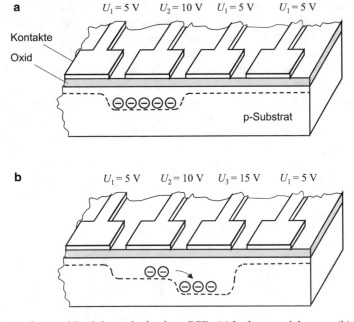

Abb. 6.25 Aufbau und Funktionsprinzip eines CCD: (a) Ladungsspeicherung, (b) Ladungstransport; nach [Yang 1988]. Beispiele für mögliche Potentialverhältnisse sind dargestellt

Für diese Technik werden drei verschiedene Potentiale benötigt, alle drei zusammen bilden eine *Zelle* oder *Stufe* des Bauelements. Das CCD verhält sich wie ein dynamisches Schieberegister. CCD-Bauelemente stellen hohe Anforderungen an die Herstellungstechnologie, da in ihnen sehr kleine Strukturen mit schmalen Lücken dazwischen realisiert werden müssen. Hierfür werden zum Beispiel so genannte überlappende Gate-Strukturen auf der Basis von Polysilizium-Kontakten eingesetzt. Sie erkennen, dass sehr vielfältige Erkenntnisse aus der Halbleiterphysik benötigt werden, um die Vorgänge in den zahlreichen elektronischen Bauelementen korrekt zu beschreiben.

6.7 Sperrschicht-Feldeffekt-Transistoren

Neben der meist verwendeten Form des Feldeffekt-Transistors, dem MOSFET, werden für spezielle Anwendungen auch andere Feldeffekt-Bauelemente eingesetzt. Bei den *Sperrschicht-Feldeffekt-Transistoren* fehlt die Isolatorschicht zwischen Gate-Elektrode und Halbleiter. In diesem Fall kann sich zum Beispiel an der Grenzfläche im Halbleiter eine SCHOTTKY-Barriere bilden, die bei genügend hoher Sperrspannung den Stromfluss zwischen Source und Drain behindert, wie es bereits in 6.2.1 erläutert wurde. Dieser Typ des Sperrschicht-FETs ist der *MESFET* (metal-semiconductor field effect transistor) oder *SCHOTTKY-Barrieren-FET*.

Es kann aber auch sein, dass der Metall-Halbleiter-Kontakt OHMsches Verhalten aufweist und die Sperrschicht erst durch einen pn-Übergang im Halbleiter selbst erzeugt wird. Dies ist bei einem *Junction-FET* (*JFET*) der Fall. Bei dem in Abb. 6.26 dargestellten Feldeffekt-Transistor handelt es sich um einen JFET.

Für den Junction-FET lässt sich eine ähnliche Kennliniengleichung ableiten wie früher für den MOSFET. Wir betrachten ein Kanalstück der Länge dx zwischen zwei pn-Übergängen (Abb. 6.26). Wie in (6.14) gehen wir von dem differentiellen Potentialabfall dU aus und schreiben

$$dU = I \, dR = -I \frac{dx}{\sigma A} = I \frac{dx}{e\mu n(a - 2b(x))w}. \tag{6.75}$$

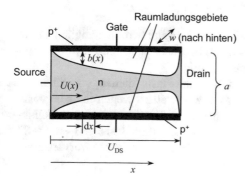

Abb. 6.26 Zur Ableitung der Kennliniengleichung in einem Sperrschicht-Feldeffekt-Transistor. *w* ist die Tiefe der Bauelementoberfläche

Die Kanalbreite wird hier um die beiden Sperrschichtbreiten b reduziert und ist dann (vgl. Abb. 6.26) gleich $a - 2b$. Für die Ausdehnung des Raumladungsgebiets greifen wir wieder einmal auf die Beziehung (3.28) zurück, die wir bei der Behandlung des pn-Übergangs bereits abgeleitet haben. Wir verwenden diese unter der Voraussetzung eines einseitig stark dotierten Gebiets, so dass $N_A \gg N_D$ ist:

$$b(x) = \sqrt{\frac{2\varepsilon\varepsilon_0}{e}} \sqrt{\frac{N_D + N_A}{N_D N_A}} \sqrt{U_D - U} \approx \sqrt{\frac{2\varepsilon\varepsilon_0}{eN_D}(U_D - U)}. \qquad (6.76)$$

Die Rolle der „äußeren" Spannung U wird von der Gatespannung minus der x-abhängigen Potentialdifferenz zwischen aktueller Gate-Koordinate und Source übernommen, also $U \rightarrow U_G - U_x$. Das Gate ist gegen das Source in Sperrrichtung gepolt, deshalb ist U_G negativ. Bei hoher Gatespannung könnte man die Diffusionsspannung U_D vernachlässigen. Einsetzen in (6.75) und Umformung liefert analog zu 6.2.2

$$I \int_0^L dx = e\mu N_D w \int_0^{U_{DS}} \{a - 2b(x)\} dU_x =$$

$$= e\mu N_D w \int_0^{U_{DS}} \left\{ a - 2\sqrt{\frac{2\varepsilon\varepsilon_0}{eN_D}(U_D + U_x - U_G)} \right\} dU_x. \qquad (6.77)$$

Nach Integration erhält man

$$I = \frac{awe\mu N_D}{L} \left\{ U_{DS} - \frac{4}{3} \frac{(U_D - U_G + U_{DS})^{3/2} - (U_D - U_G)^{3/2}}{U_p^{1/2}} \right\}. \qquad (6.78)$$

mit der Abschnürspannung (bei $U_D = 0$)

$$U_p = a^2 \frac{e N_D}{2\varepsilon\varepsilon_0}. \qquad (6.79)$$

Die Herleitung der Strom-Spannungs-Zusammenhänge beruhte lediglich auf der Annahme einer vorhandenen Sperrschicht. Das Ergebnis ist deshalb sowohl für pn-Übergänge als auch für SCHOTTKY-Kontakte gültig.

Sperrschicht-Feldeffekttransistoren auf Silizium-Basis dienen vor allem als rauscharme Verstärker und als schnelle Schalter. Vor allem wegen ihrer hervorragenden Leitfähigkeitseigenschaften werden bei hohen Frequenzen Metall-Halbleiter-Feldeffekttransistoren (MESFETs) auf GaAs- oder InP-Basis verwendet. Sie werden im Mikrowellenbereich oberhalb von 1 GHz als rauscharme Vorverstärker, Oszillatoren und Leistungsverstärker eingesetzt.

6.8   Zur Zukunft der MOS-Technologie

Mit dem Fortschritt der Chiptechnologie gelang es in den letzten Jahrzehnten, trotz reduzierter Herstellungskosten immer mehr Funktionen auf integrierten Schaltkreisen unterzubringen. Eine der Ursachen für diesen Erfolg war die immer weiter fortschreitende Miniaturisierung.

1965 formulierte Intel-Mitbegründer GORDON MOORE[8] das nach ihm benannte MOOREsche Gesetz. Es fasste die damals beobachtete Marktentwicklung der integrierten Schaltkreise wie folgt zusammen:

1. Die Zahl der aktiven Elemente auf einem Chip (Transistordichte) verdoppelt sich jedes Jahr.
2. Die Herstellungskosten von Chips wachsen im halblogarithmischen Maßstab.

Diese Vorhersagen haben sich in groben Zügen bis heute bestätigt. Allerdings darf man die Geschwindigkeit dieses Anstiegs als „Verdopplung pro Jahr" nicht zu wörtlich nehmen. Entscheidend ist, dass es sich um einen exponentiellen Anstieg handelt. Aus Abb. 6.27 entnimmt man zum Beispiel eine Verdopplung alle 2 Jahre (vgl. hierzu Aufgabe 6.6). Zum Beispiel hat sich bisher die Kapazität von DRAM-

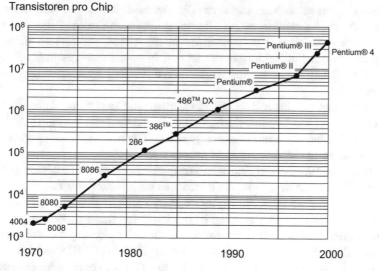

Abb. 6.27 Das MOOREsche Gesetz für die Zahl der Transistoren auf Intel-Mikroprozessoren. Nach Unterlagen der Fa. Intel [Intel 2003a]

---

[8] GORDON E. MOORE (geb. 1929 in San Francisco), am. Physiker und Chemiker, Studium an der University of California und am California Institute of Technology (Caltech). Mitarbeiter von SHOCKLEY, später Mitbegründer der Firmen Fairchild Semiconductors (1957) und Intel (1968), zwischen 1975 und 1987 Präsident und CEO (chief executive officer – Generaldirektor) von Intel. Nach [PBS 2003] und [Intel 2003b].

Speicherchips etwa alle 18 Monate verdoppelt.

Prinzipiell ist aber klar, dass irgendwann der Zeitpunkt erreicht sein muss, zu dem eine weitere Verkleinerung der Schaltelemente nicht mehr möglich ist – spätestens dann, wenn sie in die Größenordnung der atomaren Dimensionen kommen. Um herauszufinden, wo prinzipielle physikalische Grenzen liegen, muss man die Randbedingungen der Miniaturisierung etwas genauer beleuchten.

Warum kann man überhaupt die Zahl der Bauelemente auf einem Chip erhöhen, ohne dass sich ihre elektronischen Eigenschaften maßgeblich ändern? Die Ursache für diese Möglichkeit der Miniaturisierung liegt in der Unabhängigkeit des Kennlinienbildes eines MOS-Transistors von den wesentlichen geometrischen Größen. Bereits früher fanden wir heraus, dass sich ein gleichzeitiges Verändern der beiden Längen L und w nicht auf die elektronischen Eigenschaften (beispielsweise sein Kennlinienbild) auswirkt. Diese Möglichkeit nennt man *Skalierung*.

Zusätzlich vorteilhaft ist dabei die Tatsache, dass mit kürzerem Gate die Laufzeit der Träger im Kanal zwischen Source und Drain geringer wird. Dadurch sind höhere Schaltfrequenzen möglich. Diese Verkürzung bringt aber auch einige Nachteile mit sich: Zum einen kommt es zu unerwünschten Leckströmen – sie sind ein Beispiel für so genannte Kurzkanal-Effekte. Weiter sind die Schaltgeschwindigkeiten umgekehrt proportional zur Strukturgröße. Und schließlich werden die elektrischen Feldstärken bei fest gehaltener angelegter Spannung, aber kürzeren Kanallängen sehr groß. Man kann nun die Betriebsspannungen herabsetzen und auf diese Weise das elektrische Feld konstant lassen. In diesem Falle sind jedoch elektronische Bauelemente untereinander in ihren Anschlusswerten nicht mehr kompatibel. In den Entwicklungen der letzten Jahre hat man das in Kauf genommen und so Schaltkreise mit immer kleineren Versorgungsspannungen auf den Markt gebracht.

Trotzdem gibt es immer noch Eigenschaften, die sich nicht skalieren lassen. Beispielsweise ist die Gapenergie E_g einer Halbleitersubstanz eine (bei gleichen äußeren Bedingungen, zum Beispiel gleicher Temperatur) feste physikalische Größe, die sich einer Skalierung nicht unterwerfen lässt.

Die heutigen Transistoren sind zum Beispiel Kurzkanal-Transistoren mit Kanallängen von weniger als 1 μm und Oxiddicken bis hinunter zu 1 nm.

Ein Beispiel für die Hinwendung zu neueren Technologien sind die so genannten *double-gate MOSFET*s. Bei ihnen ist der leitfähige Kanal zwischen zwei Gates eingeschlossen. Damit hofft man, einige der Schwierigkeiten, die sich aufgrund des notwendigen Scaling-Verhaltens bei Einfach-Gate-MOSFETS ergeben, zu vermeiden. (Zum Beispiel werden bei sehr kurzen Gates extrem hohe Dotierungen erforderlich.) Details können hier nicht weiter ausgeführt werden, Diskussionen zu solchen neuen Entwicklungen sind jedoch regelmäßig in der Literatur zu finden. Als Beispiel seien die Zeitschriften IEEE Spectrum und IEEE Circuits & Devices Magazine genannt, zum Beispiel die Aufsätze [Geppert 2002], [Gargini 2002] oder [Chen et al. 2003] oder das Gesamtheft Proc. IEEE, No. 2/2008.

Noch ein weiterer Aspekt sollte bedacht werden: Halbleiterelektronik ist kein rein elektrisches, sondern ein sehr komplexes physikalisches Gebiet. Während im Jahre 2002 noch ca. 3,5 Millionen Transistoren auf 280 mm^2 untergebracht wurden, wird im Jahre 2016 mit ca. 8,8 Milliarden zu rechnen sein. Das bringt eine Verdopplung der Verlustleistung mit sich, so dass beim Design auch stets an eine ausreichende Wärmeabfuhr gedacht werden muss.

Zusammenfassung zu Kapitel 6

- **Metall-Halbleiter-Kontakte** spielen bei SCHOTTKY-Dioden und bei Feldeffekt-Transistoren eine Rolle, daneben sind sie natürlich auch als OHMsche Kontakte wichtig.
- Auf Halbleiterseite ähneln **SCHOTTKY-Dioden** *bezüglich ihres statischen Verhaltens* einem einseitigen pn-Übergang, Breite und Kapazität der Sperrschicht werden nach ähnlichen Formeln wie beim pn-Übergang ermittelt. Für die *Breite* gilt zum Beispiel (der Halbleiter sei n-leitend)

$$b = \sqrt{\frac{2\varepsilon\varepsilon_0}{e}} \sqrt{\frac{1}{N_D}} \sqrt{U_D - U} .$$

- Die **Strom-Spannungs-Kennlinie einer SCHOTTKY-Diode** hat dieselbe Gestalt wie die einer pn-Übergangs-Diode:

$$j = j_s \left(e^{\frac{eU}{k_B T}} - 1 \right) .$$

Allerdings ist der *Sperrstrom* bei der SCHOTTKY-Diode ein Strom von *Majoritätsträgern*. Er wird beschrieben durch die Gleichung

$$j_s = R^* \cdot T^2 e^{-\frac{e\Phi_B}{k_B T}} .$$

Die Größe $e\Phi_B$ ist die Barrierenhöhe, das heißt, die Differenz zwischen Elektronenaffinität des Halbleiters und Austrittsarbeit des Metalls. R^* ist die *Richardson-Konstante*, eine für jeden Halbleiter typische Materialkonstante. Der Sperrstrom von SCHOTTKY-Dioden ist bei sonst vergleichbaren Substanzdaten größer als der eines pn-Übergangs.

- Um **OHMsche Kontakte** zu erzeugen, muss man Gleichrichtung verhindern. Dies kann auf zwei verschiedene Arten erreicht werden:
  1. durch Wahl eines solchen Halbleitermaterials, bei dem die Fermi-Energie tiefer als die des Metalls liegt.
  2. durch sehr starke Dotierung des Halbleiters; dann wird die Potentialbarriere zum Metall sehr schmal und kann von den Ladungsträgern durchtunnelt werden.

- Die wichtigsten **Familien der Feldeffekt-Transistoren** sind:

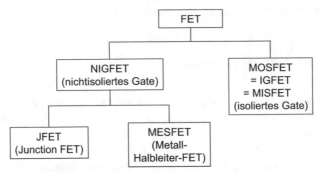

- **MOS-Feldeffekttransistoren** bestehen aus *Source*, *Gate* und *Drain*. Der Stromfluss zwischen Source und Drain wird durch die Gatespannung gesteuert. Der Strom fließt als Driftstrom in einem *leitenden Kanal* (kein Diffusionsstrom!):
  – beim MOSFET: Inversionskanal in der Sperrschicht,
  – beim JFET und MESFET: Kanal im Grundmaterial, der von der Sperrschicht frei gelassen wird.
- An der Grenzschicht zwischen Gateoxid und Halbleiter eines MOS-Feldeffekt-Transistors lassen sich in Abhängigkeit von der Vorspannung des Halbleiters **drei Bereiche** unterscheiden.
  – *Akkumulation*,
  – *Verarmung*,
  – *Inversion*.
  Im Inversionsbereich eines n-Kanal-MOSFET (NMOS-FET) ist die Elektronenkonzentration an der Grenze größer als die Löcherkonzentration im Halbleiterinnern (beim PMOS-FET umgekehrt). Dadurch bildet sich ein leitfähiger Kanal zwischen Source und Drain, der durch das Gate-Potential gesteuert wird.
- Zur **Herleitung der Strom-Spannungs-Kennlinien** wird bei den meisten Typen von Feldeffekttransistoren ein Modell benutzt, bei dem sich der Gesamtwiderstand im leitenden Kanal als Reihenschaltung von differentiellen Teilwiderständen zusammensetzt. Entsprechend ergibt sich die Gesamtspannung als Summe (Integral) über differentiell kleine Teilspannungen.
- Das **Strom-Spannungs-Verhalten von Feldeffekttransistoren** kann beschrieben werden durch
  – das *Ladungssteuerungsmodell* (einfacher),
  – die *gradual channel approximation* (umfangreicher).
- **Strom-Spannungs-Kennlinie** eines MOSFETs im Ladungssteuerungsmodell (quadratische Abhängigkeit von der Drain-Source-Spannung, bei Bipolartransistoren hingegen exponentielles Verhalten):

$$I = \overline{\mu}_e c \frac{w}{L} \left\{ (U_G - U_{th}) U_{DS} - \frac{1}{2} U_{DS}^2 \right\}, \quad \text{für } U_{DS} - U_{th} < U_G,$$

$$I = \overline{\mu}_e c \frac{w}{L} \cdot \frac{1}{2} (U_{DS} - U_{th})^2 (= \text{const}) \quad \text{darüber.}$$

- Durch gleichzeitiges Verkleinern von Breite w und Länge L ändern sich die Verstärkungseigenschaften eines MOS-Transistors nicht (**Skalierung**). Dies erlaubt in gewissen Grenzen den Übergang zu immer kleineren Abmessungen.

Aufgaben zu Kapitel 6

Aufgabe 6.1 Strom-Spannungs-Kennlinie von SCHOTTKY-Dioden (zu Abschn. 6.1) **

Vergleichen Sie die Strom-Spannungs-Kennlinie einer SCHOTTKY-Diode mit der einer p$^+$ n-Silizium-Diode (gleiche Flächen angenommen).

Daten der p$^+$ n-Diode (vgl. Abschn. 3.3.4, Beispiel 3.3): $N_D = 10^{14}$ cm^{-3}. Daraus folgten dort $\mu_h = 461$ cm^2/Vs, $L_h = 34,6$ μm und $D_h = 12,0$ cm^2/s.

Daten der SCHOTTKY-Diode: $\Phi_B = 720$ mV und $R^* = 260$ A cm^{-2}K^{-2}

Berechnen und vergleichen Sie die Sättigungsströme.

Aufgabe 6.2 Durchlassspannung von SCHOTTKY-Dioden (zu Abschn. 6.1) **

Um welchen Betrag unterscheiden sich die Durchlassspannung der SCHOTTKY-Diode und der p$^+$n-Diode aus Aufgabe 6.1, wenn bei beiden die gleichen Ströme fließen?

Aufgabe 6.3 Inversionsbedingung am MOS-Kondensator (zu Abschn. 6.3) **

In Aufgabe 2.6 wurde die Elektronenkonzentration n in einem dotierten Halbleiter mit Hilfe der Größe E_i, der Fermi-Energie in einem reinen Halbleiter definiert,

$$n = n_i \exp \frac{E_F - E_i}{k_B T}.$$

Zeigen Sie, dass die Größe $e\Phi_{inv}$ mit Hilfe von E_i wie folgt geschrieben werden kann:

$$e\Phi_{inv} = e\Phi(y = 0) = 2(E_i - E_F).$$

Diese Formel wird in vielen Lehrbüchern anstelle von (6.27) zur Definition der Inversionsbedingung benutzt.

Aufgabe 6.4 MOSFET-Kennlinie bei kleinen Drain-Source-Spannungen (zu Abschn. 6.2 und 6.3)

a)** Schreiben Sie für das Ladungssteuerungsmodell einen Ausdruck für den linearen Strom-Spannungs-Zusammenhang (6.18) bei kleinen Drain-Source-Spannungen U_{DS} auf (1. Glied einer Potenzreihenentwicklung). Geben Sie für diesen linearen Bereich den Leitwert des Kanals an.

b)*** Dasselbe ist für die *gradual channel approximation*, Gl. (6.52) auszuführen.

Aufgabe 6.5　Kanalwiderstand (zu Abschn. 6.2)*

Berechnen Sie den Kanalwiderstand eines GaAs-FET bei einer Gatespannung von 0,5 V. Hierzu soll die in Aufgabe 6.4 a) abgeleitete Formel benutzt werden. Zahlenwerte: Beweglichkeit μ_e = 5000 cm^2/Vs, Kanalbreite w = 0,25 µm, Kanallänge L = 2 µm, Isolatorkapazität c = 5 · 10^{-6} Fcm^{-2}. U_{th} soll als null angenommen werden.

Aufgabe 6.6　Mooresches Gesetz (zu Abschn. 6.8) ***

Benutzen Sie Abb. 6.27, um die Zeit zu bestimmen, in der sich die Zahl der Transistoren auf Intel-Prozessoren in den Jahren zwischen 1970 und 2000 jeweils verdoppelt hat.

Aufgabe 6.7　CCD-Bildwandler (zu Abschn. 6.6) **

Die Auflösung von Bildwandlern wird in dpi (dots per inch) angegeben. Wie klein muss ein einzelnes Bildwandler-Bauelement eines CCD-Sensors mindestens sein, wenn eine Auflösung von 1200 dpi erreicht werden soll? (1 " (inch) = 25,4 mm).

MATLAB-Aufgabe

Aufgabe 6.8　Kennlinienfeld eines MOS-Kondensators

Berechnen Sie die Kennlinienschar eines MOS-Kondensators in quadratischer Näherung gemäß (6.18) und (6.19). Die Ströme sollen in relativen Einheiten verwendet werden:

$$\frac{I}{\overline{\mu}C_0\dfrac{w}{L}} = (U_G - U_{th})U_{DS} - \frac{1}{2}U_{DS}^2 \tag{6.80}$$

sowie

$$\frac{I}{\overline{\mu}C_0\dfrac{w}{L}} = \frac{1}{2}(U_G - U_{fb})^2. \tag{6.81}$$

Stellen Sie auch die Kurve dar, die die Grenze des Sättigungsgebiets bildet.

Testfragen

6.9　　Durch welche Art von Ladungsträgern wird der Sättigungsstrom einer Schottky-Diode gegenüber der pn-Diode getragen?

6.10　　Wie realisiert man Ohmsche Metall-Halbleiter-Kontakte? (zwei Möglichkeiten!)

6.11　　Vergleichen Sie qualitativ den Kennlinienverlauf einer Schottky-Diode und einer pn-Diode; stellen Sie beide in einer Skizze dar.

6.12　　Erklären Sie die Begriffe *Austrittsarbeit* und *Elektronenaffinität*.

6.13 Skizzieren Sie die Energiebänder an einem gleichrichtenden Metall-Halbleiter-Übergang im thermodynamischen Gleichgewicht a) für einen Kontakt aus Metall und n-Halbleiter, b) für einen Kontakt aus Metall und p-Halbleiter.

6.14 Skizzieren Sie analog zu 6.13 die Energiebänder an einem Metall-Halbleiter-Übergang mit OHMschem Verhalten.

6.15 Zeichnen Sie qualitativ für eine SCHOTTKY-Diode (bestehend aus Metall und n-Halbleiter) a) die Raumladung, b) die elektrische Feldstärke, c) das elektrische Potential in Abhängigkeit von der Ortskoordinate x (analog zu Abb. 3.4).

6.16 Unter welchen Bedingungen tritt bei einem MOSFET Akkumulation, Verarmung beziehungsweise Inversion auf?

6.17 Wodurch ist die Inversionsspannung definiert?

6.18 Welche mathematische Abhängigkeit haben die Ausgangskennlinien eines MOSFET im Vergleich mit einem Bipolartransistor?

6.19 Warum ist die Beweglichkeit im Kanal eines Feldeffekttransistors kleiner als die Beweglichkeit im Innern eines Halbleiters?

6.20 Wodurch unterscheiden sich die Leitungsmechanismus in FETs gegenüber dem Bipolartransistor? In welchem Transistor finden wir Diffusionsströme, in welchem Feldströme?

6.21 Zeichnen Sie qualitativ das Verhalten der Kapazität eines MOS-Kondensators über der angelegten Spannung und erklären Sie, wodurch das Verhalten in den einzelnen Abschnitten der Kurve bestimmt wird.

6.22 Bei welchem Typ von Feldeffekttransistor fließt der Strom im Raumladungsgebiet, bei welchem gerade außerhalb des Raumladungsgebiets?

6.23 Welches sind die beiden Aussagen des MOOREschen Gesetzes?

7 Halbleitertechnologie

Nachdem wir jetzt die physikalischen Prinzipien kennengelernt haben, die Halbleiterbauelementen zu Grunde liegen, ist es an der Zeit, dass wir uns auch mit den Herstellungsprozessen vertraut machen. Die möglichen Technologien setzen einen Rahmen für das, was aus Halbleitern machbar ist. Hierbei wird auch deutlich, dass die in den vorigen Kapiteln benutzten Modelle nützlich, aber nicht immer realistisch sind. So wird bei der Darstellung der Dotiertechnologien klar werden, dass homogene Dotierungen nur schwer zu erzielen sind und statt dessen in der Regel Dotierungsgradienten erzielt werden.

Wir lernen als Erstes die Herstellungsschritte zur Gewinnung von Rohsilizium und Silizium-Einkristallen kennen und beschäftigen uns danach mit den Prozessen, die zur Produktion von Bauelementen nötig sind.

7.1 Vom Sand zum Chip: Fertigungsschritte im Überblick

Sowohl für diskrete Halbleiterbauelemente als auch für hochintegrierte Schaltungen kommt als Material vorwiegend Silizium in Frage. Bevor aus dem Ausgangsmaterial ein fertiges elektronisches Bauelement oder Chip entsteht, ist eine Vielzahl unterschiedlicher chemischer und physikalischer Prozessschritte nötig. Bei einer ersten groben Einteilung unterscheiden wir

1. die Aufbereitung des Rohmaterials, das heißt die Herstellung von Rohsilizium aus Quarzsand,
2. die Züchtung von Einkristallen, ihre Reinigung sowie das Heraussägen von Halbleiterscheiben (so genannter *Wafer*) aus dem Kristall,
3. die Bearbeitung der Wafer mittels Oxidation, Ätzen, Dotieren und Abscheidung, wobei die Lithographie unentbehrlich ist,
4. die Montage und Kontaktierung des Halbleiterchips.

Mit der Montage und Kalibrierung werden wir uns hier nicht beschäftigen, die vorangehenden Herstellungsschritte sollen im Überblick dargestellt werden.

© Springer-Verlag GmbH Deutschland, ein Teil von Springer Nature 2018
F. Thuselt, *Physik der Halbleiterbauelemente*,
https://doi.org/10.1007/978-3-662-57638-0_7

7.2   Herstellung von Silizium-Einkristallen

7.2.1 Rohsilizium

Mehr als 95 % aller Halbleiterbauelemente werden aus Silizium hergestellt. Einkristallines Silizium ist relativ einfach in hoher Reinheit großtechnisch produzierbar. Silizium ist das Element, das in der Erdkruste am zweithäufigsten vorkommt. Etwa 26 Masseprozent der Erdkruste besteht aus diesem Material (zum Vergleich: Sauerstoff 46,7 %), entweder in der Form von Quarzsand oder Silikaten. Rohsilizium wird aus Quarz (mit anderen Worten: aus sehr reinem Sand) im Lichtbogenofen durch Reduktion mit dem Kohlenstoff der Elektroden bei etwa 2100 °C nach folgender Reaktion hergestellt:

$$SiO_2 + 2\,C \rightarrow Si + 2\,CO \tag{7.1}$$

Diese Reaktion findet oberhalb des Schmelzpunktes von Silizium statt, welcher bei 1413 °C liegt. Dabei wird sehr viel elektrische Energie verbraucht – 14 kWh pro Kilogramm Silizium. Die Standorte zur Produktion von Rohsilizium liegen deshalb vor allem dort, wo elektrische Energie preisgünstig verfügbar ist. Die Anwesenheit von Eisen bei der Reaktion verhindert die Entstehung von Siliziumkarbid.

Das Reaktionsprodukt ist *Rohsilizium,* auch *technisches Silizium* oder *metallurgical grade silicon* (MGS) genannt. Es enthält noch bis zu etwa 2 % Verunreinigungen, vor allem Eisen, Aluminium, Magnesium, Kalzium und Kohlenstoff, die zum Teil sogar erst durch den Herstellungsprozess eingebracht worden sind. Die Reinigung des Rohsiliziums ist daher unbedingt notwendig.

Die Jahresproduktion von Rohsilizium liegt bei einigen hunderttausend Tonnen pro Jahr. Davon benötigt die Halbleiterindustrie jedoch nur etwa 1 %, der Hauptteil wird in der Stahlproduktion, für die Herstellung von Silikonen[1] und für die Produktion von Solarzellen benötigt.

7.2.2 Trichlorsilan und Polysilizium

Für die weitere Reinigung muss das Rohsilizium in eine flüssige oder gasförmige Form überführt werden. In einem Wirbelschicht-Reaktor wird durch Hydrochlorierung bei etwa 300 °C *Trichlorsilan* erzeugt:

$$Si + 3\,HCl \rightarrow SiHCl_3 + H_2. \tag{7.2}$$

Das Trichlorsilan, auch *Siliziumhydrochlorid* oder *Silizium-Chloroform* genannt, kondensiert an den Wänden des Reaktors. Es ist unterhalb von 31,8 °C

---

[1]   Silikone sind siliziumorganische Verbindungen wie zum Beispiel Silikonkautschuk. Verwechseln Sie nicht die englischen Bezeichnungen: Silizium ist englisch *silicon*, während der Ausdruck für die organischen Verbindungen *silicone* lautet.

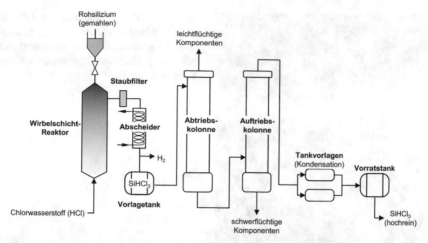

Abb. 7.1 Erzeugung von Trichlorsilan und fraktionierte Destillation nach dem Siemens-Verfahren, nach [Beneking 1991] und [Chemie – Grundlagen der Mikroelektronik 1994]

flüssig. Dabei bilden die Verunreinigungen zum Beispiel solche Verbindungen wie Phosphortrichlorid (PCl_3) oder Bortrichlorid (BCl_3). Da diese Chlorverbindungen bereits bei höheren Temperaturen kondensieren, können sie durch fraktionierte Destillation abgetrennt werden. In Abb. 7.1 ist der Prozess schematisch dargestellt, eine industrielle Anlage ist in Abb. 7.2 zu sehen

Das zurückbleibende hochreine Silizium dissoziiert dann durch Reduktion mit Wasserstoff (*Cracken*) bei ca. 1100 °C nach folgenden Reaktionen:

$$SiHCl_3 + H_2 \quad \rightarrow Si + 3\ HCl, \tag{7.3}$$

$$4\ SiHCl_3 + H_2 \rightarrow Si + 3\ SiCl_4 + 2H_2. \tag{7.4}$$

Es handelt sich hier um die umgekehrte Reaktion zur Hydrochlorierung.

Das Silizium scheidet sich bei der Reduktion auf dünnen beheizten Stäben (so genannten *Seelen*) als dicke polykristalline Schicht ab. Die Seelen bestehen ebenfalls bereits aus Silizium. Der endgültige Durchmesser der entstehenden Stäbe kann bis zu 200 oder sogar 300 mm betragen. Dieses Verfahren heißt *Siemens-Verfahren*, es wurde von SPENKE[2] in den 50er Jahren bei Siemens entwickelt.

Die Ausbeute an Endprodukten beträgt allerdings nur etwa 30 %, da die Prozesse nicht vollständig ablaufen.

---

[2] EBERHARD SPENKE (1905–1992), dt. Physiker, geb. in Bautzen, Studium an den Universitäten Bonn, Göttingen und Königsberg. 1929 bis 1946 wiss. Mitarbeiter im Berliner Zentrallaboratorium der Siemens & Halske AG. Nach dem Ende des Zweiten Weltkrieges Aufbau des Siemens-Halbleiterforschungslaboratoriums in Pretzfeld/Nürnberg. Arbeiten mit SCHOTTKY und WALKER führten 1954 erstmals zur Gewinnung von Reinstsilizium. Spenke gilt heute als der „Vater der Siliziumhalbleiter".

Abb. 7.2 Destillationskolonnen für die Trichlorsilanproduktion bei der Siltronic AG, Burghausen. Die Kolonnen sind mehr als haushoch. Foto: Siltronic AG (mit Genehmigung)

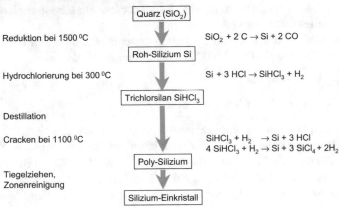

Abb. 7.3 Übersicht über die Herstellungsschritte für Silizium

Das entstehende Polysilizium hat eine Reinheit von weniger als 10^{-9} Fremdatomen pro Siliziumatom. Der Borgehalt beträgt beispielsweise weniger als $5 \cdot 10^{12} \, \text{cm}^{-3}$, der Phosphorgehalt weniger als $1 \cdot 10^{13} \, \text{cm}^{-3}$. Andere Verunreinigungen sind in noch geringerer Konzentration enthalten. Jetzt müssen die Konzentrationen dieser Fremdatome noch weiter verringert und außerdem aus den polykristallinen Stäben Einkristalle hergestellt werden.

Die Prozessschritte zur Polysilizium-Herstellung sind in .Abb. 7.3 noch einmal schematisch aufgelistet.

7.2.3 Herstellung von Einkristallen

Zur Einkristallherstellung werden im Wesentlichen zwei Verfahren eingesetzt, das *Tiegelziehen* nach CZOCHRALSKI und das *Zonenschmelzen*. Bei letzterem werden die beiden Schritte der Reinigung und der Einkristallherstellung in einem Schritt gemeinsam erledigt.

Die älteste und auch heute noch preisgünstigste Methode ist das Tiegelziehen (Abb. 7.4a,b). Dabei wird der Kristall aus einer Siliziumschmelze, ausgehend von einem eingetauchten Impfkristall, langsam nach oben gezogen, die Ziehgeschwindigkeit beträgt 1 bis 3 mm/min. Mit dem Impfkristall lässt sich die Orientierung des späteren Einkristalls bereits vorgeben. Die Schmelze befindet sich in einem Quarztiegel, der aus Stabilitätsgründen seinerseits in einem Graphittiegel ruht. Leider löst sich jedoch der Quarztiegel bei den hohen Temperaturen langsam auf, so dass SiO_2 und damit Sauerstoff in die Schmelze gelangt. Dessen Konzentration kann bis zu 10^{18} cm^{-3} betragen. Mit dem Tiegelschmelzen können Kristalle von bis zu 300 mm Durchmesser und einem Gewicht von einigen hundert Kilogramm hergestellt werden. Das Wachstum der Kristalle muss an einem sehr dünnen Hals

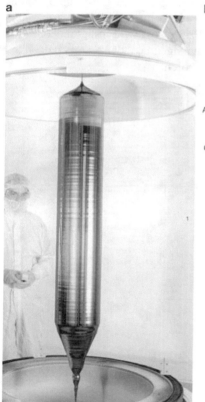
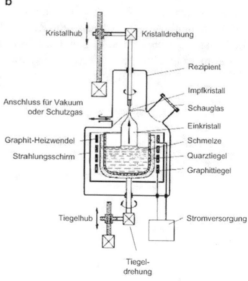

Abb. 7.4a,b Tiegelziehen nach Czochralski, (a) ein fertiggestellter Einkristall, (b) schematisch; aus [Wacker 2000] sowie [Ruge u. Mader 1991]

beginnen, damit keine Versetzungen in den Kristall eingebaut werden. Der Durchmesser erweitert sich dann allmählich bis zur Endgröße.

Beim *Zonenschmelzen* oder *Zonenziehen* (Abb. 7.5) wird ein schmaler Ring des Siliziumstabes induktiv erwärmt und schmilzt. In der Schmelze reichern sich die Verunreinigungen an, da ihre Löslichkeit hier größer ist als im Festkörper. Der erwärmte Ring wird langsam nach oben gezogen (ebenfalls wieder einige Millimeter pro Minute), so dass die Verunreinigungen mitwandern. Das Zonenziehverfahren wird deshalb zum Kristallziehen und gleichzeitig zum Reinigen benutzt. Der Prozess findet unter Schutzgasatmosphäre oder im Vakuum statt; wenn er im Vakuum durchgeführt wird, dampfen dabei auch einige Verunreinigungen ab. Die mittels Zonenziehen erzeugten Kristalle sind im Allgemeinen kleiner, ihre Masse beträgt maximal etwas über 40 kg und ihr Durchmesser 150 mm. Die Reinheit der Kristalle nach mehrfachem Zonenreinigen kann bis zu $5 \cdot 10^{10}$ Fremdatome pro Kubikzentimeter betragen – dieser Wert ist so klein, dass er bereits im Bereich der Eigenleitungskonzentration liegt. Bei der Herstellung der Einkristalle ist auch bereits eine gezielte Dotierung mit Fremdatomen durch Beimischungen zum Schutzgas möglich, zum Beispiel werden Phosphor-Donatoren mit PH_3 (Phosphin) oder Bor-Akzeptoren mit B_2H_6 (Diboran) eingebracht.

Die mit dem preisgünstigeren Tiegelziehen hergestellten Einkristalle werden heute für nahezu alle Bauelemente, insbesondere jedoch zur Herstellung von integrierten Schaltkreisen verwendet. Für Reinstsilizium – es wird insbesondere in der Leistungselektronik für hohe Durchbruchsspannungen benötigt – muss jedoch auf das Zonenschmelzverfahren zurückgegriffen werden.

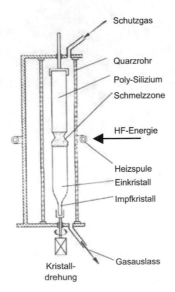

Abb. 7.5 Zonenschmelzen, aus [Ruge u. Mader 1991]

7.3 Herstellung von Einkristallen anderer Halbleiter

7.3.1 Germanium

Es ist interessant, dass das Germanium als Substanz erst 1887 das erste Mal isoliert wurde, nachdem 1871 MENDELEEV[3] seine Existenz auf Grund eines nicht besetzten Platzes im Periodensystem vorhergesagt hatte. MENDELEEV bezeichnete das Element noch als „Eka-Silizium". Er hatte dessen chemische Eigenschaften auf Grund von Daten der Nachbarelemente im Periodensystem bereits im Groben angegeben.

In der Natur kommt Germanium in Mineralien wie Argyrodit oder Germanit vor, häufig in Verbindung mit Schwefel. Germanium selbst reagiert nicht wie Silizium mit Chlorwasserstoff. Dafür aber reagiert GeO_2 das beim Abrösten sulfidischer Erze als Nebenprodukt anfällt, mit HCl. Durch die Reaktion entsteht Germaniumtetrachlorid ($GeCl_4$), das ähnlich wie $SiCl_4$ durch fraktionierte Destillation gereinigt wird. Durch Hydrolyse und nachfolgende Reduktion erhält man daraus Germaniumpulver. Die Einkristallherstellung ist der von Silizium ähnlich.

7.3.2 Besonderheiten bei der Herstellung von Verbindungshalbleitern

Die meisten Elemente der III. und V. Hauptgruppe kommen auf der Erde viel seltener vor als Silizium (Tabelle 7.1.). Die Ausgangsprodukte fallen oft als Nebenprodukt bei anderen Verfahren an, so Gallium bei der Gewinnung von Aluminium aus Bauxit und Indium bei der Zink- und Kupferaufbereitung. Durch den verstärkten Bedarf der elektronischen Industrie sind einige Materialien, besonders Indium, in den letzten Jahren deutlich knapper geworden, so dass die Rohstoffpreise teilweise bis auf das 10-fache gestiegen sind.

Tabelle 7.1. Ausgangsprodukte für die Herstellung von III-V-Verbindungen, nach [von Münch 1993])

Element	Ungefähres Vorkommen in der Erdrinde (in %)	Erze	Schmelzpunkt
Aluminium (Al)	7,5	Bauxit	660 °C
Gallium (Ga)	10^{-4}	Bauxit, Germanit	29 °C
Indium (In)	10^{-5}	Zn- und Cu-Erze	157 °C
Phosphor (P)	0,13	Phosphate	(417 °C)
Arsen (As)	10^{-4}	zum Beispiel Sulfide	(610 °C)
Antimon (Sb)	10^{-5}	Sb_2S_3	630 °C

---

[3] DIMITRI IVANOVICH MENDELEEV (1834–1907), russ. Chemiker, Professor in St. Petersburg, entdeckte 1869 das „Periodische System der Elemente", damals noch ohne jegliche Kenntnis von der Schalenstruktur der Elektronenhülle.

Da die Elemente der V. Hauptgruppe, vor allem Phosphor und Arsen, einen sehr hohen Dampfdruck haben, muss die Reaktion unter Druck stattfinden. Beim *Bridgman-Verfahren* kristallisieren die Halbleiter in einem abgeschlossenen horizontalen Gefäß. Durch den Kontakt mit dem Tiegelmaterial (Quarz, Graphit, Bornitrid oder Aluminiumnitrid) gelangen allerdings Verunreinigungen in den Kristall. Um diesen unerwünschten Effekt zu vermeiden, wird das *LEC-Verfahren* („*Liquid Encapsulated Czochralski*") eingesetzt. Es handelt sich dabei um ein Czochralski-Verfahren, bei dem sich die Halbleiterschmelze unter einer inerten (d. h. chemisch nicht aktiven) Flüssigkeit wie B_2O_3 befindet; dadurch kann kein Gas aus der Schmelze austreten. Der Druck kann je nach Substanz sehr hoch sein, beispielsweise nur 1 bar bei GaAs, aber schon 30 bar bei InP und 35 bar bei GaP.

7.4 Herstellung und Bearbeitung der Halbleiterscheiben

7.4.1 Übersicht

Die Basis für die weiteren Prozessschritte sind dünne Halbleiterscheiben (die *Wafer*, Abb. 7.6). Sie werden aus den Einkristall-Rohlingen durch folgende Schritte der Oberflächenbehandlung gewonnen:

- Abdrehen des Einkristallstabs auf den gewünschten Durchmesser,
- Herstellen von Abflachungen (engl. *flats*) durch eine Diamantfräse,
- Sägen (mittels Innenlochsägen) und Trennschleifen,
- Oberflächenbehandlung: Läppen, Abrunden des Scheibenrands, Ätzen, Polieren.

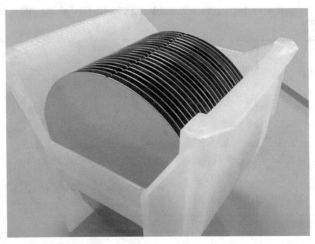

Abb. 7.6   Halbleiterwafer in einem Transportbehälter (Carrier). Foto: Contrade Microstructure Technology GmbH, Wiernsheim-Pinache (mit Genehmigung)

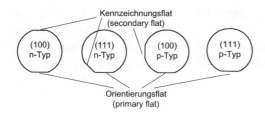

Abb. 7.7 Wafer mit Flats zum Kennzeichnen der Kristallorientierungen

Die Dicke der Wafer liegt zwischen 0,4 und 0,8 mm, je nach Größe. Beim Sägen gehen etwa 0,4 mm verloren, so dass nur etwa die Hälfte des Einkristalls verwendet wird. Die eingefrästen Flats dienen der Kennzeichnung der Oberflächenorientierung des Wafers entsprechend den MILLERschen Indizes (Abb. 7.7), ihre Lage ist nach dem Herstellerstandard für Halbleiter-Equipment (SEMI[4]) genormt. Bei den heute zumindest bei Silizium üblichen größeren Wafern mit Durchmessern von 200 oder 300 mm sind anstelle der Flats kleine Einkerbungen (*notches*) üblich.

Auf dem Grundmaterial (Substrat) werden nun in weiteren Schritten die für das Funktionieren wichtigen Strukturen, zum Beispiel pn-Übergänge, erzeugt. Aus einem Wafer entstehen sehr viele Bauelemente. Auf einer entsprechend großen Scheibe können beispielsweise bis zu etwa 900 Speicherchips platziert werden. Da die Prozesskosten nicht allzu sehr von der Wafergröße abhängen, ist die Industrie bestrebt, zu möglichst großen Waferdurchmessern überzugehen – heute sind bei Silizium Scheibendurchmesser bis zu 300 mm üblich. Als nächster Schritt sind Wafer mit 450 mm Durchmesser vorgesehen. Bei Verbindungshalbleitern sind die Durchmesser im Allgemeinen kleiner.

Halbleiterbauelemente können prinzipiell entweder in der so genannten *Mesa*- oder in der *Planartechnik* hergestellt werden. In Abb. 7.8 sind beide Techniken einander gegenüber gestellt. Bei der früher üblichen Mesatechnik werden kom-

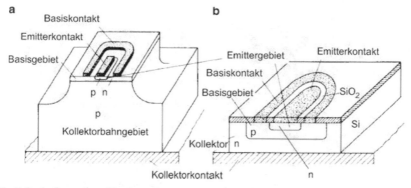

Abb. 7.8 Aufbau eines bipolaren Mesatransistors (a) und eines Planartransistors (b), aus [Ruge u. Mader 1991]. Bei den „Mesas" wachsen die Strukturen auf, bei den Planartransistoren wachsen sie in das Substrat hinein

---

[4] SEMI – Semiconductor Equipment and Materials International

plette Schichten aufgebracht und die nicht benötigten Teile anschließend weggeätzt, so dass nur noch so genannte *Mesas* („Tafelberge") stehen bleiben. Bei der
Planartechnik dagegen werden die Strukturen im Wesentlichen in das Substrat hineingebracht. Sie ist heute das dominierende Verfahren, insbesondere zur Herstellung integrierter Schaltungen.

Für eine einzelne Schicht sind nacheinander folgende Bearbeitungsschritte nötig
(in Abb. 7.9 schematisch dargestellt):

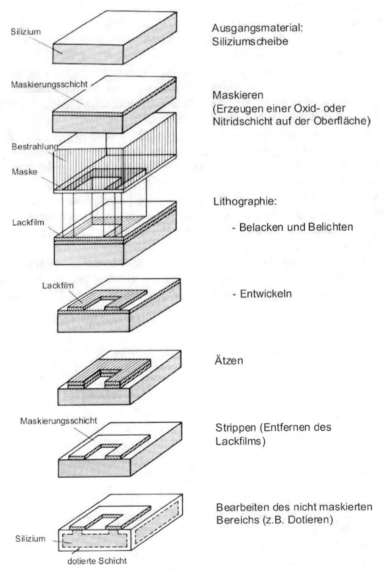

Abb. 7.9 Prozessschritte bei der Bearbeitung von Halbleiterscheiben in Planartechnik
(schematisch), aus [Ruge u. Mader 1991]

– *Maskierung*

Erzeugen einer Oxid- oder Nitridschicht auf der Oberfläche des Wafers.

– *Lithographie*

Aufbringen eines lichtempfindlichen Lackes (Photolack), Belichten und Entwickeln – dadurch werden Strukturen für die nachfolgenden Prozesse festgelegt.

– *Ätzen*

Die durch die Lithographie freigelegten Strukturen werden durch den Ätzvorgang aus der über dem Substrat liegenden Maskierungsschicht herausgelöst.

– *Strippen*

Entfernen des restlichen Lackfilms.

– *Beschichtungs- und Dotierungsverfahren*

An den Öffnungen, die aus der Maskierungsschicht herausgeätzt wurden, ist jetzt der gezielte Zugriff auf das Grundmaterial möglich. Dazu können im Einzelnen die folgenden Verfahren angewandt werden:

– Oxidation,
– Diffusion, Legieren und andere Dotierungsverfahren,
– Epitaxie (Abscheidung), auch „Deposition" genannt,
– Metallisierung.

Die beschriebenen Techniken müssen in der Regel vielfach nacheinander ausgeführt werden, insbesondere bei hochintegrierten Schaltungen. Das Layout dafür wird heute mittels komplexer Software-Entwurfsmethoden erzeugt. Hierzu stehen umfangreiche Bibliotheken zur Verfügung, die bereits ganze Teile von elektronischen Schaltungen enthalten.

Nach Abschluss aller Prozessschritte werden die Bauelemente schließlich vereinzelt, mit Kontakten versehen und mit einer Kunststoffhülle vergossen. Damit wollen wir uns hier jedoch nicht noch beschäftigen, wir werden uns in den folgenden Abschnitten jedoch etwas detaillierter den einzelnen physikalisch-chemischen Prozessschritten zuwenden.

7.4.2 Oxidation

Einer der wichtigsten und häufig auch ersten Bearbeitungsschritte ist die Oxidation der Halbleiteroberfläche. Oxidationsschichten werden vorwiegend verwendet als

– *Maskierungsschichten (zur lokalen Abdeckung der Oberfläche), um das Wiederaustreten von Dotierstoffen zu verhindern,*
– *Funktionsschichten bei Bauelementen (Gateoxidschichten in MOS-Strukturen),*
– *zur Oberflächenpassivierung, das heißt, um bei nachfolgenden Prozessschritten die durch ein Oxid geschützten Oberflächenbereiche unbeeinflusst zu lassen.*[5]

---

[5] Bei einzelnen Verfahren, zum Beispiel bei der Ionenimplantation, reicht bereits die Abdeckung mittels Photolack, so dass auf eine Oxidschicht verzichtet werden kann.

Unter der Einwirkung von Sauerstoff oxidiert das Silizium in einer dünnen Schicht unterhalb der Oberfläche; das entstehende Siliziumoxid bildet eine amorphe (also nicht kristalline), glasartige, harte Substanz (Quarzglas!). Die Bildung einer kristallinen Struktur wird verhindert, da die beiden Gitter von Silizium und Siliziumdioxid schlecht aneinander passen und die Schicht zu schnell wächst. Die Oxidschichten können bei hohen Temperaturen im Trocken- oder Nassverfahren aufgebracht werden.

Trockenverfahren:

Bei der trockenen Oxidation strömt reiner Sauerstoff über die Siliziumoberfläche, die auf etwa 900 bis 1200°C erhitzt wird:

$$Si + O_2 \rightarrow SiO_2 .$$

Die Wachstumsrate beim Trockenverfahren liegt bei etwa 20 bis 100 nm/h, je nach Temperatur. Die Oxidationsrate ist zwar gering, es bilden sich dabei aber sehr feste Schichten, wie sie zum Beispiel bei den Gateoxid-Schichten der MOS-Transistoren benötigt werden.

Nassverfahren:

Die feuchte Oxidation läuft bei etwa gleichen Temperaturen wie die trockene ab, aber der Sauerstoff durchströmt bis fast zum Siedepunkt erwärmtes Wasser. Dadurch gelangen auch Wassermoleküle an die Siliziumoberfläche und führen zur Reaktion

$$Si + 2 H_2O \rightarrow SiO_2 + 2 H_2 .$$

Die Wachstumsgeschwindigkeit bei der feuchten Oxidation ist größer (etwa 100 bis 600 nm/h), die Qualität des so entstandenen Oxids aber schlechter. Durch die höhere Wachstumsrate sind jedoch die Prozesskosten eher vertretbar. Die auf diese Weise erzeugten Schichten werden vor allem als Maskierungsschichten verwendet. Bei einer weiteren Methode, der *Dampfoxidation*, strömt Wasserdampf direkt über die Halbleiteroberfläche.

Bei der Oxidation nimmt durch den Einbau der Sauerstoffatome die Gesamtdicke des Materials zu, während gleichzeitig die Dicke der Silizium-Unterlage durch den Verbrauch von Siliziumatomen abnimmt. Insgesamt resultiert die Gesamtdicke der SiO_2-Schicht zu 45 % aus abgetragenem Grundmaterial und zu 55 % aus zusätzlichem Dickenwachstum.

Beispiel 7.1

Ein Silizium-Wafer habe eine Oxidschicht von 1 µm Dicke, die durch Oxidation erzeugt wurde. Die Dichten von Si und SiO_2 sind nahezu gleich. Unter dieser Annahme ist zu berechnen, um welchen Betrag die ursprüngliche Dicke der Siliziumschicht durch die Oxidation abgenommen und die Gesamtdicke des Wafers zugenommen hat.

Lösung:

Die Masse einer Substanz ergibt sich aus dem Produkt von Dichte und Volumen; für Silizium gilt demnach

$$m_{Si} = \rho_{Si} V_{Si};$$

für SiO_2 gilt analog

$$m_{SiO_2} = \rho_{SiO_2} V_{SiO_2}.$$

Bei gleichen Dichten verhalten sich die Volumina wie die Massen und insbesondere auch wie die molaren Massen. Die molaren Massen von Si und SiO_2 sind 28,09 g mol^{-1} beziehungsweise 60 g mol^{-1}. Damit erhalten wir

$$\frac{V_{Si}}{V_{SiO_2}} = \frac{m_{Si}}{m_{SiO_2}} = \frac{\mu_{Si}}{\mu_{SiO_2}} = \frac{28}{60}.$$

Die Dicke von Silizium muss also um den Faktor 28/60 = 46 % abgenommen haben. Das Dickenwachstum unter Berücksichtigung der tatsächlichen Dichteunterschiede zwischen Si und SiO_2 berechnen wir in Aufgabe 7.4.

7.4.3 Dotieren

Durch Dotieren sollen Störstellen gezielt in das Halbleitermaterial eingebracht werden. Die Verfahren, die hierfür zur Verfügung stehen, sind in Abb. 7.10 schematisch aufgelistet. Übliche Dotierungselemente im Silizium sind heute Bor (für p-Dotierung) und Arsen (für n-Dotierung).

Die Dotierungselemente sind, wie Arsen, zum Teil hochgiftig. Das gilt auch für die aus ihnen bestehenden Verbindungen, die als Ausgangsstoffe eingesetzt werden, zum Beispiel Phosphin (PH_3), Diboran (B_2H_6) oder Arsin (AsH_3). Daher müssen besondere Sicherheitsstandards eingehalten werden.

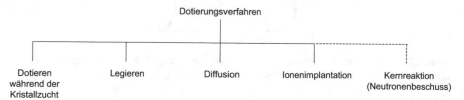

Abb. 7.10 Schema der gebräuchlichen Dotierungsverfahren. Die Kernreaktion ist nur in einem speziellen Fall einsetzbar

(a) Dotieren während der Kristallzucht

Bereits während des Kristallwachstums können Dotierungselemente zugesetzt werden. Das Problem ist dabei jedoch, dass der Verteilungskoeffizient der meisten Dotierungsstoffe an der Phasengrenze zum festen Zustand hin kleiner als eins ist –

ein Effekt, den man sich ja gerade beim Zonenreinigen nutzbar macht. Der Halbleiter wird mit fortschreitender Kristallbildung an Störstellen ärmer, in der Schmelze reichern sie sich an. Zum Ausgleich muss der Schmelze laufend undotiertes Halbleitermaterial zugegeben werden.

(b) Legieren

Legieren (Abb. 7.11) ist das älteste Verfahren zur Dotierung. Beim Legieren wird der Dotierstoff auf den Halbleiterkristall aufgedampft oder als Folie beziehungsweise als Metallpille aufgebracht. Anschließend wird dieses Material geschmolzen und löst dabei den Kristall teilweise mit an. Während der Abkühlung kristallisiert der Halbleiter anschließend neu, wobei aus der Schmelze Dotierungsatome aufgenommen werden. Vor dem Dotieren ist es notwendig, Oxidschichten von der Halbleiteroberfläche zu entfernen. Das geschieht durch Ausheizen in inerter (also nicht reaktionsfähiger) Atmosphäre.

Durch die Legierung entsteht eine scharfe Grenze zwischen dotiertem und undotiertem Bereich, im Gegensatz zur Diffusion, die nachfolgend beschrieben wird. Allerdings neigt das auf diese Weise dotierte Silizium dazu, Risse zu bilden; die Silizium-Legierung ist spröde. Deshalb wird dieses Verfahren vor allem noch bei Germanium zur Herstellung von Leistungstransistoren angewandt sowie bei III-V-Halbleitern zur Herstellung von pn-Übergängen.

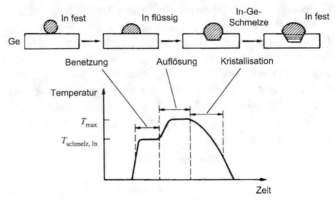

Abb. 7.11 Ablauf des Legierungsprozesses, hier am Beispiel der Legierung von metallischem Indium zu Germanium, aus [Ruge u. Mader 1991]

(c) Diffusion

Das häufigste Dotierverfahren in der Halbleitertechnologie ist die Diffusion. Sie ist relativ preiswert bei hinreichender Qualität und liefert gut reproduzierbare Ergebnisse. Die Diffusion erfolgt in einem Quarzrohr bei Temperaturen zwischen 800 und 1250 °C. Dieses Rohr wird von einem Trägergas (zum Beispiel Argon oder Stickstoff) durchströmt, welches mit dem Dotierstoff angereichert ist. Die Dotierstoffe können aus einer gasförmigen, flüssigen oder beheizten festen Quelle stammen (Abb. 7.12).

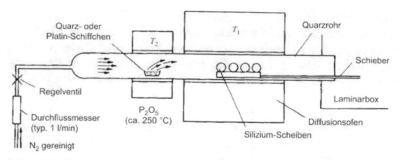

Abb. 7.12 Diffusion im Durchströmverfahren (hier als Beispiel aus einer Feststoffquelle), aus [Ruge u. Mader 1991]

Ein typischer Mechanismus besteht in der Reduktion eines Oxids, zum Beispiel Boroxid, wobei sich SiO_2 bildet, das sich auf der Siliziumoberfläche als Silikatglas abscheidet und anschließend abgeätzt werden kann:

$$2 B_2O_3 + 3 Si \rightarrow 4 B + 3 SiO_2.$$

Die Diffusion kann mikroskopisch über folgende drei Mechanismen erfolgen,

a) über Zwischengitterplätze,

b) über Leerstellen im Gitter oder

c) über Platzwechselvorgänge (Wechsel von Dotierungsatomen und Grundgitteratomen).

(d) Ionenimplantation

Bei der Ionenimplantation werden die positiv geladenen Ionen der Dotierelemente in einem elektrischen Feld beschleunigt und in den Halbleiter eingeschossen. Die Ionen werden in einem Mikrowellenfeld erzeugt, welches Elektronen von ihren Atomkernen abtrennt. Das Eindringverhalten der Dotierungsionen ist nicht durch chemische Eigenschaften bestimmt, sondern durch die Energie der Teilchen und ihre Abbremsung im Festkörper. Die Ionen geben erst nach mehreren Stößen ihre Energie an die Gitteratome ab, deshalb erreicht die Dotierungskonzentration ihr Maximum erst in einer Schicht unterhalb der Oberfläche, im Gegensatz zur Diffusion (Abb. 7.13). Ein Problem kann dabei sein, dass die Ionen parallel zu bestimm-

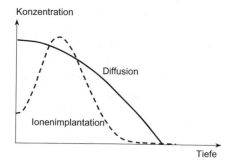

Abb. 7.13 Tiefenverlauf der Störstellenkonzentration bei Diffusion und Ionenimplantation

ten Kristallachsen sozusagen in Kanälen fliegen und dadurch nicht genügend abgebremst werden (*Channeling*). Man kann dies vermeiden, indem der Kristall ein wenig gegen diese Achsen geneigt wird, etwa unter einem Winkel von 7°.

Die Ionenimplantation ist das Dotierungsverfahren, dessen Ergebnisse die höchste Reproduzierbarkeit liefern. Sie findet bei Raumtemperatur statt, deshalb werden bereits vorhandene Dotierungsprofile nicht wieder verändert. Für die Maskierung ist eine einfache Photolackschicht ausreichend. Es werden aber auch Siliziumnitrid-, Polysilizium- und Siliziumoxidschichten verwendet. Wegen der hervorragenden Reproduzierbarkeit ist es mittels Ionenimplantation möglich, durch definierte Dotierung die Schwellspannung in MOSFETs genau einzustellen.

Durch Ionenimplantation werden die Störstellen zunächst auf Zwischengitterplätze eingebracht. Dort sind sie aber für das elektrische Verhalten nutzlos, da ihr Verhalten als Donator oder Akzeptor vom Einbau auf einem Gitterplatz abhängt. Man muss deshalb den Halbleiter nach der Implantation einer Temperaturbehandlung unterziehen, bei der sich die Dotieratome auf die Gitterplätze begeben. Gleichzeitig wird erreicht, dass die durch den Beschuss entstandenen Kristallschäden wieder ausheilen.

(e) Neutronenbeschuss

Ein ebenfalls zur Dotierung verwendeter interessanter Prozess ist der Beschuss von Silizium-Atomkernen durch Neutronen. Ein Neutron wandelt sich dabei durch eine Kernreaktion in ein Proton des Kerns um. Phosphorkerne enthalten genau ein Proton mehr als Siliziumkerne, so dass aus dem Siliziumatom ein Phosphoratom wird. Der Neutronenbeschuss eignet sich daher nur zur n-Dotierung.

Neutronen dringen sehr weit in den Halbleiter ein. Deshalb wird diese Technologie vor allem für solche Anwendungen eingesetzt, bei denen sehr tiefe, gleichmäßig dotierte n-Gebiete gefordert sind. Wir erinnern uns, dass bei der Diffusion dagegen die Dotierungskonzentration mit der Tiefe stark abnimmt.

7.4.4 Epitaxieverfahren

Die *Epitaxie* (von griech. επιταξις – „obenauf") gehört neben dem *Aufdampfen* und *Sputtern*, das wir anschließend im Zusammenhang mit der Metallisierung besprechen, zu den wichtigsten Abscheidetechniken.

Unter Epitaxie versteht man ein geordnetes einkristallines Aufwachsen von dünnen Substanzschichten auf einem Halbleitersubstrat. Damit werden homogene Schichten hoher Reinheit erzeugt, die Schichtdicken betragen typisch etwa 2 bis 100 μm. Die Schicht bildet sich durch Anlagerung von Atomen bei einer chemischen Reaktion. Die Eigenschaften der Schichten ändern sich im Gegensatz zu den übrigen Dotierungsverfahren abrupt. Dabei ist sorgfältig auf die Einhaltung der Reaktionsparameter zu achten. Durch Temperatur- oder Konzentrationsänderungen kann sich die Reaktionsrichtung nämlich auch umdrehen, so dass an Stelle der gewünschten Reaktion eine bereits vorhandene Schicht abgetragen wird.

Epitaxieverfahren werden zum Beispiel zur Erzeugung gering dotierter Schichten auf hochdotiertem Trägermaterial verwendet; hierfür sind Diffusionsverfahren unbrauchbar.

Man unterscheidet *Homoepitaxie* (Darunter versteht man das Aufwachsen eines gleichen, jedoch anders dotierten Grundmaterials) und *Heteroepitaxie* (Das ist das Aufwachsen einer ganz anderen Substanz; dabei spielt aber die Anpassung der Gitterstruktur eine große Rolle)

Die Epitaxie kann chemisch, und zwar aus der gasförmigen oder flüssigen Phase, oder physikalisch erfolgen (vgl. Abb. 7.14). Die Gasphasenepitaxie wird überwiegend beim Silizium eingesetzt, während zur Herstellung hochreiner kristalliner Schichten von III-V-Halbleitern sowie für die Heteroepitaxie die Flüssigphasen-Epitaxie (*liquid phase epitaxy*, LPE) und die Molekularstrahl-Epitaxie (*molecular beam epitaxy*, MBE) Verwendung findet.

Beim *CVD-Verfahren* (Abb. 7.15) werden chemische Verbindungen thermisch zersetzt. Prozessgase sind in der Regel Wasserstoff- oder Chlor-Verbindungen wie Silan (SiH_4), Dichlorsilan (SiH_2Cl_2) oder Siliziumtetrachlorid ($SiCl_4$). Gleichzeitig werden noch je nach gewünschter Dotierung der Schicht die Dotiergase eingebracht. Diese Substanzen sind größtenteils hochgiftig und zum Teil explosiv.

Beim Siliziumtetrachlorid verläuft die Reaktion zum Beispiel nach dem Schema

$$SiCl_4 + H_2 \rightarrow SiCl_2 + 2\,HCl,$$

$$2\,SiCl_2 \rightarrow Si + SiCl_4.$$

In der Summe ergibt sich daraus

$$SiCl_4 + 2\,H_2 \rightarrow Si + 4\,HCl.$$

Die Epitaxieprozesse finden überwiegend im Vakuum bei hohen Temperaturen (ca. 1200 °C) statt. Wenn die Anbaurate der Bausteine wesentlich geringer ist als der pro Zeiteinheit gelieferte Reaktionsstoff, so wächst die Schicht polykristallin auf. Eine wichtige Anwendung des CVD-Verfahrens besteht in der Herstellung von Übergittern, bei denen zum Beispiel GaAs-Schichten auf AlAs-Schichten periodisch aufeinander folgen.

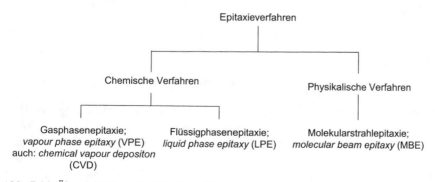

Abb. 7.14 Übersicht über die Epitaxieverfahren

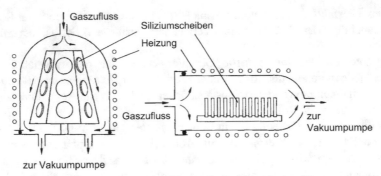

Abb. 7.15 CVD-Reaktoren: *links* vertikale, *rechts* horizontale Ausführung, aus: [Ruge u. Mader 1991]

Eine spezielle Variante des CVD-Verfahrens ist das MOCVD (metal organic vapour deposition). Es wird speziell bei der Epitaxie von Verbindungshalbleitern eingesetzt, um die Zufuhr der Schichtsubstanz in Gasform bei Raumtemperatur möglichst genau dosieren zu können. Hierfür kommen metallorganische Verbindungen, beispielsweise Trimethylgallium, $Ga(CH_3)_3$, in Frage.

Nicht immer kann die erforderliche Siliziumoxidschicht aus dem Grundmaterial wie in 7.4.2 beschrieben durch Oxidation gebildet werden, zum Beispiel wenn sie auf metallischen Schichten aufwachsen soll. Dann muss man zu einem chemischen Abscheideverfahren greifen. Häufig lässt man Siliziumdioxid durch *Silan-Pyrolyse* abscheiden (Pyrolyse ist die thermische Zersetzung einer Substanz). Sie kann nach folgendem Schema vor sich gehen:

$$SiH_4 + O_2 \rightarrow SiO_2 + 2\,H_2 \text{ (bei 400 bis 1000°C)},$$

Da Silan hochexplosiv ist und sich in der Umgebungsluft selbst entzündet, wird es nur in sehr geringer Konzentration in einer Schutzgasatmosphäre aus Stickstoff, Wasserstoff oder Argon zugeführt.

Abscheiden von Silan ohne Sauerstoff würde Polysilizium oder bei geeigneter Prozessführung kristallines Silizium erzeugen. Die Silan-Pyrolyse wird darüber hinaus auch zur Abscheidung von Siliziumnitridschichten eingesetzt:

Silizium:

$$SiH_4 \rightarrow Si + 2\,H_2 \qquad \text{(bei 600 bis 1000°C)},$$

Siliziumnitrid:

$$3\,SiH_4 + 4\,NH_3 \rightarrow Si_3N_4 + 12\,H_2 \text{ (bei 750 bis 1100°C)}.$$

Anwendung finden diese Schichten als Masken sowie als Passivierungsschichten. Auch Metalle werden mittels CVD-Verfahren abgeschieden.

Silizium kann durch Silan-Pyrolyse auch auf einem isolierenden Trägermaterial abgeschieden werden. Dieses Verfahren wird als SOI-Technologie (*silicon on insulator*) bezeichnet. Von Vorteil ist dabei die isolierende Wirkung des Substrats, die es gestattet, Transistoren voneinander durch isolierende Schichten zu trennen.

Üblicherweise werden sonst pn-Übergänge zur Isolation verwendet. Das Sperrverhalten von pn-Übergängen hängt aber bekanntlich von der Temperatur ab und ändert sich zum Beispiel bei Weltraumanwendungen stark. Im Weltraum werden deshalb bevorzugt integrierte Schaltkreise auf der Basis der SOI-Technologie eingesetzt. Das technisch wichtigste isolierende Trägermaterial ist Saphir (Aluminiumoxid, Al_2O_3), daher auch die Bezeichnung SOS-Verfahren (*silicon on sapphire*).

Mit *LPCVD* (*low pressure CVD*; das heißt CVD unter Atmosphärendruck) werden sehr gleichmäßige Schichten erzeugt, allerdings sind recht hohe Gasdurchsatzraten nötig.

Im Gegensatz zu LPE und CVD handelt es sich bei der *Molekularstrahlepitaxie* (Abb. 7.16) um ein physikalisches Verfahren. Die Epitaxieschichten wachsen dabei im Ultrahochvakuum auf. Von einer Verdampfungsquelle wird ein definierter Teilchenstrom auf das Substrat gerichtet. Mit dieser Methode lassen sich die Schichtdicken genau steuern und besonders scharfe Übergänge erzeugen. Nachteilig ist allerdings die geringe Wachstumsrate (nur etwa zehn Scheiben pro Tag). Dieses Verfahren ist besonders interessant für die Herstellung von Verbindungshalbleitern und für Heterostrukturen. Bei der Herstellung von integrierten Schaltungen aus Silizium spielt es dagegen keine Rolle.

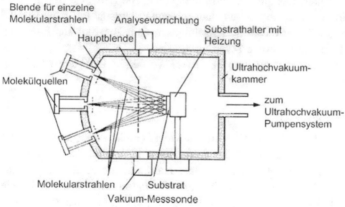

Abb. 7.16 Anlage zur Molekularstrahlepitaxie (MBE), aus [Ruge und Mader 1991]

7.4.5 Metallisierung durch Aufdampfen und Sputtern

Um Kontakte und elektrische Leiterbahnen zu formen, müssen Metalle auf Halbleiterstrukturen aufgebracht werden. Bevorzugtes Material ist Aluminium wegen seiner hohen Leitfähigkeit. Korrosionsbeständiger, jedoch auch teurer, sind Gold, Silber oder Kupfer. Daneben sind Metalle auch für die Herstellung von Schottky-Kontakten wichtig.

Aluminium wirkt dabei in sehr interessanter Weise an der Kontaktstelle. Es ist ein Metall aus der dritten Hauptgruppe des Periodensystems und stellt im Silizium

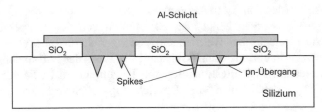

Abb. 7.17 Spikes an Metall-Halbleiter-Kontakten und an pn-Übergängen

bekanntlich einen Akzeptor dar. Werden jetzt Aluminiumkontakte auf p-Silizium aufgebracht, so diffundieren stets Aluminium-Atome in den Halbleiter hinein und bewirken dort eine sehr hohe p-Dotierung. Wie wir wissen (Kap. 6), zeigen Metall-Halbleiter-Kontakte mit hohen Halbleiterdotierungen stets Ohmsches Verhalten; auf diese Weise werden also automatisch Ohmsche Kontakte erzeugt. Aluminium auf n-leitenden Halbleiterschichten bildet dagegen eine Schottky-Barriere. Um bei n-Silizium Ohmsche Kontakte zu erzeugen, bringt man deshalb häufig Zwischenschichten aus Titan, Chrom, Nickel oder Palladium auf; Metallsilizide sind ebenfalls gebräuchlich.

Eine unerwünschte Eigenschaft bei der Metallisierung ist die Bildung von so genannten Spikes, das sind Aluminiumspitzen, die teilweise tief ins Halbleiterinnere hineinragen. Sie schließen dadurch unter Umständen ganze pn-Übergänge kurz (Abb. 7.17). Durch Zwischenschichten, zum Beispiel aus Polysilizium oder Siliziden, kann das verhindert werden.

Für die Metallisierung kommen zwei Verfahren in Frage: Aufdampfen und Sputtern.

Aufdampfen

Zum Aufdampfen (Abb. 7.18) wird das Metall (meist Aluminium) in einem Tiegel im Hochvakuum erhitzt, das kann thermisch mittels einer Heizwendel geschehen. Die Metallatome schlagen sich auf dem Halbleitersubtrat als polykristalline oder amorphe Schicht nieder, die Schichtdicken betragen ca. 1 bis 2 µm. Da sie auf dem Substrat mit einer sehr niedrigen Energie auftreffen, verursachen sie keine Strah-

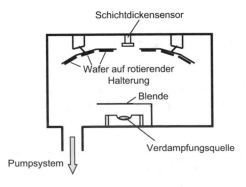

Abb. 7.18 Aufdampfanlage, nach [Hilleringmann 1996]. Die Blende bleibt so lange im Strahlengang, bis das verdampfende Material genügend rein ist, und wird dann ausgeklappt

lenschäden, allerdings haften die Schichten nicht immer gut auf strukturierten Siliziumscheiben.

Sputtern

Beim Sputtern (auch *Kathodenzerstäubung* genannt, Abb. 7.19) treffen Ionenstrahlen, in der Regel zwischen 1 bis 10 eV, auf eine Katode, das Target, auf und schlagen aus deren Material Atome aus. Diese treffen ihrerseits auf den Wafer, der sich gegenüber auf einem drehbaren Teller befindet. Wenn das Targetmaterial selbst direkt aufgetragen wird, spricht man von *inertem* (passivem) *Sputtern*. Wenn es jedoch auf seinem Flug noch mit Gasmolekülen chemisch reagiert, handelt es sich um *reaktives Sputtern*.

Aufdampfen und Sputtern sind nicht nur für Halbleiter interessant. Die metallischen Schichten auf CDs werden beispielsweise ebenfalls mit diesen Techniken erzeugt.

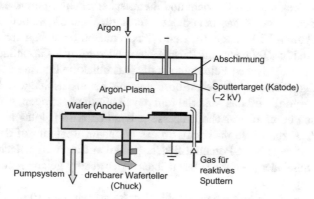

Abb. 7.19 Sputteranlage, nach [Hilleringmann 1996]

7.4.6 Ätzen

Durch Ätzen werden Halbleiterschichten strukturiert. Die Ätzmuster werden vorher mittels Photolackmasken auf die Schicht gebracht. Für das Ätzen stehen nass- und trockenchemische Verfahren zur Verfügung.

Bei den *nasschemischen Verfahren* ist die Ätzrate hoch. Sie wirken selektiv gegenüber unterschiedlichen Materialien. Um eine Vorstellungen von den gebräuchlichen Ätzmitteln zu bekommen, seien einige davon aufgeführt:

- Mischung aus Ammoniumflourid (NH_4F) und Flusssäure (HF) im Verhältnis 7:1 zum Abtragen von SiO_2-Schichten;
- Salpeter- /Flusssäuremischungen (HNO_3/HF) sowie Kali- oder Natronlauge (KOH, NaOH) zum Ätzen von Silizium;
- konzentrierte Flusssäure zum Abtragen dünner Oxidfilme;
- Phosphorsäure für Siliziumnitrid.

Die verschiedenen Ätzprozesse können isotrop oder anisotrop wirken (Abb. 7.20).

Isotrope, insbesondere nasschemische, Verfahren führen oft zur so genannten *Unterätzung*, wie in der Abbildung dargestellt. Dadurch lassen sich Strukturen nicht mit höchster Präzision herausbilden.

Anisotrope nasschemische Ätzverfahren nutzen die Richtungsabhängigkeit der Eigenschaften im kristallinen Silizium. Beispielsweise werden (100)- und (110)-Ebenen schneller als (111)-Ebenen abgetragen, Ursache ist die größere Dichte von Bindungen und dadurch höhere Bindungsenergie in dieser Ebene. Die anisotropen Ätzverfahren wirken nur in der Richtung senkrecht zur Waferoberfläche, dadurch werden Strukturen schlechter aufgelöst. Sie werden vorrangig genutzt, um räumliche Strukturen in Halbleitern zu erzeugen. Anwendung finden sie zum Beispiel in der Mikromechanik. Bei Komponenten, die auf diesem Wege erzeugt werden, stehen nicht die halbleitenden, sondern die mechanischen Eigenschaften im Mittelpunkt, denn Silizium ist auch ein ausgezeichneter Werkstoff hinsichtlich Härte, Zugfestigkeit, spezifischem Gewicht und thermischer Eigenschaften.

Trockenätzen ist heute das bevorzugte Verfahren zum Herstellen von äußerst präzisen Strukturen in Halbleitern. Beim Trockenätzen entstehen freie Radikale, also reaktionsfähige Teilchen, im Plasma einer Niederdruck-Gasentladung (bei 1 bis 100 Pa). Im elektrischen Feld nehmen die Gasmoleküle Energie auf, durch die sie in die Lage versetzt werden, Substratatome herauszuschlagen. Bei inerten Gasen (z. B. Argon) wird das Material rein physikalisch abgetragen, während sonst das Ätzen auch durch chemische Prozesse unterstützt wird (Flour- und Chlorverbindungen als Ätzgase). Je nachdem, ob die Wafer im Reaktor auf der geerdeten Anode oder auf negativem Potential liegen, treffen auf ihrer Oberfläche entweder nur neutrale ungeladene Atome (Plasmaätzen) oder positiv geladene Ionen (reaktives Ionenätzen) auf.

Die Ätzgeschwindigkeiten liegen beim Nassätzen zwischen 10 und 100 nm/min und beim Trockenätzen zwischen 10 und 36 nm/min.

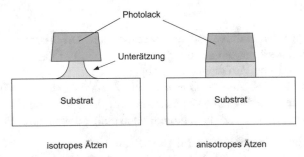

Abb. 7.20 Isotrope und anisotrope Ätzverfahren

7.4.7 Reinigen

Obwohl Halbleiterproben im Reinraum unter den Bedingungen größter Sauberkeit bearbeitet werden, sind doch noch bei verschiedenen Prozessschritten Reinigungen nötig. Die wichtigsten Reinigungsverfahren sind:

- Trockenreinigung durch Abblasen mit Stickstoff,
- Bürstenreinigung durch rotierende Bürsten und Reinigungsflüssigkeit mit Netzmittel (Abb. 7.21),
- Reinigung im Ultraschallbad,
- Hochdruckreinigung durch Spritzen einer Reinigungslösung auf den rotierenden Wafer bei ca. 60 bar,
- Reinigen mit Ätzlösungen (zum Beispiel H_2SO_4/H_2O_2-Lösung, verdünnte Flusssäure).

Abb. 7.21 Reiniger mit Bürste und Reinigungsdüsen. Foto: Contrade Microstructure Technology GmbH, Wiernsheim-Pinache (mit Genehmigung)

7.5 Lithographie

Auf einer Halbleiterscheibe müssen die Bauelemente in bestimmten Strukturen angeordnet werden. Zur Erzeugung solcher Strukturen benutzt man in der Halbleitertechnologie die Verfahren der *Lithographie*. Dieser Vorgang ist mit dem klassischen Belichten von Photofilmen vergleichbar.

Die im Zusammenhang mit dem Auftragen von Photolacken notwendigen Prozessschritte sind im Wesentlichen:

– Reinigen,
– eventuell Auftragen eines Haftvermittlers („Primer") für den Photolack,
– Belacken, Abschleudern des Lacks, Trocknen (so genanntes *pre bake*),
– Belichten (Licht, Elektronenstrahl, Röntgen); Kontakt und Proximity-Verfahren,
– Entwickeln,
– Aushärten des Lacks (*post bake*).

Der Photolack wird mit einem Schleuderverfahren (spin coating, Abb. 7.22) auf den Wafer aufgebracht: Nachdem ein Lacktropfen in der Mitte der Scheibe aufgebracht wurde, wird der Wafer auf einem Drehteller in schnelle Umdrehungen (2000 bis 8000 min^{-1}) versetzt. Bei diesem Verfahren bildet sich eine Beschichtung mit sehr gleichmäßiger und glatter Oberfläche. Anschließend wird er belichtet und gehärtet. In der Photolithographie verwendet man *Positiv- und Negativlacke* (Tabelle 7.2.). Photolacke bestehen generell aus einem festen „Matrixanteil" und einem lichtempfindlichen Anteil. Beide sind in einem Lösungsmittel gelöst. Bei der Verwendung von Negativlacken bleibt der belichtete Bereich beim Entwickeln stehen, während er bei Positivlacken herausgelöst wird (Abb. 7.23). In der Vergangenheit dominierte die Negativ-Entwicklung, während heute vorwiegend Positivlacke eingesetzt werden, unter anderem, weil sie nicht quellen und sich auch leichter entsorgen lassen.

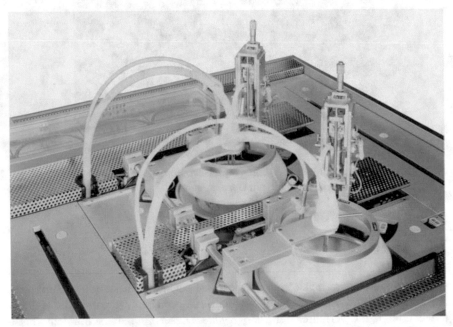

Abb. 7.22 Belackungsanlagen in einer Wafer-Prozesslinie. Typisch für Fertigungs-Equipment in der Halbleiterindustrie sind die Lochbleche aus Edelstahl, die zur Abdeckung verwendet werden. Die Löcher gewährleisten gute Strömungsverhältnisse für einen laminaren Luftstrom im Reinraum (Abschn. 7.6). Foto: Contrade Microstructure Technology GmbH, Wiernsheim-Pinache (mit Genehmigung)

Tabelle 7.2. Eigenschaften von Positiv- und Negativlacken

Positivlacke	Negativlacke
Material für die Positiv-Entwicklung: Diazochinone in einem Kresol-Formaldehyd-Harz als Bindemittel. Die Diazochinone bilden bei der Belichtung über Zwischenprozesse Carbonsäure, die sich in alkalischen Entwicklern löst, während Diazochinon praktisch unlöslich ist. Der belichtete Bereich wird beim Entwickeln herausgelöst.	*Material für die Negativ-Entwicklung*: Spezieller synthetischer Kautschuk sowie eine lichtempfindliche aromatische Azidverbindung in einem Lösungsmittel. Bei der Belichtung wird aus der Azidverbindung Stickstoff herausgelöst, wodurch der Kautschuk vernetzt. Er ist dann gegenüber dem Entwickler weitgehend resistent, während der Rest herausgelöst wird.
Kein Quellen während der Entwicklung, da die unbelichteten Bereiche wasserabstoßend sind.	Nachteil: Aufquellen der Schichten

Ausgangspunkt des Lithographieprozesses ist der CAD-Schaltkreisentwurf. Die Strukturbilder werden von diesem Entwurf über Zwischenstufen (Vormaske, Muttermaske) auf eine Photomaske übertragen. Von der Photomaske wird mit Kontaktkopien oder Projektionsbelichtungsverfahren das Strukturbild auf den Photolack gebracht.

Mit *Kontaktkopien* (Abb. 7.24a) ist eine sehr genaue Strukturübertragung möglich, bei Verwendung von UV-Licht beispielsweise bis zu 800 nm. Allerdings können dabei Partikel zwischen Maske und Photolack gelangen, außerdem nutzt sich die Maske im Laufe der Zeit ab. Deshalb verwendet man auch die *Nahbelichtung* (Abb. 7.24b), wobei die Auflösung jedoch sinkt. Mit *Projektionsverfahren* kann man diese Nachteile vermeiden. In Abb. 7.24c ist ein (1:1)-Projektionsverfahren mit Spiegeloptik dargestellt. Wesentlich vorteilhafter sind aber verkleinernde Projektionen. Dabei wird als Maske nicht der gesamte Wafer, sondern nur das Muster eines einzigen Bauelements genommen, es wird im *Step-and-repeat-Verfahren*

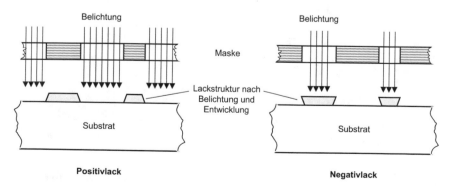

Abb. 7.23 Schichtstrukturen bei Positiv- und Negativlacken

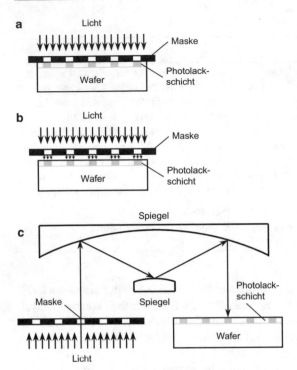

Abb. 7.24 Photolithographie: (a) Kontaktbelichtung (contact printing), (b) Nahbelichtung (proximity printing), (c) Projektionsbelichtung (projection printing). Nach [von Münch 1993]

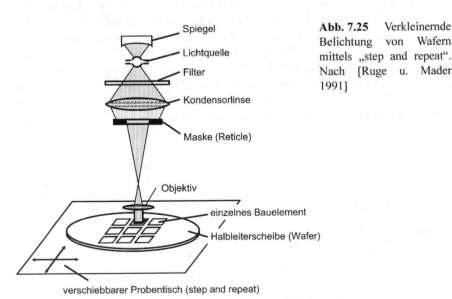

Abb. 7.25 Verkleinernde Belichtung von Wafern mittels „step and repeat". Nach [Ruge u. Mader 1991]

(Abb. 7.25) auf den Wafer übertragen. Diese Technik ist zwar zeitaufwändiger, jedoch wirken sich Staubteilchen auf der Maske wegen der Verkleinerung nicht so nachteilig auf die Qualität der belichteten Schicht aus.

7.6 Reinraumtechnik

Verunreinigungen können die Ausbeute, die Performance und die Zuverlässigkeit des Halbleiterfertigungsprozesses erheblich herabsetzen. Deshalb ist überall extreme Reinheit der Fertigungsräume, der Apparaturen und der Prozesschemikalien erforderlich.

Als Verursacher der Verschmutzung kommen schon mikro- bis nanometergroße Partikel in Frage. Sie können ganz unterschiedlicher Natur sein, beispielsweise

- Rauchteilchen (ca. 5 μm), menschliches Haar (ca. 750 μm), Schmutz- und Staubteilchen (ca. 25 μm), Fingerabdrücke (ca. 10 μm),
- Bakterien
- Metallionen (vor allem Chloride, Zink, Blei, Mangan, Aluminium, Nickel, Kupfer): Sie werden durch die Wafer-Fabrikation in den Kristall eingebracht. Im Halbleitermaterial sind sie sehr beweglich und können die Funktionsweise von Bauelementen stark beeinträchtigen oder sogar zusammenbrechen lassen.
- Chemikalien: Unerwünschte Prozesschemikalien (vor allem Chlorin) und Prozesswasser können zum nachträglichen Ätzen führen.

Als Verunreinigungsquellen für diese Partikel kommen in Frage:

- „verschmutzte" Luft (vgl. Abb. 7.26),
- Produktionseinrichtungen,
- Reinraumpersonal,
- Prozesswasser,
- Prozesschemikalien,
- statische elektrische Ladungen

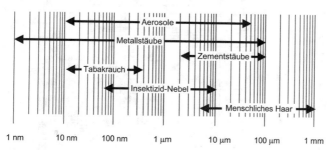

Abb. 7.26 Größe von Verunreinigungen aus der Luft. Vergleichen Sie mit den Dimensionen der Strukturen auf dem Chip!

Reinraumstrategien

Um die erforderliche Reinheit zu erreichen, müssen die Halbleiterfertigungsstätten in besonders angelegten Räumen, den *Reinräumen*, eingerichtet werden. Die Anforderungen an die Reinheit in solchen Räumen sind extrem. Eine Vorstellung, wie hoch diese Anforderungen sind, lässt sich schon aus der Klassifizierung gewinnen.

Die Qualität der Luft in Reinräumen wird nach Reinraumklassen eingeteilt. Diese Klassen werden nach dem amerikanischen Standard 209 eingestuft. Während die Reinheit ursprünglich als maximale Zahl der Kontaminationsteilchen pro Kubikfuß angegeben wurde (Abb. 7.27), ist seit 1992 (U.S. Fed. Standard 209E bzw. VDI-Richtlinie 2083) ein metrisches System in Kraft. Nach der neuen Revision des Standards hängt die Zahl der Teilchen außerdem noch von der Partikelgröße ab. Der Zusammenhang der metrischen Größen (gekennzeichnet durch ein „M" vor der Reinraumklasse) mit der alten Bezeichnung ist aus Tabelle 7.3. zu ersehen. Trotzdem wird im Produktionsalltag oft in den Kategorien der alten Klassen gedacht. Zum Reinraum gehört auch eine konstante Temperatur und Luftfeuchtigkeit (reproduzierbare Prozessparameter!). In Halbleiterfertigungsanlagen müssen Reinraumklassen von etwa 100 bis 0,1 (bei Höchstintegration) realisiert sein. Zum Vergleich: Typische Großstadtluft hat ca. 5 Millionen Teilchen pro Kubikfuß, also die „Reinraumklasse" 5 Millionen! Reinräume sind übrigens nicht nur auf die Waferfertigung begrenzt; sie sind auch in der Raumfahrt und in der Biologie sowie der Medizin notwendig.

Die für den Prozess erforderliche Luftreinheit kann man mit unterschiedlichen Strategien erreichen. In vielen Fällen ist der gesamte Prozessbereich in einem großen Reinraum der Klasse 1 bis 100 untergebracht (Abb. 7.28). Dieser Bereich ist ein großer Raum mit den verschiedenen Prozessstationen, die in langen Reihen angeordnet sind. Über diesen sind Filter angebracht (so genannte HEPA[6]-Filter). Sie erzeugen einen laminaren Luftstrom, der sich von oben nach unten bewegt. Eventuell vorhandene Schmutzpartikel werden dadurch nach unten abgetragen und

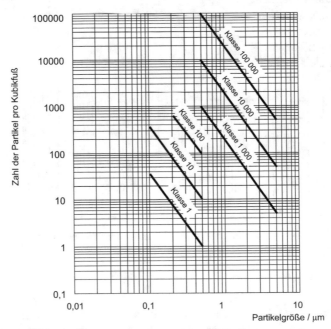

Abb. 7.27 Reinraumklassen (nach U.S. Fed. Standard 209E)

---

[6] HEPA - *high-efficiency particle attenuation*

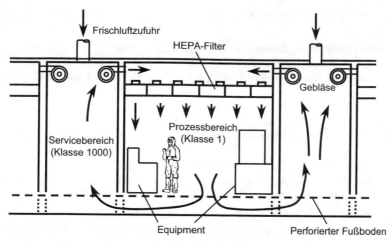

Abb. 7.28 Reinraum-Equipment, nach [van Zant 1997]

Tabelle 7.3. Zulässige Teilchenkonzentration in Reinräumen

| Klasse | Partikel pro Kubikfuß[a] bzw. pro Kubikmeter | | |
	0,1 µm	0,5 µm	5 µm
1 (M 1,5)	$35/\text{ft}^3 =$ $1{,}24 \cdot 10^3 \text{ m}^{-3}$	$1/\text{ft}^3 = 35{,}3 \text{ m}^{-3}$	
10 (M 2,5)	$3{,}50 \cdot 10^2/\text{ft}^3 =$ $1{,}24 \cdot 10^4 \text{ m}^{-3}$	$10/\text{ft}^3 = 353 \text{ m}^{-3}$	
100 (M 3,5)		$100/\text{ft}^3 =$ $3{,}53 \cdot 10^3 \text{ m}^{-3}$	
1 000 (M 4,5)		$1\,000/\text{ft}^3 =$ $3{,}53 \cdot 10^4 \text{ m}^{-3}$	$7/\text{ft}^3 =$ $2{,}47 \cdot 10^2 \text{ m}^{-3}$
10 000 (M 5,5)		$10\,000/\text{ft}^3 =$ $3{,}53 \cdot 10^5 \text{ m}^{-3}$	$70/\text{ft}^3 =$ $2{,}47 \cdot 10^3 \text{ m}^{-3}$
100 000 (M 6,5)		$100\,000/\text{ft}^3 =$ $3{,}53 \cdot 10^6 \text{ m}^{-3}$	$700/\text{ft}^3 =$ $2{,}47 \cdot 10^4 \text{ m}^{-3}$

[a] *Hinweis*: 1 ft (1 Fuß) = 30,48 cm; 1 ft³ = 0,02832 m³; 1 ft⁻³ = 35,3 m⁻³

nicht aufgewirbelt. Die Reinraumwirkung wird durch einen geringen Überdruck gegenüber der Außenluft aufrecht erhalten. Die Umgebung (der so genannte Service-Bereich, der zum Beispiel zum Nachfüllen der Prozesschemikalien und zum Installieren der Elektronik dient) befindet bei diesem Konzept in einem Reinraum mit geringeren Anforderungen (Klasse 1000 bis 10 000).

Eine typische Reinraumgestaltung sieht zum Beispiel folgende Komponenten vor (Abb. 7.29):

– *Eingangs- und Garderobenbereich*: adhäsive Fußbodenmatten und Schuhreiniger am Eingang, Puffer zwischen Reinraum und Fabrik, oft bereits mit gefilterter Luft versorgt; das Personal wechselt hier die Kleidung (zum Beispiel Wechsel der Schuhe auf einer Bank),
– *Luftdruck*: im Reinraum höher, in der Garderobe niedriger,
– *Luftdusche*: zum Abblasen der Kleidung,
– *Service-Gänge*: generell höhere Reinraumklasse (1000 bis 10 000) als im Produktionsbereich,
– Doppeltüren zur Versorgung mit Chemikalien und zum Service,
– Verhinderung der elektrostatischen Aufladung bei Kleidungsstücken und Materialien.
– Personen müssen Handschuhe und meist auch Mundschutz und „Bartbinde" tragen.

Eine andere Lösung für ein Reinraum-Equipment stellen *Mini-Umgebungen* dar, bei denen die jeweiligen Maschinen einzeln gekapselt sind und bis zu Reinraumklasse 0,1 erreichen. Außerhalb können die Reinraumanforderungen etwas geringer sein, sie sind aber immer noch erheblich (zum Beispiel Klasse 1000). Der Transport der Wafer zwischen den Prozessstationen geschieht in gekapselten Boxen („SMIF[7]-Boxen")

An die in Reinräumen eingesetzten Fertigungsanlagen werden besondere Anforderungen gestellt. Generell können hierfür keine Materialien verwendet werden, die Abrieb oder Schuppen verursachen. Demnach ist insbesondere Edelstahl geeignet, während lackierte Oberflächen nicht eingesetzt werden dürfen. Reinraumequipment sieht also meist „edel und teuer" aus.

Auch die Prozesschemikalien (Säuren, Basen und Lösungsmittel) müssen extrem rein sein (*electronic grade* oder *semiconductor grade*). Dasselbe gilt für die

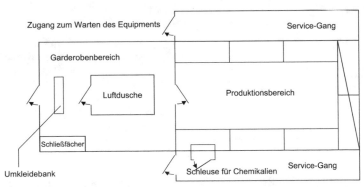

Abb. 7.29 Grundriss eines typischen Reinraum-Bereichs in einer Wafer-Fab, nach [van Zant 1997]

---

[7] SMIF - *standard mechanical interface*

Prozessgase. Typische Werte für die Gasreinheit liegen zwischen 99,99 und 99,999999 %; die Reinheit wird durch die Zahl der Neunen nach dem Komma angegeben[8]. Das Prozesswasser darf weder Mineralien, Partikel, Bakterien, organische Bestandteile, gelösten Sauerstoff noch Siliziumverbindungen enthalten. Daher wird deionisiertes Wasser (DI-Wasser) eingesetzt.

7.7 Ein Beispiel für die Technik integrierter Schaltungen

Zur Illustration der beschriebenen Techniken soll an einem Beispiel der Herstellungsprozess für integrierte Schaltkreise dargestellt werden. Wir wählen dafür CMOS-Schaltkreise als die heute in den Anwendungen dominierenden Bauelemente und beschränken uns dabei auf die wichtigsten Prozessschritte (Abb. 7.30) – im Einzelnen können noch mehrere zusätzliche Schritte zwischengeschaltet sein.

1. (Abb. 7.30-1) Als Ausgangsmaterial dient eine (100)-orientierte p-dotierte Siliziumscheibe ($N_A = 10^{15}$ cm^{-3} Bor-Dotierung), sie stellt bereits das Substrat des n-Kanal-MOSFETs dar. Da CMOS-Schaltkreise immer aus zwei komplementären Transistoren bestehen, muss pro NMOS-Transistor noch ein PMOS-Transistor vorgesehen werden. Für ihn benötigt man ein n-dotiertes Basismaterial. Diese Dotierung wird in dem vorhandenen p-Material in Form einer Wanne durch Überkompensation erzeugt.

Hierzu wird die Siliziumoberfläche oxidiert und mit einer Photolackmaske überzogen, in der die Wannenfläche frei gelassen wird. Die Wanne wird mittels Ionenimplantation n-dotiert ($N_D = 10^{15}$ cm^{-3} Phosphor-Dotierung), die Ionen dringen durch das Oxid der Wanne bis zum Silizium hindurch. Anschließend wird das Oxid aus der Wanne herausgeätzt und dann der Photolack entfernt. In einem weiteren Schritt lässt man die Diffusionsatome noch weiter eindiffundieren. Damit sie nach innen und nicht nach außen wandern, muss vorher nochmals thermisch oxidiert werden. Am Ende beträgt die Wannentiefe ca. 3 µm). An diesem Beispiel wird deutlich, wie viele Einzelschritte bereits für einen solchen Teilprozess nötig sind.

CMOS-Schaltkreise lassen sich ebenso auf der Basis von n-dotiertem Grundmaterial erzeugen, dann muss man im n-Silizium eine p-dotierte Wanne schaffen.

2. (Abb. 7.30-2) Als Nächstes wird das Gateoxid von 15 bis 40 nm Dicke durch trockene Oxidation erzeugt. Hierfür wird häufig auch Siliziumnitrid (Si_3N_4) benutzt.

Damit das Gate-Oxid in definierter Weise abgeschieden werden kann, ist vorher eine Deck-Oxidschicht von 800 nm Dicke erforderlich, in der die aktiven Gebiete durch nass-chemisches Ätzen frei gelegt werden.

3. (Abb. 7.30-3) Die „metallischen" Gate-Kontakte werden in Form von Poly-silizium durch Silan-Pyrolyse abgeschieden (Abb. 7.31). Ein zusätzliches Aufsputtern von Metallen wie Titan führt zur Bildung von Metall-Siliziden (Metall-Silizium-Verbindungen) auf den Leiterbahnen, die die Leitfähigkeit verbessern.

---

[8] 99,999999 wird gelesen als „six 9's pure".

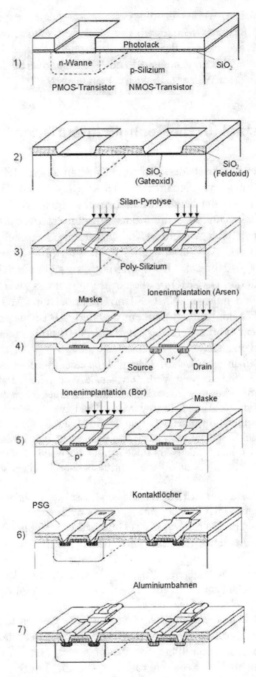

Abb. 7.30 Die wichtigsten Prozessschritte der CMOS-Technologie, nach [Hilleringmann 1996]. Erläuterungen im Text

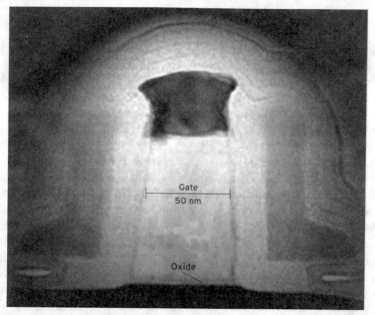

Abb. 7.31 Gate-Struktur eines Feldeffekttransistors, der in der „90-nm-Technologie" herge-stellt wurde, aufgenommen mit einem Rasterelektronenmikroskop. Beachten Sie, wie dünn die Siliziumdioxidschicht (*unten*) im Vergleich zur Gatedicke ist. Aufnahme von Intel, ent-nommen aus [Geppert 2002]

und kann. Dieses Verfahren ist „selbstjustierend" (*self-aligned*), das heißt, die Reaktion findet nur auf dem Silizium statt, während auf der Siliziumdioxidoberflä-che das reine Metall zurückbleibt, das dann wieder weggeätzt werden kann.

4. (Abb. 7.30-4) Source- und Drainbereiche des NMOS-Transistors werden als stark n-dotierte (n^+) Gebiete durch Arsen-Implantierung erzeugt, dabei ist die PMOS-Struktur abgedeckt.

5. (Abb. 7.30-5) Analog werden Source- und Drainbereiche des PMOS-Transis-tors als p^+-Gebiete durch Bor-Implantierung erzeugt, dabei ist jetzt die NMOS-Struktur abgedeckt.

6. (Abb. 7.30-6) Als Isolation wird eine Schicht aus Phosphorsilikatglas (PSG) oder Bor-Phosphor-Silikatglas (BPSG) aufgetragen. Dafür benutzt man ebenfalls ein Pyrolyse-Verfahren. Anschließend werden die Kontaktlöcher für die Zuführung der Metallkontakte herausgeätzt.

7. (Abb. 7.30-7) Der letzte Schritt dient der Kontaktierung mit einer dünnen Titannitridschicht, darüber wird Aluminium aufgesputtert.

Zusammen mit einem weiteren Schritt für die Verdrahtung sind damit acht Pro-zessschritte notwendig. Hierzu werden in jedem Fall Masken für die Lithographie benötigt. Je mehr Maskierungsschritte erforderlich sind (heute 20 und mehr), desto teurer wird die Herstellung eines Wafers – allein die Herstellung einer Maske kos-tet schon ca. 2500 Euro.

7.8   Tendenzen der Halbleitertechnologie

Die Firma Intel hat bereits im Jahre 2001 die Halbleiterproduktion auf der grund-lage von 300-mm-Wafern aufgenommen. Gegenüber den bis dahin üblichen 200-mm-Strukturen ergibt das mehr als die doppelte Fläche an Ausbeute. Sie können das in Aufgabe 7.2 nachprüfen. Trotz wachsenden Durchmessers darf die Dicke der Wafer dabei nicht größer, sondern sie muss sogar geringer werden. Das ist bei-spielsweise für den Einsatz in Smartcards erforderlich, auf diesem Markt werden noch große Zuwächse erwartet.

So waren zum Beispiel 200-mm-Wafer im Jahre 2002 150 µm dick, einige Zeit vorher betrugen die Waferdicken noch 250 bis 380 µm. Die Entwicklung geht bis zu 100 µm bei 200 mm Durchmesser und 300 µm bei 300 mm Durchmesser. Ein Problem ist dabei die sichere Handhabung im Fertigungsprozess, da sich dünnere Scheiben, insbesondere wenn sie große Durchmesser haben, leicht verbiegen. Dass an der Technologie der 450-mm-Wafer gearbeitet wird, haben wir schon erwähnt.

Bereits am Ende von Kap. 6 (Abschn. 6.8) wurde deutlich gemacht, dass die Strukturen von Bauelementen immer kleiner werden. Dies erfordert teilweise voll-kommen neue Herstellungstechniken. Insbesondere an die Lithographie werden hohe Ansprüche gestellt, die auch mit enormen Kosten verbunden sind – bereits heute kostet eine „Wafer-Fab" etwa eine Milliarde Euro oder Dollar.

Bisher wurden zur Belichtung Quecksilberdampflampen eingesetzt: Ihre Wel-lenlänge liegt bei $\lambda = 436$ oder 365 nm. Da die Auflösung etwa durch die Größen-ordnung der Lichtwellenlänge begrenzt ist, sind für kleinere Strukturen kürzere Lichtwellenlängen erforderlich. Die bereits anfangs erwähnten 300-mm-Wafer von Intel hatten Strukturgrößen von 130 nm. Für 100-nm-Strukturen soll ein Excimer-Laser auf der Basis von KrF ($\lambda = 248$ nm) oder ArF ($\lambda = 193$ nm) verwendet wer-den, für 70 nm ein F_2-Laser ($\lambda = 157$ nm). Bei noch kürzeren Wellenlängen (bis zu 10-nm-Strukturen) könnte dann eine Belichtung im extremen Ultravioletten erfor-derlich sein (EUV-Belichtung; EUV bedeutet: *extreme ultraviolet*). Solche Strah-lung entsteht als „Synchrotronstrahlung", also als Nebenprodukt der Beschleunigung von Elektronen auf einer Kreisbahn im Elektronenbeschleuniger. Für Forschungszwecke in diesem Zusammenhang ist beispielsweise der Beschleu-niger BESSY II in Berlin-Adlershof vorgesehen, bei ihm laufen Elektronen auf einer Kreisbahn mit einem Radius von 15 m, dabei wird wie bei der bewegten Ladung auf einer Sendeantenne elektromagnetische Strahlung abgegeben.

Für Photomasken kommen nur Substanzen in Frage, die bei solch kurzen Wel-lenlängen noch durchlässig sind, das könnte zum Beispiel Calciumflourid (CaF_2) sein. Dieses Material ist aber wegen seines hohen thermischen Ausdehnungskoef-fizienten nicht geeignet. Einen Ausweg stellen stattdessen reflektierende Masken dar, beispielsweise Si/Mb-Spiegel.

Bevor man sich diesen Schwierigkeiten aussetzt, versucht man jedoch noch, mit Lichtquellen größerer Wellenlänge unter Ausnutzung der Interferenzgesetze zu arbeiten.

Feinste Strukturen werden sich wegen der durch die Beugung des Lichts gesetz-ten Grenzen nicht mehr mit Licht übertragen lassen. Bei extrem kleinen erforderlichen Auflösungen sind Röntgen-, Ionen- oder Elektronenstrahl-Lithographie denkbar. Bei diesen Verfahren ist jedoch ein enormer Zeitaufwand erforderlich, um einen Wafer zu beschreiben.

Ein weiteres Problem stellt das Isolationsmaterial am Gate dar. Heute wird für höchste Ansprüche immer noch Siliziumdioxid bevorzugt. Es bildet eine exzellente Grenzfläche sowohl zum Silizium als auch zum Polysilizium und kann direkt durch Oxidation auf Silizium erzeugt werden. Ein weiterer entscheidender Grund für seine Verbreitung ist, dass über dieses Material eine breite technologische Wissensbasis existiert. Trotzdem wird in letzter Zeit intensiv nach anderen geeigneten Materialien gesucht. Insbesondere Stoffe mit sehr hoher relativer Dielektrizitätskonstanten ε sind interessant. Der Grund für dieses Interesse ist durch die Eigenschaften des MOS-Kondensators begründet. In dessen Kapazität geht der Quotient ε/d ein. Isolationsschichten mit höherem ε erlauben demnach auch größere Dicken d bei gleicher Kapazität C. Größere Schichtdicken wiederum verringern die durch die Isolationsschicht fließenden Leckströme. Beispiele für solche Isolationsmaterialien sind Si_3N_4 oder sogar Ta_2O_5 oder HfO_2 (hat $\varepsilon = 22$). Die Forschungen zu diesen Materialien sind unter dem Stichwort „High-K electronics" bekannt geworden.[9]

Als weitere Tendenzen aus der Vielzahl der Untersuchungen seien nur kurz genannt:

− die Verwendung von SiGe-Verbindungen, die wegen der unterschiedlichen Größe der beiden Atomsorten zu einer bewusst verspannten Halbleiteroberfläche führen (Solche Verbindungen haben eine um bis zu Faktor 60 größere Beweglichkeit!),
− die Verwendung metallischer Gates (Wolfram, Molybdän) statt Polysilizium.

Diese wenigen Beispiele zeigen schon, wie komplex die Probleme der Halbleiterherstellung in Zukunft werden. Die Halbleiterindustrie fasst die voraussichtlichen Entwicklungsrichtungen regelmäßig in so genannten *Roadmaps* zusammen. Informationen hierzu mit ständigen Aktualisierungen sind bei der *International Technology Roadmap for Semiconductors* [ITRS 2010] zu finden. Das Anliegen der ITRS wird aus dem folgenden Zitat deutlich:

„The International Technology Roadmap for Semiconductors (ITRS) is an assessment of the semiconductor technology requirements. The objective of the ITRS s to ensure advancements in the performance of integrated circuits. This assessment, called roadmapping, is a cooperative effort of the global industry manufacturers and suppliers, government organizations, consortia, and universities.

The ITRS identifies the technological challenges and needs facing the semiconductor industry over the next 15 years. It is sponsored by the Semiconductor Industry Association (SIA), the European Electronic Component Association (EECA),

---

[9] Der Ausdruck beruht auf der im Amerikanischen üblichen Verwendung des griechischen Buchstaben κ („Kappa") an Stelle des ε für die relative Dielektrizitätskonstante. Das Kappa hat sich in der Literatur im Laufe der Zeit zu einem lateinischen K gewandelt.

the Japan Electronics & Information Technology Industries Association (JEITA), the Korean Semiconductor Industry Association (KSIA), and Taiwan Semiconductor Industry Association (TSIA)."

Ausführlich werden diese Entwicklungen immer wieder in den bedeutenden internationalen Zeitschriften beschrieben, zum Beispiel bei [Geppert 2002].

Die Technologie der kleiner werdenden Strukturen, die im Bereich von etlichen Nanometern Dicke liegen, haben als neue Forschungsrichtung die *Nanotechnologie* (vgl. 1.8) vorangetrieben [Fahrner 2003]. Dabei geht es um ein breites Spektrum von unterschiedlichen Anwendungen. Im einfachsten Falle steht die Erzeugung dünner Schichten im Blickfeld, das sind die Verfahren, die soeben diskutiert wurden. Mit den so entwickelten verfeinerten Herstellungstechniken können aber auch bisher nicht oder nur sehr schwer herstellbare Substanzen erzeugt werden. Ein Beispiel ist die Herstellung von Diamant – ein prinzipiell hervorragendes Halbleitermaterial – mittels CVD-Verfahren. Allerdings können damit vorerst nur Wafer von ca. 5×5 mm^2 Fläche hergestellt werden. Vielleicht wird in der Zukunft jedoch einmal der Diamant nicht als edles Schmuckstück verwendet, sondern ist auch als Halbleiterwerkstoff unentbehrlich.

An dieser Stelle können wir nun leider nicht noch tiefer gehen. Es ist zu hoffen, dass mit den bisherigen Kapiteln zumindest die Grundlagen für eine weiter gehende Beschäftigung mit dem interessanten und vielseitigen Gebiet der Physik der Halbleiterbauelemente gelegt werden konnten. Fürs erste müssen wir jedoch einmal aufhören. So halten wir es mit JOACHIM RINGELNATZ und bescheiden uns:

In Hamburg lebten zwei Ameisen,
die wollten nach Australien reisen.
Bei Altona auf der Chaussee,
da taten ihnen die Beine weh,
und so verzichteten sie weise
dann auf den letzten Teil der Reise.

Zusammenfassung zu Kapitel 7

- Folgende **Prozessschritte** sind **zur Fertigung von Halbleiterbauelementen** notwendig:
  1. die *Aufbereitung des Rohmaterials*, das heißt die Herstellung von Rohsilizium aus Quarzsand,
  2. die *Züchtung von Einkristallen*, ihre *Reinigung* sowie das *Heraussägen* der Halbleiterscheiben (so genannter *Wafer*) aus dem Kristall,
  3. die *Bearbeitung* der Wafer mittels *Oxidation*, *Ätzen*, *Dotieren* und *Abscheidung*, wobei die *Lithographie* unentbehrlich ist,
  4. die *Montage und Kontaktierung* des Halbleiterchips.

- Die **Herstellung des Ausgangsmaterials Rohsilizium** (Polysilizium) erfolgt in folgenden Schritten:

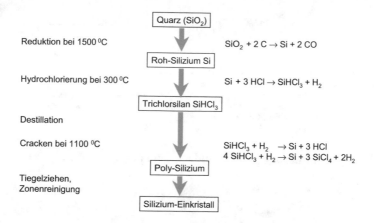

- Aus dem Rohsilizium werden mittels *Tiegelziehen* (CZOCHRALSKI-Verfahren) oder *Zonenschmelzen* **Einkristalle** hergestellt.
- Durch Sägen, Ätzen, Polieren und weitere mechanische Bearbeitung werden aus dem Einkristall **Wafer** herausgearbeitet.
- Aus einem Wafer werden später eine Vielzahl von einzelnen Halbleiterchips gefertigt. Zu ihrer Herstellung werden die Strukturen in das Substrat hineingebracht. Für eine Schicht sind nacheinander die in Abb. 7.32 aufgelisteten **Bearbeitungsschritte der Planartechnik** nötig.
- Die gebräuchlichen **Photolithographie-Verfahren**:
  - *Kontaktbelichtung* (contact printing),
  - *Nahbelichtung* (proximity printing),
  - *Projektionsbelichtung* (projection printing), als *1:1-Belichtung* oder *step and repeat.*
- Für **Beschichtung und Dotierung** werden folgende Verfahren genutzt:
  - *Dotierung*

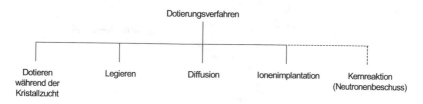

  - *Oxidation* (nass oder trocken)

– *Epitaxie* (Abscheidung)

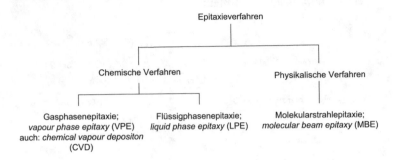

– *Metallisierung* (durch Aufdampfen oder Sputtern).

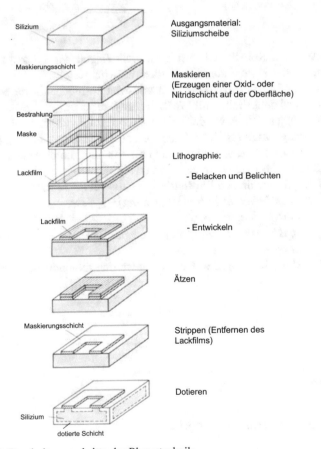

Abb. 7.32 Bearbeitungsschritte der Planartechnik

Aufgaben zu Kapitel 7

Aufgabe 7.1 Menge des zuzusetzenden Dotierungsmaterials (zu Abschn. 7.2) **

a) 500 kg hochreines Silizium sollen bereits bei der Züchtung mit Bor dotiert werden. Die gewünschte Störstellenkonzentration sei 10^{15} cm^{-3}. Welche Menge Bor muss der Schmelze zugegeben werden?

Hinweis: Berechnen Sie zunächst die atomare Dichte von Silizium, d. h. die Zahl der Siliziumatome pro Kubikzentimeter. Dazu können Sie die Avogadro-Konstante $N_A =$ $6{,}02 \cdot 10^{23}$ mol^{-1} benutzen, oder sie gehen wie in Aufgabe 1.12 vor.

Die Dichte von Silizium beträgt $\rho = 2{,}32$ g cm^{-3}, die molaren Massen von Silizium und Bor betragen $\mu_{Si} = 28{,}09$ g mol^{-1} und $\mu_B = 10{,}81$ g mol^{-1}.

b) Für wie viele 8"-Rohlinge von je 1 m Länge reicht diese Siliziummenge?

Aufgabe 7.2 Bedeckung eines Wafers mit Chips (zu Abschn. 7.4) **

Wie viele Bauelemente der Größe $10 \cdot 10$ mm^2 passen auf einen Wafer von 75 mm (3") Durchmesser und wie viele auf einen 300-mm-Wafer. (Flats und eventuell nicht nutzbarer Rand des Wafers sollen hier keine Rolle spielen.) Wie hoch ist jeweils der nutzbare Materialanteil in Prozent?

Aufgabe 7.3 Wachstumsrate von Oxidschichten (zu Abschn. 7.4) *

In Abb. 7.33 ist die Wachstumsrate von Oxidschichten im Silizium dargestellt. Mit welcher Potenz der Zeit wächst die Schichtdicke näherungsweise?

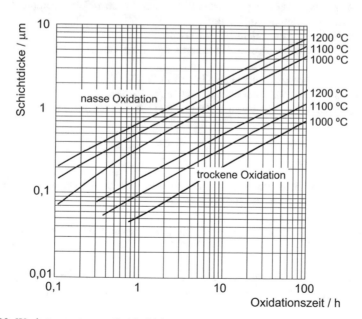

Abb. 7.33 Wachstumsrate von Oxidschichten

Aufgabe 7.4 Oxidschicht auf Silizium (zu Abschn. 7.4) **

Ein Silizium-Wafer habe eine Oxidschicht von 1 μm Dicke.

a) Wie lange hat das Wachstum bei 1000 °C und nasser Oxidation gedauert? Welche Zeit hätte die trockene Oxidation benötigt? Benutzen Sie dazu Abb. 7.33.

b) In Ergänzung zu Beispiel berücksichtigen wir jetzt die tatsächlichen Dichteunterschiede von Si und SiO_2, um das Dickenwachstum der 1 μm-Oxidschicht zu berechnen:

$$\rho_{Si} = 2{,}32 \text{ g cm}^{-3}, \qquad \rho_{SiO_2} = 2{,}27 \text{ g cm}^{-3}.$$

Zeigen Sie, dass sich die Gesamtdicke der SiO_2-Schicht zu 45 % aus abgetragenem Grundmaterial und zu 55 % aus zusätzlichem Dickenwachstum ergibt.

Aufgabe 7.5 Temperaturkonstanz in Reinräumen (zu Abschn. 7.5 und 7.6) **

Die thermische Ausdehnung von Halbleitermaterial und Photomasken ist unterschiedlich groß. Um ausreichende Strukturgenauigkeit zu gewährleisten, muss deshalb bei der Belichtung die Temperatur in Reinräumen annähernd konstant gehalten werden.

Ein 200-mm-Wafer soll eine Strukturgenauigkeit von mindestens 200 nm aufweisen. Für die Lithographie wird Kontaktbelichtung vorgesehen. Wie stark darf die Raumtemperatur höchstens schwanken? Der thermische Ausdehnungskoeffizient von Silizium beträgt $2{,}5 \cdot 10 \text{ K}^{-1}$, derjenige des Maskenmaterials beträgt $3{,}7 \cdot 10 \text{ K}^{-1}$.

Aufgabe 7.6 Reinraumklassen (zu Abschn. 7.6) **

Die metrischen Reinraumklassen sind wie folgt definiert:

Klasse M n entspricht einer maximalen Partikelanzahl von 10^n Teilchen pro Kubikmeter Luft (bei einer Partikelgröße von 0,5 μm).

Beispiel: Klasse M 2 entspricht $10^2 = 100 \text{ /m}^3$.

Zeigen Sie, dass die metrischen Klassen mit den alten Klassen wie folgt zusammenhängen:

- Klasse M 1,5 entspricht der alten Klasse 1 (1 Partikel/ft^3),
- Klasse M 2,5 entspricht der alten Klasse 10 (10 Partikel/ft^3),
- Klasse M 3,5 entspricht der alten Klasse 100 (100 Partikel/ft^3)... usw.

Testfragen

7.7 Nennen und charakterisieren Sie die wesentlichen Stufen bei der Gewinnung von Rohsilizium aus dem Rohstoff Quarzsand.

7.8 Warum wird das Rohsilizium vor den Reinigungsprozessen erst in eine flüssige Form überführt?

7.9 Charakterisieren Sie die zwei wichtigen Verfahren zur Einkristallzüchtung von Silizium, Welches Verfahren wird bei Verbindungshalbleitern eingesetzt?

7.10 Über welche Mechanismen können die Störstellen beim Diffusionsverfahren ins Innere des Kristalls gelangen?

7.11   Mit welchen Verfahren können Siliziumoxidschichten erzeugt werden?

7.12   Welche Abscheidetechniken kennen Sie? Diskutieren Sie die Vor- und Nachteile der einzelnen Verfahren.

7.13   Nennen Sie die drei wichtigsten Epitaxieverfahren und geben Sie die hauptsächlichen Einsatzgebiete an.

7.14   Zeichnen Sie schematisch die Dotierungsprofile, die bei folgenden Verfahren entstehen:
a) Diffusion, b) Ionenimplantation, c) Epitaxie.

7.15   Charakterisieren Sie die Arbeitsweise von Positiv- und Negativentwicklern.

7.16   Welche Belichtungstechniken stehen für die Photolithographie zur Verfügung?

7.17   Warum hält man den Luftdruck in einem Reinraum höher als in den umgebenden Räumen, zum Beispiel im Garderobenbereich?

Anhang: Daten- und Formelsammlung[1]

Zu Abschnitt 1: Grundlagen

Physikalische Konstanten und Umrechnungen

Frequenz ν und Wellenlänge λ des Lichts: $\quad c = \lambda\nu \quad$ mit $c = 2{,}998 \cdot 10^8$ m/s

Elementarladung (q): $\qquad\qquad\qquad\qquad e = 1{,}602 \cdot 10^{-19}$ As

Plancksche Konstante (h_J bzw. h): $\qquad h = 6{,}626 \cdot 10^{-34}$ Js $= 4{,}136 \cdot 10^{-15}$ eVs

Plancksche Konstante, geteilt durch 2π (hquer): $\hbar = 1{,}0546 \cdot 10^{-34}$ Js $= 6{,}582 \cdot 10^{-16}$ eVs

Umrechnung der Energieeinheit Joule in Elektronenvolt (eV):

$$1 \text{ eV} = 1{,}602 \cdot 10^{-19} \text{ J}$$

Boltzmann-Konstante (zur Umrechnung von Energien in Temperaturen) (kB_J bzw. kB):

$$k_B = 1{,}3807 \cdot 10^{-23} \text{ J/K} = 8{,}617 \cdot 10^{-5} \text{ eV/K}$$

(Damit erhält man z. B. die der Temperatur 300 K ($= 27\ ^{\circ}$C) entsprechende Energie (kT) zu

$$k_B T = 0{,}02585 \text{ eV})$$

Masse des freien Elektrons (m0): $\qquad m_0 = 9{,}109 \cdot 10^{-31}$ kg

Dielektrizitätskonstante des Vakuums (eps0) $\quad \varepsilon_0 = 8{,}854 \cdot 10^{-12}$ As/Vm

Avogadro-Konstante (NAvo) $\qquad\qquad N_A = 6{,}022 \cdot 10^{23}$ mol^{-1}

Erläuterung: Die hier aufgeführten Größen sind auch in der MATLAB-Datei konstanten.m auf den Webseiten enthalten. Dort sind die Werte mit so vielen Stellen angegeben, wie sie gegenwärtig von der Physikalisch-Technischen Bundesanstalt publiziert werden. Beim praktischen Rechnen, zum Beispiel mit dem Taschenrechner, sind allerdings etwa vier gültige Stellen wie oben vollkommen ausreichend. (Die Bezeichnungen der Variablen, die in der Datei konstanten.m verwendet werden, stehen bei den obigen Daten in Klammern.)

---

[1] Die Substanzdaten wurden vorwiegend entnommen aus:
Madelung O (1996) Semiconductors – Basic Data. Springer, Berlin Heidelberg New York
Singh J (1994) Semiconductor Devices, McGraw-Hill, New York
Streetman B G und Banerjee S (2006) Solid State Electronic Devices. Prentice Hall, Upper Saddle River, N.J.
Eine ausführliche Zusammenstellung von Halbleiter-Substanzdaten findet sich auch im Internet auf der Webseite des russischen Ioffe-Instituts in St. Petersburg unter http://www.ioffe.ru/SVA/NSM/Semicond

© Springer-Verlag GmbH Deutschland, ein Teil von Springer Nature 2018
F. Thuselt, *Physik der Halbleiterbauelemente*,
https://doi.org/10.1007/978-3-662-57638-0_8

Aussagen der Quantenmechanik

(a) Zusammenhang zwischen Energie E und Frequenz ν beziehungsweise Wellenlänge λ eines Photons:

$$E = h\nu = h\frac{c}{\lambda} = \frac{1240 \text{ eV nm}}{\lambda}.$$

(b) Zusammenhang Impuls – Wellenlänge – Wellenzahl eines Photons

$$p = \frac{h}{\lambda} = \hbar\frac{2\pi}{\lambda} = \hbar k.$$

(c) Zusammenhang Energie – Impuls eines Photons

$$E = cp.$$

(d) Wechselwirkung von Licht mit Materie

- drei Elementarprozesse: spontane Emission, induzierte Emisssion, Absorption.
- Energiesatz bei der Emission und Absorption von Licht

$$E_1 - E_2 = h\nu$$

(e) Heisenbergsche Unbestimmtheitsrelation:

$$\Delta x \, \Delta p > \hbar.$$

(f) Pauli-Prinzip:

In einem quantenmechanischen Zustand dürfen sich maximal zwei Elektronen aufhalten.

Bohrsches Atommodell

Energien und Bohrsche Radien des Wasserstoffatoms:

$$E_n = -\frac{1}{2}\frac{e^2}{4\pi\varepsilon_0 a_n}, \qquad a_n = n^2\hbar^2\frac{4\pi\varepsilon_0}{m_0 e^2}$$

Zahlenwerte für die erste Bohrsche Bahn ($n = 1$):

$$E_{\mathrm{B}} = -13{,}6 \text{ eV}, \qquad a_{\mathrm{B}} = 5{,}29 \cdot 10^{-11} \text{ m}.$$

Freie Elektronen

Zusammenhang Energie – Impuls für freie Elektronen:

$$E = \frac{m_0}{2} v^2 = \frac{p^2}{2m_0} = \frac{\hbar^2 k^2}{2m_0},$$

Zusammenhang Impuls – Wellenlänge – Wellenzahl für Elektronen (DE BROGLIE-Beziehung):

$$p = \frac{h}{\lambda} = \hbar \frac{2\pi}{\lambda} = \hbar k.$$

Kristallstrukturen und Geometrie

Tabelle A.1. Gitterkonstanten und Dichten einiger Halbleiter bei Zimmertemperatur. Galliumnitrid hat Wurtzit-Struktur (hexagonal), daher zwei unterschiedliche Gitterkonstanten

Halbleiter	a_0/nm	ρ/cm^{-3}
Silizium	0,5431	2,329
Germanium	0,5658	5,323
GaP	0,5450	4,138
AlP	0,5464	2,40
AlAs	0,5660	3,760
GaAs	0,5653	5,318
InP	0,5869	4,81
InAs	0,6058	5,667
InSb	0,6479	5,775
GaN (Zinkbl.)	0,452	6,15
GaN (Wurtzit)	0,3189/0,5185	6,15

Zusammenhang der Dichte ρ mit der molaren Masse μ und dem Atomvolumen V_{Atom}:

$$\rho = \frac{\mu}{V_{\text{Atom}} \cdot N_A} = \frac{N_{\text{EZ}} \cdot \mu}{V_{\text{EZ}} \cdot N_A} = n_{\text{Atom}} \frac{\mu}{N_A}.$$

Atomare Masseneinheit u:

$$1\,u = 1\text{g mol}^{-1}/N_A = 1\text{g mol}^{-1}/6{,}022 \cdot 10^{23}\,\text{mol}^{-1} = 1{,}661 \cdot 10^{-24}\,\text{g}.$$

Aufbau der Atome und Periodensystem

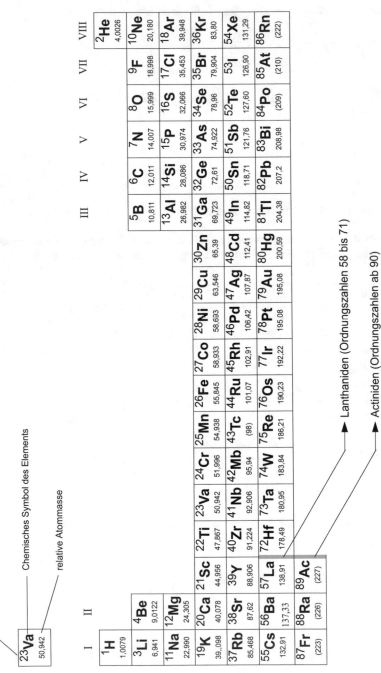

Periodensystem der chemischen Elemente
(ohne Lanthaniden und Actiniden)

	Ordnungszahl	
23 Va	Chemisches Symbol des Elements	
50,942	relative Atommasse	

I	II												III	IV	V	VI	VII	VIII
1 H 1,0079																		2 He 4,0026
3 Li 6,941	4 Be 9,0122												5 B 10,811	6 C 12,011	7 N 14,007	8 O 15,999	9 F 18,998	10 Ne 20,180
11 Na 22,990	12 Mg 24,305												13 Al 26,982	14 Si 28,086	15 P 30,974	16 S 32,066	17 Cl 35,453	18 Ar 39,948
19 K 39,098	20 Ca 40,078	21 Sc 44,956	22 Ti 47,867	23 Va 50,942	24 Cr 51,996	25 Mn 54,938	26 Fe 55,845	27 Co 58,933	28 Ni 58,693	29 Cu 63,546	30 Zn 65,39		31 Ga 69,723	32 Ge 72,61	33 As 74,922	34 Se 78,96	35 Br 79,904	36 Kr 83,80
37 Rb 85,468	38 Sr 87,62	39 Y 88,906	40 Zr 91,224	41 Nb 92,906	42 Mb 95,94	43 Tc (98)	44 Ru 101,07	45 Rh 102,91	46 Pd 106,42	47 Ag 107,87	48 Cd 112,41		49 In 114,82	50 Sn 118,71	51 Sb 121,76	52 Te 127,60	53 I 126,90	54 Xe 131,29
55 Cs 132,91	56 Ba 137,33	57 La 138,91	72 Hf 178,49	73 Ta 180,95	74 W 183,84	75 Re 186,21	76 Os 190,23	77 Ir 192,22	78 Pt 195,08	79 Au 195,08	80 Hg 200,59		81 Tl 204,38	82 Pb 207,2	83 Bi 208,98	84 Po (209)	85 At (210)	86 Rn (222)
87 Fr (223)	88 Ra (226)	89 Ac (227)																

Lanthaniden (Ordnungszahlen 58 bis 71)

Actiniden (Ordnungszahlen ab 90)

Zu Abschnitt 2: Bänderstruktur und Ladungstransport

Grundlegende Halbleiterparameter und berechnete Größen

Tabelle A.2. Zusammenstellung von Daten (Alle Angaben beziehen sich auf 300 K) (auch in den MATLAB-Dateien Silizium.m, Germanium.m usw. enthalten)

E_g Breite der verbotenen Zone (Energielücke),

ε relative Dielektrizitätskonstante,

m_e/m_0 effektive Masse der Elektronen im Leitungsband,

ν_e Zahl der Leitungsbandminima (= 1 bei direkten Halbleitern),

N_c effektive Konzentration der Elektronen im Leitungsband, entsprechend (2.17),

m_h/m_0 effektive Masse der Löcher im Valenzband,

N_v effektive Konzentration der Löcher im Valenzband, entsprechend (2.18),

n_i intrinsische Ladungsträgerkonzentration, entsprechend (2.23).

N_c, N_v und n_i sind berechnete Größen, die anderen Daten sind Materialparameter.

	E_g in eV	ε	$\dfrac{m_e}{m_0}$	ν_e	N_c in cm^{-3}	$\dfrac{m_h}{m_0}$	N_v in cm^{-3}	n_i in cm^{-3}
Si	1,12	11,4	0,32	6	$2{,}73 \cdot 10^{19}$	0,57	$1{,}08 \cdot 10^{19}$	$6{,}71 \cdot 10^{9}$
Ge	0,66	15,4	0,22	4	$1{,}04 \cdot 10^{19}$	0,36	$5{,}42 \cdot 10^{18}$	$2{,}14 \cdot 10^{13}$
GaP	2,26	11,2	0,58	3	$3{,}33 \cdot 10^{19}$	0,54	$9{,}96 \cdot 10^{18}$	1,892
AlP	2,45	10,9	0,55	3	$3{,}07 \cdot 10^{19}$	0,70	$1{,}47 \cdot 10^{19}$	0,056
AlAs	2,15	10,1	0,34	3	$1{,}49 \cdot 10^{19}$	0,80	$1{,}80 \cdot 10^{19}$	14,3
GaAs	1,424	12,4	0,066	1	$4{,}25 \cdot 10^{17}$	0,54	$9{,}96 \cdot 10^{18}$	$2{,}25 \cdot 10^{6}$
InP	1,34	12,5	0.077	1	$5{,}36 \cdot 10^{17}$	0,64	$1{,}28 \cdot 10^{19}$	$1{,}46 \cdot 10^{7}$
InAs	0,354	15,2	0,024	1	$9{,}33 \cdot 10^{16}$	0,406	$6{,}49 \cdot 10^{18}$	$8{,}27 \cdot 10^{14}$
InSb	0,18	15,9	0,0136	1	$3{,}98 \cdot 10^{16}$	0,6	$1{,}17 \cdot 10^{19}$	$2{,}10 \cdot 10^{16}$
GaN[a]	3,39	8,9	0,20	1	$2{,}24 \cdot 10^{18}$	0,8	$1{,}80 \cdot 10^{19}$	$2{,}13 \cdot 10^{10}$
SiC[a]	2,86	10	0,45	1	$1{,}17 \cdot 10^{19}$	1,0	$2{,}51 \cdot 10^{19}$	$1{,}62 \cdot 10^{-5}$
Diamant	5,5	5,7	0,57	6	$6{,}48 \cdot 10^{19}$	0,48	$8{,}35 \cdot 10^{18}$	$1{,}47 \cdot 10^{-27}$

[a] hexagonal

Eigenleitende Halbleiter

Zustandsdichte der Elektronen pro Energieintervall dE im Leitungsband:

$$g_c(E)\,dE \sim \nu_e\,(m_e)^{3/2}\,\sqrt{E}\;dE$$

Dabei sind: ν_e – die Zahl der Leitungsbandminima, m_e – die effektive Masse der Elektronen, $E = E - E_c$ – der Abstand der Energie vom Leitungsbandrand E_c, Analoge Beziehungen gelten für die Löcher im Valenzband; dort zählt die Energie $E = E_v - E$ nach unten.

Fermi-Verteilungsfunktion der Elektronen und Löcher:

$$f_e(E) = \frac{1}{1 + \exp\left(\dfrac{E - E_F}{k_B T}\right)} \quad \text{und} \quad f_h(E) = \frac{1}{1 + \exp\left(\dfrac{E_F - E}{k_B T}\right)}$$

Elektronenkonzentration im Leitungsband; *Löcherkonzentration* im Valenzband (Annahme: keine Entartung):

$$n = N_c e^{\dfrac{E_F - E_c}{k_B T}} \quad \text{und} \quad p = N_v e^{\dfrac{E_v - E_F}{k_B T}}$$

Dabei sind E_F die FERMI-Energie und

$$N_c = 2\nu_e \left(\frac{m_e k_B T}{2\pi\hbar^2}\right)^{3/2} \quad \text{und} \quad N_v = 2\left(\frac{m_h k_B T}{2\pi\hbar^2}\right)^{3/2}$$

die effektiven Zustandsdichten der Leitungs- und Valenzbandzustände.

Massenwirkungsgesetz der Elektronen und Löcher:

$$n \cdot p = n_i^2 = N_c N_v e^{-\dfrac{E_g}{k_B T}} \, .$$

n_i ist die intrinsische Ladungsträgerkonzentration und $E_g = E_c - E_v$ die Breite der Energielücke (Gapenergie).

Lage der FERMI-Energie:

$$E_F = \frac{E_c + E_v}{2} + \frac{k_B T}{2} \ln \frac{N_v}{N_c}$$

Halbleiter mit Störstellen

Energie und Bohrscher Radius des Grundzustands:

$$E_e = E_c - E_D = \frac{1}{2} \frac{e^2}{4\pi\varepsilon\varepsilon_0 a_e} = 13{,}6 \text{ eV} \cdot \frac{\left(\dfrac{m_e}{m_0}\right)}{\varepsilon^2} \, .$$

$$a_e = \hbar^2 \cdot \frac{4\pi\varepsilon\varepsilon_0}{m_e e^2} = a_B \frac{\varepsilon}{\left(\dfrac{m_e}{m_0}\right)} = 5,29 \frac{\varepsilon}{\left(\dfrac{m_e}{m_0}\right)} \cdot 10^{-11} \text{ m}.$$

ε ist die relative Dielektrizitätskonstante, m_e die effektive Masse der Elektronen.

Temperaturabhängigkeit der Ladungsträgerkonzentration (Beispiel: Donatoren):

$$n = \frac{N_D^+}{2} + \sqrt{\left(\frac{N_D^+}{2}\right)^2 + n_i^2}\ .$$

N_D^+ ist die Konzentration der nicht besetzten (ionisierten) Donatoren.

1) extrem tiefe Temperaturen:
Alle Elektronen sind an Störstellen gebunden.

2) mittlere Temperaturen (aber noch bei ca. unter 100 K): *Störstellenreserve:*

$$n = \sqrt{N_c \frac{N_D}{g}} \cdot \exp\left(-\frac{E_e}{2k_B T}\right), \qquad \text{wobei } E_e = E_c - E_D\ .$$

Fermi-Energie:

$$E_F = \frac{E_D + E_c}{2} + \frac{k_B T}{2} \ln\frac{N_D}{gN_c},$$

3) normale Temperaturen (etwa Zimmertemperatur): *Störstellenerschöpfung:*
$$n = N_D$$

4) hohe Temperaturen (oberhalb Zimmertemperatur):
$n \approx n_i$ (Eigenleitung wie beim reinen Halbleiter).

Die Bewegung von Ladungsträgern

Gesamtstrom, bestehend aus Drift- und Diffusionsanteil, jeweils für Elektronen (Index e) und Löcher (Index h):

$$j_e(x) = e\mu_e n(x)\mathscr{E}(x) + eD_e \frac{dn(x)}{dx}$$

$$j_h(x) = e\mu_h p(x)\mathscr{E}(x) - eD_h \frac{dp(x)}{dx}$$

Zusammenhang der Driftgeschwindigkeit v_d mit der Beweglichkeit μ :

$$v_\mathrm{d}^\mathrm{h} = \mu_\mathrm{h}\mathscr{E} \quad \text{und} \quad v_\mathrm{d}^\mathrm{e} = -\mu_\mathrm{e}\mathscr{E}$$

Zusammenhang der Leitfähigkeit σ mit der Beweglichkeit μ :

$$\sigma_\mathrm{h} = e\mu_\mathrm{h}p \quad \text{und} \quad \sigma_\mathrm{e} = e\mu_\mathrm{e}n$$

Zusammenhang des Diffusionskoeffizienten mit der Beweglichkeit (EINSTEIN-Beziehung):

$$D_\mathrm{e} = \frac{\mu_\mathrm{e}k_\mathrm{B}T}{e} \quad \text{und} \quad D_\mathrm{h} = \frac{\mu_\mathrm{h}k_\mathrm{B}T}{e}$$

Zahlenwerte für die Beweglichkeiten:
Werte für die Beweglichkeit in Silizium können aus Abb. A.1 entnommen werden.

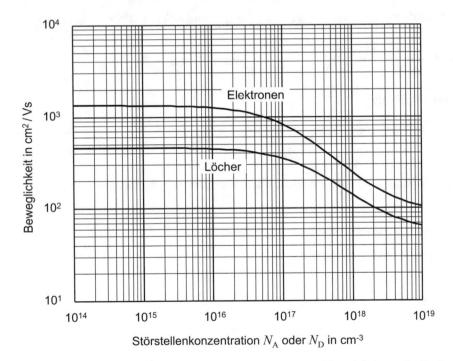

Abb. A.1 Beweglichkeit im Silizium bei Zimmertemperatur in Abhängigkeit von der Dotierung

Diese Angaben sind auch in den MATLAB-Dateien `Mye.m` und `Myh.m` enthalten
In Tabelle A.3. sind die maximalen Beweglichkeiten weiterer Halbleiter aufgeführt

Tabelle A.3. Beweglichkeiten von Elektronen und Löchern in Halbleitern bei 300 K Angegeben ist die maximale Beweglichkeit (also im Bereich der Eigenleitung, sofern messbar)

	μ_e in cm^2/Vs	μ_h in cm^2/Vs
Si	1340	461
Ge	3900	1900
GaP	160	135
AlP	80	–
AlAs	160	135
GaAs	8500	400
InP	5370	150
InAs	33000	450
InSb	$6 \cdot 10^5$	1700
GaN[a]	1000	30

[a] hexagonales GaN (Wurtzit-Struktur)

Hall-Effekt

Hall-Spannung, ausgedrückt durch den Strom I im Magnetfeld B, wenn der Strom senkrecht zum Feld fließt

$$U_H = R_H \frac{I B}{b}$$

Hall-Koeffizient (Vorzeichen + für Elektronen, − für Löcher)

$$R_H = \frac{1}{\pm en}.$$

Generation und Rekombination

Rekombinationsmechanismen

1. Effektive Rekombinationsrate bei Band-Band-Rekombination im Gleichgewicht

$$R_s^{eff} \equiv R_s - G_s = \frac{np - n_0 p_0}{\tau_s}$$

(Rekombinationszeitkonstante τ_s für strahlende Prozesse, Gleichgewichtsonzentrationen n_0 und p_0)

Für $n_0 \gg p_0$:

$$\frac{\mathrm{d}\Delta p}{\mathrm{d}t} = R_{\mathrm{s}}^{\mathrm{eff}} = \frac{n\Delta p}{\tau_{\mathrm{s}}} \equiv \frac{\Delta p}{\tau_{\mathrm{h}}}.$$

2. Nichtstrahlende Rekombination über tiefe Zentren (SHOCKLEY-READ-HALL-Gleichung)

$$R_{\mathrm{ns}}^{\mathrm{eff}} = \frac{np - n_{\mathrm{i}}^2}{\tau_{\mathrm{ns}}(n+p)}$$

3. Nichtstrahlende Rekombination durch AUGER-Prozesse

$$R_{\mathrm{Auger}} = c_{\mathrm{A}} n^3,$$

c_{A} ist ein Proportionalitätsfaktor.

Kontinuitätsgleichungen

Zeitliche Änderung der Ladungsträgerdichten:

$$e\frac{\partial n}{\partial t} = \mathrm{div}\, j_{\mathrm{e}} + e(G - R)_{\mathrm{e}}$$

$$e\frac{\partial p}{\partial t} = -\mathrm{div}\, j_{\mathrm{h}} + e(G - R)_{\mathrm{h}}$$

Die Differenz $(G - R)_{\mathrm{e/h}}$ ist die effektive Generations-/Rekombinationsrate.

Zu Abschnitt 3: pn-Übergänge

pn-Übergang ohne und mit äußerer Spannung

Modell abrupter Raumladungsgebiete (Abb. A.2)

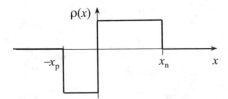

Abb. A.2   Raumladung im Modell abrupter Raumladungsgebiete

Breite des Raumladungsgebiets

$$b = \sqrt{\frac{2\varepsilon\varepsilon_0}{e}} \sqrt{\frac{N_D + N_A}{N_D N_A}} \sqrt{U_D - U} .$$

Diffusionsspannung

$$U_D = \frac{k_B T}{e} \ln \frac{N_D N_A}{n_i^2} .$$

Diffusionslängen

$$L_e = \sqrt{D_e \tau_e} \quad \text{und} \quad L_h = \sqrt{D_h \tau_h}$$

τ_e und τ_h sind die Rekombinationszeiten der Elektronen bzw. Löcher..

Strom-Spannungs-Kennlinie (SHOCKLEY-Gleichung)

$$j = \left(\frac{eD_e}{L_e} n_0 + \frac{eD_h}{L_h} p_0 \right) \left(e^{\frac{eU}{k_B T}} - 1 \right) = j_s \left(e^{\frac{eU}{k_B T}} - 1 \right) .$$

Sperrstrom oder Sättigungsstrom bei einer langen Diode in zwei verschiedenen Schreibweisen:

$$j_s = n_i^2 \left(\frac{eD_e}{L_e N_A} + \frac{eD_h}{L_h N_D} \right) = n_i^2 k_B T \left(\frac{\mu_e}{L_e N_A} + \frac{\mu_h}{L_h N_D} \right)$$

Sperrstrom bei einer kurzen Diode (X_p und X_n sind die Ausdehungen des p- bzw. n-Gebiets, x_p und x_n sind die Ausdehungen der p- bzw. n-seitigen Sperrschicht):

$$j_s = \frac{eD_e}{(X_p - x_p)} n_0 + \frac{eD_h}{(X_n - x_n)} p_0$$

Kapazität eines pn-Übergangs

a) Sperrschichtkapazität

$$C_s = \frac{\varepsilon\varepsilon_0}{b} A$$

b) Diffusionskapazität (starke p-Dotierung)

$$C_{\mathrm{D}} = \frac{e}{k_{\mathrm{B}}T} \tau_{\mathrm{h}} j_{\mathrm{h}} A.$$

Differentieller Leitwert eines pn-Übergangs

$$Y = \frac{1}{r} = A \frac{e}{k_{\mathrm{B}}T} j(U).$$

Zu Abschnitt 4: Optoelektronische Bauelemente

Lumineszenz

Der *Zusammenhang von Gapenergien und Gitterkonstanten* in Halbleiter-Misch-reihen ist in Abb. A.3 dargestellt.
Spektralabhängigkeit der Lumineszenzstrahlung in direkten Halbleitern:

$$I_{\mathrm{sp}}(h\nu) = \mathrm{const'} \cdot \sqrt{h\nu - E_{\mathrm{g}}} \ \exp\left(-\frac{h\nu - E_{\mathrm{g}}}{k_{\mathrm{B}}T}\right).$$

Innere Injektionseffizienz (wenn die Emission aus dem p-dotierten Bereich kommt):

$$\gamma_{\mathrm{i}} = \frac{\text{Elektronenstrom}}{\text{Gesamtstrom}} = \frac{j_{\mathrm{e}}}{j_{\mathrm{e}} + j_{\mathrm{h}}}.$$

Totaler innerer Quantenwirkungsgrad:

$$\eta_{\mathrm{int}} = \eta_{\mathrm{r}}\gamma_{\mathrm{i}} = \frac{\text{strahlende Rekombinationsrate}}{\text{gesamte Rekombinationsrate}} \cdot \gamma_{\mathrm{i}} = \frac{1}{1 + \dfrac{\tau_{\mathrm{r}}}{\tau_{\mathrm{nr}}}} \gamma_{\mathrm{i}}\ .$$

Äußerer Quantenwirkungsgrad (Verhältnis von insgesamt emittiertem Photonen-strom zu eingespeistem elektrischen Strom):

$$\eta_{\mathrm{ext}} = \eta_{\mathrm{int}} C_{\mathrm{ex}} = \frac{j_{\mathrm{ph}}}{j_{\mathrm{eh}}/e}$$

C_{ex} ist die Austrittseffizienz.

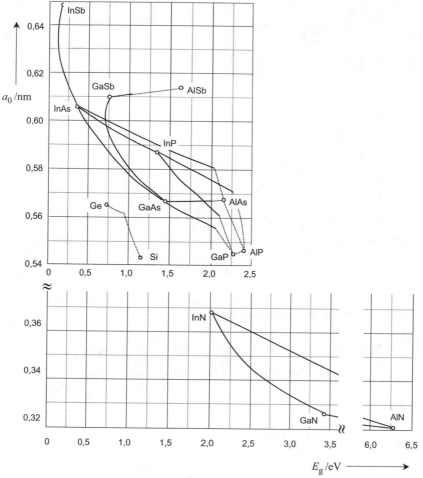

Abb. A.3 Gapenergien und Gitterkonstanten von Halbleiter-Mischreihen, die in der Optoelektronik von Bedeutung sind. Durchgezogene Linien: direkte, gestrichelte Linien: indirekte Halbleiter

Leistungseffizienz:

$$P_{\mathrm{E}} = \frac{\text{abgestrahlte Lichtleistung}}{\text{aufgenommene elektrische Leistung}} = \frac{h\nu\, j_{\mathrm{ph}}}{U\, j_{\mathrm{eh}}} = \frac{h\nu}{eU}\, \eta_{\mathrm{ext}} \; .$$

Zusammenhang von *Strahlstärke* $I_{\mathrm{e}}(\lambda)$ mit der *Lichtstärke* $I_{\mathrm{v}}(\lambda)$ über die spektrale Empfindlichkeit des Auges $V(\lambda)$ (vgl. Abb. A.4):

$$I_{\mathrm{v}}(\lambda) = I_{\mathrm{e}}(\lambda)\cdot V(\lambda)\cdot V_{\max} = I_{\mathrm{e}}(\lambda)\cdot V(\lambda)\cdot 683\ \mathrm{lm/W} \; .$$

$$[I_{\mathrm{e}}] = \mathrm{W/sr}\; ; \quad [I_{\mathrm{v}}] = \mathrm{lm/sr} = \mathrm{cd} \; .$$

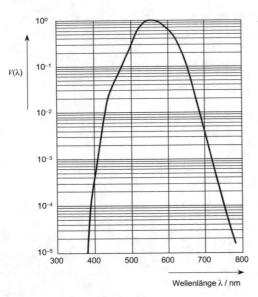

Abb. A.4 Spektrale Empfindlichkeit $V(\lambda)$ des Auges bei Tag

Emissions- und Absorptionsraten

Stimulierte und spontane Emissionsrate:

$$I_{st} = I_{sp} = w_{eh}\, g_{eh}(h\nu)\, f_e(E_e)\, f_h(E_h)\ .$$

Absorptionsrate:

$$I_{abs} = w_{eh}\, g_{eh}(h\nu)\left[1 - f_e(E_e)\right]\left[1 - f_h(E_h)\right]\ .$$

Gewinn (gain) als Voraussetzung für den Laserbetrieb:

$$g = I_{sp} - I_{abs} = w_{eh}\, g_{eh}(h\nu)\left\{f_e - (1 - f_h)\right\}.$$

Absorption

Abnahme des Photonenstroms (bzw. der Lichtintensität) *mit der Eindringtiefe x*:

$$j_{ph}(x) = j_{ph}(0)e^{-\alpha x} \quad (\alpha \text{ ist der Absorptionskoeffizient, Werte in Abb. A.5})$$

Energieflussdichte (*Leistungsdichte*) *des Lichtstrahls*:

$$P_{opt}(x) = \text{Photonenstromdichte} \cdot \text{Photonenenergie} = j_{ph}(x)h\nu$$

Optische Generationsrate (Erzeugungsrate) pro Volumeneinheit von Elektronen und Löchern an der Stelle x:

$$\frac{\Delta n}{\tau_e} = G(x) = \alpha\, j_{ph}(x)$$

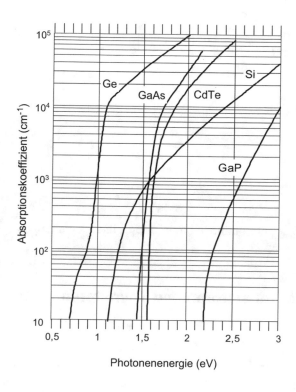

Abb. A.5 Absorptionskoeffizienten verschiedener Halbleiter

Empfindlichkeit

$$R_{ph} = \frac{j_{eh}}{P_{opt}}$$

Quantenwirkungsgrad:

$$\eta_Q = \frac{\text{Teilchenstrom der Elektronen bzw. Löcher}}{\text{Photonenstrom}} = \frac{j_{eh}/e}{j_{ph}} = R_{ph}\,\frac{h\nu}{e}$$

Daten- und Formelsammlung

Photodetektoren

Photostromdichte im Photoleiter:

$$j = e\Delta n(\mu_e + \mu_h)\mathscr{E} = eG(\tau_e\mu_e + \tau_h\mu_h)\mathscr{E}$$

Kennliniengleichung der Photodiode:

$$j = -j_{opt} + j_0\left(e^{\frac{eU}{k_BT}} - 1\right) = -e(L_e + L_h)G + j_0\left(e^{\frac{eU}{k_BT}} - 1\right)$$

Solarzellen

Konversionseffizienz und Füllfaktor:

$$\eta_{Konv} = \frac{P_{optim}}{P_{in}} = \frac{I_{optim}U_{optim}}{P_{in}}, \qquad F = \frac{I_{optim}U_{optim}}{I_K U_L}.$$

I_K ist der Kurzschlussstrom, I_{optim} der optimale Strom, U_{optim} die optimale Spannung und U_L die Leerlaufspannung.

Zu Abschnitt 5: Bipolartransistoren und Thyristoren

Verstärkungsfaktoren

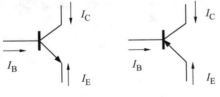

npn-Transistor   pnp-Transistor

Abb. A.6 Richtungsvereinbarungen für die Ströme am Transistor

Gleichstromverstärkung in Basisschaltung und in Emitterschaltung

$$\alpha = \frac{\text{Kollektorstrom}}{\text{Emitterstrom}} = \frac{-I_C}{I_E}, \qquad \beta = \frac{\text{Kollektorstrom}}{\text{Basisstrom}} = \frac{I_C}{I_B}.$$

Emitterergiebigkeit

$$\gamma = \frac{\text{in die Basis vom Emitter injizierter Elektronenstrom}}{\text{gesamter Emitterstrom}}$$

Basis-Transportfaktor

$$B = \frac{\text{Kollektorstrom}}{\text{in die Basis injizierter Elektronenstrom}}.$$

Verknüpfungen: $\beta = \alpha/(1 - \alpha)$, $\alpha = B\gamma$

Einfache Näherung für die Stromverstärkung

$$\beta = \frac{D_B n_0^B L_E}{D_E p_0^E w} = \frac{\mu_B N_E L_E}{\mu_E N_B w}.$$

Bei kurzem Emittergebiet (Breite $w_E < L_E$) ist die Diffusionslänge der Löcher im Emitter L_E durch w_E zu ersetzen.

Ebers-Moll-Gleichungen

$$j^E = -j_{Es}\left(e^{\frac{eU_{EB}}{k_B T}} - 1\right) + \alpha_R j_{Cs}\left(e^{\frac{eU_{CB}}{k_B T}} - 1\right)$$

$$j^C = \alpha_V j_{Es}\left(e^{\frac{eU_{EB}}{k_B T}} - 1\right) - j_{Cs}\left(e^{\frac{eU_{CB}}{k_B T}} - 1\right)$$

α_V ist die Vorwärtsstromverstärkung, α_R die Rückwärtsstromverstärkung in Basisschaltung. Allgemeiner lauten die Beziehungen (mit $a = w/L_B$):

$$j^E = -j_{Es}\left(e^{\frac{eU_{EB}}{k_B T}} - 1\right) + \alpha_R j_{Cs}\left(e^{\frac{eU_{CB}}{k_B T}} - 1\right)$$

$$= -\left(\frac{eD_B}{L_B} n_0^B \coth a + \frac{eD_E}{L_E} p_0^E\right)\left(e^{\frac{eU_{EB}}{k_B T}} - 1\right) + \frac{eD_B}{L_B \sinh a} n_0^B \left(e^{\frac{eU_{CB}}{k_B T}} - 1\right)$$

$$j^C = \alpha_V j_{Es}\left(e^{\frac{eU_{EB}}{k_B T}} - 1\right) - j_{Cs}\left(e^{\frac{eU_{CB}}{k_B T}} - 1\right)$$

$$= \frac{eD_B}{L_B \sinh a} n_0^B \left(e^{\frac{eU_{EB}}{k_B T}} - 1\right) - \left(\frac{eD_B}{L_B} n_0^B \coth a + \frac{eD_C}{L_C} p_0^C\right)\left(e^{\frac{eU_{CB}}{k_B T}} - 1\right)$$

Daten- und
Formelsammlung

Vorwärts- und Rückwärtsstromverstärkung:

$$\alpha_V = \frac{1}{\cosh a + r_{EB} \sinh a}, \qquad \alpha_R = \frac{1}{\cosh a + r_{CB} \sinh a}.$$

Allgemeine Form der Stromverstärkung in Basisschaltung:

$$\beta = \frac{1}{\cosh a + r_{EB} \sinh a - 1}.$$

mit

$$r_{EB} = \frac{D_E p_0^E L_B}{D_B n_0^B L_E}, \qquad (r_{CB} \text{ analog}),$$

und $a = w/L_B$.

Kennlinienfelder

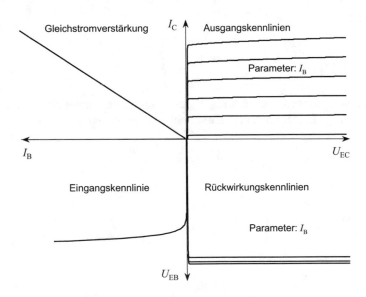

Abb. A.7 Kennlinienfelder in Emitterschaltung

Die Berechnung der Kennlinien ist mittels der MATLAB-Programme `npn_basis.m` (Basisschaltung) bzw. `npn_emit.m` (Emitterschaltung) möglich.

Thyristoren und Triacs

Schematische Kennlinien eines Thyristors und eines Trics sind in der Abb. A.8 auf der nächsten Seite dargestellt.

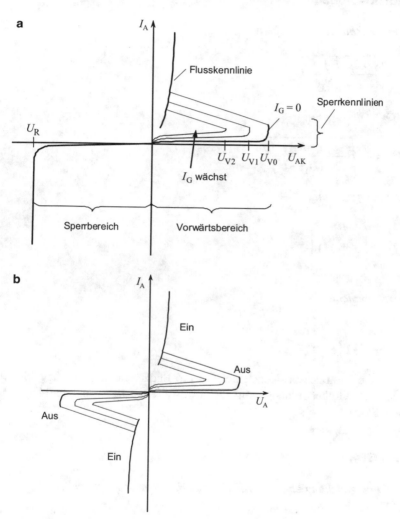

Abb. A.8 Typische Kennlinie eines Thyristors (a) und eines Triacs (b)

Zu Abschnitt 6: Metall-Halbleiter-Kontakte und Feldeffekt-Transistoren

Schottky-Dioden

Breite des Raumladungsgebiets:

$$b = \sqrt{\frac{2\varepsilon\varepsilon_0}{e}} \sqrt{\frac{1}{N_D}} \sqrt{U_D - U} \,.$$

Sperrschichtkapazität

$$C_s = A \sqrt{\frac{e\varepsilon\varepsilon_0}{2} \frac{N_D}{(U_D - U)}} \,.$$

Kennliniengleichung

$$j = j_s \left(e^{\frac{eU}{k_B T}} - 1 \right)$$

Sperrstromdichte

$$j_s = R^* \cdot T^2 e^{-\frac{e\Phi_B}{k_B T}}$$

(R^* ist die RICHARDSON-Konstante, Φ_B die Barrierenhöhe zwischen Metall und Halbleiter). Größenordnung von $R^* = 120\ \mathrm{A\,cm^{-2}\,K^{-2}}$ (mal halbleiterspezifischem Faktor)

MOSFETs

Kennliniengleichung eines MOSFET im Ladungssteuerungsmodell:
(MATLAB: mos_kennl_0.m)

$$I = \frac{\overline{\mu}_e C_G}{L^2} \left\{ (U_G - U_{th}) U_{DS} - \frac{1}{2} U_{DS}^2 \right\} =$$

$$= \overline{\mu}_e c \frac{w}{L} \left((U_G - U_{th}) U_{DS} - \frac{1}{2} U_{DS}^2 \right)$$

Kennliniengleichung in gradual channel approximation
(MATLAB: `mos_kenn1.m`, mit Funktions-Unterprogramm `phi_inv.m`)

$$I = \bar{\mu}_e c_{Iso} \frac{w}{L} \left\{ \left(U_G - U_{fb} - \Phi_{inv} - \frac{U_{DS}}{2} \right) U_{DS} \right.$$

$$\left. - \frac{2}{3} \frac{\sqrt{2\varepsilon_{HL}\varepsilon_0 e N_A}}{c_{Iso}} \left[(U_{DS} + \Phi_{inv})^{3/2} - \Phi_{inv}^{3/2} \right] \right\}.$$

Inversionsbedingung:
Trägerdichte an der Grenzschicht = Akzeptorkonzentration (bei p-leitenden Materialien), d. h. $n_{gr} = p_\infty = N_A$.
Inversionspotential:

$$e\Phi_{inv} = 2k_B T \ln \frac{N_A}{n_i}.$$

Flachbandspannung: $U_{fb} = (\Phi_M - \Phi_{HL})$
Aufteilung der Gate-Spannung:

$$U_G = U_{fb} + U_{Iso} + U_{HL}.$$

Flächenbezogende *Kapazität des Isolators*

$$c_{Iso} = \frac{\varepsilon_{Iso}\varepsilon_0}{d_{Iso}}.$$

Kapazität pro Fläche bei Akkumulation

$$c_{MOS} = \frac{c_{Iso}}{\sqrt{1 + \dfrac{2c_{Iso}^2 \varepsilon_{Iso} U_G}{\varepsilon_{HL}\varepsilon_0 e N_A}}}.$$

Breite der Raumladungsschicht bei Inversion:

$$b_{max} = \sqrt{\frac{2\varepsilon_{HL}\varepsilon_0 \Phi_{inv}}{e N_A}}.$$

Spannungsabfall an der Halbleiter-Grenzschicht bei Inversion:

$$U_{HL} = \frac{e N_A}{2\varepsilon_{HL}\varepsilon_0} b_{max}^2 = \Phi_{inv}.$$

Sperrschicht-FET

Kennliniengleichung eines JFET:

$$I = \frac{awe\mu N_D}{L}\left\{U_{DS} - \frac{4}{3}\frac{(U_D - U_G + U_{DS})^{3/2} - (U_D - U_G)^{3/2}}{U_p^{1/2}}\right\}.$$

mit $U_p = a^2\dfrac{eN_D}{2\varepsilon\varepsilon_0}$.

Zu Abschnitt 7: Halbleitertechnologie

Herstellung von Rohsilizium

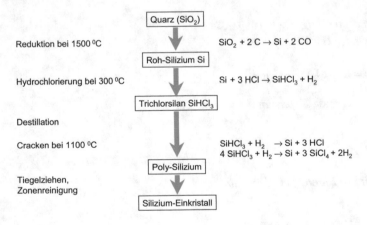

	Quarz (SiO$_2$)
Reduktion bei 1500 °C	SiO$_2$ + 2 C → Si + 2 CO
	Roh-Silizium Si
Hydrochlorierung bei 300 °C	Si + 3 HCl → SiHCl$_3$ + H$_2$
	Trichlorsilan SiHCl$_3$
Destillation	
Cracken bei 1100 °C	SiHCl$_3$ + H$_2$ → Si + 3 HCl 4 SiHCl$_3$ + H$_2$ → Si + 3 SiCl$_4$ + 2H$_2$
	Poly-Silizium
Tiegelziehen, Zonenreinigung	
	Silizium-Einkristall

Herstellung und Bearbeitung der Halbleiterscheiben (Wafer)

Oxidation

Trockenverfahren:

$$Si + O_2 \rightarrow SiO_2.$$

Nassverfahren:

$$Si + 2\,H_2O \rightarrow SiO_2 + 2\,H_2.$$

Dotieren

Beispiel: Bor-Dotierung durch Diffusion

$$2\,B_2O_3 + 3\,Si \rightarrow 4\,B + 3\,SiO_2.$$

Epitaxie

Beispiele für CVD-Verfahren:

- Silizium-Abscheidung aus Siliziumtetrachlorid

$$SiCl_4 + 2\,H_2 \rightarrow Si + 4\,HCl.$$

- Silan-Pyrolyse zur Abscheidung von Siliziumoxid

$$SiH_4 + O_2 \rightarrow SiO_2 + 2\,H_2 (\text{bei } 400 \text{ bis } 1000°C),$$

- Silan-Pyrolyse zur Abscheidung von Poly-Silizium oder kristallinem Silizium

$$SiH_4 \rightarrow Si + 2\,H_2 \qquad (\text{bei } 600 \text{ bis } 1000°C),$$

- Silan-Pyrolyse zur Abscheidung von Siliziumnitrid:

$$3\,SiH_4 + 4\,NH_3 \rightarrow Si_3N_4 + 12\,H_2 \quad (\text{bei } 750 \text{ bis } 1100°C).$$

Reinraumtechnik

Tabelle A.4. Zulässige Teilchenkonzentration in Reinräumen

Klasse	Partikel pro Kubikfuß[a] bzw. pro Kubikmeter		
	$0,1\,\mu m$	$0,5\,\mu m$	$5\,\mu m$
1 (M 1,5)	$35/ft^3 =$ $1,24 \cdot 10^3\,m^{-3}$	$1/ft^3 = 35,3\,m^{-3}$	
10 (M 2,5)	$3,50 \cdot 10^2/ft^3 =$ $1,24 \cdot 10^4\,m^{-3}$	$10/ft^3 = 353\,m^{-3}$	
100 (M 3,5)		$100/ft^3 =$ $3,53 \cdot 10^3\,m^{-3}$	
1 000 (M 4,5)		$1\,000/ft^3 =$ $3,53 \cdot 10^4\,m^{-3}$	$7/ft^3 =$ $2,47 \cdot 10^2\,m^{-3}$
10 000 (M 5,5)		$10\,000/ft^3 =$ $3,53 \cdot 10^5\,m^{-3}$	$70/ft^3 =$ $2,47 \cdot 10^3\,m^{-3}$
100 000 (M 6,5)		$100\,000/ft^3 =$ $3,53 \cdot 10^6\,m^{-3}$	$700/ft^3 =$ $2,47 \cdot 10^4\,m^{-3}$

[a] *Hinweis*: 1 ft (1 Fuß) = 30,48 cm; $1\,ft^3 = 0,02832\,m^3$; $1\,ft^{-3} = 35,3\,m^{-3}$

Daten- und Formelsammlung

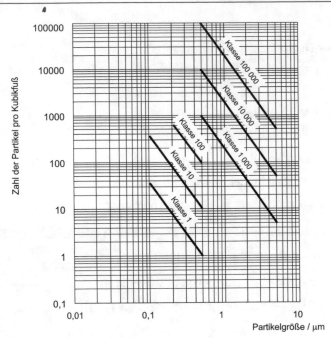

Abb. A.9 Reinraumklassen (nach U.S. Fed. Standard 209E)

Literaturverzeichnis

Literatur zu Kapitel 1

Fahrner W (2003) Nanotechnologie und Nanoprozesse. Springer, Berlin Heidelberg
Fritzsch H (1996) Vom Urknall zum Zerfall, dtv, München
Grimsehl E (1988) Lehrbuch der Physik, Bd. 3 Optik (Hrsg.: A. Lösche) Teubner, Leipzig
Grimsehl E (1990) Lehrbuch der Physik, Bd. 4 Struktur der Materie (Hrsg.: A. Lösche) Teubner, Leipzig
Madelung O (1996) Semiconductors – Basic Data. Springer, Berlin Heidelberg New York
Nobel Price Laureates (2010), URL: http://www.nobel.se/physics/laureates
Paul R (1992) Elektronische Halbleiterbauelemente, Teubner, Stuttgart
PTB (2003), Webseite der Physikalisch-Technischen Bundesanstalt Braunschweig, URL: http://www.ptb.de/de/org/4/43/433/avogadro.htm
Rudden M N, Wilson J (1995) Elementare Festkörperphysik und Halbleiterelektronik. Spektrum, Heidelberg
Strehlow R (1995) Grundzüge der Physik für Naturwissenschaftler und Ingenieure. Vieweg, Braunschweig, Wiesbaden

Literatur zu Kapitel 2

Blakemore J S (1982a) Solid State Electronics **25**, 1067
Blakemore J S (1982b) Semiconductor Statistics. Dover, New York
Infineon Technologies AG (Hrsg.) (2004) Halbleiter. Technische Erläuterungen und Kenndaten. Publicis Corporate Publishing, Erlangen
Heywang W (1988) Sensorik, Reihe Halbleiter-Elektronik Bd. 17. Springer, Berlin Heidelberg New York
Landau L D, Lifschitz E M (1966) Lehrbuch der theoretischen Physik, Bd. V, Statistische Physik. Akademie-Verlag Berlin
Leadley D R (1996), URL: http://www.warwick.ac.uk/~phsbm/qhe.htm, University of Warwick, U.K.
Powell A R und Roland L B (2002), Proc. of the IEEE **90**, 942
Thuselt F und Rösler M (1985a), phys. stat. sol. (b) **130**, 66
Thuselt F und Rösler M (1985b), phys. stat. sol. (b) **130**, K139

Literatur zu Kapitel 3

Heywang W (1988) Sensorik, Springer. Berlin Heidelberg New York
OrCAD (1999) PSpice, Version 9.1

© Springer-Verlag GmbH Deutschland, ein Teil von Springer Nature 2018
F. Thuselt, *Physik der Halbleiterbauelemente*,
https://doi.org/10.1007/978-3-662-57638-0

Literatur zu Kapitel 4

Benner J P und Kazmierski L (1999) Photovoltaics – Gaining greater visibility. IEEE
  Spectrum, September 1999, 34
Gollub D, Moses S und Forchel A (2004) Comparison of GaInNAs Laser Diodes Based on
  Two to Five Quantum Wells. IEEE J. Quantum Electron. 40, 337
Infineon Technologies (Hrsg.) (2004) Halbleiter. Technische Erläuterungen und Kenndaten.
  Publicis MCD Corporate Publishing, Berlin München
Heywang W (1988) Sensorik. Springer, Berlin Heidelberg New York
Laubsch A, Sabathil M, Hahn B und Streubel K (2010) Licht aus Kristallen. Physik
  Journal 9 (2010), Heft-Nr. 1, 23
Nakamura S, Pearton S und Fasol G (2000) The Blue Laser Diode. Springer, Berlin
  Heidelberg New York
Razeghi M (2000) Optoelectronic Devices Based on III–V Compound Semiconductors
  Which Have Made a Major Scientific and Technological Impact in the Past 20 Years.
  IEEE J. Sel. Topics Quant. Electron. 6, 1344
Tholl H (1978) Bauelemente der Halbleiterelektronik, Teil 2. Teubner, Stuttgart

Literatur zu Kapitel 5

Siemens Bauelemente (1984) – Technische Erläuterungen und Kenndaten für Studierende,
  Siemens AG, München
Early J M (2001) Out to Murray Hill to Play: An Early History of Transistors. IEEE Trans.
  on Electr. Devices, 48, 2468

Literatur zu Kapitel 6

APS (2002) American Physical Society, Prices & Awards, in: http://www.aps.org/praw/
  lilienfe/index.html
Borucki L (1989) Digitaltechnik. Teubner, Stuttgart
Chen Q et al. (2003) Double Jeopardy in The Nanoscale Court?, IEEE Circuits & Devices
  Magazine 19, No. 1, S. 28
Fjeldy T A, Ytterdal T, Shur M (1998) Introduction to Device Modeling and Circuit
  Simulation. Wiley, New York
Gargini P A (2002) The Global Route to Future Semiconductor Technology, IEEE Circuits
  & Devices Magazine 18, No. 2, S. 13
Geppert L (2002) The Amazing Vanishing Transistor Act, IEEE Spectrum 39, H. 10, S. 28
Infineon (2004), URL: http://www.infineon.com
Intel (2003a), URL: http://www.intel.com/research/silicon/mooreslaw.htm
Intel (2003b), URL: http://www.intel.com/pressroom/kits/bios/moore.htm
Köstner R, Möschwitzer A (1993) Elektronische Schaltungen. Hanser, München
PBS (2003), URL: http://www.pbs.org/transistor/album1/moore
Seifart M und Beikirch H (1998) Digitale Schaltungen. Verlag Technik, Berlin

Literatur zu Kapitel 7

Beneking H (1991) Halbleiter-Technologie. Teubner, Stuttgart
Chemie – Grundlagen der Mikroelektronik (1994) Hrsg.. Fonds der chemischen Industrie
    zur Förderung der Chemie und Biologischen Chemie im Verband der Chemischen
    Industrie, Frankfurt
Fahrner W (2003) Nanotechnologie und Nanoprozesse. Springer, Berlin Heidelberg
Geppert L (2002) The Amazing Vanishing Transistor Act, IEEE Spectrum **39**, H. 10, S.28
Grundlagen der Computertechnik (1989), Time-Life-Bücher, Amsterdam
Hilleringmann U (1996) Silizium-Halbleitertechnologie. Teubner, Stuttgart
Hoppe B (1998) Mikroelektronik 2. Vogel-Verlag, Würzburg (Kamprath-Reihe)
Horth W (1981) Halbleitertechnologie. Teubner, Stuttgart
ITRS (2010) International Technology Roadmap for Semiconductors. URL: http://
    public.itrs.net
Jaeger R C (1993) Introduction to Microelectronic Fabrication. Addison-Wesley, Reading
    (Band V der Reihe Modular Series on Solid State Devices)
Plummer J D und Griffin P B (2001) Material and Process Limits in Silicon VLSI
    Technology, Proc. IEEE **89**, 240
van Zant P (1997) Microchip Fabrication. McGraw-Hill, New York
von Münch W (1993) Einführung in die Halbleitertechnologie. Teubner, Stuttgart
Wacker Siltronic (2000) Wafers for the World of Microchips, Firmenschrift der Wacker
    Siltronic AG, Burghausen

Literatur zu MATLAB und zu numerischen Verfahren

Cody W J and Thacher H C (1967), Math. Comput. **21**, 30
Zur Einführung in MATLAB können benutzt werden:
Grupp F und Grupp F (2008): MATLAB 7 für Ingenieure. Oldenbourg, München
Benker H (2010) Ingenieurmathematik kompakt – Problemlösungen mit MATLAB,
    Springer, Berlin Heidelberg New York
Thuselt F und Gennrich F P (2013): Praktische Mathematik mit MATLAB, Scilab und Octave.
    Springer Spektrum, Heidelberg

Vertiefende und ergänzende Literatur

Hoppe B (1997) Mikroelektronik 1. Vogel-Verlag, Würzburg (Kamprath-Reihe)
Kittel Ch (1999) Einführung in die Festkörperphysik. Oldenbourg, München, Wien
Kreher K (1973) Festkörperphysik. Akademie-Verlag, Berlin
Lévy F (1995) Physique et Technologie des Semiconducteurs. Presses Polytechniques et
    Universitaires Romandes, Lausanne
Löcherer K.-H. (1992) Halbleiterbauelemente. Teubner, Stuttgart
Möschwitzer A (1992), Grundlagen der Halbleiter- & Mikroelektronik, Bd. 1: Elektronische
    Bauelemente. Hanser München Wien
Neamen D A (1997) Semiconductor Device Physics. Irwin, Chicago
Paul R (1992) Elektronische Halbleiterbauelemente, Teubner, Stuttgart
Pierret R F (1996) Semiconductor Device Fundamentals.Addison Wesley, Reading, Mass.
Rudden M N und Wilson J (1995) Elementare Festkörperphysik und Halbleiterelektronik.
    Spektrum, Heidelberg

Ruge I und Mader H (1991) Halbleiter-Technologie. Springer, Berlin Heidelberg New York. Reihe Halbleiter-Elektronik, Band 4

Sapoval B und Hermann C (1995) Semiconductors, Springer New York

Seeger K (2004) Semiconductor Physics – An Introduction. Springer, Berlin Heidelberg New York

Shur M (1990) Physics of Semiconductor Devices. Prentice Hall, Englewood Cliffs

Shur M (1996) Introduction to Electronic Devices. Wiley, New York

Singh J (1994) Semiconductor Devices – An Introduction.McGraw-Hill, New York

Singh J (1995) Semiconductor Optoelectronics – Physics and Technology.McGraw-Hill, New York

Streetman B G und Banerjee S (2006) Solid State Electronic Devices. Prentice Hall, Upper Saddle River, N.J.

Sze S M (1981) Physics of Semiconductor Devices. Wiley, New York

Yang E S (1988) Microelectronic Devices. McGraw-Hill, New York

Yu P Y und Cardona M (2001) Fundamentals of Semiconductors. Springer, Berlin Heidelberg New York

Umfangreiche Sammlung von Halbleiterdaten

Madelung O (1996) Semiconductors – Basic Data. Springer, Berlin Heidelberg New York

Buchreihen

Reihe Halbleiter-Elektronik (Hrsg. Heywang W und Müller R). Springer, Berlin Heidelberg New York

darunter speziell:

    Müller R (1995) Grundlagen der Halbleiter-Elektronik, Reihe Halbleiter-Elektronik Bd. 1. Springer, Berlin Heidelberg New York

    Müller R (1991) Bauelemente der Halbleiter-Elektronik, Reihe Halbleiter-Elektronik Bd. 2. Springer, Berlin Heidelberg New York

Reihe Modular Series on Solid State Devices (Hrsg. Pierret F und Neudeck G W). Addison-Wesley, Reading, Mass.

Verzeichnis der Internet-Dateien

Ergänzend zum Buch sind im Internet noch einige PDF-Dateien sowie Files für mathematische Berechnungen (MATLAB-M-Files) zu finden. Alle Dateien liegen als ZIP-Files vor.

Die Dateien sind auf folgenden Webseiten abzurufen:

URL: extras.springer.com

Von dort aus navigieren Sie weiter zur HTML-Seite „Buch Physik der Halbleiterbauelemente". Sie finden dort die im folgenden aufgeführten Dateien (Die in der 1. Auflage vorhandenen SysQuake- bzw. LyME-Dateien werden nicht mehr gepflegt).

PDF-Dateien

Anhang 1 zum Buch: Daten- und Formelsammlung:

daten_formeln.pdf

Diese Datei ist identisch zum Anhang 1 des Buches. Sie wird zusätzlich im Internet bereitgestellt.

Anhang 2 zum Buch: Lösungen der Übungsaufgaben:

loesungen_aufgaben.pdf

Anhang 3 zum Buch: Kristallmodell zum Anfassen:

kristallmodell.pdf

MATLAB-Dateien[1]

Standard

konstanten.m − Physikalische Konstanten

Silizium.m, Germanium.m, GaP.m usw. − Substanzparameter der jeweiligen Halbleiter wie Bandabstand E_g bei 300 K, effektive Massen (m_e und m_h) Tälerzahl ν_e, relative Dielektrizitätskonstante ε, Bindungsenergien von Donator und Akzep-

---

[1] Zum Einarbeiten in MATLAB kann außer den Handbüchern und den Hilfedateien im Internet insbesondere das Buch [Thuselt/Gennrich 2013] empfohlen werden.

© Springer-Verlag GmbH Deutschland, ein Teil von Springer Nature 2018
F. Thuselt, *Physik der Halbleiterbauelemente*,
https://doi.org/10.1007/978-3-662-57638-0

tor, effektive Zustandsdichten (N_c und N_v), Elektronenbeweglichkeit und Löcherbeweglichkeit im eigenleitenden Material bei 300 K

Funktion Eg_Si.m − Bandgap in Si in Abhängigkeit von der Temperatur in eV. Funktionsaufruf durch Eg_Si(T)

Funktion Eg_GaN.m, Eg_GaP.m, Eg_Ge.m, Eg_InSb.m − entsprechend für andere Halbleiter.

Funktion me_Si.m − Effektive Masse in Si in Abhängigkeit von der Temperatur in Einheiten von m_0. (Bereich 200 K bis 700 K).

Funktion mye.m − Elektronenbeweglichkeit im Silizium in Abhängigkeit von Temperatur und Störstellenkonzentration. Funktionsaufruf durch mye(T,N)

Funktion myh.m − Elektronenbeweglichkeit im Silizium in Abhängigkeit von Temperatur und Störstellenkonzentration. Funktionsaufruf durch myh(T,N)

Kapitel 1

E_ueber_k.m − Zusammenhang Energie − Impuls (.*Aufgabe 1.15*)

Kristall

cubic.m − Räumliche Darstellung eines kubischen Kristalls (*Aufgabe 1.16*) (benötigt die Funktionen sphere_1.m und linie.m)

zinkblende.m − Räumliche Darstellung der Elementarzelle eines kubisch-flächenzentrierten Kristalls und einer Zinkblendestruktur (*Aufgabe 1.17*) (benötigt die Funktionen fcc.m, sphere_1.m, fccgitter.m, bind.m, tetraeder.m und linie.m)

Kapitel 2

ni_temp.m − Temperaturabhängigkeit der intrinsischen Ladungsträgerkonzentration in Silizium (*Aufgabe 2.21*)

Durch Ändern der Substanzdaten (Ersetzen des Aufrufs „silizium" durch „germanium", „GaAs" usw.) lässt sich das Programm auch für andere Halbleiter verwenden.

ni_temp1.m − ebenfalls Temperaturabhängigkeit der intrinsischen Ladungsträgerkonzentration, dabei wird aber noch die Temperaturabhängigkeit $E_g(T)$ berücksichtigt. Ruft Eg_Si.m auf

intrins_temp.m − Differenz zwischen intrinsischer Ladungsträgerkonzentration $n_i(T)$ und Störstellenkonzentration N_D mit Nullstellensuchprogramm (*Aufgabe 2.22*). Ruft die Funktion ni(T,ND) auf; dort ist der Halbleitertyp einzustellen.

Gegebenenfalls kann die Temperaturabhängigkeit des Gaps durch die Funktion Eg_Si.m berücksichtigt werden.

myplot.m – Tabelle und graphische Darstellung der Beweglichkeiten im Silizium in Abhängigkeit von der Störstellenkonzentration bei 300 K. Ruft mye.m und myh.m auf

leitf.m – Tabelle und graphische Darstellung der Leitfähigkeiten von Majoritätsträgern im Silizium in Abhängigkeit von der Störstellenkonzentration bei 300 K. Voraussetzung ist, dass die Trägerkonzentration gleich der Störstellenkonzentration ist. Ruft mye.m und myh.m auf

dot_strom.m – Ermittlung der Dotierungskonzentration aus Strommessungen (zu *Aufgabe 2.23*)

M-Files zum ergänzenden Abschnitt 2.6 .

Egplot.m – Plot des Bandgaps in Germanium, Silizium und GaAs als Funktion der Temperatur. Benutzt die Funktionen Eg_Ge.m, Eg_Si.m, Eg_GaAs.m.

Funktion fermi.m – Chebyshev-Approximation mit 5 Punkten für das Fermi-Integral $\mathscr{F}_k(\eta_c)$ der Ordnung $k = -1/2$, 1/2 oder 3/2 entsprechend Gl. (2.93), nach [Cody und Thacher 1967].

Funktion rez_fermi.m – die reziproke Funktion $\mathscr{U}(x)$ $(x > 0)$ zum Fermi-Integral $\mathscr{F}_{1/2}(\eta_c)$ entsprechend Gl. (2.94), nach [Blakemore 1982a].

mwg.m – Massenwirkungsgesetz mit Berücksichtigung der Entartung (Beispiel 2.11). Berechnet die relative Konzentration von Löchern p/N_C in Abhängigkeit von der Elektronenkonzentration n/N_c. x-Achse der Graphik entweder n/N_c (normiert) oder n in cm^{-3}. Ändern der Ausgabe ist durch „Auskommentieren" des Plot-Befehls möglich.

Gapshift

plot_myges.m – Berechnung des störstellenbedingten Beitrags zur Gapschrumpfung (Gapshift), mit Unterprogrammen f_myie.m, f_myih.m, f_myxce.m und f_myxch.m, wie am Ende von 2.6.2 erwähnt.

Kapitel 3

diffsp0.m – Diffusionsspannung in Silizium an einem (p+/n)- bzw. (p/n+)-Übergang bei 300 K, aufgetragen über der Dotierungskonzentration N_{dot} des schwächer dotierten Gebiets (*Aufgabe 3.23*). Durch Ändern der Substanzdaten (Ersetzen des Aufrufs „silizium" durch „germanium", „GaAs" usw.) lässt sich das Programm auch für andere Halbleiter verwenden.

diffsp.m – Diffusionsspannung in Si, Ge, GaAs und GaP an einem p$^+$n- bzw. pn$^+$-Übergang bei 300 K, aufgetragen über der Dotierungskonzentration N_{dot} des schwächer dotierten Gebiets (*Aufgabe 3.23*)

strom_spann.m – theoretische Strom-Spannungs-Kennlinie einer Halbleiterdiode in Silizium (*Aufgabe 3.24*)

Kapitel 4

Kapitel 5

npn_basis.m – Berechnung der Kennlinien eines npn-Transistors in Basisschaltung, einschließlich EARLY-Effekt und Stoßionisation, nach [Pierret 1996]. Zur Bearbeitung wird das Unterprogramm npn0.m benötigt. Das Unterprogramm npn0.m ruft seinerseits die Unterprogramme mye.m und myh.m sowie das Unterprogramm silizium.m für die Substanzdaten auf. Für die Berücksichtigung der Basisweitenveränderung durch den EARLY-Effekt wird zusätzlich das Unterprogramm npn_early.m aufgerufen.

npn_emit.m – Berechnung der Kennlinien eines npn-Transistors in Emitterschaltung, einschließlich EARLY-Effekt und Stoßionisation, nach [Pierret 1996]. Zur Bearbeitung wird das Unterprogramm npn0.m benötigt. Das Unterprogramm npn0.m ruft seinerseits die Unterprogramme mye.m und myh.m sowie das Unterprogramm silizium.m für die Substanzdaten auf. Für die Berücksichtigung der Basisweitenveränderung durch den EARLY-Effekt wird zusätzlich das Unterprogramm npn_early.m aufgerufen.

npn_early.m – Unterprogramm zur Berücksichtigung der Basisweitenmodulation (EARLY-Effekt) bei den EBERS-MOLL-Parametern. Berechnung der Kennlinien eines npn-Transistors in Emitterschaltung einschließlich EARLY-Effekt und Stoßionisation

npn0.m – Unterprogramm mit Konstanten und Parametern zum Programm npn_basis.m oder npn_emit.m.

early_symb.m – Symbolische Rechnungen zum EARLY-Effekt – benötigt die „Symbolic Math Toolbox".

Kapitel 6

mos_kennl_0.m und mos_kennl.m – Kennlinienfeld eines MOS-Kondensators

Verwendete Formelzeichen

Hinter der Erklärung steht das Kapitel bzw. die Gleichung, in der die Größe das erste Mal benutzt wird, und gegebenenfalls ein Hinweis auf eine Tabelle mit Substanzdaten oder, falls es sich um eine Konstante handelt, der Zahlenwert.

Griechische Buchstaben

α Absorptionskoeffizient, Gl. (4.37)

α Gleichstromverstärkung in Basisschaltung, Abschn. 5.2.1

α_{123}, α_{432} Gleichstromverstärkungsfaktoren beim Triac, Abschn. 5.7.2

α_V Vorwärtsstromverstärkung in Basisschaltung, Abschn. 5.3.1 und Gl. (5.29)

α_R Rückwärtsstromverstärkung in Basisschaltung, Gl. (5.30)

β Stromverstärkung in Emitterschaltung, Abschn. 5.2.1

γ Emitterergiebigkeit, Emitterwirkungsgrad, Abschn. 5.2.1

γ_i innere Injektionseffizienz, Gl. (4.12)

ε relative Dielektrizitätskonstante des Halbleiters, Werte in Tabelle 2.1.

ε_0 Dielektrizitätskonstante des Vakuums, Influenzkonstante, $\varepsilon_0 = 8{,}854 \cdot 10^{-12}$ As/Vm

ε_{HL} relative Dielektrizitätskonstante des Halbleitermaterials, Abschn. 6.3.2

ε_{Iso} relative Dielektrizitätskonstante der Isolatormaterials, Abschn. 6.3.2

η kinetische Energie, bezogen auf $k_B T$, Gl. (2.14)

η_c Energiedifferenz $E_F - E_c$, bezogen auf $k_B T$, Gl. (2.14)

η_{ext} äußerer Quantenwirkungsgrad einer LED, Gl. (4.14)

η_{int} totaler innerer Quantenwirkungsgrad einer LED, Abschn. 4.1.4

η_{konv} Konversionseffizienz einer Solarzelle, Gl. (4.52)

η_Q Quantenwirkungsgrad eines Detektors, Gl. (4.42)

λ Wellenlänge

μ molare Masse, Abschn. 1.5.4

μ Beweglichkeit, Abschn. 2.4.1

μ_B Beweglichkeit in der Basis, Abschn. 5.2.2

$\overline{\mu}_e$ mittlere Beweglichkeit im Kanal des MOSFET, Abschn. 6.2.2

μ_e Beweglichkeit der Elektronen, Abschn. 2.4.1

$\mu_e^{\ *}$ chemisches Potential der Elektronen, $\mu_e^{\ *} = E_F^{\ e} - E_c$, Gl. (2.83)

μ_h Beweglichkeit der Löcher, Abschn. 2.4.1

$\mu_h^{\ *}$ chemisches Potential der Löcher, $\mu_e^{\ *} = E_v - E_F^{\ h}$, Gl. (2.84)

© Springer-Verlag GmbH Deutschland, ein Teil von Springer Nature 2018
F. Thuselt, *Physik der Halbleiterbauelemente*,
https://doi.org/10.1007/978-3-662-57638-0

μ_{ww}^e Beitrag zur Gapschrumpfung des Leitungsbandes, Abschn. 2.6.2

ν Frequenz

ν_e Zahl der Leitungsbandminima, Tabelle 2.1.

ρ Dichte, Abschn. 1.5.4

σ elektrische Leitfähigkeit, Abschn. 2.4.1

σ_e elektrische Leitfähigkeit der Elektronen, Abschn. 2.4.1

σ_h elektrische Leitfähigkeit der Löcher, Abschn. 2.4.1

τ_e Elektronen-Rekombinationslebensdauer, Abschn. 3.3.3

τ_h Löcher-Rekombinationslebensdauer, Abschn. 3.3.3

τ_s Rekombinationszeitkonstante strahlender Prozesse, Abschn. 2.4.6

τ_s^* effektive Rekombinationszeitkonstante strahlender Prozesse, $\tau_s^* = \tau_s/n$, Abschn. 2.4.6

τ_{ns} Rekombinationszeitkonstante nichtstrahlender Prozesse, Abschn. 2.4.6

Φ elektrisches Potential

Φ_{inv} Inversionspotential, Gl. (6.27)

$\Phi_M, \Phi_H, \Phi_B, \chi$ siehe unter $e\Phi_M, e\Phi_H, e\Phi_B, e\chi$

A

a Verkürzung des Diffusionsbereichs in der Basis, Gl. (5.17)

a_0 Gitterkonstante von Halbleiterkristallen, Tabelle 1.1.

a_B Bohrradius des Wasserstoffatoms (1. Bohrsche Bahn), $a_B = 5,29 \cdot 10^{-11}$ m, Abschn. 1.2

a_e Bohrradius des Donatorzustands, Gl. Werte in Tabelle 2.4.

a_x Gitterkonstante von Halbleiterkristallen in Mischreihen, Abschn. 4.1.2

B

B Basis-Transportfaktor, Abschn. 5.2.1

b Sperrschichtbreite, Gl. (3.9), Kanalbreite im MOSFET, Gl. (6.38)

b_{max} maximale Kanalbreite im MOSFET, Gl. (6.43)

C

c Lichtgeschwindigkeit, $c = 2,998 \cdot 10^8$ m/s

C_{diff} Diffusionskapazität, Abschn. 3.4.2

c_{HL} flächenbezogene Kapazität des MOS-Kondensators, Gl. (6.39)

c_{Iso} flächenbezogene Kapazität der Isolationsschicht im MOS-Kondensator, Gl. (6.31)

c_{MOS} flächenbezogene Kapazität des MOS-Kondensators, Gl. (6.39)

C_s Sperrschichtkapazität, Abschn. 3.4.1

D

D_B	Diffusionskoeffizient in der Basis, Abschn. 5.2.2
D_C	Diffusionskoeffizient im Kollektor, Abschn. 5.2.2
D_e	Diffusionskoeffizient der Elektronen, Gl. (2.59)
D_E	Diffusionskoeffizient im Emitter, Abschn. 5.2.2
D_h	Diffusionskoeffizient der Löcher, Gl. (2.59)

E

e	Elementarladung, $e = 1{,}602 \cdot 10^{-19}$ As
$\mathscr{E}$	elektrische Feldstärke
E_B	Bindungsenergie des Elektrons auf der ersten Bohrschen Bahn des Wasserstoffatoms, $E_B = -13{,}6$ eV, Abschn. 1.2
E_c	Energie des unteren Leitungsbandrandes
E_D	Absolutlage der Energie des Donatorzustands, Abschn. 2.3.2
E_e	Bindungsenergie des Elektrons am Donator, $E_e = E_c - E_D$, Gl. (2.28), Werte in Tabelle 2.4.
E_F	Fermi-Energie, Fermi-Nivau, Abschn. 1.7.2
$E_F{}^e$	Quasi-Ferminivau der Elektronen, Abschn. 2.4.8
$E_F{}^h$	Quasi-Ferminivau der Löcher, Abschn. 2.4.8
$e\Phi$	Austrittsarbeit, Abschn. 6.1.1
$e\Phi_B$	Barrierenhöhe des Metall-Halbleiter-Übergangs, Abschn. 6.1.1
$e\Phi_H$	Austrittsarbeit eines Halbleiters, Abschn. 6.1.1
$e\Phi_M$	Austrittsarbeit eines Metalls, Abschn. 6.1.1
$e\Phi$	Austrittsarbeit, Abschn. 6.1.1
$e\chi$	Elektronenaffinität
E_g	Bandabstand (Gapenergie), $E_g = E_c - E_v$, Werte in Tabelle 2.2.
E_h	Bindungsenergie des Lochs am Akzeptor, $E_h = E_c - E_D$, Abschn. 2.3.2, Werte in Tabelle 2.4.
E_v	Energie des oberen Valenzbandrandes
E	Energie, vom jeweiligen Bandrand aus gezählt
E_e	(kinetische) Energie des Halbleiterelektrons, bezogen auf Leitungsbandrand, (2.1)
E_h	(kinetische) Energie des Lochs, bezogen auf Valenzbandrand (zählt nach unten!), Gl. (2.2)

F

F	Füllfaktor einer Solarzelle, Gl. (4.53)
f_e	Fermi-Verteilungsfunktion der Elektronen, Gl. (2.7)

f_h Fermi-Verteilungsfunktion der Löcher, Gl. (2.8)

$\mathscr{F}_{1/2}$ Fermi-Integral, Gl. (2.16)

G

g Entartungsfaktor der Donatorzustände (in der Regel ist g = 2), Abschn. 2.3.3

g Gewinn (Gain) einer Laserdiode, Gl. (4.25)

G Generationsrate allgemein, Abschn. 2.4.6

G_s optische Generationsrate, Abschn. 2.4.6

$g(\varepsilon)d\varepsilon$ Zustandsdichte pro Energieintervall, Abschn. 2.1.1, Gl. (2.5)

H

h Plancksche Konstante, $h = 6{,}626 \cdot 10^{-34}$ Js $= 4{,}136 \cdot 10^{-15}$ eV

$\hbar$ Plancksche Konstante, geteilt durch 2π,
$\hbar = 1{,}0546 \cdot 10^{-34}$ Js $= 6{,}582 \cdot 10^{-16}$ eV s

I

I Strom

I_A Anodenstrom beim Triac, Abschn. 5.7.1

I_{abs} Absorptionsrate, Gl. (4.24)

I_B Basisstrom am Bipolartransistor

I_C Kollektorstrom am Bipolartransistor

$I_e(\lambda)$ Strahlstärke, Gl. (4.18)

I_E Emitterstrom am Bipolartransistor

I_G Gate-Strom eines Triac, Abschn. 5.7.1

I_{sp} Intensität der spontanen Emission, Emissionsrate, Gl. (4.4)

$I_v(\lambda)$ Lichtstärke, Gl. (4.18)

J

j Stromdichte (Strom pro Querschnittsfläche)

j_0 Dunkelstromdichte einer Photodiode, Gl. (4.48)

j_0^B Basisstromdichte, Gl. (5.73)

j^B Basissperrstromdichte, Gl. (5.69)

j_G Gate-Stromdichte eines Triac, Abschn. 5.7.2

j^C Kollektorstromdichte, Gl. (5.25)

j_{Cs} Emittersperrstromdichte, Gl. (5.26)

j_e Elektronenstromdichte, Abschn. 2.4.1

j_e Elektronenstromdichte, Abschn. 2.4.1

j^E Emitterstromdichte, Gl. (5.24)

j_{Es} Emittersperrstromdichte, Gl. (5.26)

j_h Löcherstromdichte, Abschn. 2.4.1

j_{opt} Photostromdichte, Gl. (4.46)

j_{ph} Photonenstromdichte, Gl. (4.37)

j_R Kollektor-Rückwärtsstromdichte, Gl. (5.22)

j_R Rückwärtsstromdichte eines Triac, Abschn. 5.7.2

$j_R^{\ E}$ Rückwärtsstromdichte, Gl. (5.33)

j_s Sättigungstromdichte (Sperrstromdichte) einer Diode, Gl. (3.48)

j_{sperr} Sperrstromdichte eines Triac, Abschn. 5.7.2

j_V Vorwärtsstromdichte, Gl. (5.32)

$j_V^{\ C}$ Kollektor-Vorwärtsstromdichte, Gl. (5.21)

$j_V^{\ E}$ Emitter-Vorwärtsstromdichte, Gl. (5.20)

K

k_B Boltzmann-Konstante, $k_B = 8{,}617 \cdot 10^{-5}$ eV/K

k_D Reziprokwert der Debyeschen Abschirmlänge, $k_D = 1/L_D$, Gl. (2.102)

k Wellenzahlvektor

L

L Länge der Drain-Source-Strecke, Abschn. 6.2.2

L_B Diffusionslänge in der Basis, Abschn. 5.2.3

L_C Diffusionslänge im Kollektor, Abschn. 5.3.1

L_D Debyesche Abschirmlänge, Abschn. 2.6.2

L_e Diffusionslänge der Elektronen, Gl. (3.38)

L_E Diffusionslänge im Emitter, Abschn. 5.2.2

L_h Diffusionslänge der Löcher, Gl. (3.39)

M

m Masse

m Idealitätsfaktor (bei Halbleiterdioden), Abschn. 3.7

m_0 Masse des freien Elektrons, $m_0 = 9{,}109 \cdot 10^{-31}$ kg

m_e effektive Elektronenmasse, Tabelle 2.1.

m_h effektive Lochmasse, Tabelle 2.1.

N

n Elektronenkonzentration im Leitungsband, Abschn. 2.2.3

n_0 Gleichgewichtskonzentration der Minoritätsträger-Elektronen, Abschn. 3.3.3

$n_0^{\ B}$ Gleichgewichtskonzentration der Minoritätsträger in der Basis, Abschn. 5.2.2

N_A Akzeptorkonzentration, Abschn. 2.3.3

N_A Avogadro-Konstante, $N_A = 6{,}022 \cdot 10^{23}$ mol^{-1}, Abschn. 1.5.4

$N_A{}^-$ Konzentration der geladenen Akzeptoren, Abschn. 2.3.3

n_{Atom} Atomdichte (Zahl der Atome pro Kubikzentimeter), Abschn. 1.5.4

N_B Störstellenkonzentration in der Basis, Abschn. 5.2.3

N_D Donatorkonzentration, Abschn. 2.3.3

$N_D{}^+$ Konzentration der geladenen Donatoren, Abschn. 2.3.3

N_e effektive Zustandsdichte der Leitungsbandzustände, Gl. (2.17),
             Werte in Tabelle 2.3.

N_E Störstellenkonzentration im Emitter, Abschn. 5.2.3

N_{EZ} Zahl der Atome pro Elementarzelle (Abschn. 1.5.4)

n_i intrinsische Ladungsträgerkonzentration, Gl. (2.23), Werte in Tabelle 2.3.

n_{ph} Photonendichte, Abschn. 4.2.5

N_v effektive Zustandsdichte der Valenzbandzustande, Gl. (2.18),
             Werte in Tabelle 2.3.

P

p Konzentration der Löcher im Valenzband, Abschn. 2.2.3

p_0 Gleichgewichtskonzentration der Minoritätsträger-Löcher, Abschn. 3.3.3

$p_0{}^C$ Gleichgewichtskonzentration der Minoritätsträger im Kollektor, Abschn 5.3.1

$p_0{}^E$ Gleichgewichtskonzentration der Minoritätsträger im Emitter, Abschn. 5.2.3

P_E Leistungseffizienz einer LED, Gl. (4.17)

P_{opt} Energieflussdichte des Lichts, Gl. (4.39)

$\boldsymbol{p}, p$ Impuls, Quasi-Impuls, Abschn. 1.1.1 und 2.1.1

Q

Q elektrische Ladung

q Ladung pro Flächeneinheit (am MOS-Kondensator)

Q_d Raumladung der Verarmungsschicht im MOSFET, Gl. (6.32)

q_d flächenbezogene Raumladung der Verarmungsschicht im MOSFET, Gl. (6.33)

Q_G Gummel-Zahl, Abschn. 5.2.3

R

R Rekombinationsrate allgemein, Abschn. 2.4.6

R^* Richardson-Konstante, Gl. (6.9)

r_{CB} Verhältnis von Kollektor- zu Basismaterialgrößen, Abschn. 5.3.3

r_{EB} Verhältnis von Emitter- zu Basismaterialgrößen, Gl. (5.16)

R_H Hall-Koeffizient, Gl. (2.57), (2.58)

R_{ph} Responsivity, Gl. (4.42)

R_s Rekombinationsrate strahlender Prozesse, Abschn. 2.4.6

$R_s{}^{eff}$ Netto-Rekombinationsrate strahlender Prozesse, $R_s{}^{eff} = R_s - G_s$, Abschn. 2.4.6

U

U	Spannung
$\mathscr{U}$	Umkehrung der Fermi-Funktion $\mathscr{F}_{1/2}$, Abschn. 2.6.1
U_{AK}	Anoden-Katoden-Spannung an einem Triac, Abschn. 5.7.1
U_{CB}	Kollektor-Basis-Spannung, Gl. (5.71)
U_D	Diffusionsspannung am pn-Übergang, Gl. (3.21)
U_{DS}	Drain-Source-Spannung, Abschn. 6.2.2
U_{EB}	Emitter-Basis-Spannung,, Abschn. 5.5.2 d)
U_{EC}	Emitter-Kollektor-Spannung,, Abschn. 5.3.1
U_{fb}	Flachbandspannung, Abschn. 6.3.2
U_G	Gate-Spannung, Abschn. 6.2.2
U_H	Hall-Spannung, Gl. (2.56)
U_{HL}	Spannungsabfall im Halbleiterbereich des MOSFET, Abschn. 6.3.2
U_{Iso}	Spannungsabfall an der Isolatorschicht des MOSFET, Abschn. 6.3.2
U_{AK}	Anoden-Katoden-Spannung an einem Triac
U_L	Leerlaufspannung, Gl. (4.51)
U_R	Durchbruchsspannung im Sperrbereich eines Triac, Abschn. 5.7.1
U_{th}	Schwellspannung, Abschn. 6.2.2
U_{V0}	Durchbruchsspannung im Vorwärtsbereich eines Triac, Abschn. 5.7.1

V

$V(\lambda)$	spektraler Hellempfindlichkeitsgrad (normierte spektrale Empfindlichkeit), Gl. (4.20)
$V_{abs}(\lambda)$	absolute spektrale Empfindlichkeit des Auges, Gl. (4.18)
v_e	Driftgeschwindigkeit, der Elektronen, Abschn. 2.4.1
v_h	Driftgeschwindigkeit der Löcher, Abschn. 2.4.1
V_{EZ}	Volumen der Elementarzelle, Abschn. 1.5.4
V_m	molares Volumen, Abschn. 1.5.4

W

w	Basisweite beim Bipolartransistor, Abschn. 5.2.2
w	Kanalbreite beim MOSFET, Abschn. 6.2.2

Y

Y	differentieller Leitwert

Index

Ein (A) in Klammern nach dem Stichwort weist auf eine Aufgabe hin.

Personenindex

© Springer-Verlag GmbH Deutschland, ein Teil von Springer Nature 2018
F. Thuselt, *Physik der Halbleiterbauelemente*,
https://doi.org/10.1007/978-3-662-57638-0

Willkommen zu den Springer Alerts

- Unser Neuerscheinungs-Service für Sie:
  aktuell *** kostenlos *** passgenau *** flexibel

Springer veröffentlicht mehr als 5.500 wissenschaftliche Bücher jährlich in gedruckter Form. Mehr als 2.200 englischsprachige Zeitschriften und mehr als 120.000 eBooks und Referenzwerke sind auf unserer Online Plattform SpringerLink verfügbar. Seit seiner Gründung 1842 arbeitet Springer weltweit mit den hervorragendsten und anerkanntesten Wissenschaftlern zusammen, eine Partnerschaft, die auf Offenheit und gegenseitigem Vertrauen beruht.

Die SpringerAlerts sind der beste Weg, um über Neuentwicklungen im eigenen Fachgebiet auf dem Laufenden zu sein. Sie sind der/die Erste, der/die über neu erschienene Bücher informiert ist oder das Inhaltsverzeichnis des neuesten Zeitschriftenheftes erhält. Unser Service ist kostenlos, schnell und vor allem flexibel. Passen Sie die SpringerAlerts genau an Ihre Interessen und Ihren Bedarf an, um nur diejenigen Information zu erhalten, die Sie wirklich benötigen.

Mehr Infos unter: springer.com/alert

Printed in the United States
By Bookmasters